高技能人才培养系列教材

化工仪表维修工 高技能人才培训教材

潘家平 ◎ 主 编

西南交通大学出版社
·成 都·

图书在版编目（ＣＩＰ）数据

化工仪表维修工高技能人才培训教材 / 潘家平主编.
—成都：西南交通大学出版社，2017.8
ISBN 978-7-5643-5625-5

Ⅰ.①化… Ⅱ.①潘… Ⅲ.①化工仪表 – 检修 – 技术
培训 – 教材 Ⅳ.①TQ050.7

中国版本图书馆 CIP 数据核字（2017）第 179982 号

化工仪表维修工高技能人才培训教材

潘家平　　主编

责 任 编 辑	牛　君
封 面 设 计	何东琳设计工作室
	西南交通大学出版社
出 版 发 行	（四川省成都市二环路北一段 111 号
	西南交通大学创新大厦 21 楼）
发行部电话	028-87600564　028-87600533
邮 政 编 码	610031
网　　　址	http://www.xnjdcbs.com
印　　　刷	成都中铁二局永经堂印务有限责任公司
成 品 尺 寸	185 mm × 260 mm
印　　　张	28.25
字　　　数	742 千
版　　　次	2017 年 8 月第 1 版
印　　　次	2017 年 8 月第 1 次
书　　　号	ISBN 978-7-5643-5625-5
定　　　价	59.80 元

前　言

　　化工仪表维修工高技能人才培训教材是省高技能人才培训基地建设配套项目之一，是针对解决岗位知识技能与实践技能需求进行编写的，立足于解决高技能人才（高级工及预备技师）工作中存在的问题。

　　本书是化工仪表维修工高技能人才培训教材，依据《国家职业标准》和《职业技能鉴定规范》，以化工仪表维修工高技能人才在企业的岗位工作要求为依据，围绕工作所涉及的知识与技能要求进行编写，深入浅出地对基本概念和基本原理进行讲解，注重实践技能培养，突出技能操作的实际应用。

　　全书共分三部分，第一部分为通识专业知识及技能要求，包括钳工基本技能、烙铁钎焊、电工工具使用与维护、导线连接与敷设、电工知识、电子技术知识、电机和变压器等工作中所必须掌握的基础知识。第二部分为化工仪表维修工（高级工）应该掌握的知识与实践技能，主要包括工艺生产过程和设备基本知识、自动控制系统知识、执行器与调节阀、工业控制器与数字式无纸记录仪、传感器与变送器、DCS 控制系统、仪表及设备的防护与防爆、仪表检修、计算机网络操作系统、计算机网络的基本知识等。第三部分为化工仪表维修工（预备技师）应该掌握的知识与实践技能，主要包括复杂控制系统的连接与参数整定分析、可编程控制器的应用及一般性故障排除、对输入输出点数在 2000 点以下的计算机控制系统进行维护、能使用和维护紧急停车系统、机械知识等。三部分内容相对完整地实现对以技能培训为主线的人才培养目的。在附录部分提供了两个参考实训项目，为读者设计实训项目提供两种不同的参考。

　　本书加入了物联网应用的内容，由于涉及技术专用性与保密性，只提供了模型，如有感兴趣的读者，可联系作者邮箱：870288159@qq.com。

　　本书在编写过程中，得到了众多化工企业生产现场技术专家的指导，在他们以企业实际工作专业人才需求为依据的建议下完成了整个知识的布局设计。

　　本书由潘家平主编，刘正参编。在本书的编写过程中，得到了秦向前、许岚、周波、罗丹、代超等同志的大力帮助，书中涉及的实训操作也得到学校部分学员的大力支持，在此深表感谢。

　　本书可作为化工、医药、石化、炼油、冶金等行业仪表维修工高技能人才的培训教材，也可作为职业院校的专业教材，还可供仪表工程技术人员参考。

　　由于编者水平有限，书中难免存在不当之处，恳请读者提出宝贵意见，以便及时改进。

编　者

2017 年 2 月

目　录

第一部分 通识专业知识及技能要求

第一节 钳工基本技能

一、钳工及相关安全操作规程

1. 钳工安全操作规程

（1）操作前应按规定穿戴好劳动保护用品，女工的发辫必须纳入帽内。如使用电动设备工具，按规定检查接地线，并采取绝缘措施。

（2）禁止使用有裂纹、带毛刺、手柄松动等不合要求的工具，并严格遵守常用工具安全操作规程。

（3）钻孔、打锤不准戴手套，使用钻床钻孔时，必须遵守"钻床安全操作规程"。

（4）清除铁屑必须采用工具，禁止用手拿及用嘴吹。

（5）剔、铲工件时，正面不得有人，在固定的工作台上剔、铲工件，应设挡板或铁丝防护网。

（6）工作中应注意周围人员及自身安全，防止工件、工具脱落及铁屑飞溅伤人，两人以上协同工作时要有一人负责指挥。

（7）进行设备检修时，工作前必须办理"安全检修票"，进入设备内检修必须事先办理"进入设备、容器作业许可证"，进入易燃易爆物的设备内检修时必须事先办理"动火许可证"。

（8）进行设备检修（检查）作业时，要办理"设备检修停送电联系单"，由电工进行停送电，并按规定采取安全措施。不需经过电工，可由操作人员直接停车断电的设备，在检修时，停车、断电后，闸刀开关处要加锁或在闸刀开关处挂上"禁止合闸"的标示牌，必要时设专人监护。

（9）清洗设备工件时，不准用挥发性强的可燃液体清洗，如汽油、苯、丙酮等，必要时应有防火措施。

（10）在潮湿地点和阴雨天气使用电气设备时，经由电工检查合格后才能使用。

（11）刮研操作时，工件必须稳固，刮刀不准对人；研磨大型曲拐轴、甩头瓦时，应设保险装置或垫木，或采用适当的安全措施。

（12）使用清管器时，应检查蛇皮管、软轴及电气接地良好，清管器连接要紧固，两人操作开关信号必须明确，相互配合好，清管时不准戴手套。

（13）划线平台周围要保持整洁，1 m 以内禁止堆放物件。所用千斤顶必须底平、顶尖、丝口松紧合适，滑丝千斤顶禁止使用，起重千斤顶不准倾斜，底部应垫平，随起随垫枕木，其他应遵守千斤顶的安全操作规程。

（14）工件划线应支牢，支撑大件时，严禁将手伸入工件下面，必要时用支架或吊车吊起。当日不能完工的，应做好防护。

（15）划线所用紫色酒精，在周围 3 m 内不准有明火，禁止放在暖气、气炉上面烘烤。

（16）使用倒链、千斤顶等小型起重设备时，必须遵守"起重安全操作规程"。

（17）用人力移动物件时，要统一指挥，稳步前进，口号一致。

（18）检查拆卸或装配工作中间停止或休息时，零件必须放稳妥。

（19）高处作业及使用梯子作业时，应遵守"高处作业安全操作规程"和"使用梯子安全注意事项"。

（20）机器设备试车前，先检查机器设备各部是否完好，检修人员撤离现场后，办理停送电联系手续。试车中不准调整接触转动部位。

（21）工作完毕或因故离开岗位，必须停车断电。

（22）在交叉和多层作业时，必须戴好安全帽，带好工具包，防止落物伤人，并注意统一指挥。

（23）高空作业，必须办理"高处作业证"，作业所用工具必须用绳拴住或设其他防护措施，以免失手掉落伤人。

2. 锯削安全操作规程

（1）工件装夹要牢固，即将锯断时，要及时用手扶住被锯下的部分，防止断料掉下，同时防止用力过猛，防止工件落下砸伤脚或损坏工件。

（2）注意工件的安装、锯条的安装，起锯方法、起锯角度的正确，以免一开始锯削就造成废品和锯条损坏。

（3）要适时注意锯缝的平直情况，及时纠正。

（4）在锯削钢件时，可加些机油，以减少锯条与锯削断面的摩擦并冷却锯条，提高锯条的使用寿命。

（5）要防止锯条折断后弹出锯弓伤人。

（6）锯削完毕，应将锯弓上的张紧螺母适当放松，并将锯弓妥善保存好。

3. 錾削安全操作规程

（1）防止锤头飞出，要经常检查木柄是否松动或损坏，以便及时进行调整或更换。

（2）操作者不准戴手套，木柄不能有油等，以防手锤滑出伤人。

（3）要及时磨掉錾子头部的毛刺，以防毛刺划手。

（4）錾子头部不应淬火得太硬，以防敲碎伤手。

（5）錾削过程中，为防止切削飞出伤人，操作者应带防护眼镜，工作周围应设安全网。

（6）要经常对錾子进行刃磨，保持正确的楔角和錾刃锋利，防止錾子滑出工件伤人。

（7）锤柄安装牢固，如有松动现象应立即停止使用。

（8）錾头屑要用刷子清除，不得用手擦或嘴吹。

（9）錾削时眼睛要注视切削部位（目视錾刃），以防錾坏工件。

4. 锉削安全操作

（1）锉刀必须装柄使用，以免刺伤手腕。没有装手柄或手柄裂开的锉刀不能使用，松动的锉刀柄应装紧后再用。

（2）不准用嘴吹锉屑，也不要用手清除锉屑。当锉刀堵塞后，应用钢丝刷顺着锉纹方向刷去锉屑。

（3）对铸件上的硬皮或粘砂、锻件的飞边或毛刺等，应先用砂轮磨去，然后锉屑。

（4）锉屑时不准用手摸锉过的表面，因手上有油污，会使再锉时打滑。

（5）锉刀不能作为橇棒、锤子等拆卸工具使用，也不能用锉刀敲击工件。

（6）放置锉刀时，应放在台虎钳的右面，不能露出工作台面，以防锉刀跌落伤脚；也不能把锉刀与锉刀叠放或锉刀与量具叠放。

（7）锉削后的加工面不能用嘴吹铁屑，也不能用手摸工作台的表面。

5. 钻孔安全操作规程

（1）操作人员操作前必须熟悉机器的性能、用途及注意事项，不具备操作技能的人员严禁单独上机操作。

（2）严禁戴手套、围巾作业，头发不宜过长，女工必须戴安全帽，以免操作时卷入。

（3）严禁操作员在操作机器时与其他人员攀谈或酒后、疲劳状态下操作机器。

（4）机器工作前必须锁紧要锁紧的手柄，工件应可靠夹紧，避免工件跟着钻头旋转，造成事故。

（5）开动机床时，应检查是否有钻夹头钥匙或斜铁插在主轴上。

（6）操作者的头部不准与旋转的主轴靠得太近，停机时要让主轴自然停止，不可用手刹住。

（7）禁止在钻床运转状态下装拆工件、检验工件和变换主轴转速。

（8）禁止在主轴没完全停止的情况下调速，调速需用工具拨 V 带进行变速，防止手指被卷入受伤。

（9）严禁进行超过机器最大切削能力的工作，钻孔径较大的孔时，应用低速进行切削。

（10）操作中选择好合理的加工工艺、工序以及合理装夹，以免影响精度。

（11）钻床禁止铣削加工，以免影响主轴精度。

（12）钻较大、较小或较长的工件时，请选择合适的夹具装夹，尽量少用手来控制。

（13）钻孔过程中通孔将穿透时，应尽量减小进给力，避免工件材料反面破损。

（14）通孔时，要使钻头能通过工作台面上的让刀孔，或在工件下面垫上垫铁。

（15）钻孔时注意冷却液的使用与及时排屑。

（16）钻孔时不可用手、棉纱或用嘴吹来清除切屑，必须用毛刷清除；钻头上绕长铁屑时，要停车清除，禁止用口吹、手拉，应使用刷子或铁钩清除。

（17）设备运转时，不准擅自离开工作岗位，因故离开时必须停车并切断电源。

（18）作业完成后，必须切断电源，清扫工作场地，将工具归位，并做好机器日常保养工作。

6. 手工弧焊安全操作规程

（1）检查并确保设备安全。工作前应检查线路各连接点及焊机外壳接地是否良好，焊机是否漏电，防止因接触不良发热而损坏设备。

（2）操作时做好防护措施。必须穿戴好焊工服、焊工鞋，焊接面罩、手套等防护用品。

（3）严禁在焊接时调节电流或开、关焊机电源开关。

（4）不准赤手接触焊接后的焊件，应用火钳夹持翻动焊件。

（5）清渣时注意清渣方向，防止伤害他人和自己。

（6）焊钳不能搁置在工作台上，防止造成短路。

（7）防止焊接烟尘危害人体健康。

（8）发现焊机出现异常时，应立即停止工作，切断电源，并及时向指导师傅报告。

（9）操作完毕或检查焊机时，必须切断电源。

（10）作业完成后整理工具及材料，搞好环境卫生。

二、钳工基本知识

钳工工种的特点：钳工是主要手持工具对夹紧在钳工工作台虎钳上的工件进行切削加工的方法，它是机械制造中的重要工种之一。钳工是一种比较复杂、细微、工艺要求较高的工作。目前，虽然有各种先进的加工方法，但钳工所用工具简单，加工多样灵活、操作方便，适应面广等，故有很多工作仍需要由钳工来完成。因此，钳工在机械制造及机械维修中有着特殊的、不可取代的作用。

1. 钳工的三大优点

（1）加工灵活。在不适于机械加工的场合，尤其是在机械设备的维修工作中，钳工加工可获得满意的效果。

（2）可加工形状复杂和高精度的零件。技术熟练的钳工可加工出比现代化机床加工的零件更精密、光洁、复杂的零件，如高精度量具、样板、开头复杂的模具等。

（3）工具投资小。钳工加工所用工具和设备价格低廉，携带方便。

2. 两大缺点

（1）生产效率低，劳动强度大。

（2）加工质量不稳定。加工质量的高低受工人技术熟练程度的影响较大。

3. 钳工的基本操作分类

（1）辅助性操作，即划线，是根据图样在毛坯或半成品工件上划出加工界线的操作。

（2）切削性操作，有錾削、锯削、锉削、攻螺纹、套螺纹、钻孔（扩孔、铰孔）、刮削和研磨等多种操作。

（3）装配性操作，即装配，将零件或部件按图样技术要求组装成机器的工艺过程。

（4）维修性操作，即维修，对在役机械、设备进行维修、检查、修理的操作。

4. 钳工工作范围

（1）加工前的准备工作，如清理毛坯，在毛坯或半成品工件上划线等。

（2）单件零件的修配性加工。

（3）零件装配时的钻孔、铰孔、攻螺纹和套螺纹等。

（4）加工精密零件，如刮削或研磨机器、量具和工具的配合面、夹具与模具的精加工等。

（5）零件装配时的配合修整。

（6）机器的组装、试车、调整和维修等。

三、钳工工种的设备

1. 钳工工作台

简称钳台，常用硬质木板或钢材制成，要求坚实、平稳，台面高度 800～900 mm，台面上装虎钳和防护网。

2. 虎钳

虎钳是用来夹持工件的，其规格以钳口的宽度来表示，常用的有 100 mm、125 mm、150 mm 三种。使用虎钳时应注意：

（1）工件尽量夹在钳口中部，以使钳口受力均匀。

（2）夹紧后的工件应稳定可靠，便于加工，且不产生变形。

（3）夹紧工件时，一般只允许依靠手的力量来扳动手柄，不能用手锤敲击手柄或随意套上长管子来扳手柄，以免损坏丝杠、螺母或钳身。

（4）不要在活动钳身的光滑表面进行敲击作业，以免降低其配合性能。

（5）加工时用力方向最好是朝向固定钳身的方向。

四、钳工常用工具

钳工常用量具有钢直尺、钢卷尺、卡钳、游标卡尺、千分尺、塞尺、万能角度尺、水平仪等。

1. 划线与冲眼

（1）划线 根据图样或实物的尺寸，在工件上划出加工尺寸界线的操作叫作划线。常用划线工具有：划针、划线盘、划线平台、圆规、90°角尺等。划线要求尺寸准确、线条清晰。

（2）冲眼 冲眼工具有样冲和锤子。冲眼时位置要准确，在粗糙表面上冲眼要深些，在光滑的表面或薄工件表面上冲眼要浅些，在圆弧上冲眼要密些。精加工表面上严禁冲眼。

五、钳工常用加工方法及注意事项

1. 锯削、錾削和锉削

（1）锯削 用锯切割原材料或加工工件的操作叫作锯削。锯削软材料或锯缝长的工件应选用粗齿锯条，锯削硬材料、管子、薄板料及角铁应选用细齿锯条。安装锯条时应使锯齿尖向前，锯条的紧张程度要适宜。锯削时注意防止锯条突然崩断弹出伤人，工件快要锯断时要用手扶住被锯下的部分，以防落下砸伤脚或损坏工件。

（2）錾削 用锤子敲击錾子，对金属材料或工件进行切削的加工方法叫錾削。錾削工具有锤子和錾子。錾子切削刃前面和后面的夹角叫楔角，楔角应被錾子的几何中心线等分。楔角越小，刃口越锋利，但强度也越差；楔角越大，强度越好，但切削时阻力也越大。通常錾削合金钢或铸铁时楔角取 60°~70°，錾削一般钢材时楔角取 50°~60°，錾削铜、铝等软材料时楔角取 30°~50°。錾削时錾子后刃面与切削面之间的夹角叫后角。后角大则切入深，但錾削困难；后角小则切入浅，但易打滑。錾削时后角一般控制在 5°~8°。錾削时要求錾子的倾斜角保持不变，每次打击在錾子上的力应保持均匀。

（3）锉削 用锉刀对工件表面进行切削加工的操作叫锉削。锉削软金属用单齿纹锉刀，锉削软材料或粗加工用粗齿锉刀，锉削硬材料或精加工用细齿锉刀。锉削平面时先用交叉锉做粗加工，再用顺向锉做精加工；锉削外圆弧面时先横着圆弧面锉做粗加工，再顺着圆弧面锉做精加工；锉削内圆弧面时，使用圆锉或半圆锉，锉削时锉刀一边做前进运动，一边随圆弧面移动和绕锉刀轴线转动。

2. 钻孔和扩孔

（1）钻孔 用钻头在工件上钻削孔眼的加工方法叫钻孔。使用的设备和工具有立钻、台钻、手电钻、手摇钻等。常用的钻头有麻花钻，$\phi 13$ mm 以上的钻头为锥柄，用钻头套夹持，用于立钻或更大的钻床；$\phi 13$ mm 以下的钻头是直柄，用钻夹头夹持，用于台钻或更小的钻具。工件的夹持方法很多，钻削 $\phi 8$ mm 以下的孔适合手握的工件可用手握法，不适合手握的小工件、薄板件可用手虎钳夹持；钻削较大直径或精度要求较高的孔，用平口钳夹持；在较长的工件上钻较大直径的孔，可用螺栓定位法；在圆柱形工件上钻孔，可用压板夹持法。钻小孔时，转速可快些，进给量要小些；钻大孔时，转速要慢些，进给量可大些。钻削硬材料时，转速要慢些，进给量要小些；钻软材料时，转速可快些，进给量可大些。通孔将穿时要减小进给量。操作时操作者要扎紧袖口，不准戴手套，女工必须戴安全帽。应用毛刷或棒钩清除切屑。严禁用手捏刹钻头，严禁在开车状态下装拆工件及清洁钻床。钻削脆性材料时应戴防护眼镜。必须在取下钻夹头钥匙或钻头套斜铁后才能开动钻床。钻孔时要适当添加切削液，以降低切削温度。

（2）扩孔　用扩孔钻或麻花钻对工件上已有的孔进行扩大加工的操作叫扩孔。

3. 攻螺纹和套螺纹

（1）攻螺纹　用丝锥在圆孔内切削出内螺纹的操作叫攻螺纹。使用的是丝锥和丝锥绞杠。底孔直径应比螺纹大径大 1 ~ 1.05 倍螺距，孔口应到角。攻螺纹时，丝锥应与工件垂直，开始时可稍微施加压力，随后均匀转动绞杠，并经常倒转，有利于排屑。应按头锥、二锥、三锥顺序攻至标准尺寸。应随时添加切削液，攻钢件时切削液用机油，攻铸铁时切削液用煤油。

（2）套螺纹　用板牙在圆杆或圆管上切削出外螺纹的操作叫作套螺纹。使用的工具是板牙和牙绞杠。圆杆或圆管外径应比螺纹大径小 0.13 倍螺距，外端应先到 30°角。套螺纹前，先将工件夹牢夹正，使板牙面与圆柱或圆管轴线垂直。旋转板牙绞杠时用力要平衡，并要经常倒转，随时加切削液。

4. 矫正、弯曲和铆接

（1）矫正　消除金属板材或型材的不平、不直、过翘曲等缺陷的操作叫矫正。条料的矫正使用台虎钳、活络扳手、铁砧和锤子，棒料的矫正用铁砧和锤子；直径较大时使用压力机矫正；板料的矫正，厚板用平台、锤子矫正，薄板用延展法矫正，如木板推压、抽条拍打等；线材用拉伸法矫正；角钢，槽钢用平台、锤子矫正，也可以在压力机上矫正。

（2）弯曲　将板材或型材弯成所需要的形状和角度的操作叫弯曲。弯直角可在台虎钳上用锤子进行敲击。弯圆弧可先用锤子窄头敲击，使工件初步成型后，再在圆模上最后成型。弯管常用弯管器操作。当管子直径较大时，不论采用冷弯或热弯，均应向弯内灌满、灌实沙子后再进行弯曲加工。

（3）铆接　用铆钉连接两个或两个以上工件的操作叫铆接。铆接设备和工具有铆钉枪、铆接机、锤子、顶模、罩模等。若被铆件总厚度为 $\sum t$，则铆钉直径 $d \approx 4\sqrt{50 \sum t}$。铆钉杆的长度 $L \approx 1.1 \sum t + ad$，式中系数 a 对于半圆头铆钉取 1.4，对于半沉头铆钉取 1.1，对于沉头铆钉取 0.8；通孔直径在冷铆时近似为 d，热铆时稍大于 d。

六、机械零件部件的拆装

熟悉被拆、装机械零部件的装配图，了解其结构，明确相互间的连接关系，选择正确、合理的拆、装方法。对于较复杂的设备或零部件，拆卸前应做好标记，记录必要的连接关系和数据，以保证装配时能顺利复原。

拆卸的顺序一般是由外向内，从上向下，而装配顺序则正好相反。根据不同的连接方式及连接件的尺寸，选择适当种类和规格的拆、装工具，严禁用套筒延长工具手柄长度或用重物敲击手柄，以免损坏工具及机件。需要敲击时，必须垫上木块、铜棒等软质物品，轻轻敲打，并注意受力部位，尽量保持受力平衡。

因腐蚀等原因而造成拆卸困难时，可注入煤油或适量机油，等几个小时后再拆。材料允许时也可采用温差法等特殊工艺进行拆卸。

第二节　烙铁钎焊

一、烙铁钎焊基本知识

1. 电烙铁及钎焊材料

（1）电烙铁　电烙铁是烙铁钎焊的热源。焊接小体积元件一般用 25 W、45 W 两种电烙铁；焊接体积较大的元器件使用 45 W 以上的电烙铁。同时选用与焊接空间大小相适应的烙铁头。

（2）钎焊材料　钎焊材料包括焊料和焊剂。

① 焊料　常用的焊料有焊锡、纯锡。焊接电机线头时，绝缘等级为 A、E、B 级的用焊锡，绝缘等级为 F、H 级的用纯锡。

② 焊剂　常用的焊剂有松香、松香酒精溶液、焊膏和盐酸等。松香适用于所有电子元件和小线径线头的焊接；松香酒精溶液适用于小线径线头和强电领域小容量元件的焊接；焊膏适用于大线径线头的焊接、大截面导体表面或连接处的加固搪锡；盐酸适用于钢制件电连接处表面搪锡或钢制件的连接焊接。

2. 烙铁钎焊的操作方法

（1）首先用电工刀（或小段钢锯片）或细砂布清除连接线端的氧化层，并在焊接处涂上适量焊剂。

（2）将粘有焊锡的烙铁焊头先沾一些焊剂，对准焊接点下焊。焊头停留的时间根据焊件的大小决定，一般小体积、小功率的电阻或电容等，焊接时间不超过 2 s；体积大、热容大的元件，焊接时间可适当延长，以保证焊锡能充分熔化。

（3）焊件接点必须焊牢焊透，锡液必须充分渗透，表面要光滑并有光泽，不允许虚焊和生焊（生焊指焊点的焊料没有完全熔化的焊接现象）。

（4）焊接绕组线头时，在接头处与绕组间要用纸板隔开，以防焊锡流入绕组隙缝。应将线头连接处置于水平状态下再下焊；焊接完毕必须清除残留焊剂，并认真恢复绝缘。

（5）焊接绕组线头时，多股芯线清除氧化层后要拧紧，清除线头耳内的脏物和氧化层并涂焊剂，将线头搪锡后塞进接线耳套管内再下焊。在锡焊未充分凝固时不要摇动接线耳、线头或清除残留焊剂。

（6）16 mm² 及以上的铜导线接头应用浇焊法。先将焊锡放在化锡锅内，用喷灯或电炉将其熔化，然后将导线接头放在锡锅上，用勺盛出熔化的锡，从接头上面浇下。

（7）电烙铁金属外壳必须可靠接地；电烙铁要放在专用的金属搁架上；不可用烧黑积炭的烙铁焊接；不准甩动电烙铁，以防焊锡甩出伤人。

锡焊五步法操作如图 1.2.1 所示。

手工锡焊五部操作法

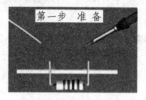

第一步 准备

（1）准备。一手拿焊锡丝，一手握烙铁，看准焊点，随时待焊

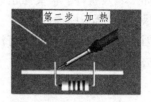

第二步 加热

（2）加热。烙铁尖先送焊接处，注意烙铁尖应同时接触焊盘和元件引线，把热量传送到焊接对象上

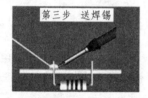

第三步 送焊锡

（3）送焊锡。焊盘和引线被熔化了的助焊剂所浸湿，除掉表面的氧化层，焊料在焊盘和引线连接处呈锥状，形成理想的无缺陷的焊点

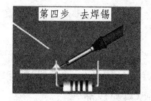

第四步 去焊锡

（4）去焊锡。当焊锡丝熔化一定量之后，迅速移开焊锡丝

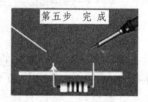

第五步 完成

（5）完成。当焊料完全浸润焊点后迅速移开电烙铁

图 1.2.1　锡焊五步法操作示意图

二、导线互联及焊接方法

1. 绕　焊

（1）导线与接线端子的连接方法：

把经过上锡的导线端头在接线端子上绕一圈，然后用钳子拉紧缠牢后进行焊接。在缠绕时，导线一定要紧贴端子表面，绝缘层不要接触端子。一般取 $L=1 \sim 3$ mm 为宜。

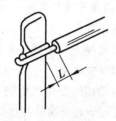

图 1.2.2　导线与接线端子绕焊

（2）导线与导线的连接以绕焊为主，如图 1.2.2 所示，步骤如下：

① 去掉导线端部一定长度的绝缘皮；

② 导线端头上锡，并穿上合适套管；

③ 两条导线绞合，施焊；

④ 趁热套上套管，冷却后套管固定在接头处；

图 1.2.3 这种连接的可靠性最好，在要求可靠性高的地方常常采用。

（a）细导线绕在粗导线上　　　　　（b）同样粗细的导线的绕接

图 1.2.3　质量较好的导线焊接方法

2. 钩　焊

将导线弯成钩形钩在接线端子上，用钳子夹紧后再焊接，其端头处理方法与绕焊相同。这种方法的强度低于绕焊，但操作简便。如图 1.2.4 所示。

图 1.2.4　钩焊

3. 搭　焊

导线与接线端子的搭焊：把经过镀锡的导线搭到接线端子上施焊。这种连接最方便，但强度及可靠性最差，仅用于临时连接或不便于缠、钩的地方以及某些接插件上。

对调试或维修中导线的临时连接，也可以采用搭接的办法。这种搭接的接头强度和可靠性都差，不能用于正规产品中的导线焊接。如图 1.2.5 所示。

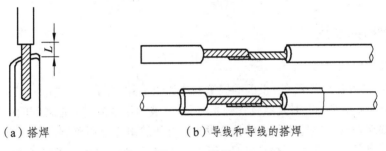

（a）搭焊　　　　　　　（b）导线和导线的搭焊

图 1.2.5　搭焊

三、电子元件的焊接

主要采用手工焊接的插焊。电烙铁用 25 W、45 W 两种规格，焊剂用松香或松香酒精溶液。焊点焊牢，有一定的机械强度，锡液必须充分渗透，焊接点的接触电阻要小，焊点表面要光滑并有光泽，板面各焊点大小应均匀。

焊接方法和主要步骤如下：清除元件焊脚处氧化层并搪锡；电路板未镀银的或镀银后已发黑的，要清除氧化层并涂上松香酒精溶液，确认元件焊脚位置并插入孔内，剪去多余部分后下焊，每次下焊时间不得超过 2 s。焊接分立电原件时选用 25 W 电烙铁，焊头要稍尖，含锡量以满足 1 个焊点的需要为度，焊好后应快速提起焊头；焊接集成块时，工作台应覆盖可靠接地的金属薄板，集成块不可与台面经常摩擦，集成块焊接需要弯曲时不可用力过度，焊接时要防止落锡过多。

元器件在印刷电路板上的插装形式如图 1.2.6 所示。元器件引线成型形状如图 1.2.7 所示。

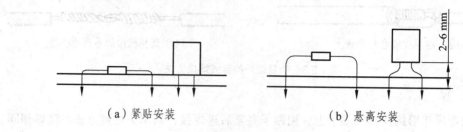

（a）紧贴安装　　　　　　　　　　（b）悬离安装

图 1.2.6　元器件的插装形式

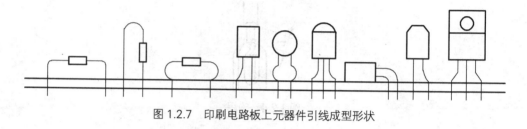

图 1.2.7　印刷电路板上元器件引线成型形状

第三节　电工工具使用与维护

从事自动化工作，应能够熟练使用和维修常用的电工工具，保证安全生产，下面分别进行介绍。

一、验电器的使用

1. 验电器的使用方法

低压验电器（电笔）使用时，正确的握笔方法如图 1.3.1 所示。手指触及其尾部金属体，氖管背光朝向使用者，以便验电时观察氖管辉光情况。当被测带电体与大地之间的电位差超过 60 V 时，用电笔测试带电体，电笔中的氖管就会发光。低压验电笔电压测试范围是 60～500 V。

高压验电器使用时，应特别注意的是，手握部位不得超过护环，还应戴好绝缘手套。高压验电笔握法如图 1.3.2 所示。

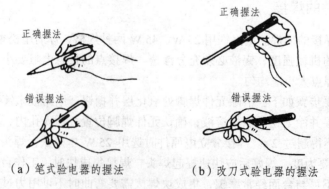

（a）笔式验电器的握法　　　　　　（b）改刀式验电器的握法

图 1.3.1　低压验电器的握法

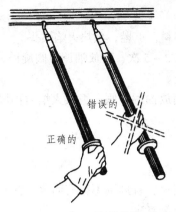

错误的

正确的

图 1.3.2　高压验电器的握法

2. 验电器的使用注意事项

（1）验电器使用前应在确有电源处测试检查，确认验电器良好后方可使用。

（2）验电时应将电笔逐渐靠近被测体，直至氖管发光。只有在氖管不发光，并采取防护措施后，才能与被测物体直接接触。

（3）使用高压验电笔时，应一人测试，一人监护；测试人必须穿戴好符合耐高压等级的绝缘手套；测试时要防止发生相间或对地短路事故；人体与带电体应保持足够的安全距离。

（4）在雪、雨、雾及恶劣天气情况下不宜使用高压验电器，以避免发生危险。

3. 低压验电器的用途

区别有无电信号；区别相线与零线；区别电压高低；区别直流电与交流电；区别直流电的正负极性；识别相线对壳短路等。

二、电烙铁的使用

选用电烙铁时，依据是焊头的工作温度。对于一般焊点，选 20 W 或 25 W 为好，如在印刷版上焊接晶体管、电阻和电容等。它体积小，便于操作且温度合适。

焊接较大元件时，如控制变压器、扼流圈等，因焊点较大，可选用 60～100 W 的电烙铁。在金属框架上焊接，选用 300 W 的电烙铁较合适。

使用新烙铁时，应首先清除电烙铁头斜面表层的氧化物，接通电源，沾上松香和锡焊，让熔状的焊锡薄层始终贴附在电烙铁头斜面上，以保护电烙铁头和方便焊接。

较长时间不使用电烙铁时，应断开电源，不能让电烙铁在不使用的情况下长期通电。暂时不用时，应将电烙铁头放置在金属架上散热，并避免电烙铁的高温烧坏工作台及其他物品。

在使用电烙铁时，不准甩动电烙铁，以免熔化的锡焊飞溅伤人。

三、喷灯的使用

喷灯是一种利用喷射火焰对工件进行加热的工具。

1. 喷灯使用方法

（1）旋下加油阀的螺栓，加注相应的燃料油，注入筒体的油量应低于筒体高度的3/4。加油后旋紧加油口的螺栓，关闭放油阀阀杆，擦净洒在外部的油料，并检查喷灯各处，不应有渗漏现象。

（2）在预热燃烧盘中倒入油料，点燃，预热火焰喷头。

（3）火焰喷头预热后，打气 3~5 次，将放油调节阀旋松，喷出油雾，燃烧盘中火焰点燃油雾，再继续打气到火力正常为止。

（4）熄灭喷灯时，应先关闭放油调节阀，熄灭火焰后再慢慢旋松加油口螺栓，放出筒体内的压缩空气。

2. 使用注意事项

（1）煤油喷灯不得加注汽油燃料。

（2）汽油喷灯加油时应先熄火，且周围不得有明火。揭开加油螺栓时，应慢慢旋松加油螺栓，待压缩气体放完后，方可开盖加油。

（3）筒体内气压不得过高，打气完毕后应将打气手柄卡牢在泵盖上。

（4）为防止筒体过热发生危险，在使用过程中筒体内的油量不得少于筒体容积的 1/4。

（5）对油路封闭圈与零件配合处应经常检查维修，不能有渗漏、跑气现象。

（6）使用完毕，应将喷灯筒体内气体放掉，并将剩余油料妥善保管。

四、钢丝钳的使用

钢丝钳俗称平口钳，其使用方法如图 1.3.3 所示。

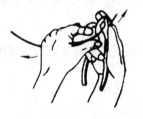

（a）用刀口剥离导线绝缘层

（b）用齿口扳螺母

（c）用刀口剪切导线

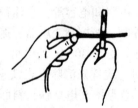

（d）用侧口铡切钢丝

图 1.3.3　钢丝钳的使用

钢丝钳的使用注意事项如下：

（1）电工用钢丝钳在使用前，必须保证绝缘手柄的绝缘性能良好，以保证带电作业时的人身安全。

（2）用钢丝钳剪切可能带电的导线时，严禁用刀口同时剪两根及以上的导线，以免发生短路事故。

（3）剪切导线时应注意安全，避免被切断的金属意外划伤。

五、旋具的使用

旋具是通过旋转方式完成相关工作的工具的简称，旋具的正确使用方法如图1.3.4所示。

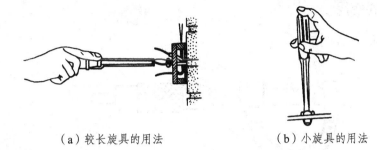

（a）较长旋具的用法 　　　　（b）小旋具的用法

图 1.3.4　旋具的使用

使用旋具时的注意事项：

（1）电工不可使用金属杆直通柄顶的旋具，以避免触电事故的发生。

（2）用旋具拆卸或紧固带电螺栓时，手不得触及旋具的金属杆，以免发生触电事故。

（3）为避免旋具的金属杆触及带电体时手指碰触金属杆，电工用旋具应在旋具金属杆上穿套绝缘管。

六、电工刀的使用

使用电工刀时，刀口应朝外部切削，切忌面向人体切削。剥离导线绝缘层时，应使刀面与导线成较小的锐角，采用割的动作去除绝缘层，操作时应避免割伤线芯。电工刀刀柄无绝缘保护的，不能接触或剖削带电导线及器件。新电工刀刀口较钝，应先开启刀口（打磨锋利）后再使用。电工刀使用完毕后应立即将刀身折进刀柄，注意避免伤手。

七、拆卸器的使用

拆卸器又称为三爪，是拆装皮带轮、联轴器及轴承的专用工具。用拆卸器拆卸皮带轮的方法如图1.3.5所示。

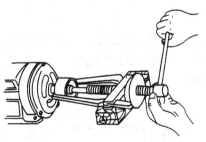

图 1.3.5　用拆卸工具拆卸皮带轮

用拆卸器拆卸皮带轮（或联轴器）时，应首先将紧固螺栓或销子松脱，并摆正拆卸器，将丝杆对准电机轴的中心，慢慢拉出皮带轮。若拆卸困难，可用木锤敲击皮带轮外圆和丝杆顶端，也可在只头螺栓孔注入煤油后再拉。如果仍然拉不出来，可对皮带轮外表加热，在皮带轮受热膨胀而轴承尚未热透时，将皮带轮拉出来。切忌硬拉或用铁锤敲打。加热时可用喷灯或气焊枪，但温度不能过高，时间不能过长，以免造成皮带轮损坏。同时注意加热环境是否存在可燃、易燃、易爆物体或气体，避免引起事故。

八、千分尺的使用

千分尺的结构如图 1.3.6 所示。

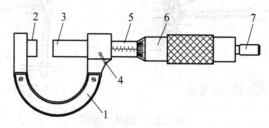

图 1.3.6　千分尺

1—弓架；2—固定测砧；3—测微螺杆；4—制动器；5—固定套筒；6—活动套筒；7—棘轮

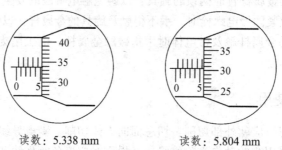

读数：5.338 mm　　　　　读数：5.804 mm

图 1.3.7　千分尺的读数

1. 千分尺的使用

测量前应将千分尺的测量面擦拭干净，检查固定套筒中心线与活动套筒的零线是否重合，活动套筒的轴向位置是否正确。有问题必须进行调整。测量时，将被测件置于固定测砧与测微螺杆之间，一般先转动活动套筒，当千分尺的测量面刚接触工件表面时，改用棘轮微调，待棘轮开始空转发出"嗒嗒"声响时，停止转动棘轮，即可读数。

2. 读数方法

读数时要先看清楚固定套筒上露出的刻度线，此刻度可读出毫米或半毫米的读数。然后再读出活动套筒刻度线与固定套筒中心线对其的刻度值（活动套筒上的刻度每一小格为 0.01 mm），将两读数相加就是被测件的测量值。图 1.3.7 所示为读数举例。

3. 使用注意事项

使用千分尺时，不得强行转动活动套筒；不要把千分尺先固定好后再用力向工件上卡，以避免损伤测量面或弄弯螺杆。千分尺用完后应擦拭干净，涂上防锈油，存放在干燥的盒子中，搬运过程中应轻拿轻放。为保证测量精度，应定期送到有校验资质的单位检查校验。

九、游标卡尺的使用

游标卡尺的结构及读数举例如图 1.3.8 所示。

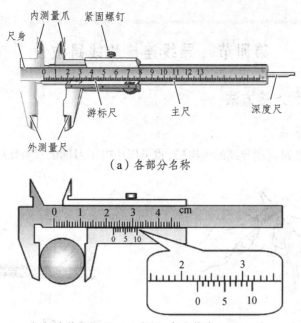

（a）各部分名称

（b）读数：22.60 mm（注：每小格为0.10 mm）

图1.3.8　游标卡尺

1. 游标卡尺的使用

使用前应检查游标卡尺是否完好，游标零位刻度线与尺身零位线是否重合。测量外尺寸时，应将两外测量爪张开到稍大于被测件；测量内尺时，则应将两内测量爪张开到稍小于被测件，然后轻推游标使两测量爪的测量面紧贴被测件，拧紧固定螺钉，再读数。

游标卡尺使用完毕，应擦拭干净。长时间不用时，应涂上防锈油保管。

2. 读　数

读数时，首先从游标的零线所对尺身刻度线上读出整数的毫米值，再从游标上的刻度线与尺身刻度线对齐处读出小数部分的毫米值，将两数值相加即为被测件的测量值。游标卡尺读数示例如图3.8（b）所示。

十、塞尺的使用

塞尺又称测微片或厚薄规。使用前必须先清除塞尺和工件上的油垢与灰尘。使用时可用一片或数片重叠插入间隙，以稍感拖滞为宜。测量时动作要轻，不允许硬插；也不允许测量温度较高的零件。

十一、手动压接钳的使用

图1.3.9　手动压接钳

手动压接钳如图1.3.9所示。用压接钳对导线进行冷压接时，应先将导线表面的绝缘层及油污清除干净，然后将两根需要压接的导线头对准中心，在同一轴上，然后用手扳动压接钳的手柄，压2~3次（铝-铜接头应压3~4次）。手动压接钳可以直接压接铝-铝导线和铝-铜导线。

第四节 导线连接及线路敷设

一、导线的几种连接方法

1. 剖削导线绝缘层

可用剥线钳或钢丝钳剥削导线的绝缘层，也可以用电工刀剖削塑料硬线的绝缘层，如图 1.4.1 所示。

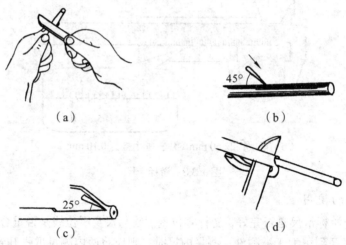

图 1.4.1 用电工刀剖削塑料硬线的绝缘层

用电工刀剖削塑料硬线绝缘层时，电工刀刀口在需要剖削的导线上与导线呈 45°夹角，斜切入绝缘层，然后以 25°角倾斜推（割削）削，最后将剖开的绝缘层折叠，齐根剖削，如图 1.4.1 所示。剖削绝缘层时不要削伤线芯。

2. 单股铜芯线的直线连接和 T 形连接

（1）单股铜芯线的直线连接　如图 1.4.2 所示，先将两线头剖削出一定长度的线芯，清除线芯表面氧化层，将两线芯作 X 形交叉，并相互绞绕 2~3 圈，再扳直线头，将扳直的两线头向两边各紧密绕 6 圈，切除余下线头并钳平线头末端，如图 1.4.2 所示。

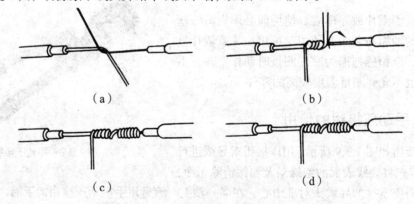

图 1.4.2 单股铜芯线的直线连接

（2）单股铜心导线的 T 形分支连接　将剖削好的线芯与干线线芯十字相交，支路线芯跟部留出 3~5 mm，然后顺时针方向在干线线芯上密绕 6~8 圈，用钢丝钳切除余下线芯，钳平线芯末端，如图 1.4.3 所示。

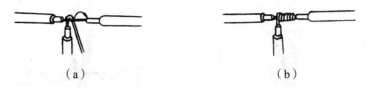

|（a）|（b）|

图 1.4.3　单股铜芯导线的 T 形分支连接

3. 7 股铜芯导线的直线连接和 T 形分支连接

（1）7 股铜芯导线的直线连接如图 1.4.4 所示。首先将两导线线端剖削出约 150 mm 长度的线芯，并将靠近绝缘层约 1/3 段线芯绞紧，散开拉直线芯，清除线芯表面氧化层，然后再将线芯整理成伞状，把两伞状线芯隔跟对叉，如图 1.4.4（a）（b）所示。理平线芯，把 7 跟线芯分成 2、2、3 三组，把第一组 2 跟线芯扳成如图 1.4.4（c）（e）所示。顺时针方向紧密缠绕 2 圈后扳平余下线芯，再把第二组的 2 跟线芯扳垂直，如图 1.4.4（d）（e）所示。用第二组线芯压住第一组余下的线，紧密缠绕 2 圈后扳平余下线芯，用第三组的 3 根线芯压住前两组线芯，如图 1.4.4（f）所示，紧密缠绕 3 圈，切除余下的线芯，钳平线端，如图 1.4.4（g）所示。再用同样的方法完成另一边的缠绕，完成 7 股导线的直线连接。

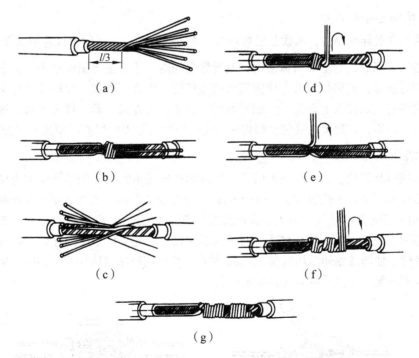

图 1.4.4　7 股铜心导线的直线连接

（2）7 股铜心导线的 T 形分支连接如图 1.4.5 所示。剖削干线和支线的绝缘层，绞紧支线靠近绝缘层 1/8 的线芯，散开线芯，拉直并清洁表面，如图 1.4.5（a）所示。把支线线芯分成 4 根或2根组排齐，将4根线插入干线线芯中间，如图1.4.5（b）所示，把留在外面的3根组线芯在干线线芯上顺时针方向紧密缠绕4~5圈，切除余下线芯，钳平线端。再用4组线芯在干线线芯的另一侧顺时针方向缠绕3~4圈，切除余下线芯，钳平线端，完成T分支连接，如图1.4.5（c）（d）所示。

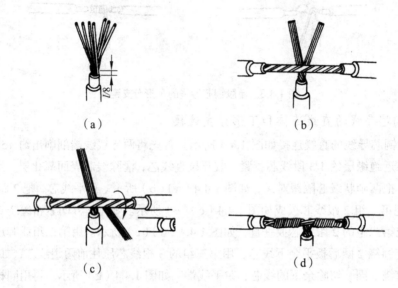

（a）　　　　　　　　　　　（b）

（c）　　　　　　　　　　　（d）

图1.4.5　7股铜芯导线的T形分支连接

4.19股铜芯导线连接

其方法与7股导线相似，因线芯股数较多，在直线连接时，可钳去线芯中间几根。

导线连接好以后，为增加机械强度，改善导电性能，还应进行锡焊处理。铜芯导线连接处锡焊处理的方法是：先将焊锡放在化锡锅内高温熔化，将表面处理干净的导线接头置于锅上，用勺盛熔化的锡，从接头上面浇下。刚开始时，由于接头处温度低，接头不易沾锡，浇锡使接头温度升高、沾锡，直到接头处理全部焊完为止。最后清除表面焊渣，使接头表面光滑。

5. 铝芯导线的连接

因铝芯线容易氧化，且氧化膜电阻高，所以铝芯导线不宜采用铜芯导线的连接方法。铝芯线用螺栓压接和压接管压接的方法，螺栓压接法如图1.4.6所示。此法适用于小负荷的铝芯线的连接。压接管压接法连接适用于较大负荷的多股铝芯导线的连接（也适用于铜芯导线），如图1.4.7所示。压接时应根据铝芯线的规格选择合适的铝压接管。先清理干净压接处，将两根铝芯线相对穿入压接管，使两线端伸出压接管30 mm左右，然后用压接钳压接。压接时，第一道压抗应压在铝芯端部一侧。压接质量应符合技术要求。

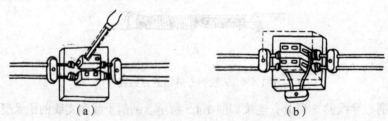

（a）　　　　　　　　　　　（b）

图1.4.6　螺栓压接法接线

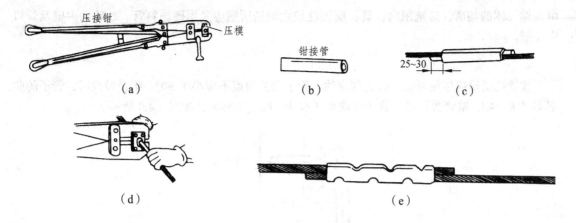

图 1.4.7　压接管压接法接线

6. 导线绝缘层的恢复

把导线的绝缘层因外界因素而破损或导线在做连接后，为保证安全用电，都必须恢复其绝缘。恢复绝缘后的绝缘强度不应低于原有绝缘层的绝缘强度。通常使用的绝缘材料有黄蜡带、涤纶、薄膜带和黑胶带等。绝缘带包缠的方法如图 1.4.8 所示。做绝缘恢复时，绝缘带的起点应与线芯有两倍绝缘带宽的距离。包缠时黄蜡带与导线应保持一定斜角，即每圈压带宽的 1/2。包缠完第一层黄蜡带后，要用黑胶带接黄蜡带尾端，再反方向包缠一层，其方法与前相同，以保证绝缘层恢复后的绝缘性能。

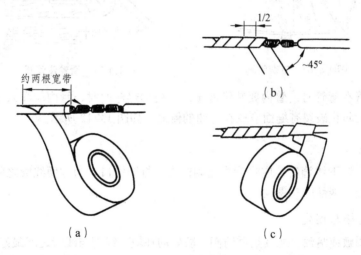

图 1.4.8　绝缘带的包缠方法

二、线管线路的敷设

为防止线路或照明线路遭受机械损伤或防潮、防腐的需要，可采用线管配线。线管配线有明敷和暗敷两种。线管配线的方法和要求如下。

1. 选　管

线管的直径应根据穿管导线的截面面积大小进行选择，一般要求穿管导线的总截面积（包括绝缘）不应超过线管内截面面积的 40%。干燥场所的明、暗敷设一般采用电线管，潮湿和有腐蚀性气体的场所，应选用白铁管；腐蚀性较大的场所则应采用硬塑料管。线管的内壁及管口应光滑。

2. 弯 管

线管的敷设应尽量弯曲，以方便穿线。管子弯曲角度不应小于90°。明管敷设时，管子的曲率半径 $R \geqslant 4d$，暗管敷设时，管子的曲率半径 $R \geqslant 6d$，$\theta \geqslant 90°$，如图 1.4.9 所示。

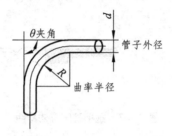

图 1.4.9　线管的弯度

常用弯管用具为弯管器（图 1.4.10）和滑轮管器（图 1.4.11）。

图 1.4.10　管弯管器

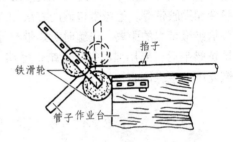

图 1.4.11　滑轮弯管器

薄壁大口径管在弯管时，管内要装满沙子。需要加热弯曲时，管内应灌入干沙且管的两端还应塞上木塞。为防止破裂有缝面应放在弯曲的侧面，如图 1.4.12 所示。

3. 管头处理

根据所需长度锯下线管后，应将管头毛刺锉去，打磨锋口。为方便线管之间或线管与接线盒之间的连接，线管端部应套螺纹。

4. 线管的连接与固定

线管无论是明敷或暗敷，尤其是需防潮、防爆的环境，线管与线管之间最好采用管箍连接。为保证接口的严密，螺纹口上应缠麻纱并涂上油漆，再用钳拧紧。线管与接线盒内外各用一锁紧螺母压紧。线管与接线盒的连接如图 1.4.13 所示。

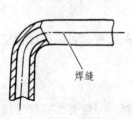

图 1.4.12　有缝管的弯曲

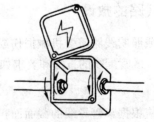

图 1.4.13　线管与接线盒的连接

5. 硬塑料管连接

有插入法和套接法两种：

（1）硬塑料管插入连接法如 1.4.14 所示。先将阴管倒内口，阳管倒外口，如图 1.4.14（a）所示。用酒精或汽油擦干净连接段的污渍，将阴管加热至 140℃ 左右呈柔软状时，迅速插入涂有胶合剂的阳管，立即用湿布冷却，恢复管子的硬度。

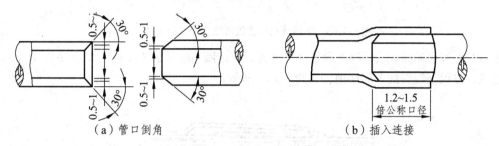

（a）管口倒角　　　　　　　　　　（b）插入连接

图 1.4.14　硬塑料管插入连接法

（2）硬塑料管套接连接法，如图 1.4.15 所示。可用同直径的硬塑料管加热扩大成套管，也可用与其相配的管套。把所需连接的两管端用汽油或酒精擦拭干净，涂上胶合剂，迅速插入管套中。

图 1.4.15　硬塑料管套接连接法

6. 固定线管

明敷线管采用管卡固定。固定位置一般在接线盒、配电箱及穿墙管等距离 100 ~ 300 mm 处，根据线管的直径和壁厚不同，为 1 ~ 3.5 m。管卡固定如图 1.4.16 所示。

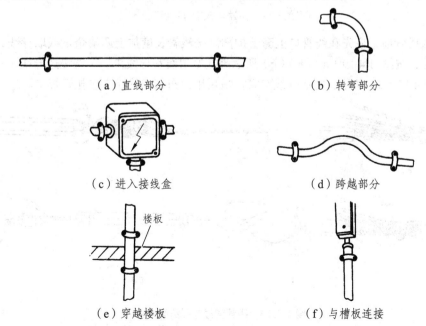

（a）直线部分　　　　　　　　　　（b）转弯部分

（c）进入接线盒　　　　　　　　　　（d）跨越部分

（e）穿越楼板　　　　　　　　　　（f）与槽板连接

（g）进入木台

图 1.4.16　管线线路的敷设方法及管卡的定位

采用金属线管明敷配线，除必须可靠接地外，在线圈与线管的连接处应焊接 $\Phi 6 \sim 10$ mm 的跨接连线，以保证线管的可靠接地，如图 1.4.17 所示。

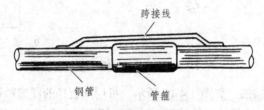

图 1.4.17　线管接头处的跨接连线

7. 清管穿线

穿线前应做好线管内的清扫工作，扫除残余在管内的杂物和水分。选用粗细合适的钢丝作为引线，将钢丝引线由一端穿入到另一端有困难时，可采用图 1.4.18 所示方法，由两端各穿入一根带钩钢丝，当两引线钩在管中相遇时，转动引线使两钩相挂，由一端拉出完成引线入管。

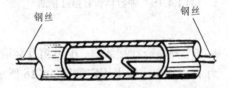

图 1.4.18　两端穿入钢丝引线法

导线穿入线管前，应先在线管口上套上护圈。按线管长度加上两端余量截取导线，剖削导线端部绝缘层，按图 1.4.19（a）（b）（c）所示绑扎好引线和导线头。一端慢送导线，一端慢拉引线，如图 1.4.19（d）所示，完成导线穿管。最后用白布带或绝缘带包扎好管口。

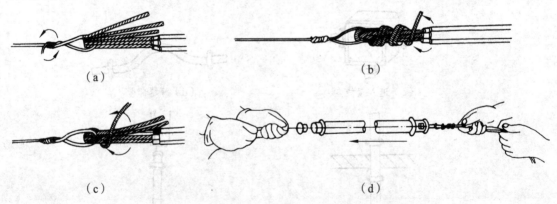

（a）　　　　　　　　　　　　（b）

（c）　　　　　　　　　　　　（d）

图 1.4.19　线管穿线与引线绑扎

8. 线管配线的注意事项

（1）线管内的导线不得有接头，导线接头应在接线盒内处理。

（2）绝缘层损坏或损坏后恢复绝缘的导线不得穿入线管内，穿入线管的导线绝缘层性能必须良好。

（3）不同电压、不同回路的导线，不应穿在同一线管内。

（4）除直流回路和接地线外，不得在线管内穿单根导线。

（5）在潮湿场所敷设线管时，使用金属管的壁厚应大于 2 mm，并在线管进出口采用防潮措施。

（6）线管明敷应做到横平竖直、排列整齐。

三、塑料套线线路的安装

护套线是一种具有塑料保护层和绝缘层的双芯或多芯绝缘导线。可在墙壁及建筑物旁边直接敷设。用钢筋汇头或塑料钢钉线卡作为导线的支撑物。其安装步骤如下：

1. 定位划线

首先确定线路的走向、各电器元件的安装位置，用弹线袋划线，然后隔 150～300 mm 距离划出固定线卡的位置，并在距开关、插座和灯具的木台 50 mm 处固定线卡固定点。根据线路敷设的墙面或建筑物表面的硬度，确定是否用冲击钻打眼，埋膨胀螺钉。

2. 导线敷设

先在地面校直护套线。敷设直线部分时，可先固定牢一端，拉紧护套线至平直后固定另一端，最后再固定中间段。护套线在转弯时，圆弧不能过小，转弯的地方应各固定一个线卡。两端交叉处要固定 4 个线卡，如图 1.4.20 所示。

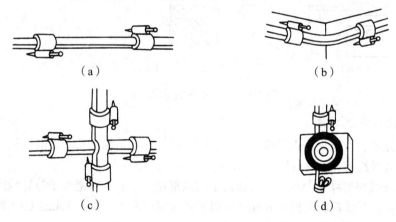

（a）　　　　　　　　　　　　　　（b）

（c）　　　　　　　　　　　　　　（d）

图 1.4.20　护套线线路的敷设

敷设护套线线路时，线路离地面距离不应小于 0.15 m，穿越墙壁或楼板时，应加线套管保护套线。塑料钢钉线卡的大小应选择合适。

四、绝缘子线路的安装

绝缘子线路适用于用电量较大且又较潮湿的场合，其线路的机械强度较大，外形如图 1.4.21 所示。

图 1.4.21 绝缘子外形

绝缘子配线采用绝缘子作为导线的支撑物，进行线路敷设。敷设时，应根据不同的线径和位置选择不同形状的绝缘子配线。较小线径的线路一般采用鼓形绝缘子配线；线路线径较粗且是终端时，可采用蝶形绝缘子。

1. 绝缘子的固定

绝缘子固定在木结构墙上，应选用鼓形绝缘子，用木螺钉直接拧入，如图 1.4.22（a）所示。在砖墙或混凝土墙上固定绝缘子，可采用预埋木榫或膨胀螺钉的方式来固定鼓形绝缘子、蝶形绝缘子或针形绝缘子，如图 1.4.22（b）（c）所示。

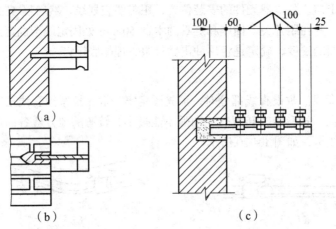

图 1.4.22　绝缘子的固定

2. 导线敷设及绑扎方法

敷设绝缘线路时，应事先校直导线，将一端的导线绑扎在绝缘子颈部，然后从导线的另一端收紧绑扎。有直导线绑扎和终端导线的绑扎两种，绑扎的方法如下：

（1）直线段导线与绝缘子的绑扎　直线段上的鼓形绝缘子和蝶形绝缘子与导线的绑扎可采用单绑法和双绑法。导线截面面积在 6 mm² 及以下的采用单绑法，如图 1.4.23（a）所示。导线截面面积在 6 mm² 及以上的采用双绑法，如图 1.4.23（b）所示。

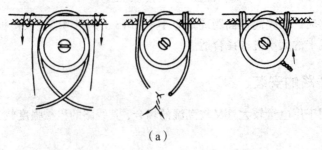

（a）

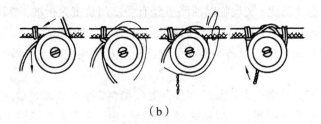

（b）

图 1.4.23　直线段导线与绝缘子的绑扎

（2）终端导线与绝缘子的绑扎　绑扎方法如图 1.4.24 所示。绑扎的圈数与线径、导体的材料有关，关系见表 1.4.1。

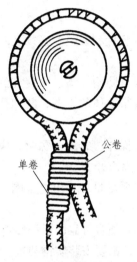

图 1.4.24　终端导线与绝缘子的绑扎

表 1.4.1　导线线径、导体材料与绑扎圈数的关系表

导线截面面积/mm²	绑线直径/mm²			绑线圈数	
	纱包铁芯线	铜芯线	铝芯线	公圈数	单圈数
1.5～10	0.8	1.0	2.0	10	5
10～35	0.89	1.4	2.0	12	5
50～70	1.2	2.0	2.6	16	5
95～120	1.24	2.6	3.0	20	5

第五节　安全知识

一、安全操作规程

1. 装设临时线路的安全措施

由于生产急需而架设临时线路时，必须特别注意安全，一般应采取以下安全措施：

（1）要有严格的管理制度。装设临时线路需经有关部门负责人批准，签注允许使用期限（一般不超过 3 个月），并有专人负责，定期巡回检查，期满后立即拆除。

（2）临时线路要使用合格的设备与器材。导线应尽量使用橡套或塑料护套线和电缆。线路装设规范。

（3）装设临时线路要考虑电力负载平衡及开关保护整定值是否满足要求。

（4）临时线路应有开关控制，不得从线路上直接引出，也不能以插销代替开关来分合电路。有关设备应采用保护接零、遮拦或标示牌等安全措施。

（5）临时线路不可随意拖拉，马虎架设。可沿建筑物构架等架空敷设，并注意保持与周围物体的安全距离。沿地面敷设时应采取穿管保护措施。

2. 电气设备使用安全规程

（1）对于出现故障的电气设备、装置和线路，必须及时进行检修，以保证人身和电气设备的安全。

（2）电气设备一般不能受潮，要有防雨、雪、水侵袭的措施。电气设备运行时，要有良好的通风散热条件和防火措施。有裸露带电体的设备，特别是高压设备，要有防止小动物穿入造成短路事故的措施。

（3）严格遵守操作规程进行运行操作。合上电源时，应先合隔离开关，再合负载开关；断开电源时，应先断开负荷开关，再断隔离开关。

（4）需要切断故障区域电源时，要尽量缩小停电范围。有分路开关的，应切断故障区域的分路开关。尽量避免越级切断电源。

（5）所有电气设备的金属外壳都必须有可靠的保护接地。

（6）凡有可能被雷击的电气设备，都要安装防雷装置。

3. 车间电气安全技术规程

（1）生产车间的一切电气设备除按照安全要求正确选用外，还必须在安装、使用、运行和维护等诸方面从技术上满足安全要求。

（2）为保证车间用电设备的安全运行，除正确选用、安装和使用外，还应对用电设备采取完善的保护措施，并保持正常的检查维护，及时排除故障，做好日常巡回检查和定期检修等工作。

（3）车间内的布线应根据周围环境和实际情况确定安全合理的布线方式和走向。线路应尽量远离热源、易燃物及其他危害线路安全运行的设施。穿管线路和临时线路的敷设都应按照安全技术要求进行。

（4）对底面暴露和人容易触及的带电设备要，采取可靠的防护措施。设备的带电部位对地和其他带电部位相互要保持一定的安全距离。

（5）对低压电力系统采用接地、接零保护。高压用电设备要采用熔断器等保护措施。对易产生过电压危害的电力系统，应采取避雷针等避雷装置和保护间隙等过电压保护装置。

（6）在电气设备系统和有关的公众场所装设安全标志。针对某些电气设备的特性和要求，采取特殊的安全措施。

二、安全知识

熟悉电气安全技术知识是进行安全生产的必要条件，下面主要从以下几个方面进行讲述。

（一）接地与接零

1. 接地的种类

低压电网的接地方式有三种五类，如图 1.5.1 所示。符号含义如下：第一个字母表示低压系统对地关系：T 表示一点直接接地，I 表示所有带电部分与大地绝缘或人工中性点接地。第二个字母表示装置的外露可导电部分的对地关系：T 表示与大地有直接的电气连接而与低压系统的任何接地点无关，N 表示与低压系统的接地点有直接的电气连接。第二个字母后面的字母表示中性线与保护线的组合情况：S 表示分开的，C 表示公用的，C-S 表示部分是公用的。

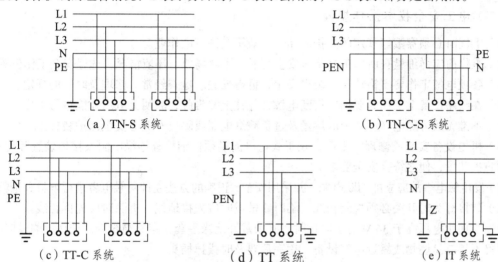

PE—保护接地导线；PEN—中线和保护线公用线

图 1.5.1　各类低压电网接地系统的接线方式

2. 接地的作用

接地可分为工作接地和保护接地。保护接地的作用主要是保护人身安全。

3. 保护接地的安装要求

（1）接地电阻不得大于 4 Ω。

（2）应采用专用保护接地的插头。

（3）保护接地干线截面面积应不小于相线截面的 1/2，单独用电设备应不小于 1/3。

（4）同一供电系统中采用了保护接地就不能同时采用保护接零。

（5）必须有防止中性线及保护接地线受到机械损伤的保护措施。

（6）保护接地系统每隔一定时间进行检验，以检查其接地状况。

4. 接零的作用

接零的作用也是保护人身安全。因为零线阻抗很小，当某一相碰壳时，就相当于该相短路，使熔断器或其他自动保护装置动作，从而切断电源，达到保护目的。

5. 保护接线的安装要求

（1）保护零线在短路电流作用下不能熔断。

（2）采用漏电保护器时应使零线和所有相线同时切断。

（3）零线一般采取与相线相等的截面面积。

（4）零线应重复接地。

（5）架空线路的零线应架设在相线的下层。

（6）零线上不能装设断路器、闸刀或熔断器。

（7）防止零线与相线接错。

（8）多芯导线中规定用黄绿相间的线做保护零线。

（9）电气设备投入运行前必须对保护接零进行检验。

（二）电工安全技术操作规程

（1）上岗时必须穿戴好规定的防护用品。一般不允许带电作业。

（2）工作前应详细检查所用工具是否安全可靠，了解场地、环境情况，选好安全工作位置。

（3）各项电气工作要严格执行"装得安全、拆得彻底、检查经常、修理及时"的规定。

（4）在线路设备上工作时要彻底切断电源，并挂上警告牌，验明无电后才能进行工作。

（5）不准无故拆除电气设备上的熔丝及过负载继电器或限位开关等安全保护装置。

（6）机电设备安装或修理完工后，在正式送电前必须仔细检查绝缘电阻及接地装置和传动部分的防护装置，使之符合安全要求。

（7）发生触电事故应立即切断电源，并采用安全、正确的方法立即对触电者进行解救和抢救。

（8）装接灯头时开关必须控制相线；临时线敷设时应先接地线，拆除时应先拆相线。

（9）在使用电压高于 36 V 的手电钻时，必须戴好绝缘手套，穿好绝缘鞋。使用电烙铁时，安放位置不得有易燃物或靠近电气设备，用完后要及时拔掉插头。

（10）工作中拆除的电线要及时处理好，带电的线头须用绝缘带包扎好。

（11）高空作业时应系好安全带。扶梯脚应有防滑措施。

（12）登高作业时，工具、物品不准随便向下扔，须装入工具袋内吊送或传递。地面上的人员应戴好安全帽，并离开施工区 2 m 以外。

（13）雷雨或大风天气，严禁在架空线路上工作。

（14）低压架空带电作业时应有专人监护，使用专用绝缘工具，穿戴好专用防护用品。

（15）低压架空带电作业时，人体不得同时接触两根线头，不得穿越未采取绝缘措施的导线间。

（16）在带电的低压开关柜（箱）上工作时，应采取防止相间短路及接地等安全措施。

（17）当电气发生火警时，应立即切断电源。在未断电前，应用四氯化碳、二氧化碳或干沙灭火，严禁用水或普通酸碱泡沫灭火器灭火。

（18）配电间严禁无关人士入内。外单位参观时必须经有关部门批准，由电气人员带入。倒闸操作必须由专职电工进行，复杂的操作应由两人进行：一人操作，一人监护。

（三）对电器及装置的安全要求

1．电气安全工作的基本要求

（1）在电气设备上工作至少应有两名经过电气安全培训并考试合格的电工进行。非合格电工在电气设备上工作时应由合格电工进行监护。

（2）电气工作人员必须认真学习、严格遵守《电业安全工作规程》和工厂企业制定的现场安全规程补充规定。

（3）在电气设备上工作一般应停电后进行。只有经过特殊培训并考核合格的电工方可进行批准的某些带电作业项目。停电的设备是指与供电网已隔离，已采取防止突然通电的安全措施并与其他任何带电设备有足够的安全距离。

（4）在任何已投入运行的电气设备或高压室内工作，都应执行两项基本安全措施：技术措施和组织措施。技术措施是保证电气设备在停电作业时切实断开电源、防止接近带电设备、可靠防止工作区域有突然来电的可能；在带电作业时能有完善的技术装备和安全的作业条件。组织措施是保证整个作业的各个安全环节在明确的有关人员安全责任制下组织作业。

（5）为了保证电气作业安全，所有使用的电气安全用具都应符合安全要求，并经过试验合格，在规定的安全有效期内使用。

2. 电气设备上工作的组织措施

（1）电气设备上工作人员的安全责任

① 工作票签发人正确签发安全工作票；保证作业任务的必要性和进行作业时的安全性；保证必要安全措施的正确和完善；保证所指派的工作人员适当、足够、精神状态良好。

② 工作负责人正确、安全地组织工作；进行安全思想教育和纪律教育；检查安全措施是否正确、完善；检查工作人员是否适当、足够、精神状态良好；监督认真执行安全工作规程和作业规程；组织清理作业现场并办理工作票终结手续。

③ 工作许可人审查安全措施是否符合现场需要和正确完备；正确完善地布置好工作现场的安全措施；检查停电设备有无突然来电的危险；若有疑问应向工作票签发人询问，必要时应要求其作出详细补充。

④ 工作班人员清楚地了解现场安全条件和有关安全措施及本人的工作任务和要求；认真执行安全工作规程和现场安全措施；关心施工安全并监督安全规程和现场安全措施的实施；认真清理现场和工具。

⑤ 工作票签发人不得兼任工作负责人或工作许可人。工作票签发人必须参加现场作业时，应列入工作班人员名单并接受工作负责人的监护和监督。工作负责人可以填写工作票但无权签发。工作许可人不得签发工作票。

（2）工作票制度

在电气设备上工作都要按工作票和口头命令执行。第一种工作票适用于在高压设备上工作，需要全部或部分停电的情况；高压室室内二次回路和照明回路上工作，需要将高压设备停电或做安全措施的情况。第二种工作票适用于无需将高压设备停电的带电作业，带电设备外壳上的工作，控制盘和低压配电盘、配电箱、电源干线上的工作，二次回路上的工作，传动中的发电机、同步电机的励磁回路或高压电动机转子电阻回路上的工作，非值班人员用绝缘棒或电压互感器定相或用钳形电流表测量高压回路的电路。凡不属于上述两种工作范围的人员工作，可以用口头或电话命令，命令除告知工作负责人外，还要通知值班运行人员，将发令人、负责人及任务详细记载在值班的有关记录本中。

此外还有工作许可制度，工作监护制度，工作间断、转移和终结制度。

3. 电气设备上工作的安全技术措施

（1）停电。

（2）验电。

（3）装设接地线。

（4）悬挂警告牌和装设遮拦。

（四）电气设备的防火措施

电气火灾通常是电气设备的绝缘老化、接头松动、过载或短路等因素导致过热而引起的。尤其是在易燃易爆场所，上述电气线路隐患危害更大。为防止电气火灾事故的发生，必须采取防火措施。

（1）经常检查电气设备的运行情况，检查接头是否松动，有无电火花发生，电气设备的过载、短路保护装置性能是否可靠，设备绝缘是否良好。

（2）合理选用电气设备。有易燃易爆物品的场所，安装、使用电气设备时，应选用防爆电器，绝缘导线必须密封敷设于钢管内。应按爆炸危险场所等级选用、安装电气设备。

（3）保持安全的安装位置。保持必要的安全间距是电气防火的重要措施之一。为防止电气火花和危险高温引起火灾，凡能产生火花和危险高温的电气设备周围不应堆放易燃易爆物品。

（4）保持电气设备正常运行。电气设备运行中产生的火花和危险高温是引起电气火灾的重要原因。为控制过大的工作火花和危险高温，保证电气设备的正常运行，应由经培训、考核合格的人员操作使用和维护保养。

（5）通风。在易燃易爆危险场所运行的电气设备，应有良好的通风，以降低爆炸性混合物的浓度。其通风系统应符合有关要求。

（6）接地。在易燃易爆危险场所运行的电气设备接地要求比一般场所高。不论其电压高低，正常不带电装置均应按有关规定可靠接地。

（五）电气设备的灭火规则

（1）电气设备发生火灾时，着火的电器、线路可能带电，为防止火情蔓延和灭火时发生触电事故，发生电气火灾时应立即切断电源。

（2）因生产不能停顿，或因其他需要不允许断电，必须带电灭火时，必须选择不导电的灭火剂，如二氧化碳灭火器、1211灭火器、二氟二溴甲烷灭火器等进行灭火。灭火时救火人员必须穿绝缘鞋和戴绝缘手套。

（3）当变压器、油开关等电器着火时，有喷油和爆炸的可能，最好在切断电源后灭火。

（4）灭火时的最短距离：用不导电灭火剂灭火时，10 kV电压，喷嘴至带电体的最短距离不应小于0.4 m；35 kV电压，喷嘴至带电体的最短距离不应小于0.6 m。若用水灭火，电压在110 kV及以上，喷嘴与带电体之间的距离必须保持3 m以上；220 kV及以上者，应不小于5 m。

第六节　电工测量技术知识

一、仪器、仪表概述

把被测的电量或磁量与同类标准量相比较的过程叫电工测量。用来测量各种电量和磁量的仪器仪表统称为电工测量仪表。

1. 电工测量仪表的分类

（1）指示仪表类　包括各种安装式、可携式及实验室用的指示仪表以及电能表等。

（2）比较仪器类　包括直流比较和交流比较仪器（直流电桥、交流电桥等）。

（3）数字式仪表和巡回检测装置类　数字式仪表是采用逻辑电路，用数码显示器显示被测量的仪表。数字仪表加上选择控制系统就构成巡回检测装置。

（4）记录仪表和示波器　把被测量随时间变化的关系记录下来的仪表叫作记录仪表。用来观察和记录变化迅速的被测量的仪表叫作示波器。

（5）扩大量程装置和变换器　扩大量程装置指分流器、附加电阻、电压互感器、电流互感器等。变换器是指将非电量（如压力、温度等）变换成电量的装置。

二、电工测量仪表的基本工作原理

电工指示仪表在测量时，被测量作用于仪表的测量机构，使之产生一个机械角位移，由指示装置（指针、光标等）指示在标度尺的不同刻度线上而获得被测量数值。用比较仪器测量时，被测量与度量器在比较仪器中进行比较而获得被测量数值。数字式仪表是利用模-数变换，将被测模拟量转换成数字量，经数字编码处理后再以数字形式显示出来。

用指示仪表测量，可以直接读得被测量数值，使用方便，仪表成本低、易于维修；但测量准确度不高，故多用于一般性测量。用比较仪器测量，操作麻烦，费时，设备成本高，维修要求高；但其准确度较高，故多用于精密量或实验室测量。数字式电工仪表因其灵敏度高、输入阻抗大、频率范围宽、测量速度快、显示清晰直观、操作方便，并向着智能化方向发展，在现代电工测量中应用越来越广泛。

三、测量误差与数据处理

1. 测量误差

在实际测量过程中，由于各种原因的影响，测量结果与被测量真实值之间存在差异，这个差异称为测量误差。测量误差一般可分为三类：

（1）系统误差　在测量过程中遵循一定规律且保持不变的误差。造成这种误差的主要原因是仪表本身的误差。另外，测量方法误差及测量人员感觉器官不够完善也会产生系统误差。

（2）偶然误差　在测量中出现的大小和符号都不确定的误差。主要是周围环境的偶发原因所造成的。

（3）疏失误差　在测量中出现的因操作者疏失大意而形成的严重歪曲测量结果的误差。

2. 对测量数据的处理

（1）对系统误差的处理　消除或减小这类误差常用的方法为引入更正值进行处理；采用特殊的测量方法（替代法、正负误差消去法等）进行处理。

（2）偶然误差的处理　在条件许可的前提下，采用尽可能多的重复测量，将所得数据求其算术平均值，即可得到较准确的测量结果。

（3）对疏失误差的处理　对含有疏失误差的数据应该摒弃，再重新进行测量。

四、电　桥

电桥属于比较仪器，是用来对电路参数（电阻、电感、电容等）进行精密测量的仪器。一般分为直流电桥和交流电桥两大类。

1. 直流电桥及其使用方法

直流电桥分为直流单臂电桥和直流双臂电桥，是用来精密测量直流电阻值的。单臂电桥适用于测量中值电阻（1~10Ω），双臂电桥用于测量低值电阻（1Ω以下）。在使用时应注意以下几点：

（1）使用前先把检流计锁扣或短路开关打开，调节调零使指针或光点置于零位。

（2）若使用外接电源，应按测量范围的规定选择电源电压；使用外接检流器计也应按规定选择其灵敏度和临界阻尼电阻值。

（3）被测电阻接入电桥后，应根据其阻值范围，选择合适的电桥比率臂值。

（4）测量时先接通电源电路，再接通检流计电路。若检流计指针上标尺"-"偏转，应减小比较臂数值；反之则增加数值，直至指针或光点指示在标尺的零位。此时：

$$被测电阻值=比率臂数值×比较臂数值$$

（5）测量完毕，应先断开检流计电路，再断开电源电路，并将检流计锁扣锁住。

（6）用直流双臂电桥进行测量时，除应遵守上述规定外，还需注意以下两点：

① 被测电阻的电流端钮和电位端钮应与双臂电桥的对应端钮连接。

② 测量要迅速。

2. 交流电桥及其使用

电路中交流参数的测量广泛使用交流电桥。使用时应注意：

（1）首先检查所用电源是否符合要求，"接地""屏蔽"是否良好。再接通电源，检查平衡是否符合要求。

（2）根据被测量选好测量种类开关位置。

（3）把被测物正确接在电桥上。

（4）调节调节器，使灵敏度逐步提高。

（5）根据被测量大小选择适当的倍率。

（6）调节测量旋钮使平衡指示器向最大值偏转，至指针偏转不再增加，电桥达平衡。此时：

$$被测参数=倍率×各测量旋钮读数之和$$

五、通用示波器

通用模拟型示波器由示波管、Y 轴偏转系统、X 轴偏转系统、扫描系统、整步系统及电源等部分组成，适用于一般性的波形测量。操作时应注意以下事项：

（1）接通后，须预热 15 min 后方可进行操作。

（2）调节"辉度"和"聚焦"旋钮，使荧光屏上的光点亮度适中并成一小圆点。

（3）调节"Y 轴位移"和"接地"旋钮，使圆光点居于屏幕之中。

（4）把被测信号接入"Y 轴输入"和"接地"端钮。根据被测信号的幅度，选择适当的"Y 轴衰减"档位。

（5）若要观察 Y 轴输入电压波形，应将"Y 轴衰减"开关置于"扫描"位置，再把"扫描范围"置于所选择的频率档位上。

（6）把"整步选择"开关置于"内+"或"内-"挡，并调节"整步增幅""扫描微调"旋钮，使屏幕上的波形稳定。

（7）如需试验工频交流波形，可将"Y 轴输入"和"实验信号"两个端钮短接。实验信号由机内供给，其有效值约 2.6 V。

（8）示波器不用时，应放于干燥、通风处，并要求隔一定时间通电工作一段时间。

数字示波器使用简单，读数方便，现已广泛使用。

六、光电检测计

光电检测计是一种高灵敏度仪表，用来测量极微小的电流或电压，通常用来检测电路中有无电流（指零仪）。使用时应注意：

（1）使用时必须轻拿轻放，搬动或用完后须将止动器锁上，无止动器的要合上短接动圈的开关或用导线将端子短路。

（2）使用要按规定的工作位置放置。具有水准指示装置的，用前要先调水平。

（3）要按临界阻尼选好外临界电阻。根据实验任务要求合理地选择检流计的灵敏度。

（4）用检流计测量时，其灵敏度应逐步提高。当流过检流计的电流大小不清楚时，不得贸然提高灵敏度，应串入保护电阻（并联分流电阻）。

（5）不准用万用表或电桥来测量检流计的内阻，以防损坏检流计线圈。

第七节　常用电工仪表的使用与维护

一、万用表的使用

万用表是一种可以测量多种电量的多量程便携式仪表，可以测量交流电压、直流电压、直流电流和电阻值等。万用表是维修电工必备的测量仪表之一。现以 500 型万用表（图 1.7.1）为例，介绍其使用方法及使用时的注意事项。

图 1.7.1　500 型万用表

1. 万用表表棒的插接

测量时将红表棒短杆插入"＋"插孔，黑表棒短杆插入"－"插孔。测量高压时，应将红表棒短杆插入 2500 V 插孔，黑表棒短杆仍插入"－"插孔。

2. 交流电压的测量

测量交流电压时，将万用表右边的转换开关置于"$\underset{\sim}{V}$"位置，左边的转换开关（量程选择）选择交流电压所需的某一量限位置。表棒不分正负，用手握住两表棒绝缘部分，将两表棒金属头分别接触被测电压的两端，观察指针偏转，读数，然后从被测电压端断开表棒。如果不清楚被测电压的高低，则应选择表的最大量限，交流 500 V 试测，若指针偏转小，逐渐调低量限，直到合适的量程，进行读数。交流电压量限有 10 V、50 V、250 V 和 500 V 四挡。

读数：量程选择在 50 V 及 50 V 以上各挡时，读"AC"标度尺，从标度盘自上而下的第二行标度尺读取测量值。选择交流 10 V 量限时，应读交流 10 V 专用标度尺，即从标度盘自上而下的第三行标度尺读取测量值。各量程表示满刻度值。

例如，量程选择为 250 V，表针指示为 200 V，则测量读数为 200 V。

3. 测量直流电压的方法

测量直流电压时，将万用表右边的转换开关置于"V"位置，左边的转换开关（量程选择）选择直流电压所需要的某一连线位置。用红表棒金属接触头接触被测电压的正极，黑表棒金属头接触被测电压负极。测量直流电压时，表棒不能接反，否则易损坏万用表。若不清楚被测电压的正负极，可用表棒轻快地碰触一下被测电压的两极，观察指针偏转方向，确定出正负极后再进行测量。如被测电压的高低不清楚，量程的选择方法与交流电压的量程选择相同。

直流电压的读数与交流电压读同一条标度尺。

4. 测量直流电流的方法

测量直流电流时，将左边的转换开关置于"A"位置，右边的转换开关选择直流电流所需要某一量限。再将两表棒串接在被测电路中，串接时注意按电流从正到负的方向。若被测电流方向或大小不清楚，可采用前面讲的试测方法进行处理。

5. 测量电阻值的方法

测量电阻值时，将左边的转换开关置于"Ω"位置，右边的转换开关置于所需的某一"Ω"挡位。再将两表棒金属头短接，使指针向右偏转，调节调零电位器（电气调零），使指针指示在欧姆标度尺"0"位置上。欧姆调零后，用两表棒分别接触被测电阻两端，读取测量值。测量电阻时，每转换一次量限挡位需要进行一次欧姆调零，以保证测量的准确度。为了保证测量的准确度，一般将欧姆挡指针调节在欧姆刻度线的 1/3 ~ 2/3 处再进行读数，如果指针不在此区间，可通过改变欧姆挡转换开关的不同倍率来实现。

读数：读标度尺，即标度盘上第一条标度尺。将读取的数值乘倍率数就是被测电阻的电阻值。

例如，当万用表左边转换开关置于"Ω"位置，右边转换开关置于 100 挡位时，读数为 15，则被测电阻的电阻值为 15×100=1 500（Ω）

6. 使用万用表时应注意的事项

（1）使用万用表时，应仔细检查转换开关位置选择是否正确，若误用电流挡或电阻挡测量电压，会损坏万用表。

（2）万用表在测试时，不能旋转转换开关。需要旋转转换开关时，应让表棒离开被测电路，以保证转换开关接触良好。

（3）电阻测量必须在断电状态下进行。

（4）为提高测量精度，电阻的倍率选择应使指针尽可能指示在标度尺中间段。电压、电流的量程选择，应使仪表指针得到最大偏转。

（5）为确保安全，测量交直流 2500 V 量限时，应将表棒一端固定在电路地电位上，用另一测试表棒接触被测电源。测试过程中应严格执行高压操作规程，双手必须带高压绝缘手套，地板上应铺放高压绝缘胶板。

（6）仪表在携带时或每次用毕后，最好将两转换开关旋至"●"位置上，使表内部电路呈开路状态。

二、兆欧表的使用

1. 兆欧表的选用

选用兆欧表时，其额定电压一定要与被测电器设备或线路的工作电压相适应，测量范围也应与被测绝缘电阻的范围相吻合。表 1.7.1 列举了一些在不同情况下兆欧表的选用要求。

表 1.7.1　不同额定电压的兆欧表的选用

测量对象	被测绝缘的额定电压/V	所选兆欧表的额定电压/V
线圈绝缘电阻	500 以下	500
	500 以上	1000
电机及电力变压器线圈绝缘电阻	500 以上	1 000～2 500
发电机线圈绝缘电阻	380 以下	1 000
电气设备绝缘	500 以下	500～1 000
	500 以上	2 500
绝缘子	—	2 500～5 000

2. 兆欧表的接线和使用方法

兆欧表有两个接线柱，上面分别标有线路（L）、接地（E）和屏蔽或保护环（G）。用兆欧表测量绝缘电阻时的接法如图 1.7.2 所示。

图 1.7.2　兆欧表测量电动机绝缘电阻的接线方法

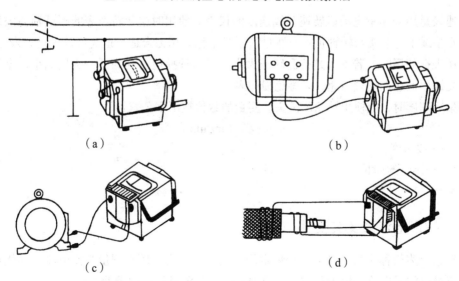

（a）　　　　　　　　　　　　（b）

（c）　　　　　　　　　　　　（d）

图 1.7.3　兆欧表测量绝缘电阻的接线方法

（1）照明及动力线路对地绝缘电阻的测量　如图1.7.3（a）所示。将兆欧表接线柱E可靠接地，接线柱L与被测线路连接。按顺时针方向由慢到快摇动兆欧表的发电机手柄，大约1 min时间，待兆欧表指针稳定后读数。这时兆欧表指示的数值就是被测线路的对地绝缘电阻值，单位是MΩ。

（2）电动机绝缘电阻的测量　拆开电动机绕组的Y或△形连接的连线。用兆欧表的两接线柱E和L分别接电动机的两相绕组，如图1.7.3（b）所示。摇动兆欧表的发电机手柄，读数。此接法测出的是电动机绕组的相间绝缘电阻。电动机绕组对地绝缘电阻的测量接线如图1.7.3（c）所示，接线柱E接电动机机壳（应清除机壳上接触处的漆或锈等），接线柱L接电动机绕组。摇动兆欧表的发电机手柄，读数，测量出电动机对地绝缘电阻。

（3）电缆绝缘电阻的测量　测量时的接线方法如图1.7.3（d）所示。将兆欧表接线柱E接电缆外壳，接线柱G接电缆线芯与外壳之间的绝缘层，接线柱L接电缆线芯。摇动兆欧表的发电机手柄，读数。测量结果是电缆线芯与电缆外壳的绝缘电阻值。

3. 使用注意事项

（1）测量设备的绝缘电阻时，必须先切断设备的电源。对含有较大电容的设备（如电容器、变压器、电机及电缆线路），必须先进行放电。

（2）兆欧表应水平放置，未接线之前，应先摇动兆欧表，观察指针是否在"∞"处，再将L和E两接线柱短路，慢慢摇动兆欧表，指针应指在"0"处。经开、短路试验，证实兆欧表完好，方可进行测量。

（3）兆欧表的引线应使用多股软线，且两根引线切忌绞在一起，以免造成测量数据不准确。

（4）兆欧表测量完毕，应立即使被测物放电，在兆欧表的摇把未停止转动和被测物未放电前，不可用手去触及被测物的测量部位或进行拆线，以防止触电。

（5）被测物表面应擦拭干净，不得有污物（如漆等），以免造成数据不准确。

三、转速表的使用

转速表是用来测量电动机转速和线速度的仪表。使用时应使转速表的测试轴与被测轴中心在同一水平线上，表头与转轴顶住。测量时手要平稳，用力合适，避免滑动丢转，发生误差。

转速表在使用时，若不清楚待测转速大小，量程选择应由高到低，逐挡减小，直到合适为止。不允许用低速挡测量高速，以避免损坏表头。

测量线速度时，应使用转轮测试头。测量的数值按下面公式计算：

$$v = Cn \text{（m/min）}$$

式中　　v——线速度；

　　　　C——滚轮的周长；

　　　　N——每分钟转速。

四、钳形电流表及其使用

钳形电流表简称钳表，是电工测量常用仪表之一，主要用于测量交流电流。其优点是不断开电路就可以测量电流，使用非常灵活方便；缺点是测量精度比较低。

1. 种　类

钳形电流表又分为普通钳形电流表和带万用表功能的钳形表。普通钳形表只能用来测电流，不能测其他参数。带万用表功能的钳形表是在钳形表的基础上增加了万用表功能，其使用方法与万用表相同。

钳形电流表由于显示部分的不同分为指针式和数字式，如图1.7.4所示。数字式钳形电流表的工作原理与指针式钳形电流表一致，不同的是采用液晶显示屏显示数字结果，最大的特点是没有读数误差，能够记忆测量结果，可以先测量后读数。

（a）指针式　　　　　　　　　　　　（b）数字式

图1.7.4　钳形电流表

2. 使用方法

在使用钳形电流表测试交流电流时，首先根据待测量线路的电流值，将转换开关拨到比测量线路电流大的挡位，然后打开钳口，将待测量导线穿过钳口后，关闭钳口，进行测量；测量过程中如果选择量程挡位过大，将导线从钳口中取出后，逐步由大到小改变量程，直到便于读数为止。

3. 钳形电流表使用时的注意事项

（1）被测线路电压不得超过钳形电流表所规定的使用电压，以防止绝缘被击穿，导致触电事故的发生。

（2）若不清楚被测电流大小，应由大到小逐级选择合适挡位进行测量。不能用小量程挡测量大电流。

（3）测量过程中，不得转动量程开关。需要转换量程时，应先脱离被测线路，再转换量程。

（4）为提高测量值的准确度，被测导线应置于钳口中央。

五、电工仪表的维护保养

（1）在搬动和使用仪表时，不得撞击和振动，应轻拿轻放，以保证仪表测量的准确性。

（2）应保持仪表的清洁，使用后应用细软洁净的布擦拭干净。不使用时，应放置在干燥的箱柜里保存。避免潮湿、暴晒以及腐蚀性气体对仪表内部线圈和零件造成霉断和接触不良等损坏。

（3）仪表应设专人保管，其附件和专用线应保持完整无缺。

（4）常用电工仪表应定期校验，以保证其测量数据的准确度。

（5）使用电工仪表时，应按照仪表的说明书规定的方法在确保安全下使用。

六、电压互感器的维修

仪用互感器是电压互感器与电流互感器的总称。仪用互感器本质上是一种容量小、变比误差小的专供配合电表进行测量用的特种变压器，它的结构及工作原理等基本上与一般的变压器相同。对一般变压器的维修工艺，也适用于仪用互感器。

1. 外部检查

（1）油位表应清洁，无堵塞、渗漏现象，表面应调到标准高度。

（2）检查磁套管的螺栓有无松动和锈蚀现象。磁套管的表面应清洁，无损伤、无裂纹。检查充油套管的绝缘油有无漏油、渗油，油面高度和油的颜色是否正常。

（3）检查手动阀门是否灵活，有无渗漏现象。

（4）检查油箱有无漏油、渗油现象，有无生锈和脱漆现象。

（5）检查引线有无损伤、固定是否牢固、接触是否良好。

2. 内部检修

（1）拆装现场和周围环境要保证清洁。

（2）拆开后所有部件应放在干净的木板上，并用布或厚纸包盖好，以保持清洁，防止异物落入，然后清洗箱盖和油箱。

（3）经检查若绝缘受潮，应进行烘干处理。绕组因短路等故障烧毁时，应重绕换新。

（4）各部件修复后，装配时要注意套管下端与线圈的连接要牢固可靠、接触良好；装配箱盖时，注意使顶盖与油箱间的衬垫密封良好。

3. 试验项目和要求

（1）测量绕组的绝缘电阻值，应不低于出厂值或上次测试值的 70%。测试的温度应在同一温度。

（2）用电桥测量绕组的直流电阻值，与原始值比较，应无显著变化。

（3）耐压试验，应符合水电部颁发的《电气设备交接和预防性试验要求标准》的要求。

七、电流互感器的维修

1. 外部检查

（1）清扫互感器上的灰尘、油污等。

（2）所有的紧固螺栓、螺帽不得松动，附件齐全完好。

（3）铁芯应清洁、紧密、无锈蚀、无机械损伤。

（4）铁芯接地应良好可靠。

2. 内部检修

（1）若绝缘电阻显著低于原始值，可能因绝缘受潮所致，可进行烘干处理。

（2）运行中，若所在线路发生短路或操作过电压等状况，应采用强磁场退磁或大负载退磁，直到磁回路达到出厂要求。

3. 试验项目、要求

（1）测量一次绕组对壳、二次绕组对壳和一次绕组与二次绕组之间的绝缘电阻，一次线圈的绝缘电阻应为 $800 \sim 1000$ MΩ 甚至以上，二次线圈的绝缘电阻应为 $10 \sim 20$ MΩ 甚至以上。

（2）测量一次线圈和二次线圈的直流电阻值，并与原始值即出厂值或前一次的测量值比较，应无显著变化。

（3）按水电部部颁标准做耐压试验。

（4）更换过线圈的电流互感器需测试其变比，应与铭牌相符。

第八节　车间电力线路、照明线路的检修

一、车间电力线路的检修

车间电力线路是车间动力的心脏，由车间电力变压器、低压配电柜（盘）及其配电线路组成。要保证车间电气设备安全、可靠地运行，必须对变压器、配电系统等关键部位做定期检修。检修内容如下：

（1）检查变压器的油液位和油的颜色是否正常，有无滴漏现象。定期检查变压器油的理化性能。

（2）定期清扫电气设备上的灰尘，保持绝缘子的清洁干净并检查有无裂纹和放电痕迹，以保持线路的绝缘良好。

（3）检查电气线路上的电接点是否齐全、紧固，有无松动或发热变色现象，保持电气线路的接触良好。

（4）检查各操作机构是否灵活，及时修理或更换损坏的电器元件，保持电气线路的完整、可靠。

（5）定期检查测量线路的绝缘性能。

二、车间照明线路的检修

白炽灯、日光灯和高压水银灯是车间照明所采用的光源。常见的故障及检修方法如下：

1. 白炽灯的常见故障及检修。

（1）灯泡不亮　　可能是灯泡钨丝烧断，灯头座开关接触不良，或者线路中有断路现象。

处理方法：灯泡损坏，更换新灯泡。接触不良，应拧紧松动的螺栓或更换灯头或开关。如果是线路断路，则应检查并找出线路断开处（包括熔丝），接通线路。

（2）合上开关即烧断熔丝　　多数属线路发生短路，应检查灯头接线，取下螺口灯泡，检查灯头中心铜片与外螺纹是否短路、灯头线是否松脱；检查线路有无绝缘损坏；估算负载，是否熔丝容量过小。

处理办法：处理好灯头上的短路点，若线路老化，根据情况处理绝缘或更换新件；如果是负载过重，应减轻负载或在线路通电能力允许的条件下加大熔断器容量。

（3）灯泡忽明忽暗（熄灭）检查开关、灯头、熔断器等处的接线是否松动，用万用表检查电源电压是否波动过大。

处理办法：拧紧松动的接头，电压波动不需要处理。

（4）灯泡发出强烈白光或灯光暗淡　　灯泡工作电压与电源电压不相符。

处理方法：更换与电源电压相符的灯泡。

2. 日光灯的常见故障及检修

（1）日光灯管不发光　　可能是接触不良、日光灯管灯丝已断、镇流器开路等引起的。

处理办法：若接触不良，可转动灯管，压紧灯管与灯座之间的接触。若是日光灯管灯丝断

路或镇流器开路，可用万用表检查通断情况，根据检查情况进行更换。如果采用的是电子整流器，一般是电子整流器损坏引起的。

（2）灯管两端发光，不能工作　可能是电压过低、灯管陈旧或气温过低等原因引起的。

处理办法：更换灯管。如果是电压过低则不需处理，在电压正常后日光灯可正常工作；气温过低时可加保护罩，提高温度。

（3）灯光闪烁　新灯管质量不好或旧灯管陈旧等引起的。

处理办法：更换灯管。

（4）灯管亮度降低　灯管陈旧，电压偏低等引起的。

处理办法：更换灯管。电压偏低不需要处理。

3. 高压水银灯常见故障及检修

（1）高压水银灯不能点亮　原因有电源电压过低、镇流器选配不当、接头接触不良、灯泡损坏等。

处理办法：电压过低不需处理。选用合适的镇流器。属接触不良的，处理各连接处。灯泡损坏时应更换灯泡。

（2）只亮灯芯　原因是灯泡玻璃漏气或破碎。

处理办法：更换灯泡。

（3）忽亮忽熄或亮后忽然熄灭　可能是灯泡接触不良或电压波动造成的。亮后忽然熄灭，一般是电压下降或线路断线或灯泡损坏等原因造成。

处理办法：电压原因不需处理。其他故障，应处理接触不良之处。灯泡损坏可更换灯泡。

4. LED 灯常见故障及检修

（1）LED 灯不能点亮　原因有镇流器损坏或选配不当、接头接触不良、LED 灯损坏等。

处理办法：镇流器损坏或选配不当，需选用合适的镇流器；属接触不良的，处理各连接处。LED 灯损坏时应更换灯泡。无论更换镇流器还是 LED 灯，都应确保绝缘等级、功率及直流电的正负极的正确性。

三、车间信号装置的检修

在电气系统中，为表明系统的运行状态，通常设有信号装置。信号装置的种类较多，常用的有声响信号装置和灯光信号装置。信号装置常见故障及检修方法如下：

（1）信号灯不亮，声响器不响　检查灯泡和电阻，若损坏则更换灯泡和电阻。检查装置内连线有无断线或接触不良，查出故障点后接好连接线，紧固松动处；检查升降器和控制器，控制变压器有无损坏，如有损坏，则修理或更换检查，查出原因处理后，重新接好熔丝。

（2）信号灯忽亮忽熄或声响器响停交替　检查装置接线有无松动，找出故障点后加以紧固；检查电源是否正常，如电源有问题，则应排除电源故障。

（3）信息不能撤除　检查控制触点有无熔焊，找出故障点处理或更换。检查有无信号回路碰线故障，断开碰线处；若是绝缘损坏，则应恢复绝缘或更换控制线。

（4）误发信号　检查信号装置元件有无损坏，查出损坏元件，更换修复信号装置；检查线路有无开路或短路故障，查出故障点，排除故障。

四、车间接地系统的检测

1. 接地电阻的测量方法

（1）万用表测量 首先在距接地体 A 处约 3 米处打下两根测试棒 B 和 C，打入深度为 0.5 m 左右。如图 1.8.1 所示。再将万用表置于 RX1 档，测量并记录 AB、BC 和 AC 间的电阻值，通过计算可求出接地体的接地电阻。计算公式为

$$R_A = (R_{AB} + R_{AC} - R_{BC}) \div 2$$

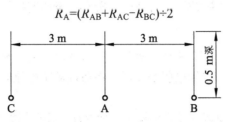

图 1.8.1 万用表测量接地电阻的测量方法

（2）接地电阻测试仪测量 测量前，先拆开接地干线与接地体的连接点，将两根探测针分别插入地中 0.4 m 深，并使接地极 E、电位探针 P 和电流探针 C 成一直线，各相距 20 m，P 插于 E 和 C 之间。然后用专用导线分别将 E、P、C 接到接地电阻摇表的相应接线柱上。专用导线的连接如图 1.8.2 所示。

测量时，将接地电阻摇表水平放置，检查检流计的指针是否指在中心线上，若不是，可调节零位调整器把指针调整到中心线上。然后将仪表的"倍率标度"置于适当倍数，慢慢转动发电机手柄，同时旋转"测量标度盘"，使检流计平衡。当指针接近中心线时，加快发电机手柄的转速，再调整测量标度盘使指针指在中心线上，用测量标度盘的读数乘"倍率标度"的倍数，即为所测接地体的接地电阻值。

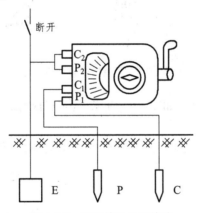

图 1.8.2 测量接地电阻接线

2. 接地系统的定期检查

（1）工作接地的接地电阻每隔半年或一年检测一次；保护接地的接地电阻每年或隔年检查一次；接地电阻增大时应及时修复。

（2）接地装置的连接点每半年或一年检查一次，螺栓压紧，松动的应拧紧，电焊连接处不牢的要补焊。

（3）接地线的每个支持点也应定期检查、紧固。定期检查接地体之间的干线有无严重锈蚀，发现锈蚀应及时修复，不得继续使用。

第九节 常用低压电器的检修

一、触头系统故障的判断、修复及更换调整

触头系统常见故障有：触头过热、触头烧伤和熔焊、触头磨损等。故障原因及修复方法如下：

1. 触头过热

触头因长期使用，触头弹簧会变形、氧化和张力减退，造成触头压力不足，而触头压力不足使触头接触电阻增大，触头接触电阻增大后，在通过额定电流时，温升将超过允许值，造成触头过热。

处理方法：更换损坏的弹簧。弹簧更换后，为保证检修质量，应作以下检查试验。

（1）测量动、静触头刚接触时作用于触头上的压力，即触头初压力。触头完全闭合后作用于触头上的压力，即触头终压力。

测量指式触头初压力的方法：如图 1.9.1 所示。在动触头及其支架间夹入纸条（厚度不大于0.05 mm），能轻轻抽出纸条时，砝码的质量即为指式触头的初压力。

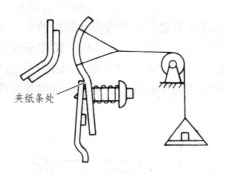

夹纸条处

图 1.9.1 测量指式触头初压力

测量桥式触头终压力的方法：如图 1.9.2 所示。指示灯刚熄灭时，每一触头的终压力为砝码质量的 1/2。

测量指式触头终压力的方法：如图 1.9.3 所示。指式灯刚熄灭时，砝码质量即为触头终压力。

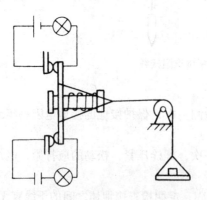

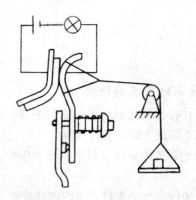

图 1.9.2 测量桥式触头终压力   图 1.9.3 测量指式触头终压力

（2）测量触头在完全分开时，动、静触头间的最短距离，即开距。触头完全闭合后，将静触头取下，动触头接触处发生的位移，即超程。触头的开距和超程可用卡尺、塞尺和内卡钳等量具进行测量。

2. 触头的灼伤和熔焊

（1）灼伤　触头在分断或闭合电路时，会产生电弧。电弧的作用会造成触头表面严重灼伤。

处理方法：可用细锉轻轻锉平灼伤面，即可使用。不能修复的则应更换。

（2）熔焊　严重的电弧产生的高温，是动、静触头弹簧损坏，初压力减小等原因造成的。损坏严重的触头应及时更换。

3. 触头磨损

电弧高温使触头金属气化蒸发，加上机械磨损，使触头的厚度越来越薄，这属正常磨损。当触头磨损超过原厚度的 1/2 时，应更换触头。如因触头压力因素和灭弧系统损坏造成非正常磨损，则必须排除故障。

二、电磁系统故障判断及修复

电磁系统常见故障有：噪声过大、线圈过热、衔铁不吸或不释放等。原因及故障处理如下：

（1）噪声过大　有可能是交流电器的短路环断裂或松动，静铁芯端面不平、歪斜、有污垢等引起的。

处理方法：拆下线圈，锉平或磨平铁芯极面，或用汽油清洗干净油污。若是短路环断裂，可用铜材按原尺寸制作更换。铁芯歪斜，则应加以校正或紧固。

（2）线圈过热　动、静铁芯端面变形，衔铁运动受阻或有污垢等均可造成铁芯吸合不严或不吸合，导致线圈电流过大、过热，严重时会烧毁线圈。另外，电源电压过高或过低、操作频繁、线圈匝间短路等也会引起线圈过热或烧毁。

处理方法：修理铁芯变形端面，清除端面污垢，使铁芯吸合正常。若线圈匝间短路，应更换线圈。如属操作频繁，则应降低操作频率。

（3）衔铁不吸或衔铁吸后不释放　线圈通电后衔铁不吸，可能是电源电压过低、线圈内部或引出线部分断线；也可能是衔铁机构可动部分卡死造成的。衔铁吸后不释放的原因有：剩磁作用或者是铁芯端面的污垢使动、静铁芯粘贴在一起；直流电器的非磁性垫片损坏，使衔铁闭合后最小气隙变小，也会导致衔铁不能顺利释放。

处理方法：如果是衔铁可动部分受卡，可排除受卡故障。铁芯端面有污垢，要用汽油清洗干净。若是引出线折断，则要焊接断线处。线圈内部断线则应更换线圈。直流电器的非磁性垫片损坏，应予更换。

（4）线圈严重过热或冒烟烧毁　原因是线圈匝间短路严重、绝缘老化或者是线圈工作电压低于电源电压。

处理方法：若是线圈匝间短路或绝缘老化，应更换线圈。如果是线圈工作电压与电源电压不相符，应更换线圈工作电压与电源电压相符的线圈。

第十节 三相异步电动机的拆装、检修及一般试验

一、三相异步电动机的拆卸和装配

电动机发生故障和维修、保养等原因，经常需要拆卸和装配，如果拆装过程中操作不当，会造成机件损坏。下面介绍电动机结构、拆卸及装配步骤。电动机结构如图1.10.1所示。

图 1.10.1 三相笼型异步电动机的结构

1. 拆装步骤

安装在设备上的电动机，首先应切断电源，拆除电动机与电源的连接线，做好电源线头的绝缘处理，并记录相序。拆除电动机与设备的机械连接，使电动机与设备分离，再进行电动机的拆卸。

（1）皮带轮（或联轴器）的拆卸　拆卸时应在皮带轮（或联轴器）的轴伸端上做好尺寸标记，如图1.10.2所示。然后松脱销子的压紧螺栓，慢慢拉下皮带轮（或联轴器）。

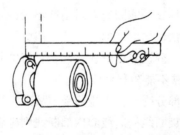

图 1.10.2 皮带轮的位置标记

（2）风罩、风扇叶的拆卸　松脱风罩固定螺栓，取下风罩。然后松脱风罩的固定螺栓，用木锤在风扇四周均匀轻敲，取下风扇。

（3）拆卸端盖、抽出转子　拆卸前应先在端盖与机座的接缝处做好标记，以便装配时复位。一般小型电动机应先拆前轴承外盖、端盖以及后端盖螺栓，然后用手将转子带着后端盖一起慢慢抽出（注意，抽出转子时，不要碰伤绕组）。对于较大型电动机，拆卸前、后端盖后，用起重设备将转子吊起，慢慢平移抽出。如图1.10.3所示。

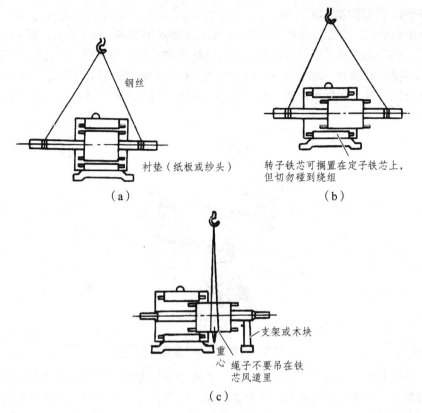

（a）　　　　　　　　　　　　（b）

钢丝

衬垫（纸板或纱头）

转子铁芯可搁置在定子铁芯上，
但切勿碰到绕组

支架或木块

重心

绳子不要吊在铁
芯风道里

（c）

图 1.10.3　用起重设备吊出电动机转子的方法

（4）轴承的拆卸、清洗与一般检查　拆卸电机轴承时，拆卸器大小选用要合适，拆卸器应尽量紧扣轴承的内圈将轴承拉出。也可以用铜棒敲打的方法拆卸滚动轴承，如图 1.10.4 所示。

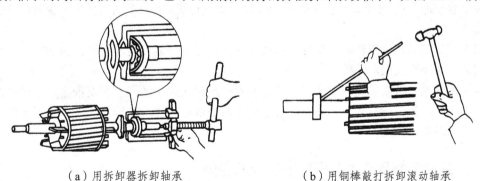

（a）用拆卸器拆卸轴承　　　　　（b）用铜棒敲打拆卸滚动轴承

图 1.10.4　轴承的拆卸

清洗轴承时，应先刮去轴承和轴承盖上的废油，用煤油洗净残存的油污，然后用清洁布擦拭干净（注意：不能用棉纱擦拭轴承）。轴承洗净擦干后，用手旋转轴承外圈，观察其转动是否灵活，若遇卡或过松，需再仔细观察滚道间、保持器及滚珠（或滚柱）表面有无锈迹、斑痕等，根据检查情况决定轴承是否需要更换。

2. 装配步骤

电动机的装配步骤与拆卸步骤相反。在装配时，除各配合处要清理除锈和按部件标记复位外，还应该注意以下几方面问题：

（1）更换新轴承时，应将其置于 70～80 ℃ 的变压器油中加热 5 min 左右，再用汽油洗净，用洁净布擦干，然后进行轴承的装配。轴承装配有冷套和热套两种方法：冷套法：把轴承套在清洗干净并加润滑脂的轴上，对准轴颈，用一般内径略大于轴颈直径且外径略小于轴承内圈外径的套管，套管的一端顶住轴承内圈，另一端垫上木板，用锤子敲打木板，把轴承敲进去，如图 1.10.5 所示。

图 1.10.5　用套管冷套法装配轴承

热套法：将轴承置于 80～100 ℃ 变压器油中加热 30 min 左右。加热时油面要超过轴承，且轴承要放在网架上，不要与底壁接触。加热要均匀，把握好温度和时间。热套时要趁热，迅速将轴承一直推到轴颈。套好后用皮老虎吹去轴承内的变压器油，并擦拭干净。

（2）装润滑脂

轴承的润滑脂应保持清洁和够量，塞装时要均匀，不宜过量，润滑脂的用量不宜超过轴承及轴承盖容积的 2/3；对于转速在 2 000 r/min 以上的电动机，润滑脂的用量应减少为轴承盖容积的 1/2。

（3）拧紧端盖紧固螺栓时，要按对角线上下左右逐步拧紧。装配完毕，转动转子应转动灵活、均匀，无停滞或偏重现象。

（4）皮带轮（或联轴器）安装时，要注意对准键槽或定位螺孔。在皮带轮（或联轴器）的端面垫上木块，用锤子打入。在安装较大型电动机的皮带轮（或联轴器）时，可用千斤顶将皮带轮（或联轴器）顶入。

二、三相笼型异步电动机定子绕组的更换

电动机定子绕组严重损坏而无法修复时，应拆除损坏的绕组，重新绕制新绕组、嵌线、接线、浸漆烘干并做修复后的一般试验。

1. 定子绕组的拆除

冷态时的绕组较硬，很难拆除，必须加热软化绕组绝缘后，立即拆除。拆除时的加热方法，有以下几种：

（1）电流加热法　将绕组端部各连接线拆开，在绕组中通入单相低压大电流，绕组软化冒烟时，切断电源，打出槽楔，迅速拆除绕组。

（2）用烘箱、煤炉、煤气、乙炔或喷灯等加热拆除　这类加热方法的加热温度较高，在加热过程中应特别注意过高的温度会烧坏铁芯，使硅钢片性能变差。

2. 拆除旧绕组注意事项：

（1）要保留一只完整的线圈，以备制作绕线模时参考。

（2）应做好铭牌数据、槽数、绕组节距、连接方式、绕组只数、每槽导线匝数、导线并绕根数、导线直径及绕组形状和周长记录。

（3）拆除绕组后，应修正槽形，清除槽内残留绝缘物。

3. 绕组的绕制

绕组尺寸的大小与嵌线质量及电机性能好坏有着密切的关系，而绕组尺寸的大小完全是由绕线模的尺寸来决定的。因此，绕线模的尺寸要做得准确，最好是从拆下的完整旧绕组中取出其中的一匝，参考其形状及周长，制作绕线模，并先绕制一联绕组试嵌；也可根据电动机型号查找电工手册有关技术资料。绕线模由芯板和上、下夹板组成，如图 1.10.6 所示。

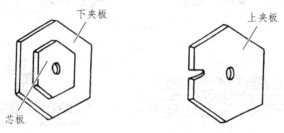

图 1.10.6　双层叠绕组线模

绕线前，检查导线规格无误后，将线盘放上线架。绕线模安装在绕线机的主轴上，并用螺帽拧紧，紧固后的绕线模挡板与模心之间不应出现缝隙，以避免绕线时导线嵌在缝隙中。把布带放入绕线模扎线槽内，供绕组绕好后绑扎用。再在线架与绕线机之间放置夹线板，将线盘上抽出的导线头通过夹线板中间的毛毡，再穿上一段玻璃漆管，然后将导线头挂在绕线模右边，从左向右绕制。如图 1.10.7 所示。

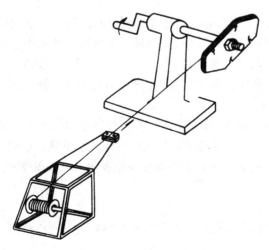

图 1.10.7　线圈绕制示意图

绕线时，调整好夹线板拉力，手握玻璃漆管掌握导线，使导线在线模内排列整齐、层次分明、不交叉。绕完一线圈，仔细核对匝数无误后，将扎线上翻，扎紧后再绕下一线圈。绕完一个极相组后，要留一定长度的导线做极相线间连接。

4. 端部接线

嵌线完毕，端部接线应按绘制的接线原图或检修前记录的技术数据进行串、并联接线。小型电动机引出线应从线孔对面引过来，同绕组端部牢固地绑扎在一起。中型电动机由于连接较粗，不便于统一绑扎，可将连线与引出线扎在一起，固定在绕组端部的顶上。最后每相绕组只留一头一尾，三相共三头三尾，接到电动机接线盒内的 6 个接线端上。

为保证接线的质量，中型电机均采用焊接的方法。取玻璃漆管 40~80 mm，在接线前先套上，刮净漆后再焊接。焊接前导线间连接可采用绞线接法，如图 1.10.8（a）所示。焊好后将玻璃套管移至焊接处，如图 1.10.8（b）所示。较细导线与较粗导线连接用绑扎连接法，如图 1.10.8（c）所示。

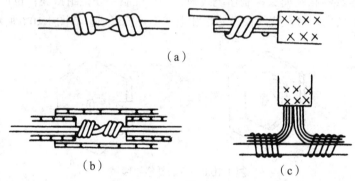

图 1.10.8 接头的焊接与绑扎

5. 浸漆烘干

浸漆能增强绕组的耐潮性，提高绕组的绝缘强度和机械强度，改善绕组的散热能力和防腐作用。所以，绕组的浸漆烘干是电动机修理中十分重要的工序。电动机的浸漆烘干分预烘、浸漆和烘干三个环节。

（1）预热 预热是为了驱除绕组和绝缘材料中的潮气，便于浸漆。预热温度一般控制在 110 ℃ 左右，预热时间 4~8 h，且每隔 1 h 测量一次绝缘，待绝缘电阻稳定后，结束预热。

（2）浸漆 烘干后，绕组温度降至 70 ℃ 左右才能浸漆。浸漆约 15 min，直到不冒气泡为止。浸漆时，漆的黏度要适中，太黏可用二甲苯等溶剂稀释。普通电动机浸漆 2 次，湿热环境中使用的电动机浸漆 3~4 次。

（3）烘干 一般分两个阶段：低温阶段，温度控制在 70~80 ℃，时间 2~4 h。此阶段溶剂挥发缓慢，可以避免表面很快结成漆膜，使内部气体无法排除，形成气泡。高温阶段，温度控制在 120 ℃ 左右，烘烤时间 8~16 h。此阶段使绕组表面形成坚固漆膜。在烘干过程中，每隔 1 h 应测量一次绝缘电阻。

常用的烘干方法有：

（1）灯泡烘干法 用红外线灯泡或白炽灯泡直接照射电动机绕组。改变灯泡功率大小，就可以改变烘烤温度。

（2）电流干燥法 电流干燥法接线如图 1.10.9 所示。小型电动机采用电流干燥法时，在定子绕组中通入单相 220 V 交流电，电流控制在电动机额定电流的 60% 左右。测量绝缘电阻时，应切断电源。

（3）循环热风干燥法　干燥室如图1.10.10所示。室壁用耐火砌成内、外两层，中间填隔热材料，如石棉和硅藻等。热源一般采用电热器加热，但热源不裸露在干燥室内，应由干燥室内的鼓风机将热风均匀地吸入干燥室内，干燥室顶部还应有排气孔。

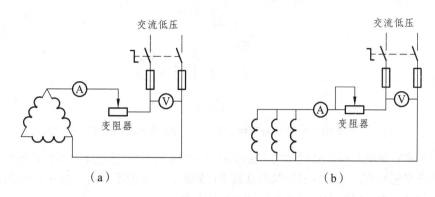

图1.10.9　电流干燥法

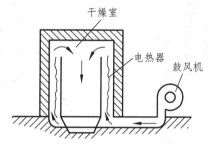

图1.10.10　循环热风干燥法

6. 三相异步电动机定子绕组首尾的判别

因各种原因造成电动机 6 个引出线头分不清首尾端时，必须先分清三相绕组的首尾，才能进行电动机的 Y 和△形连接。

三相异步电动机定子绕组首尾端判别方法如下：

（1）用万用表毫安挡判别　首先用兆欧表或万用表"Ω"挡找出三相绕组每相绕组的两个引出线头。做出三相绕组的假设编号 U1、U2、V1、V2、W1、W2。再将三相绕组假设的三首三尾分别连在一起，接上万用表，用毫安挡或微安挡测量，如图1.10.11所示。用手转动电动机转子，若万用表指针不动，则假设的首尾端均正确。若万用表指针摆动，说明假设编号的首尾有错，应逐相对调重测，直到万用表指针不动为止，此时连在一起的三首三尾正确。

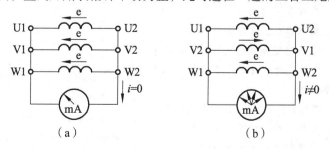

图1.10.11　用机械万用表判别异步电动机定子绕组首尾端方法（一）

另一种方法是：做好假设编号后，将任一相绕组接万用表毫安（或微安）挡，另选一相绕组，用该相绕组的两头引出线头分别碰触干电池的正、负极，若万用表指针正偏转，则接干电池的负极引出线头与万用表的红表棒为首（或尾）端，如图1.10.12所示。照此方法找出第三相绕组的首（或尾）端。

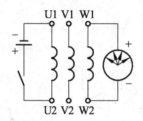

图1.10.12　用机械万用表差别异步电动机定子绕组首尾端方法二

（2）36 V交流电和灯泡判别法　接线如图1.10.13所示。灯泡亮为两相首尾相连；灯泡不亮，为首首或尾尾相连。为避免因接触不良造成误判别，当灯泡不亮时，最好对调引出线头的接线，再重新测试一次，以灯泡亮为准来判别绕组的首尾端。

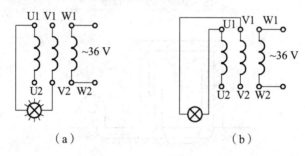

（a）　　　　　　　　　　　　　　（b）

图1.10.13　用36 V交流电和灯泡判别电动机定子绕组首尾端

三、三相异步电动机常见故障的判断、检修及检修后的一般试验

1. 三相异步电动机常见故障的判断及检修

三项异步电动机常见故障分机械故障和电气故障两大类。电器故障包括：定子和转子绕组短路、断路，电刷及启动设备故障等。机械故障包括：振动过大、轴承过热、定子与转子相互摩擦及不正常噪声等。其判断与处理方法见表1.10.1。

表1.10.1　三相异步电动机常见故障判断及检修方法

故障现象	原因分析	处理方法
电动机通电后不启动或转速低	1. 电源电压过低 2. 熔丝熔断，电源缺相 3. 定子绕组或外部电路有一相断路，绕线式转子内部或外部断路，接触不良 4. 电机连接方式错，△误接成Y形 5. 电机负载过大或机械卡住 6. 笼式转子断条或脱焊	1. 检查电源 2. 检查原因，排除故障，更换熔丝 3. 用摇表或万用表检查有无断路或接触不良，查出后连接断路处，处理接触不良处 4. 改正接线方式 5. 调整负载，处理机械部件 6. 更换或补焊铜条，或更换铸铝转子

故障现象	原因分析	处理方法
电动机过热或底部冒烟、起火	1. 电动机过载 2. 电源电压过高 3. 环境温度过高，通风散热障碍 4. 定子绕组短路或接地 5. 缺相运行 6. 电机受潮或修理烘干不彻底 7. 定转子相摩擦 8. 电动机接法错误 9. 启动过于频繁	1. 降低负载或更换大容量电动机 2. 检查，调整电源电压 3. 更换 b 或 f 级绝缘电机。降低环境温度，改善通风条件 4. 检查绕组直流电阻、绝缘电阻，处理短路点 5. 分别检查电源或电机绕组，查出故障点加以修复 6. 若过热不严重、绝缘尚好，应彻底烘干 7. 检查气隙、轴承磨损情况，查出原因，修复 8. 改为正确接法 9. 按规定频率启动
电刷火花过大、滑环过热	1. 电刷火花太大 2. 内部过热 3. 滑环表面有污垢、杂物 4. 滑环不平、电刷与滑环接触不严 5. 电刷牌号不符、尺寸不对 6. 电刷压力过大或过小	1. 调整、修理电刷和滑环 2. 消除过热原因 3. 清除污垢、杂物，使其表面与电刷接触良好 4. 修理滑环、研磨电刷 5. 更换合适的电刷 6. 调整电刷压力到规定值
单相电流过大或不平衡电流超过允许值	1. 定子绕组某一相首尾端接错 2. 三相电源电压不平衡 3. 定子绕组有部分短路 4. 单向运行 5. 定子绕组有断路现象	1. 重新判别首尾端后再接线运行 2. 检查电源 3. 检修短路绕组或更换 4. 检查熔丝，控制装置一个接触点，排故 5. 查出断路绕组，检修或更换
振动过大	1. 电机机座不平 2. 轴承缺油、弯曲或损害 3. 定子或转子绕组局部短路 4. 转动部分不平衡，连接处松动 5. 定子转子相摩擦	1. 重新安装，调平机座 2. 清洗加油，校直或更换轴承 3. 查出短路点，修复 4. 校正平衡，查出松动处，拧紧螺栓 5. 检查，校正动静部分间隙

2. 电动机修后的一般性试验

修理后的电动机为保证其检修质量，应做以下检查和试验。

（1）修后装配质量检查　轴承盖及端盖螺栓是否拧紧，转子转动是否灵活，轴身部分是否有明显的偏摆。绕线转子电动机还应检查电刷装配情况是否符合要求。在确认电动机一般情况良好后，才能进行试验。

（2）绝缘电阻的测定　修复后的电动机绝缘电阻的测定一般在室温下进行。额定工作电压在 500 V 以下的电动机，用 500 V 摇表测定其相间绝缘和绕组对地绝缘。小修后的绝缘电阻应不低于 0.5 MΩ，大修更换绕组后的绝缘电阻一般不应低于 5 MΩ。

（3）空载电流的测定试验时，应在电动机定子绕组上加三相平衡的额定电压，且电动机不带负荷，如图 1.10.14 所示。测得的电动机任意一相空载电流与三相电流平均值的偏差不得大于 10%，试验时间为 1 h。试验时可检查定子铁芯是否过热或温升不均匀，轴承温度是否正常，倾听电动机启动和运行有无异常响声。

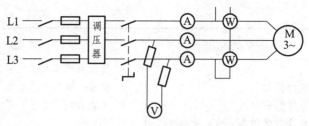

图 1.10.14　空载试验线路图

（4）耐压试验　电动机大修后，应进行绕组对机壳及绕组相间的绝缘强度（即耐压）试验。对额定功率为 1 kW 及以上的电动机，额定电压为 380 V，其试验电压为交流 50 Hz，有效值为 1 760 V；对额定功率小于 1 kW 的电动机，额定电压为 380 V，其试验电压有效值为 1260 V。

3. 电刷的更换及调整

电刷是电机固定部分与转动部分导电的过渡部件。电刷工作时，不仅有负荷电流通过，而且还要保持与滑环表面良好的接触和滑动。因此，要求电刷具有足够的载流能力和耐磨的力学性能。为保持电刷良好的电气性能和力学性能，在检查、更换和调整电刷时，应注意以下几点。

（1）注意检查电刷磨损情况，在正常压力下工作的电刷，随着电刷的磨损，弹簧压力会逐渐减弱，应调整压力弹簧予以补偿。当电刷磨损超过新电刷长度的 60%时，要及时更换。更换时，应尽量选用原电刷牌号及尺寸。电刷停止运行时，应仔细观察滑环表面，若表面不平、不清洁，应及时修理清洁滑环，以保证滑环与电刷接触良好。

（2）更换电刷时，应将电刷与滑环表面用 0 号砂布研磨光滑，使接触面积达到电刷截面积的 75%以上。刷握与滑环的距离应为 2 ~ 4 mm。

（3）更换的电刷在刷握内应能上下自由移动，但不能因太松而摇晃。6 ~ 12 mm 的电刷在旋转方向上游隙为 0.1 ~ 0.2 mm；12 mm 以上的电刷游隙为 0.15 ~ 0.4 mm。

（4）测量电刷压力。用弹簧秤测量各个电刷压力时，一般电动机电刷压力为 15 ~ 25 kPa，同一刷架上的电刷压力差值不应超过 10%。目测检查调整时，把电刷压力调整到不冒火花，电刷不在刷握里跳动，摩擦声很低即可。

（5）更换电刷时，应检查电刷的软铜线是否牢固完整，若软铜线折断股数超过总股数的 1/3，应更换新电刷线。

4. 电动机的检修

（1）电动机电磁故障的检查　包括电源情况的检查，绕组接地、短路、断路、接错嵌反等的检查。

（2）电机故障的检修　包括电机启动、转速故障的检修，换向火花过大故障的检修，电机过热故障的检修，电机机械故障的检修，定子绕组故障的检修。

5. 变压器的检修

（1）变压器运行中的检查　检查项目包括：监视和巡回检查变压器运行情况，抽样检查变压器油，定期检查充氮保护气袋压力。

（2）变压器的定期维修　小修每年一次，大修每 10 年一次，发现异常时应提前大修。

（3）变压器的检修　变压器的绝缘老化达三级时应密切注意，达四级时必须进行大修；分接开关的检修；铁芯多点接地故障检修；线圈的重绕和绝缘处理；油务处理；变压器其他附件的检修。

第十一节　三相异步电动机基本控制电路的安装及检修

一、电器元件及导线的选用

电动机基本控制电路中使用的电器元件应保证额定电流大于或等于电动机额定电流的1.5~2.5倍，额定电压应大于或等于电动机额定电压。

1. 熔断器、熔体的选用

（1）熔断器的选用　熔断器的额定电流应等于或大于熔体的额定电流，其额定电压应等于或大于线路额定电压。常用熔断器如图1.11.1所示。

图1.11.1　控制电路中常用的熔断器

（2）熔体额定电流的确定　对单台电动机，其熔体的额定电流应等于电动机额定电流的1.5~2.5倍与其余电动机额定电流之和。

（3）熔断器类型的选用　对于容量较小的电动机和照明线路的简易保护，可选 RC1A 系列熔断器；机床控制线路中及有震动的场所，常采用 RL1 系列螺旋熔断器；还可根据使用和环境负载性质的不同，选择适当的熔断器。

2. 接触器的选用

（1）接触器类型的选择　一般根据接触器所控制的负载电流类型选择相应的接触器，即交流负载选用交流接触器，直流负载选用直流接触器。常见接触器如图1.11.2所示。

图1.11.2　接触器

（2）触头额定电压的选择　接触器额定电压应等于或大于负载回路的额定电压。

（3）触头额定电流的选择　接触器控制电动机时，主触头的额定电流应等于或稍大于电动机的额定电流。CJ0 和 CJ10 系列，可根据被控电动机的最大功率查表选择，也可根据经验公式计算选用：

$$I_c = P_n \times 1000 / K U_n \quad (A)$$

式中　K——经验公式系数，取 1~1.4；

　　　P_n——被控电动机额定功率，kW；

　　　U_n——电动机额定电压，V；

　　　I_c——接触器主触头电流，A。

（4）接触器吸引线圈电压的选择　在选择时，一般是按交流负载选用交流吸引线圈，直流负载选用直流吸引线圈。若从人身和设备安全考虑，接触器吸引线圈电压选择低一些为好，为简化设备，一般采用 220 V 和 380 V。

（5）接触器触头极数的选择　在选择时，只要触头极数能满足控制线路功能要求即可。

3. 热继电器的选择

（1）整定电流的确定　一般按电动机额定电流选择热继电器热元件型号规格，热元件的额定电流常取电动机额定电流的 1.05 倍。根据热继电器保护特性，选择留有一定上下调整范围的整定电流。当电动机长期过载 20%时应可靠动着，且继电器的动着时间必须大于电动机长期允许过载及启动的时间。整定电流一般取额定电流的 1.2 倍。常见热继电器如图 1.11.3 所示。

图 1.11.3　热继电器

（2）返回时间的确定　根据电动机的启动时间，按 3 s、5 s 及 8 s 返回时间，选取 6 倍额定电流下具有相应可返回时间的热继电器。

（3）极数的确定　一般情况下可选择两极结构的热继电器。电网电压均衡性差、工作环境恶劣、很少有人看管的电动机，与大容量电动机并联运行的小容量电动机，可选用三极结构的热继电器。

（4）下列情况可不使用热继电器　操作次数过多、过频繁；工作时间短、间歇时间长；启动时间过长、过载可能性小的排风扇。

4. 按钮开关的选择

按钮开关可根据安装形式和操作方法来进行选择。在选择时，应注意不同颜色是用来区分功能及作用的，便于操作人员识别，避免误操作。如红色表示停车或紧急停车；绿色和黑色表示启动、点动或工作等；黄色表示返回的启动、移动出界、正常。

5. 导线的作用

电路中负载为长期工作制的用电设备，其导线截面积根据用电设备的额定电流来选择；所选择的电线电缆截面积大于 95 mm² 时，宜改用两根小的代替；电线、电缆截面选择后应满足允许温升机械强度要求；移动设备的橡套电缆铜芯截面积不应小于 2.5 mm²；明敷时，铜芯不应小于 1 mm²，铝线不应小于 2.5 mm²，穿管敷设与明敷相同；动力线路铜芯线截面积不应小于 1.5 mm²；铜芯导线可与大一级截面积的铝芯线相同使用。下面是几种常用截面的铝芯导线在穿管及高温场所用于电动机运行的经验选择：

（1）截面积为 2.5 mm² 的铝芯线，可供 4.5 kW 及以下的电动机运行使用。

（2）截面积为 4 mm² 的铝芯线，可供 7 kW 及以下的电动机运行使用。

（3）截面积为 6 mm² 的铝芯线，可供 11 kW 及以下的电动机运行使用。

（4）截面积为 10 mm² 的铝芯线，可供 15 kW 及以下的电动机运行使用。

6. 时间继电器的选择

一般按使用电路的额定电压选择时间继电器的型号、规格。根据电路负载所需的延时时间来确定时间继电器的延时时间，时间继电器的延时时间范围应包含负载所需的延时时间；时间继电器的延时动作类型也应满足负载工作的要求。常见的时间继电器如图 1.11.4 所示。

图 1.11.4　时间继电器

时间继电器的主要形式有两大类：通电延时时间继电器的触点和断电延时时间继电器的触点。通电延时时间继电器的触点，在继电器通电后，到达设定的延时时间触点动作，继电器断电后触点复原。通电延时时间继电器的触点看圆弧，圆弧向圆心方向移动，带动触点延时动作，触头符号如图 1.11.5（a）所示。

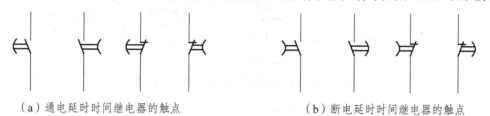

（a）通电延时时间继电器的触点　　　　　　　　（b）断电延时时间继电器的触点

图 1.11.5　时间继电器的触头类型

断电延时时间继电器的触点，在继电器通电后触点动作，继电器断电后，到达设定的延时时间，触点复原。触头符号如图 1.11.5（b）所示。

二、电气接线图的绘制

电气原理图根据生产机械运动形式对电气设备的要求绘制而成，是用来协助理解电气设备的各种功能，而不考虑其他实际位置的一种简图。

电气接线图是根据电气设备和电器元件的实际位置和安装情况进行绘制的，以表示电气设备各个单元之间的接线关系。主要用于安装接线和线路检查维修。在实际应用中，电气接线图通常与原理图一起使用。绘制电气接线图时，应注意以下几点：

（1）电气接线图中各个电器元件的图形符号及文字符号必须与原理图完全一致，并应符合国家标准。每一个电器元件的所有部件应画在一起，并用虚线框起来。

（2）导线编号标示。首先应在电气原理图上编写线号，再编写电气接线图线号。电器接线图的线号和实际安装的线号应与电气原理图编写的线号一致。线号的编写方法如下：

① 主回路线号的编写。三相电源自上而下编号为 L1、L2、L3，经电源开关后出线上依次编号为 U1、V1 和 W1。如果是多台电动机的编号，为了不引起混淆，可在字母的前面冠以数字来区分，如 1U、1V 和 1W，2U、2V 和 2W。

② 控制回路线号的编写。应从上至下、从左到右每经过一个电器元件的接线桩，编号要依次递增。编号的起始数字，除控制回路必须从阿拉伯数字"1"开始外，其他辅助电路依次递增为101、102……作为起始数字，如照明电路编号从 101 开始，信号电路从 201 开始。

（3）各个电器元件上凡是需要接线的部件及接线桩都应该绘出，且一定要标注端子线号。端子编号必须与电器原理图上相应的编号一致。

（4）安装板内、外的电器元件之间的连线，都应通过接线端子板进行连接。

（5）接线图中的导线可用连续线和中断线来表示，也可用竖线来表示。

图 1.11.6 是按规定绘制的点动与连续运行控制电气原理图，电气接线如图 1.11.7 所示。

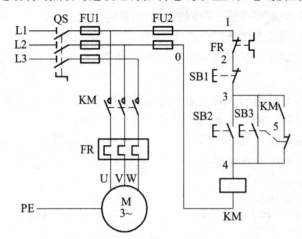

图 1.11.6　点动与连续运行控制电气原理图

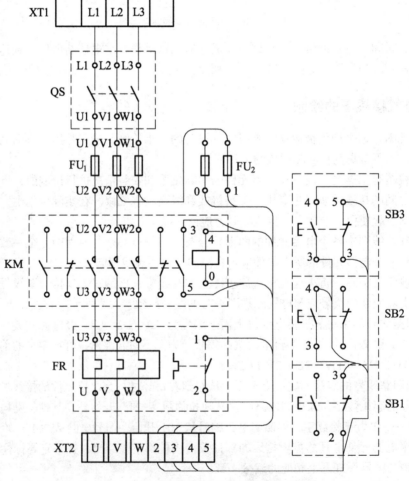

图 1.11.7　点动与连续运行控制电气接线图

三、基本控制线路的安装步骤及要求

1. 安装步骤

（1）在电器原理图上编写线号。

（2）按电气原理图及负载过电动机功率的大小配齐电器元件，检查电器元件。检查电器元件时，应注意以下几点：

① 外观检查，外壳有无裂纹，各接线桩螺栓有无生锈，零部件是否齐全。

② 电器元件的电磁机构动作是否灵活，有无衔铁卡、阻等不正常现象。用万用表检查电磁线圈的通断情况。

③ 检查电器元件触头有无熔焊、变形、严重氧化锈蚀现象，触头开距、超程是否符合要求、核对电器元件的电压等级、电流容量、触头数目及开闭状况等。

（3）确定电器元件安装位置，固定安装电器元件，绘制电气接线图。在确定电器元件安装位置时，应做到既方便安装时布线和消耗线材少，又便于安全检修，同时还要尽量将高低电压区和大小电流区分开布置。

（4）按图安装布线。

2. 安装要求

（1）电气元件固定应牢固、排列整齐，防止电器元件的外壳压裂损坏。

（2）按电气接线图确定的走线方向进行布线。可先布主回路线，也可先布控制回路线。对于明露敷设的导线，走线应合理，尽量避免交叉，做到横平竖直。敷设线时不得损坏导线绝缘及线芯。所有从一个接线桩到另一个接线桩的导线必须是连接的，中间不能有接头。接线时，可根据接线桩的情况，将导线直接压线或将导线顺时针方向制作成大于螺栓直径的圆环，加上金属垫圈压接。

（3）主回路和控制回路的线号套管必须齐全，每一根导线的两端都必须套上编码套管。套管上的线号可用环己酮与龙胆紫调和书写，不易褪色。在遇到6、9或16、91这类倒序都能读数的号码时，必须做记号加以区别，以避免造成线号混淆。

3. 通电前的检查及通电试运转

安装完毕的控制线路板，必须经过认真检查后，才能通电试车，以防错接、漏接造成不能实现控制功能或短路事故。检查内容有：

（1）按电气原理图或电气接线图，从电源端开始，逐段核对接线及接线端子处线号，重点检查主回路有无漏接、错接及控制回路中容易接错之处。检查导线压接是否牢固，接触是否良好，以免带负载运转时产生打弧现象。

（2）用万用表检查线路的通断情况，可先断开控制回路，用电阻挡检查主回路有无短路现象；然后断开主回路，检查控制回路有无开路或短路现象，自锁、联锁的动作及可靠性。

（3）用500 V兆欧表检查线路的绝缘电阻，不应小于1 MΩ。

通电试运转时，为保证人身安全，应认真执行安全操作规程的有关规定，一人监护，一人操作。试运转前应检查与通电试运转有关的电气设备是否有不安全的因素存在，查出后应立即整改，方能试运转。通电试运转的顺序如下：

（1）空载试运转 接通三相电源，合上电源开关，用试电笔检查熔断器出线端，氖管亮表示电源接通。按动操作按钮，观察接触器动作情况是否正常，并符合线路功能要求；观察电路

元件动作是否灵活，有无卡阻及噪声过大等现象，有无异味；检查负载接线端子三相电源是否正常。经反复几次操作，均正常后方可进行带负载试运转。

（2）带负载试运转　带负载试运转时，应先接上检查完好的电动机连线，再接三相电源线，检查接线无误后，再合闸送电。按控制原理启动电动机，当电动机平稳运行后，用钳形电流表测量三相电流是否平衡。通电试运转完毕，停转，断开电源，先拆除三相电源线，再拆除电动机线，完成通电试运转。

第十二节　简单电气设备控制线路故障判断及修理

一、起重机电气控制线路的故障判断与排除方法

5 t 起重机有单梁和桥式两大类。起重机属高空设备，其安全性能要求高，出现故障应及时排除。起重机常见故障分操作过程中故障、交流制动电磁铁故障、控制器故障和接触器故障几大类。下面是故障的判断及排除方法。

1. 操作电路故障及排除方法

（1）合上操作电源开关，操作电源熔断器熔丝熔断。

故障原因：有接地或短路现象。

排除方法：检查操作回路，找出接地或短路点，排除接地或短路点。

（2）主接触器不吸合。

故障原因：紧急开关未合上；舱门安全位置开关未闭合；控制器未回零位；接触器线圈开路；无操作电源。

排除：检查合上紧急开关或舱门安全位置开关；检查控制器，使之置于零位；更换接触器线圈；若无操作电源，则应恢复操作电源。

（3）主接触器吸合以后，过流继电器动作，接触器释放。

故障原因：控制器电路有接地现象。

排除方法：将保护盘至控制器的连线断开，再逐步接上，每接一根导线就合一次接触器，根据过流继电器动作情况检查出接地导线后，排除接地故障。

（4）控制器合上后，过流继电器动作，接触器释放。

故障原因：过流继电器整定值整定过小；定子线路接地；机械堵卡过载。

排除方法：重新调整过流继电器整定值；用兆欧表检查并排除接地故障；维修机械部件，恢复正常负荷。

（5）操作控制器，电动机不转动。

故障原因：电源断相，电机发出嗡嗡声；转子线路断线；控制器动、静触头未闭合。

排除方法：查找原因，恢复三相电源；检查接通转子线路；调整控制器动、静触头，使之接触良好。

（6）操作控制器，电动机只能单方向运转。

故障原因：控制器中定子线路上升或下降的动、静触头未闭合；终端限位开关故障。

排除方法：检查调整控制器触头，使之接触良好；处理或更换限位开关。

（7）电动机负载能力降低，速度减慢。

故障原因：制动器未完全松开；转子电路中的启动电阻未完全切除；有机械卡堵现象。

排除方法：调整制动器，使之正常工作；检查调整控制器触头；检查机械部件，解除卡堵。

（8）限位装置失灵。

故障原因：限位开关短路或线路接错。

排除方法：修复或更换限位开关；检查恢复正常接线。

2. 交流制动器故障及排除方法

（1）线圈过热或冒烟。

故障原因：线圈工作电压与电源电压不符；电磁铁间隙调整不合适；衔铁被卡或衔铁接触面太脏等。

排除方法：更换线圈，使之与电源电压相符；重新调整电磁铁间隙；拆卸衔铁，清除尘埃及油污，以保证电磁铁正常工作。

（2）噪声过大。

故障原因：衔铁错位、变形、接触面脏或电磁铁过载。

排除方法：调整电磁铁，清洗衔铁吸合面。

3. 控制器故障及排除方法

（1）控制器动、静触头冒火或烧坏。

故障原因：控制器触头容量过小；动、静触头接触不良；动作过频繁等。

排除方法：更换大容量控制器；调整触头压力或定期更换触头。

（2）控制器手把转不动或转不到位。

故障原因：定位机构故障；动、静触头熔焊或受卡。

排除方法：检查处理定位机构故障；更换熔焊触头；调整受卡触头。

二、立式车床电气线路的故障判断及修理

以 C512A 型单柱普通立式车床为例，对主电动机不能启动和横梁不能升降故障，作以下分析处理。

1. 工作台主电动机不能启动

（1）电源部分故障 首先检查三相电源电压是否正常。若是缺相，则应检查熔断器是否烧断，压接螺栓是否松动。查出故障后，清除烧断的熔丝残留物，更换熔丝。检查并压紧各接线螺栓，接通机床电源。

（2）控制回路故障 启动主电动机，接触器不吸合。断开电源开关，检查有无接线松脱和断线现象，用万用表检查停止按钮常闭触头是否复位；热继电器常闭触点是否闭合；启动按钮工作是否正常；接触器线圈是否完好；接触器有无卡住现象。若是触点闭合不好，根据情况进行修理或更换；如果是接触器线圈断线，应更换线圈或接触器；接触器被卡，可拆卸维修，不能修复的应更换。

（3）热继电器工作 原因有：机床动作过频繁；机械传动部分受卡或进给量过大；电动机缺相运行也会导致热继电器动作。若是机床启动频繁，应减少启动次数；如果是机械部分被卡或进给量过大，应排除机械故障，进给量过大应改进操作；电机缺相运行容易损坏电动机，应检出故障，恢复三相电源。

2. 横梁不能升降

首先应观察 KM2 和 KM3 接触器是否吸合，若接触器吸合，则应检查三相电源是否正常，主回路熔断器熔丝是否熔断，接触器触头是否接触良好或者是电动机出现故障。检查出故障后进行处理。

若是 KM2、KM3 接触器不吸合，则故障在操作回路。用万用表交流档测量操作电源，若无电压应检查操作电源熔断器熔丝是否烧断，变压器线圈是否断路。根据检查结果，更换熔丝或变压器。若电压正常，则应检查行程开关和电气互锁触点，看接触是否良好，接触器线圈是否断路。查出故障后进行处理。

3. 刀架不能快速移动

若刀架不能快速移动，可先启动 SB4 使横梁下降，观察 KM3 是否吸合。若正常，横梁能下降。主要是限位开关在操作时其常触点不能可靠压合而造成故障。处理、调整位置或更换限位开关，可恢复刀架快速移动功能。

第十三节　较复杂电气控制线路的安装与检修

一、控制箱（板）内部配线方法

控制箱（板）常用的配线方法有三种：板前明线配线、板前线槽配线和板后配线。板前明线配线适用于电器元件数较少、较简单的电气系统；板后配线的方法较少采用；在较复杂的电气控制线路中，多采用控制板前线槽配线的方法。板前线槽配线的具体工艺要求：

（1）所有导线的截面积在等于或大于 0.5 mm² 时，必须采用软线；所有导线的最小截面积，考虑机械强度，在控制箱外为 1 mm²，在控制箱内 0.75 mm²，但对控制箱内很小电流的电路连线，如一些电子逻辑电路，可用 0.2 mm² 导线，而且可以采用硬线，但只能用于不移动又无振动的场合。

（2）布线时，严禁损伤线芯和导线绝缘。

（3）控制面板上各电器元件接线端子引出导线的走向，以元件的水平中心线为界限，在水平中心线以上，接线端子引出的导线必须进入元件上面的走（汇）线槽；在水平中心线以下，接线端子引出的导线必须进入元件下面的走线槽。任何导线都不允许从水平方向进入走线槽。

（4）各电器元件接线端子上引出或引入的导线，除间距很小和元件机械强度很差，允许直接架空敷设外，其他导线必须经过走线槽进行连接。

（5）各电器元件与走线槽之间的外露导线，应走线合理，并尽可能做到横平竖直，变换走向要垂直。同时，同一个元件上位置一致的端子和同型号电器元件中位置一致的端子上引出或引入的导线，应敷设在同一平面上，并应做到高低一致或前后一致，不得交叉。

（6）进入走线槽内的导线要完全置于走线槽内，并尽可能避免交叉，装线时不要超过走线槽容量的 70%，以便能盖上走线槽内，也便于以后的装配和维修。

（7）所有接线端子、导线线头上都应套有与原理图上相应接点一致线号的编码套管，并按接线号进行连接，连接必须牢靠，不得松动。

（8）一般一个接线端子只能连接一根导线，如果采用专门设计的端子，可以连接两根或多根导线，但导线的连接方式必须是公认的、在工艺上成熟的各种设计方式，如夹紧、反接、焊接、绕接等，并应严格按照连接工艺工序要求进行。

二、星形-三角形自动降压启动线路的安装与检修

电机电力拖动控制线路很多，现仅以 Y-△ 自动降压启动线路为例，对较复杂电气控制线路的安装与检修方法加以介绍。

1. 控制电气原理图

图 1.13.1 所示是 Y-△ 自动降压启动控制电气原理图。

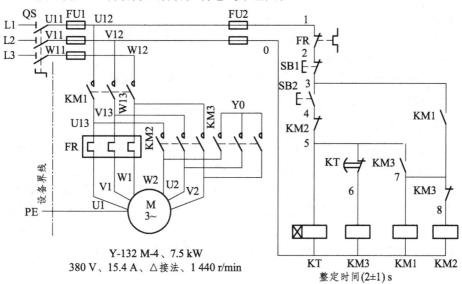

Y-132 M-4、7.5 kW
380 V、15.4 A、△接法、1 440 r/min

图 1.13.1　Y-△ 自动降压启动控制电气原理图

2. 安装所用电工工具、仪表及器材

（1）电工工具　试电笔、电工刀、剥线钳、尖嘴钳、扁嘴钳、"一"字和"十"字螺钉旋具、校验灯等。

（2）仪表　万用表、兆欧表等。

（3）器材　控制板、走线槽、各种规格软线和紧固件、金属软管、编线号套管等。

根据图 1.13.1 所示原理图，在实训室中选择参数合适的元件，完成表 1.13.1 所列元件清单的填写。

表 1.13.1　元件明细表

代号	名称	型号	规格参数	数量	备注
M	三相异步电动机				
FU1	熔断器				
FU2	熔断器				
KM1、KM2、KM3	交流接触器				
FR	热继电器				
KT	时间继电器				
SB1、SB2	按钮				
XT	端子板				
	汇线槽				
	控制板				

3. 安装步骤和方法

（1）按元件明细表配齐电器元件，并检验各元件质量。

（2）安装控制板，在控制板上合理安排各元件位置，除必须安装在特定位置的电器外，所有电器应尽可能组装在一起，以便于走线。同时，应注意各器件之间应保持合理的间隔和电气安全距离。各元件位置排定后，在控制面板上定位（划线）、打孔，将各元件固定牢靠，并给各个电器元件编号。

（3）根据电动机容量选用规格合适的导线。

（4）剥去绝缘层的线头，两端套上相应线号的套管，并接线。所有导线的连接应该牢固可靠。

（5）检查控制面板内部接线是否正确，是否牢固可靠。

（6）进行控制板外部配线，全部配线除电缆外，一律装在导线通道内。

（7）检查合格后，通过校验。

4. 检修步骤与方法

（1）电气控制线路故障的检查与分析方法　常用电气控制线路故障的检查与分析方法有：调查研究法、试验法、逻辑分析法和测量法等几种。

① 调查研究法　通过询问设备操作者、察看外观征兆、辨别电气设备运行时的声音差异、触摸电气发热元件及线路的温度发现故障，即从"问、看、听、摸"四个方面调查研究，找出故障现象。

② 试验法　在不扩大故障范围、不损伤电气设备和机械设备的前提下，进行通电试验，找出故障现象。

③ 逻辑分析法　适用于对复杂线路的故障检查。它根据电气控制线路工作原理、控制环节的动作程序以及它们之间的联系，结合故障现象进行具体的分析，从而判断出故障所在。

④ 测量法　是利用各种电工工具和仪表对线路进行带电或断电测量，能有效地找出故障点。

（2）电气控制线路故障的检修步骤　电气控制线路的故障是多种多样的，采用正确的方法才能快捷准确地找出故障。一般电气控制线路故障的检查步骤如下：

① 找出故障现象。可用调查研究法进行。

② 根据故障现象，依据原理图找到故障发生的部位或故障发生的回路，并尽可能缩小故障范围，直至找到故障点。

③ 采用正确的检修方法排除故障。

④ 检修完毕，进行通电空载校验或局部空载校验。

⑤ 校验可靠即可正常运行。

第十四节　电机知识

一、直流电机

1. 概　述

（1）直流电机及可逆性直流电机是直流发电机和直流电动机的总称。直流电机的可逆性是指一台直流电机既可以用作发电机运行，也可以用作电动机运行。

（2）基本构造　直流电机由定子和电枢两大部分组成。

（3）基本工作原理　直流发电机的基本工作原理是电磁感应，即导体切割磁力线运动产生感应电动势，通过换向器使电枢绕组内产生的交变电动势变为电刷间的单向脉动电动势；又由于采用处于磁极下不同位置的电枢导体串联，使感应电动势相叠加而获得几乎恒定不变的直流电动势。

（4）直流电机的分类　按照励磁方式不同，直流电机可分为他励、并励、串励、复励等四大类。

2. 直流电机的电枢绕组

电枢绕组是直流电机的主要组成部分，是由绕组元件按一定规律相连接的组合。直流电机的电枢绕组按绕组元件连接规律不同，可分为叠绕组（单叠、复叠）、波绕组（单波、复波）、复合绕组（蛙型）等三大类，其中应用较多的是单叠绕组和单波绕组。直流电机的电枢绕组都采用双层绕组，绕组元件数 S、虚槽数 Z_V、换向片数 K 三者相等。极距 $\tau = Z_V / 2\rho$，其中 ρ 为磁极对数。同一绕组元件两有效边之间所跨的虚槽数叫第一节距 y_1。一般 $y_1 \approx \tau$。根据 y_1 大于、等于、小于 τ 而称为长距、整距、短距绕组。长距绕组一般不用。相互串相的两个绕组元件中前一元件的下层边和后一元件上层边之间所跨的虚槽数叫第二节距 y_2。前后两个元件对应边之间所跨的虚槽数叫合成节距 y。一个元件的两个端头所连接的两个换向片所跨的换向片数叫换向器节距 y_K。因此 y 就是连接在同一换向片上的两条"效边之间所跨的虚槽数，而 $y = y_K$。

（1）单叠右行绕组每个元件的两个端头向中间靠拢，连接在相邻的两个换向片上，且端头不交叉，$y = y_1 - y_2$，$y = y_K = 1$。四极 16 槽单叠右行绕组（整距）展开图如图 1.14.1 所示。

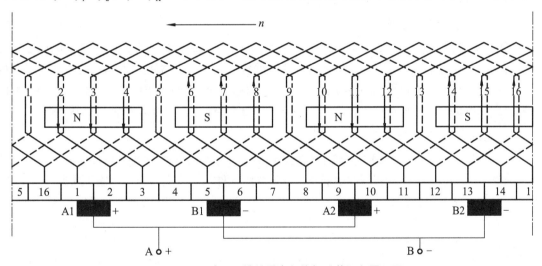

图 1.14.1　四极 16 槽单叠右行绕组（整距）展开图

单叠绕组的并联支路对数 a 等于磁极对数 ρ，也等于电刷对数。单叠绕组需要连接均压线，即将理论上的等电位点用导线短接。均压线可连接在上端部，也可连接在换向片上；可连接全额均压线，也可连接 1/2、1/3 均压线。

（2）单波左行绕组每个元件的两个端头向两边分开，连接到相距约为的两个换向片上，即 $y = y_K \approx 2\tau$。每绕行一周后正好回到第一换向片的左边一片，即 $y = y_K = \dfrac{K-1}{\rho}$，$y = y_1 + y_2$。四极 17 槽单波左行绕组（$y_1 = 4$）展开图如图 1.14.2 所示。单波绕组只有一对并联支路，即 $a = 1$。单波绕组不需要连接均压线。

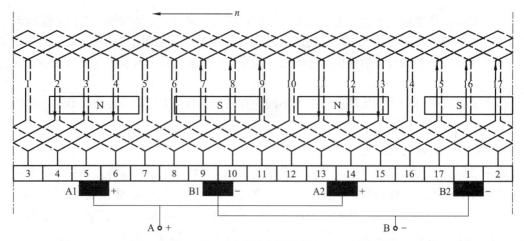

图 1.14.2 四极 17 槽单波左行绕组（y1=4）展开图

3. 直流电机的电枢电动势

当电枢旋转时，电枢绕组切割磁力线而产生感应电动势。电枢电动势

$$E_a = C_e \Phi n = \frac{N\rho}{60\alpha} \Phi n$$

式中，N 为导体总数；C_e 为电机结构常数；Φ 为每极磁通；n 为电枢转速。E_a 对于发电机来说是电源电动势，对于电动机来说是反电动势。

4. 直流电机的电枢反应

当电枢绕组中有电流时，就会产生一个电枢磁场。电枢磁场对主磁场的影响叫电枢反应。电枢反应使主磁场发生扭转畸变，即使合成磁场的轴线偏移一个 β 角，其偏移的方向对发电机是与电枢转向相同，对电动机则相反。同时电枢反应还将使主磁场被削弱。这两个方面影响的结果使直流电机的换向火花增大，使发电机发出的电动势降低，使电动机输出的转矩减小。

5. 直流电机的换向

（1）直流电机的换向过程　直流电机旋转时，电枢绕组元件的有效边越过磁极中性线，从一个磁极下进入另一个极性相反的磁极下，电枢绕组元件从一条支路经过电刷进入另一条支路，该元件中的电流方向发生改变，称为换向。元件中的电流从 i 变为 $-i$ 的过程叫换向过程，该过程所经历的时间叫换向周期。

（2）换向火花产生的原因

① 电磁方面的原因　由于换向元件中的电流从 i 变为 $-i$，将产生一个自感电动势来阻碍电流的变化；如果有几个元件同时换向，还会产生互感电动势，阻碍电流的变化。其次，由于电枢反应，使处于几何中性线上的换向元件处磁场不再为零，产生一个旋转电动势，也是阻碍电流变化的。以上电动势相叠加，就在换向元件中产生附加电流，从而出现换向火花。

② 机械方面的原因　有换向器偏心；换向器表面换向片或云母片凸出；换向器表面污染；电刷压力不合适；电刷与刷盒配合不好，太紧或太松；电机装配不良或动平衡不好，运行时引起振动；电刷位置安装不正确；电刷接触面研磨不光滑；换向极气隙不均匀等。

（3）换向火花的等级　为了说明火花大小的程度，我国电机技术标准中规定了火花的等级：

1 级：无火花。

$1\dfrac{1}{4}$ 级：电刷边缘仅小部分（1/5～1/4 刷边长）有断续的几点点状火花。换向器上没有黑痕，电刷上没有灼痕。

$1\dfrac{1}{2}$ 级：电刷边缘大部分（大于 1/2 刷边长）有连续的、较稀的颗粒状火花。换向器上有黑痕，用汽油擦其表面即能除去，同时电刷有轻微灼痕。

2 级：电刷边缘大部分或全部有连续的、较密的颗粒状火花，并始有断续的舌状火花。换向器上有黑痕，用汽油不能擦除，同时电刷上有灼痕。如短时出现这一级火花，换向器上不会出现灼痕，电刷未烧焦或未损坏。

3 级：电刷整个边缘有强烈的舌状火花，伴有爆裂声音。换向器上黑痕较严重，用汽油不能擦除，同时电刷有灼痕。如在这一级火花下短期运行，则换向器上将出现灼痕，同时电刷将被烧焦或损坏。

对于一般的电机，在额定负载下运行时，火花不应大于 $1\dfrac{1}{2}$ 级；2 级火花仅允许电机在过载、启动或反转瞬时出现，不允许长时间存在；3 级火花一般不允许出现。

（4）改善换向的方法

① 加装换向极　利用换向极在换向元件中产生的换向极电动势来抵消换向元件中的电抗电势和电枢反应电势。加装换向极时必须正确选择极性，对发电机而言，沿电机转向为 N′—N—S′—S；对电动机而言，沿电机转向为 N—N′—S—S′。其中 N′、S′ 为换向极，N、S 为主极。同时换向极绕组应与电枢绕组串联，且换向极磁路应不饱和。

② 合理选用电刷　要求电刷与换向器表面的接触电阻应尽量大，同时电刷的耐磨性要好。一般采用电化石墨电刷，低压、大电流电机采用金属石墨电刷，对换向特别困难的电机可采用分裂式电刷。

二、直流发电机

1. 并励发电机的空载特性

空载特性是指发电机在额定转速时，输出电流为零的情况下，端电压 U 与励磁电流 I_f 的关系，如图 1.14.3（b）所示。空载特性曲线与铁磁材料的磁化曲线相似。当 $I_f=0$ 时，只有很小的剩磁电动势 E_0。其额定工作点 a 应位于接近饱和的位置。

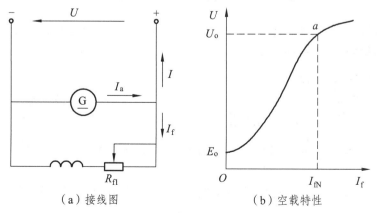

（a）接线图　　　　　（b）空载特性

图 1.14.3　并励直流发电机

2. 并励发电机电动势的建立

并励发电机自励建压的过程如图 1.14.4（a）所示，其中直线 OA 叫场阻线，是由励磁电阻决定的。当电枢旋转时产生一个剩磁电动势 E_o，得到一个很小的 I_f，使主磁场增强一点，端电压升高一点，I_f 再增强一点，磁场再增强一点，端电压再提高一点……如此循环，直至交点 a 达到稳定状态。R_f 的大小决定场阻线的斜率，从而决定 a 点的位置，如图 1.14.4（b）所示。当 R_f 值等于临界电阻值时，如直线 4，造成空载特性曲线与场阻线交点不确定，使输出电压不稳定。因此 R_f 必须小于临界电阻。由此可知，并励发电机自励建压的条件是：主磁极必须有剩磁；励磁电流产生的磁通必须与剩磁磁通方向一致；励磁回路的总电阻必须小于临界电阻。

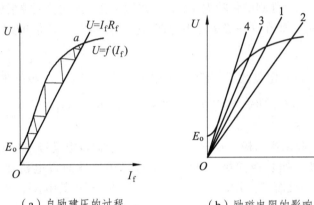

（a）自励建压的过程　　　　　　　（b）励磁电阻的影响

图 1.14.4　并励发电机电动势的建立

3. 直流发电机的电势、功率、转矩平衡方程式

（1）电势平衡方程式　对于他励或并励直流发电机，有

$$E_a = U + I_a R_a \text{ 或 } U = E_a - I_a R_a$$

（2）功率平衡方程式　输入机械功率为 P_1，输出电功率为 P_2，产生电磁功率为 P，损耗功率为 ΔP，包括空载损耗 ΔP_o 和铜损耗 ΔP_{Cu}。空载损耗又包括机械损耗 ΔP_Ω 和铁损耗 ΔP_{Fe}。其功率平衡方程式为 $P_1 = P_2 + \Delta P$，$P_1 = \Delta P_o + P$，$P = \Delta P_{Cu} + P_2$，$P = E_a I_a$，$\Delta P = \Delta P_o + \Delta P_{Cu}$，$\Delta P_o = \Delta P_\Omega + \Delta P_{Fe}$。效率 $\eta = \dfrac{P_2}{P_1} \times 100\%$。

（3）转矩平衡方程式　输入机械转矩为 T_1，空载转矩为 T_o，电磁转矩为 T，则 $T_1 = T_o + T$，直流发电机的电磁转矩是制动转矩。

4. 并励发电机的外特性

当发电机保持额定转速时，端电压 U 与负载电流 I 之间的关系叫外特性。并励发电机的外特性曲线如图 1.14.5 所示。发电机从空载到满载的电压降落与额定电压 U_N 之比叫电压变化率：$\Delta U(\%) = \dfrac{\Delta U}{U_N} \times 100\% = \dfrac{U_o - U_N}{U_N} \times 100\%$。一般并励发电机 $\Delta U(\%) \approx 10\% \sim 20\%$。电压下降的原因一是 $I_a R_a$ 的增大；二是电枢反应使主磁场被削弱；三是 I_f 减小使主磁场削弱。由 $I = \dfrac{U}{R_L}$ 可知，当负载 R_L 从无穷大逐步减小时，一方面 R_L 减小使 I 增大，另一方面 U 的减小又使 I 减小。磁路接近饱和时，主磁场的变化不明显，U 的减小不显著，故电流 I 是增大的。当达到临界点 a 时，电流不再增大，这就是拐点。当 R_L 继续减小时，U 下降很快，电流 I 将减小。当 $R_L = 0$ 时，$U = 0$，电枢中只有很小的剩磁电势 E_o，故短路电流并不大。但是并励发电机运行时不允许突然短路，因为突然短路时，由于自感电动势的作用，励磁绕组的励磁电流不能突然减小到零，从而会形成很大的短路电流，烧毁发电机。

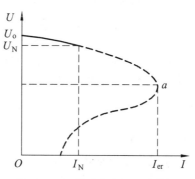

图 1.14.5　并励发电机的外特性

5. 复励发电机

复励发电机的接线图和外特性如图 1.14.6 所示。当串励磁通与并励磁通方向一致时，叫积复励发电机，反之则叫差复励发电机。复励发电机空载时，串励绕组不起作用，其自励建压过程同并励发电机一样。在积复励发电机中，如果串励绕组的补偿作用正好能抵消由于电流增大而引起的电压降落，使 $U_N = U_o$，称为平复励发电机，其外特性如 1.14.6（b）曲线 1；如果补偿过剩，则称过复励发电机，其外特性如曲线 2；如果补偿不足，则称欠复励发电机，其外特性如曲线 3。差复励发电机的外特性如曲线 4，它只在探照灯、直流电焊机等特殊条件下使用。

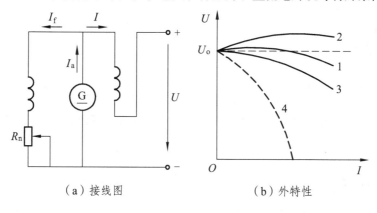

（a）接线图　　　　　　　　　（b）外特性

图 1.14.6　复励电机

三、直流电动机

1. 直流电动机的电势、功率、转矩平衡方程式

（1）他励或并励直流电动机的电势平衡方程式为：$U = E_a + I_a R_a$。

（2）功率平衡方程式　输入电功率为，输出的机械功率为 P_2，则 $P_1 = \Delta p + p_2$，$\Delta P = \Delta P_o + \Delta P_{Cu}$，

$\Delta P_o = \Delta P_\Omega + \Delta P_{Fe}$，$P_1 = \Delta P_{Cu} + P$，$P = \Delta P_o + P_2$，$\eta = \dfrac{P_2}{P_1} \times 100\%$。

（3）转矩平衡方程式　电磁转矩 $T = T_o + T_2$。可以证明，$T = 9.55\dfrac{P_2}{n}(\text{N·m})$，$T_N = 9.55\dfrac{P_N}{n_N}(\text{N·m})$，其中 n、n_N 单位为 r/min，P_2、P_N 单位为 W。

2. 直流电动机的机械特性

电动机的机械特性是 n 与 T_2 之间的关系。由于 T_o 很小，$T \approx T_2$，故用 T 代替 T 进行讨论。

（1）并励电动机的机械特性　由 $T = C_M \Phi I_a$ 可得 $n = \dfrac{U}{C_e \Phi} - \dfrac{R_a}{C_e C_M \Phi^2} T = n_o - \alpha T$，式中 n_o 为理想空载转速，α 为机械特性曲线的斜率。并励电动机的机械特性曲线如图 1.14.7 所示。这种电动机从空载到满载转速降落很小，机械特性为"硬特性"。电动机的转速调整率 $\Delta n(\%) = \dfrac{n_o - n_N}{n_N} \times 100\%$，一般并励电动机 Δn 为 3% ~ 8%，适用于要求转速比较稳定的场合，如金属切削机床、造纸机等。并励电动机运行时切忌断开励磁回路。

（2）串励电动机的机械特性　串励直流电动机轻载时，I_a 不大，磁路不饱和。故当 I_a 增大时，Φ 也增大，转速 n 迅速下降。重载时，I_a 较大，磁路已饱和，Φ 基本不随 I_a 变化，n 的下降已不明显，与并励电动机相似。串励电动机的机械特性曲线如图 1.14.8 所示，转速随转矩的增加而急剧下降的机械特性叫"软特性"。串励电动机适用于负载转矩变化大，要求启动转矩大且不可能空载运行的场合，如挖掘机、铲车、起重机等。串励电动机不允许空载、轻载运行，不允许使用皮带或链条传动。

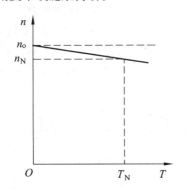

图 1.14.7　并励电动机的机械特性曲线

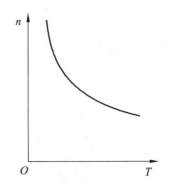

图 1.14.8　串励电动机的机械特性曲线

3. 直流电动机的启动

直流电动机启动瞬间，由于 $n = 0$，$E_a = 0$，启动电流 $I_{st} = \dfrac{U}{R_a}$ 很大，达到额定电流 I_N 的 10 ~ 20 倍，启动电流过大将引起强烈的换向火花，烧损换向器；将产生过大的冲击转矩，损坏传动机构；将引起电网电压波动，影响供电的稳定性。因此必须设法限制启动电流。常用的启动方法有两种，一是降压启动，即采用晶闸管可控整流电源（注意，并励电动机降压启动时不能降低励磁电压）。二是电枢回路串电阻启动，即串入启动电阻 R_{Pa}，把启动电流限制在（1.5 ~ 2.5）I_N 范围内。这种启动方法所需设备简单，价格便宜，但在启动电阻上有能耗，用于小容量的或容量稍大但不需经常启动的直流电动机。

4. 直流电动机的调速

（1）改变电源电压——调压调速优点是调速性能好，调速范围宽，能实现平滑的无级调速，调速过程中没有能耗，机械特性硬度不变，稳定性好。缺点是转速只能调低，设备较复杂，成本高。

（2）改变电枢回路电阻——串电阻调速优点是所需设备简单、成本低。缺点是调速性能差，机械特性变软，是有级调速，转速只能调低，能耗较大，经济性差。注意，调速电阻可以用来启动，但启动电阻不能用来调速。

（3）改变主磁通——弱磁调速对于并励电动机，是在励磁回路中串入附加电阻；对于串励电动机，是在串励绕组两端并联分流电阻。优点是控制方便，能耗较小，可实现平滑的无级调速。缺点是转速只能调高，调速范围窄，机械特性硬度稍有降低。通常只能作为一种辅助的调速方法。

5. 直流电动机的反转

（1）改变励磁电流的方向　实用于串励电动机。反转时应将串励绕组和换向极绕组同时反接。

（2）改变电枢电流的方向　实用于他励或并励电动机。反转时应将电枢绕组和换向极绕组同时反接。

6. 直流电动机的制动

制动方法分为机械制动和电气制动两大类。电气制动又分为三种。

（1）反接制动　对于他励或并励电流机，是将电枢绕组反接，反接时必须串入限流电阻。对于串励电动机是将串励绕组反接。当电机转速接近零时应及时切断电源，防止电机反转。这种制动方法的优点是制动力强、制动迅速；缺点是冲击力大，不够准确、平稳，耗能较多。

（2）能耗制动　又称电阻制动。保持励磁电流不变，将电枢绕组从电源上切除，并立即与制动电阻连接成闭合回路。电枢凭惯性处于发电运行状态，将转动动能转化为电能并消耗在电枢回路中，同时获得制动转矩。优点是设备简单，成本低。制动平稳；缺点是能量未被利用，低速时制动力弱，不易致停。

（3）回馈制动　又称发电制动、再生制动。电动机因受外力作用，转速超过理想空载转速，使反电动势高于电源电压，电枢电流反向，变为发电运行状态，将机械能转换为电能并回馈电网，获得制动转矩，以限制电机转速不至无限制地升高。对于串励电动机，回馈制动时应改接为他励。回馈制动的经济性非常好，但应用范围较窄，如电机车下坡时、起重机下放重物时等。

四、三相异步电动机

1. 旋转磁场

旋转磁场产生的条件是：定子绕组必须是对称三相绕组，通入定子绕组的必须是对称三相正弦交流电。旋转磁场的旋转方向与加在定子绕组首端上三相电源的相序一致。旋转磁场的转速又叫同步转速，$n_1 = \dfrac{60}{\rho} f_1 (\text{r/min})$，式中 ρ 为磁极对数，f_1 为电源频率、n_1 为同步转速。

2. 三相异步电动机的运行原理

对称三相正弦交流电通入对称三相定子绕组，便形成旋转磁场。旋转磁场切割转子导体，产生感应电动势和感应电流。感应电流受到旋转磁场的作用，形成电磁转矩，转子沿着旋转磁场的转向逐步转动起来。转子转速不断升高，但不可能达到同步转速。如果 $n = n_1$，则转子导体与旋转磁场之间就不再存在相互切割运动，没有感应电动势和感应电流，也就没有电磁转矩，转子转速就会变慢。由于在电动运行状态下总是 $n < n_1$，因此称为"异步"电动机。又因其转子电流是由电磁感应产生的，又称"感应"电动机。

（1）转差率 $S = \dfrac{n_1 - n}{n_1}$　由于电动运行状态下，$0 \leqslant n < n_1$，故 $0 < S \leqslant 1$。电动机空载时 S 很小，为 $0.004 \sim 0.007$；额定运行状态下，$S_N = \dfrac{n_1 - n_N}{n_1}$　由于 n_N 很接近 n_1，故 S_N 为 $0.01 \sim 0.07$。

（2）旋转磁场对定子的作用　旋转磁场在定子绕组中产生感应电动势 $E_1 = 4.44 K_1 f_1 N_1 \Phi_m \approx U_1$。只要 U_1 一定，则铁芯中主磁通最大值 Φ_m 就基本一定。

（3）旋转磁场对转子的作用

转子电流频率 $f_2 = S f_1$

转子感应电势 $E_2 = S E_{20}$，　$E_{20} = 4.44 K_2 f_1 N_2 \Phi_m$

转子电抗 $X_2 = S X_{20}$，　$X_{20} = 2\pi f_1 L_2$

转子阻抗 $Z_2 = \sqrt{R_2^2 + X_2^2} = \sqrt{R_2^2 + (S X_{20})^2}$

转子电流 $I_2 = \dfrac{E_2}{Z_2} = \dfrac{S E_{20}}{\sqrt{R_2^2 + (S X_{20})^2}}$

转子功率因数 $\cos\phi_2 = \dfrac{R_2}{Z_2} = \dfrac{R_2}{\sqrt{R_2^2 + (S X_{20})^2}}$

I_2、$\cos\phi_2$ 随转差率 S 变化的曲线如图 1.14.9 所示。

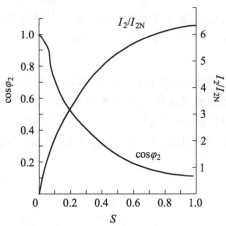

图 1.14.9　I_2、$\cos\phi_2$ 随转差率 S 变化的曲线

（4）三相异步电动机的功率和转矩

（1）三相异步电动机的功率　输入的电功率 $P_1 = \sqrt{3} U_N I_N \cos\phi_N$，$P_1 = \Delta P + P_2$，$P_1 = \Delta P_{Cu} + P$，$P = \Delta P_0 + P_2$，$\Delta P_0 = \Delta P_\Omega + \Delta P_{Fe}$，$\eta = \dfrac{P_2}{P_1} \times 100\%$。异步电动机轻载时效率很低，负载率为 $0.75 \sim 0.8$ 时效率最高，载时 $\eta = 75\% \sim 93.5\%$。

（2）三相异步电动机的转矩　三相异步电动机的电磁转矩 $T = T_0 + T_2$。因空载转矩 T_0 很小，可认为 $T \approx T_2$。可以证明：$T_2 = 9.55 \dfrac{P_2}{n_2} (\mathrm{N \cdot m})$，额定转矩 $T_N = 9.55 \dfrac{P_N}{n_N} (\mathrm{N \cdot m})$

3. 三相异步电动机的工作特性

（1）转矩特性　三相异步电动机的电磁转矩

$$T = C_M \Phi_m I_2 \cos\phi_2 = \frac{C_M \Phi_m S E_{20} R_2}{R_2^2 + (SX_{20})^2} = \frac{C_M \Phi_m E_{20}}{\frac{(R_2 - SX_{20})^2}{SR_2} + 2X_{20}}$$

当 S 一定时，$T \propto U_1^2$；当 U_1 一定时，T 是 S 的函数，T 与 S 的关系曲线即转矩特性曲线，如图 1.14.10 所示。图中原点 O 为同步点，同步时 $S=0$，$n=n_1$，$T=0$，在电机运行状态下不可能达到同步点。A 点为额定工作点，$S=S_N$，$T=T_N$，处于曲线上升段的中部。B 点为临界点，$S_m = \frac{R_2}{X_{20}}$，$T_m = \frac{C_M \Phi_m E_{20}}{2X_{20}}$。一般三相异步电动机 R_2 很小，$S_m = 0.04 \sim 0.14$。C 点为堵转点，又称起动点，$S=1$，$n=0$，T_{st} 不大是因为功率因数太低。曲线 $\overset{\frown}{OB}$ 为稳定运行区，恒转矩负载可在此区间稳定运行。曲线 $\overset{\frown}{BC}$ 为不稳定运行区，恒转矩负载不能在此区间内稳定运行，但风机类负载可以在此区间内稳定运行。异步电动机的过载能力用过载系数表示：$\lambda_m = \frac{T_m}{T_N}$，一般异步电动机的 $\lambda_{st} = 1.8 \sim 2.5$，特殊用途如起重、冶金用异步电动机，$\lambda_{st} = 3.3 \sim 3.4$。异步电动机的启动能力用启动转矩倍数表示：$\lambda_{st} = \frac{T_{st}}{T_N}$，老型号的异步电动机 $\lambda_m = 1.0 \sim 1.8$，Y 系列异步电动机 $\lambda_{st} = 1.7 \sim 2.2$，特殊用途电动机 $\lambda_{st} = 2.6 \sim 3.1$。增大启动转矩的方法是增大 R_2，使 $R_2 \to X_{20}$，$S_m \to 1$，$T_{st} \to T_m$。绕线式异步电动机采用转子串电阻启动、频敏变阻器启动法，笼型异步电动机采用深槽式转子、双笼型转子、高电阻转子，都是基于启动瞬间增大 R_2 的原理。

（2）机械特性　电动机转速与转矩之间的关系叫机械特性。三相异步电动机的机械特性曲线如图 1.14.11 所示。由图可见，电动机从空载到满载，转速降落很小，三相异步电动机的机械特性为"硬特性"。如果增大 R_2，B 点将向下移动；如果降低 U_1，B 点将向左移动。这两种变化都会使机械特性变软。

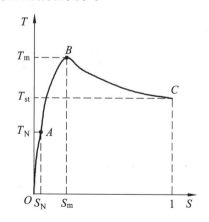

图 1.14.10　三相异步电动机转矩特性曲线

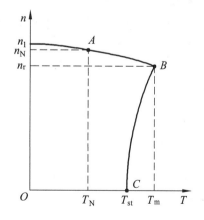

图 1.14.11　三相异步电动机的机械特性曲线

4. 三相异步电动机的启动

（1）对启动的要求　应有足够大的启动转矩，以保证能启动并尽量缩短启动时间；应减小启动电流，以减小对电网电压波动、电动机自身绝缘老化和使用寿命的影响；所需设备简单，价格低廉，使用维护方便；启动过程中功率损耗较少。

（2）启动电流　三相异步电动机直接启动时，由于转差最大，E_2、I_2最大，从而使启动电流最大，可达额定电流的 4～7 倍。过大的启动电流将造成电网电压波动，影响其他电气设备的正常运行；同时使电动机绕组严重发热，加速绝缘老化，缩短使用寿命。

（3）笼型异步电动机的启动

① 直接启动　直接启动的条件是：一般容量在 7.5 kW 以下可直接启动；当启动瞬间造成的电压降不大于正常电压的 10%（不经常启动时不大于 15%）时，可以直接启动；有专用变压器供电，电动机容量小于变压器容量的 20% 时允许频繁启动，小于 30% 时允许不经常启动；也可以经过估算，满足 $\dfrac{I_{st}}{I_N} < \dfrac{3}{4} + \dfrac{变压器容量（kV \cdot A）}{4 \times 电动机功率（kW）}$ 时可直接启动。

② 降压启动　凡不能直接启动的笼型异步电动机，必须实行降压启动。降压启动时，启动转矩将按电压平方关系下降，故只适用于空载或轻载启动。降压启动常用的方法有：

a. 自耦变压器降压启动优点是降压比例可调，适用于 Y 形或△形接法的电动机。缺点是设备体积大，投资较高。

b. 星-三角降压启动优点是设备简单，价格低。缺点是降压比固定为 $1/\sqrt{3}$，只能用于△形接法的电动机。

c. 延边三角形启动优点是降压比例可调，所需设备简单。缺点是绕组抽头多，结构复杂，只能用于△形接法的电动机。

d. 电阻（或电抗）降压启动　电抗启动法一般用于高压电动机。这种启动方法在启动电阻上耗能较多，若采用电抗器启动，则体积大，成本高。

（4）绕线型异步电动机的启动

① 转子串电阻启动　启动时增大 R_2，既减小启动电流，又增大启动转矩。启动后逐步减小 R_2，可获得良好的启动性能。适用于需要重载启动的场合，如起重机、卷扬机、龙门吊车等。缺点是使用设备较多，有一定能耗，而且启动级数较少。

② 频敏变阻器启动　频敏变阻器是一个三相电抗器，其铁芯用 6～12 mm 钢板制成，铁损较大，因而等效电阻较大，而其等效电阻又随电流频率而变化，即频率越高，等效电阻越大。因此，在启动过程中，其等效电阻会随转速的升高、f_2 的减小而自动减小，启动完毕后将其短接。其优点是无级启动，可获得恒转矩启动；缺点是功率因数较低，启动转矩不大。

5. 三相异步电动机的调速

（1）变极调速　优点是所需设备简单。缺点是有级调速，级数少，绕组抽头多，只适用于笼型异步电动机。

（2）变频调速　优点是可平滑地无级调速，调速范围宽，效率高，可分别实现恒过载能力、恒转矩、恒功率调速。缺点是所需设备复杂，成本高。适用于笼型异步电动机。

（3）改变转差率调速

① 变阻调速适用于绕线型异步电动机，恒转矩负载，原理如图 1.14.12 所示。R_2 增大，则 S_N 增大，n_N 下降（注意：启动电阻不能用来调速，调速电阻可以用来启动）。其优点是设备简单，调速范围尚可。缺点是机械特性变软，有一定能耗，不适宜在低速下长期运行，轻载时调速范围较窄。

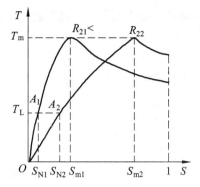

图 1.14.12　绕线型异步电动机变阻调速

② 调压调速　调速原理如图 1.14.13 所示。图（a）为一般电动机风机类负载。当 U_1 下降时，S 增大，转速下降。优点是调速范围较宽。缺点是只能用于风机类负载。若用于恒转矩负载，则调速范围太窄，无实用价值。

图 1.14.13（b）为高电阻转子笼型异步电动机恒转矩负载调速。当 U_1 下降时，S_N 增大，n_N 下降。优点是调速范围较宽。缺点是机械特性软。

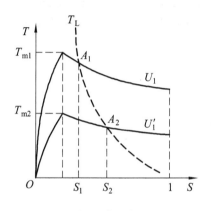

（a）笼型电动机风机类负载

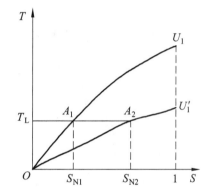

（b）高电阻转子笼型异步电动机恒转矩负载

图 1.14.13　调压调速

6. 三相异步电动机的反转与制动

（1）三相异步电动机的反转　反转的方法是将接到定子绕组首端上的三根电源进线中的任意两根互相对调，通过改变电源相序改变旋转磁场的转向，进而改变转子转向。注意，反接时必须接入限流电阻来限制反接电流。

（2）三相异步电动机的制动　三相异步电动机的制动状态有两种：一是使电动机迅速减速直至停转，二是限制电动机的转速，使之保持稳定运行。三相异步电动机的制动方法有两大类：一是机械制动，二是电气制动。机械制动最常用的机构是电磁抱闸，分为通电制动和断电制动两种类型，广泛应用在起重机械上。电气制动的方法有三种：

① 反接制动　制动时必须串入限流电阻，转速接近零时必须迅速切断电源。优点是所需设备简单，制动力强，制动迅速。缺点是冲击力大，不够准确平稳。一般用于小型异步电动机。

② 能耗制动　断开三相电源时立即向两相定子绕组通入直流电，转子凭惯性旋转，切割恒

定磁场，呈发电运行状态，将转动动能变为电能并消耗在转子电路中，获得制动力矩。优点是制动准确、平稳，冲击力小，对电网影响小。缺点是需专门直流电源，低速时制动力弱。

③ 回馈制动　当转子受外力作用（如起重机下放重物、电力机车下坡）或变极调速由高速变为低速时，出现 $n > n_1$ 的情况，形成发电制动状态，限制其转速不能继续上升而保持稳定运行，或使转速迅速降低直到低一级转速稳定运行。制动时将机械能或多余的转动动能转变为电能回馈电网。优点是经济性好。缺点是应用范围窄。

7. 三相变极多速异步电动机的原理与接线

（1）变极原理　三相变极多速异步电动机有双速、三速、四速等多种。绕组的极数改变分倍极比和非倍极比两类。转子一般采用笼型结构。目前应用最广的是单绕组双速电动机。变极的方法有反向法、换相法、变跨距法等，其中反向法应用最多。其原理是：要使极数改变一倍，只要改变定子绕组的接线，使其中一半绕组中的电流方向改变即可。

（2）接线方法　单绕组双速异步电动机一般都采用双层绕组，通常以少数极（高转速）作为基本极，采用正规 60°相带绕组，然后通过反向变极法得到倍极（低转速）绕组。常用的接线方法有两种，即 YY/△接法和 YY/Y 接法。

① YY/△接法　三相 2/4 极 24 槽 YY/△接法双速电动机线圈及出线端接法如图 1.14.14 所示。图中实线箭头表示两极时的电流方向，虚线箭头表示四极时的电流方向。这种调速基本上属于恒功率调速，适用于一般金属切削机床。

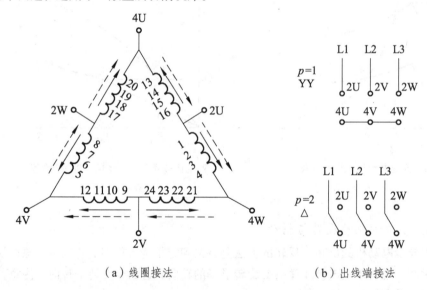

（a）线圈接法　　　　　（b）出线端接法

图 1.14.14　三相 2/4 极 24 槽 YY/△接法双速电动机

② YY/Y 接法　三相 2/4 级 24 槽 YY/Y 接法双速电动机线圈及出线端接法如图 1.14.15 所示。图中实线箭头表示两极时的电流方向，虚线箭头表示四极时的电流方向。这种调速基本上属于恒转矩调速，适用于起重机、运输带等机械。

在倍极比双速电机中，由于少数极采用 60°相带，出线端互差 120°电角度。改为倍极时，变为 120°相带，出线端互差 240°电角度，造成低速时相序反转，因此应将两个出线端头对调，以保证转向一致。

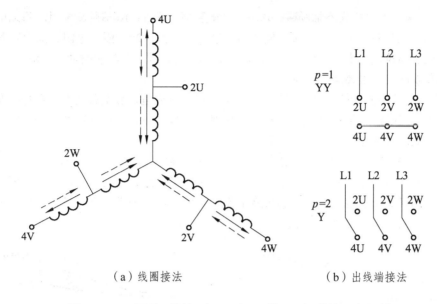

（a）线圈接法　　　　　　　　（b）出线端接法

图 1.14.15　YY/Y 接法三相 2/4 级 24 槽 YY/Y 接法双速电动机

五、同步电机

同步电机是转子转速等于同步转速的一类交流电机。按照功率转换关系，同步电机可分为同步发电机、同步电动机和同步补偿机三类。

1. 三相同步发电机

（1）基本结构　三相同步发电机由定子和转子两大部分组成。按结构分为转磁式和转枢式两种，其中转磁式应用广泛。转磁式同步发电机定子结构与三相异步电动机相同。其转子又分为两种，一种是隐极式分布绕组转子，呈细长的圆柱形，气隙均匀，适用于高速旋转，一般为卧式安装，为汽轮发电机所采用。另一种是凸极式集中绕组转子，呈短粗的盘状，有明显的凸极，适用于低速旋转，一般为立式安装，为水轮发电机所采用。

（2）基本工作原理　在转子励磁绕组中通入直流电，产生恒定磁场，由原动机带动转子旋转，形成旋转磁场，旋转磁场切割对称三相定子绕组，产生对称三相正弦交流电，频率为

$$f = \frac{\rho n}{60}(\text{Hz})。$$

（3）同步发电机的并联运行

同步发电机并联供电的优越性：便于发电机的轮流检修，减少备用机组，提高供电的可靠性；便于充分、合理地利用动力资源，降低电能成本；便于提高供电质量，提高供电电压和频率的稳定性。

同步发电机并联运行的条件：欲并网的发电机的电压必须与电网电压的有效值相等，频率相同，极性、相序一致，相位相同，波形一致。

同步发电机的并网方法有以下两种：

① 准同步法　使发电机达到并网条件后合闸并网。采用同步指示器，调节发电机的转速，调整发电机电压的大小和相位，基本满足并网条件时就可合闸。优点是对电网基本没有冲击。缺点是手续复杂。

② 自同步法　发电机先不加励磁，并用一个电阻值等于5～10倍励磁电阻的附加电阻接成闭合回路，由原动机带动转子达到接近同步转速就合闸，然后断开限流电阻，加上励磁电流，将同步发电机自动拉入同步。优点是操作简单，并网迅速。缺点是合闸时冲击电流稍大。

（4）同步发电机的主要运行特性

① 同步发电机的外特性　是指同步发电机在转速、励磁电流和负载功率因数都不变的条件下，端电压随负载电流变化的关系，如图1.14.16所示。同步发电机的外特性与变压器的外特性相同，即与负载的性质有关，此处不再重述。

② 同步发电机的调节特性　在保持发电机转速和负载功率因数不变的情况下，为保持发电机端电压不变而调节励磁电流随负载电流变化的关系，叫同步发电机的调节特性，如图1.14.17所示。对于电阻性、电感性负载，应随负载电流的增大而增加励磁电流；对于电容性负载，则应随负载电流的增大而减小励磁电流。

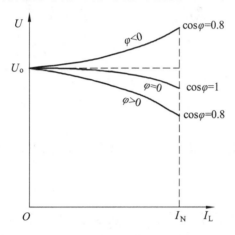
图1.14.16　同步发电机的外特性

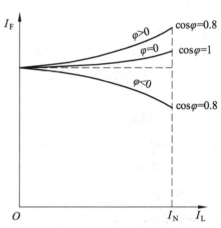
图1.14.17　同步发电机的调节特性

2. 三相同步电动机

（1）基本结构　与同步发电机相同，但转子一般采用凸极式结构。

（2）工作原理　对称三相定子绕组通入对称三相正弦交流电，产生旋转磁场。转子励磁绕组通入直流电产生与定子极数相同的恒定磁场。同步电动机就是靠定、转子之间异性磁极的吸引力由旋转磁场带动磁性转子旋转的。在理想空载的情况下，定、转子磁极的轴线重合。带上一定负载时，气隙间的磁力线将被拉长，使

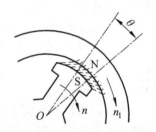
图1.14.18　同步电动机工作原理

定子磁极超前转子磁极一个θ角，如图1.14.18所示。这个θ角称为功角。在一定范围内，θ角越大，磁力线拉得越长，电磁转矩就越大。负载一定，若增大励磁电流，θ角将减小。如果负载过重，θ角过大，则磁力线会被拉断，同步电动机将停转，这种现象称为同步电动机的"失步"。只要同步电动机的过载能力允许，采用强行励磁是克服同步电动机"失步"的有效方法。

（3）同步电动机的启动

同步电动机不能自行启动，当定子绕组接通电源时，旋转磁场立即产生并高速旋转。转子由于惯性，根本来不及跟着旋转。当定子磁极迅速越过转子磁极时，前后两次作用在转子磁极

上的磁力大小相等、方向相反、间隔时间极短，平均转矩为零，因此不能自行启动。

同步电动机的启动方法

① 辅助电动机启动法　用辅助电动机带动同步电动机转动，达到接近同步转速时再脱离辅助电动机，投入正常运行。因使用设备多，操作复杂，现已基本不采用。

② 异步启动法　在转子上装有笼型启动绕组。启动时将励磁绕组用一个 10 倍于励磁电阻的附加电阻连接成闭合回路。当旋转磁场作用于笼型启动绕组，使转子转速达到同步转速的 95% 时，迅速切除附加电阻，通入励磁电流，使转子迅速拉入同步运行。当同步电动机处于同步运行时，笼型启动绕组是不起作用的。

（4）同步电动机的主要运行特性

① 机械特性　同步电动机的转速不因负载变化而变化，只要电源频率一定，就能严格维持转速不变，这种机械特性叫"绝对硬特性"。

② 转矩特性　由于转速恒定，同步电动机的输出转矩与其从电网吸收的电磁功率成正比。当机械负载增加时，电机电流直线上升，只要不超过同步电动机的过载能力，就能稳定运行。

③ 过载能力　过载系数 $\lambda_{m} = \dfrac{T_{m}}{T_{N}}$。通常同步电动机额定运行时，$\lambda_{m} = 2 \sim 3$，而功角 $\theta = 20° \sim 30°$。如果 $T_{L} > T_{m}$，则 θ 迅速增大，导致失步；如果强行励磁，则定子电流剧增，严重过载，烧毁电动机。

④ 功率因数调节特性　当机械负载一定时，我们可以调节励磁电流，使定子电流达到最小值。由于输入功率 $P_{1} = \sqrt{3}U_{1}I_{1}\cos\phi$，其中 P_{1}、U_{1} 都一定，I_{1} 的改变必然伴随 $\cos\phi$ 的变化。当 I_{1} 最小时，$\cos\phi = 1$，最大，同步电动机相当于纯电阻负载，这种情况称为正常励磁，简称正励。当励磁电流减小时，功角 θ 增大，电流 I_{1} 增大，且 $\dot{I}_{1}$ 滞后 $\dot{U}_{1}$，同步电动机相当于电感性负载，这种情况称为不足励磁，简称欠励。当励磁电流从正励增大时，功角 θ 减小，电流 I_{1} 也增大，但 $\dot{I}_{1}$ 超前 $\dot{U}_{1}$，同步电动机相当于电容性负载，这种情况称为过度励磁，简称过励。这种保持负载不变，定子电流 I_{1} 随转子励磁电流 I_{F} 变化的特性叫功率因数调节特性，如图 1.14.19 所示。当负载变化时，又可画出另一条曲线。由于这种特性曲线形状如"U"字，故称为 U 形曲线。在过励区，同步电动机相当于电容性负载，这对于提高电网的功率因数十分有利，因此同步电动机通常都工作在过励区。

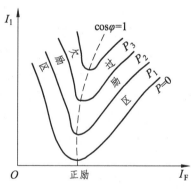

图 1.14.19　同步电动机的功率因数

3. 同步补偿机

同步补偿机实际就是一台空载过励运行的同步电动机，它基本上是一个纯电容负载，而且电容性无功功率容量大、调节方便，常被装在变电所，用来调节电网的功率因数。

六、特种电机

1. 伺服电动机

（1）交流伺服电动机是一种微型交流异步电动机。在定子上装有互成 90° 电角度的两个绕组：励磁绕组和控制绕组。它们的电流在相位上也互差 90°，能形成旋转磁场。转子采用笼型，但其质量很小，转动惯量很小，而转子电阻较大，$R_2 > X_{20}$，使临界转差率 $S_m > 1$，启动转矩大。一有控制电压，立即产生旋转磁场，转子立即启动运转；一旦去掉控制电压，立即变为单相脉动磁场，由于 $S_m > 1$，立即在转子上形成制动力矩，使转子迅速停转，不存在"自转"现象。功率通常为 0.5 ~ 100 W。

（2）直流伺服电动机是一种微型他励直流电动机，但其磁路不饱和，电枢电阻大，机械特性软，转动惯量小，换向性能好。从原理上讲可以采用电枢控制和磁极控制两种控制方式。但工程上多采用电枢控制。近年来国内外已发展了无槽电枢、空心杯电枢、印刷绕组电枢和无刷直流伺服电动机，其性能更好。功率为 1 ~ 600 W。

2. 测速发电机

（1）交流测速发电机　其结构与交流伺服电动机相似。定子上装有互成 90°电角度的两个绕组：励磁绕组和输出绕组。转子为空心杯形转子，用高电阻材料制造，基本上属于纯电阻。励磁绕组通入交流励磁，产生直轴脉动磁场。当转子不动时，转子感生磁场也是直轴磁场输出绕组电压为零。当转子随待测转速的机械转动时，转子切割直轴磁场而产生感应电动势和感应电流，产生一个交轴磁场，输出绕组便感应出一个交变电压，其有效值与转子转速成正比，其频率等于电源频率。输出端接高内阻的测量仪表，可测出输出电压，也可直接按转速标度而成为转速表。

（2）直流测速发电机　其结构与直流伺服电动机基本相同，其原理与直流发电机相似。直流测速发电机适用于低速伺服系统，负载电阻不能太小，转速不宜过高。

3. 电磁调速异步电动机

电磁调速异步电动机由一台三相笼型异步电动机和一台电磁转差离合器组成，又称滑差电动机，如图 1.14.20 所示。电枢外转子与异步电动机同轴旋转。磁极内转子由输出轴、励磁绕组、爪形磁极等组成。通过集电环向励磁绕组通入直流电，爪形磁极产生磁性。电枢外转子切割磁力线，产生感应电动势、感应电流和电磁转矩。该电磁转矩对电枢外转子是制动转矩，对磁极内转子是驱动转矩，转子便沿着电枢外转子的转向，以低于电枢外转子的转速转动起来。增大励磁电流，输出转速提高。电磁调速异步电动机特性很软，为了稳定转速，在实际应用时都配有自动调节励磁电流的装置。

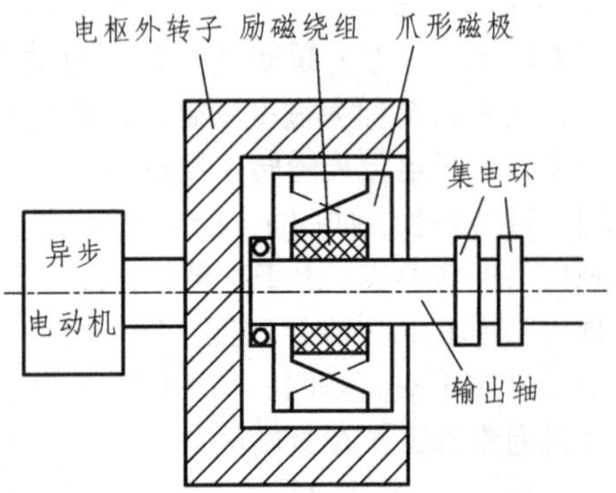

图 1.14.20　电磁调速异步电动机

七、电动机的耐压试验

1. 耐压试验的目的

检查绝缘品质最可靠的方法是绝缘耐压试验。耐压试验的目的是：考核电动机绝缘性能的好坏，以确保电动机的安全运行及操作人员的人身安全。

2. 耐压试验的方法

交流电动机耐压试验设备为工频耐压试验机。试验电压，对于 1 kW 以下的电动机取 $500 + 2U_N$(V)；对于 1 ~ 3 kW、$U_N = 380$ V 的电动机，取 1500 V；对 3 kW 以上的低压电动机，取 1760 V。试验时电动机应处于静止状态。当试验某一相绕组时，应将其他绕组与机壳作电气连接。

试验电压应从零开始缓慢地升高到全值，并保持 1 min，再逐步减小到零。对于 380 V 以下的电动机，如果没有试验设备，可用 1 000 V 兆欧表代做耐压试验，摇测 1 min。匝间耐压试验，可在被试绕组上加 $1.3U_N$ 电压，保持 3 min。对使用过或绕组局部更换过的电动机，试验时间可缩短为 1 min。试验直流电动机的匝间绝缘时，提高电压应以不使相邻换向片间的电压超过 24 V 为条件。

第十五节 变压器

一、变压器的空载运行

1. 理想变压器的空载运行

理想变压器的条件是：绕组没有电阻，磁路没有漏磁且不饱和，铁芯没有损耗。理想变压器空载运行的原理图、相量图如图 1.15.1 所示。图中，$\dot{U}_1 = -\dot{E}_1$，$\dot{U}_{20} = \dot{E}_2$，$U_1 = 4.44 f N_1 \Phi_m$，$U_{20} = 4.44 f N_2 \Phi_m$，$K = \dfrac{E_1}{E_2} = \dfrac{U_1}{U_{20}} = \dfrac{N_1}{N_{20}}$。

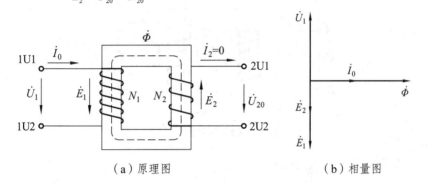

（a）原理图　　　　　　　　　　　（b）相量图

图 1.15.1　理想变压器空载运行

2. 实际变压器的空载运行

实际变压器空载运行时，空载电流将超前 $\dot{\Phi}$ 一个铁损耗角 δ，

一次绕组中将产生漏磁阻抗压降，一次电压平衡方程为：$\dot{U}_1 = -\dot{E}_1 + \dot{I}_o Z_{S1} = -\dot{E}_1 + r_1 \dot{I}_o + jX_{S1} \dot{I}_o$

实际变压器空载运行的原理图、相量图如图 1.15.2 所示。

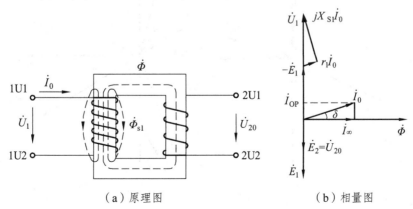

（a）原理图　　　　　　　　　　　（b）相量图

图 1.15.2　实际变压器空载运行的原理图、相量图

二、变压器的负载运行

变压器负载运行时，一次电流由 $\dot{I}_0$ 变为 $\dot{I}_1$，当 $\dot{U}_1$ 一定时，主磁通 $\dot{\Phi}_m$ 基本不变，磁势平衡方程为 $\dot{I}_1 N_1 + \dot{I}_2 N_2 = \dot{I}_0 N_1$，即 $\dot{I}_1 + \dot{I}_o = (-\frac{1}{K}\dot{I}_2)$。

一次电压平衡方程：$\dot{U}_1 = -\dot{E}_1 + Z_{S1}\dot{I}_1 = -\dot{E}_1 + r_1\dot{I}_1 + jX_{S1}\dot{I}_1$

二次电势平衡方程：$\dot{E}_2 = \dot{U}_2 + r_2\dot{I}_2 + jX_{S2}\dot{I}_2 = \dot{I}_2 Z_{fz} + \dot{I}_2 Z_{s2} = \dot{I}_2 Z$

或：

$$\dot{U}_2 = \dot{E}_2 - \dot{I}_2 Z_{s2} = \dot{I}_2 Z_{fz}$$

相量图的做法是：以 $\dot{\Phi}$ 为参考相量，作 $\dot{I}_0$ 超前 $\dot{\Phi}$ 一个 δ 角，作 $\dot{E}_1$、$\dot{E}_2$ 滞后 $\dot{\Phi}$ 一个 $90°$ 角。根据 $\dot{E}_2 = \dot{I}_2 Z$ 作出 $\dot{I}_2$，再由 $\dot{I}_1 = \dot{I}_0 + (-\frac{1}{K}\dot{I}_2)$ 作出 $\dot{I}_1$，再根据 $\dot{U}_1 = -\dot{E}_1 + r_1\dot{I}_1 + jX_{S1}\dot{I}_1$ 作出 $\dot{U}_1$，根据 $\dot{U}_2 = -\dot{E}_2 + r_2\dot{I}_2 + jX_{S2}\dot{I}_2$ 作出 $\dot{U}_2$。

变压器负载运行的原理图、相量图如图 1.15.3 所示。

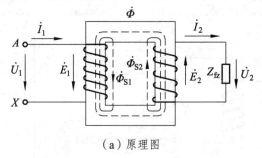

（a）原理图

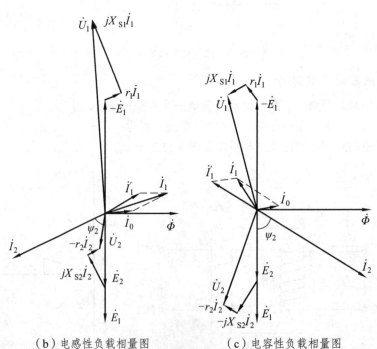

（b）电感性负载相量图　　　　（c）电容性负载相量图

图 1.15.3　变压器负载运行的原理图、相量图

三、变压器的空载试验和短路试验

1. 空载试验

通常是高压侧开路，低压侧加压 U_{2N}，测出空载电流 I'、空载损耗 P_o，求得 $Z'_m = \dfrac{U_{2N}}{I'_o}$，

$r'_m = \dfrac{P_o}{I'^2_2}$，$X'_m = \sqrt{Z'^2_m - r'^2_m}$，再折算到高压侧：$I_o = \dfrac{I'_0}{K}$，$r_m = K^2 r'_m$，$X_m = K^2 X'_m$。由于空载电流 I_o 很小，铜损耗可忽略不计，而空载电压等于额定电压，因此空载损耗近似等于铁损耗，即 $P_o \approx P_{Fe}$。空载时功率因数很低。

2. 短路试验

通常是低压侧短路，高压侧加压 U_1，从零逐渐升高，当一次电流达到 I_{1N} 时，测出短路电压 U_K，短路损耗 P_K 及室温 θ，求出短路阻抗 $Z'_K = \dfrac{U_K}{I_{1N}}$，$r'_K = \dfrac{P_K}{I^2_{1N}}$，$X_K = \sqrt{Z'^2_K - r'^2_K}$，再将 r'_K、Z'_K

换算到标准温度 75 ℃ 的值：$r_K(75\,℃) = \dfrac{K+75}{K+\theta} r'_K$，$Z_K(75\,℃) = \sqrt{r_K(75\,℃)^2 + X^2_K}$，系数 K 的值铜线取 234.5，铝线取 228。

四、变压器的外特性和效率特性

1. 变压器的外特性和电压调整率

变压器的外特性用来描述输出电压 U_2 随输出电流 I_2 变化的情况，如图 1.15.4 所示。其中曲线 1 表示负载为电阻性，$\cos\varphi_2 = 1$，U_2 随 I_2 的增加而略有下降；曲线 2 表示负载为电感性，$\cos\varphi_2 = 0.8$，U_2 的下降较电阻性加剧，且 $\cos\varphi_2$ 越低，下降越快；曲线 3 表示负载为电容性，$\cos\varphi_2 = 0.8$，U_2 随 I_2 的增加而上升，且 $\cos\varphi_2$ 越低，上升越多。变压器从空载到满载，二次电压的变化量与二次空载电压之比叫电压调整率：

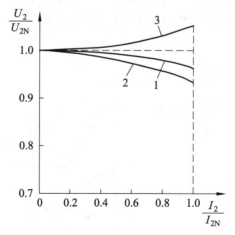

图 1.15.4 变压器的外特性

$$\Delta U(\%) = \frac{\Delta U}{U_{2N}} \times 100\% = \frac{U_{2N} - U_{2IN}}{U_{2N}} \times 100\%$$

显然当负载为电容性时，$\Delta U\% < 0$。

2. 变压器的损耗和效率

变压器的损耗包括铜损 ρ_{Cu} 和铁损 ρ_{Fe}。变压器的负载系数 $\beta = \dfrac{I_2}{I_{2N}}$，而铜损 $\rho_{Cu} = \beta^2 P_k$，是可变损耗。铁损耗 $\rho_{Fe} = P_o$，是不变损耗，变压器的效率 $\eta = \dfrac{P_2}{P_1} \times 100\% = \dfrac{S_N \cos\phi_2}{S_N \cos\phi_2 + 2\sqrt{P_o P_K} + (\sqrt{\dfrac{P_o}{\beta}} - \sqrt{\beta P_K})^2}$，

可见当 $\beta_m = \sqrt{\dfrac{P_o}{P_K}}$，即 $\rho_{Cu} = P_o$ 时，有最高效率 $\eta_m = \dfrac{S_N \cos\phi_2}{S_N \cos\phi_2 + 2\sqrt{P_o P_K}}$。国产电力变压器的最高效率发生在 $\beta_m \approx 0.6$ 处。图 1.15.5 所示为变压器的效率曲线。

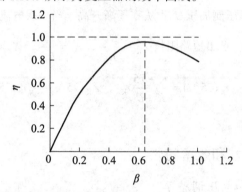

图 1.15.5　变压器的效率曲线

五、变压器的联结组别

1. 变压器联结组别的判别

根据接线图，画出位形图，判定其联结组别。作图方法是：先使高压侧一次线电压 U_{1UV} 竖直向上作长针，作出一次侧位形图，再使 2UI 与 1U1 重合，根据同名端作出二次侧位形图，判定其联结组别。图 1.15.6（a）表示 Y，y0 联结组，图（b）表示 Y，y6 联结组，图（c）表示 Y，d1 联结组，图（d）表示 Y，d11 联结组。

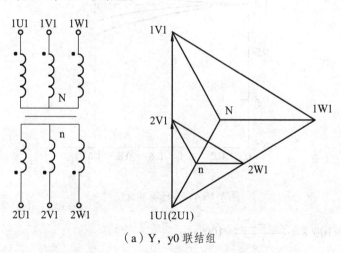

（a）Y，y0 联结组

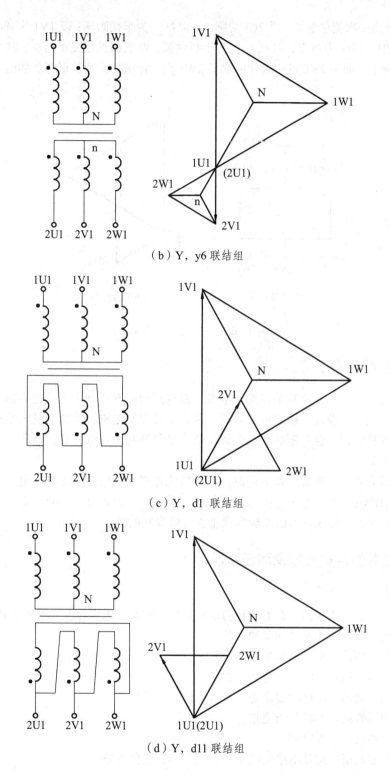

（b）Y，y6 联结组

（c）Y，d1 联结组

（d）Y，d11 联结组

图 1.15.6　三相变压器联结组别的判断

2. 变压器联结组别的测试

如图 1.15.7 所示，将变压器 1U1 与 2U1 短接，在一次侧施加一适当顺相序对称三相电压，测出电压值，画出一次侧位形图。以 2UI 为圆心，以 U_{2UV} 为半径画圆；以 1V1 为圆心，以 $U_{1V1\text{-}2V1}$ 为半径画弧，再以 1W1 为圆心，以 $U_{1W1\text{-}2V1}$ 为半径画弧，两段圆弧相交于两点，其中一点落在以 2U1 为圆心的圆上，即为 2V1 点；同理可求得 2W1 点。作出二次侧位形图，如图可判断出联结组为 D，d2 组。

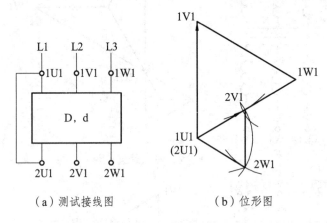

（a）测试接线图　　　　（b）位形图

图 1.15.7　变压器联结测试

六、交直流电焊机

（1）直流电焊机是一种差复励直流发电机，根据其励磁方式可分为：他励加串励去磁式、并励加串励去磁式、裂极式、换向极去磁式四种直流弧焊发电机。其特点是电弧稳定，可使用各种焊条焊接各种碳钢、合金钢和有色金属。缺点是制造麻烦、价格贵、体积大、噪声大，因此使用已越来越少。

（2）弧焊整流器是一种直流弧焊电源。利用整流器将交流电变换为直流电，再经调节装置获得电焊所需要的外特性。它具有制造工艺简单、质量轻、节省材料、效率高、空载损耗小、噪声小、使用控制方便等优点，已逐步取代了直流弧焊发电机。

七、变压器的维护检修及耐压试验

1. 变压器的维护检查

（1）检查瓷套管是否清洁，有无裂纹与放电痕迹，螺纹有无损坏及其他异常现象。

（2）检查各密封处有无渗油和漏油现象。

（3）检查贮油柜油位高度及油色是否正常。

（4）注意变压器运行时的声响是否正常。

（5）检查箱顶油面温度计的温度是否符合规定。

（6）察看防爆管的玻璃膜是否完整。

（7）检查油箱接地是否完好。

（8）检查瓷套管引出排及电缆头接头处有无发热、变色及异状。

（9）察看高、低压侧电流、电压是否正常。

（10）定期进行油样化验，观察硅胶是否吸潮变色。

（11）在进出变压器室时应及时关门，以防小动物进入变压器室造成事故。

2. 变压器的拆装检修

（1）检修时不要将工具、螺钉、螺母等异物落入变压器内，以防止造成事故。

（2）检修前应将变压器油放掉一部分。盛油容器应清洁，干燥而需加盖防尘防潮。应对油进行化验以确定是否能继续使用。若油不够，须添补同型号的合格的新油。

（3）吊铁芯时应尽量使吊钩装得高些，使钢绳的夹角不大于45°，以防油箱盖板变形。

（4）如果仅将铁芯吊起一部分进行检修，应在箱盖与箱壳间垫牢支撑物，以防铁芯突然下落发生事故。

（5）变压器的所有紧固螺钉均需紧固，以防运行时发生异常声响。

（6）检查铁芯到夹件的接地铜皮是否有效可靠；用 1 000 V 兆欧表检查铁轭夹件穿心螺钉绝缘电阻值应不低于 2 MΩ；检查铁芯底部平衡垫铁绝缘衬垫是否完整，有无松动现象；检查铁芯硅钢片是否有过热现象；检查各部分螺母有无松动现象。

（7）检查绕组绝缘老化程度

一级　很好状态，绝缘富有弹性，软而且韧，用手按压时不会留下变形的痕迹。

二级　合格状态，绝缘较坚硬，颜色较深，用手按压时不裂缝、不变形。

三级　不十分可靠的状态，绝缘已坚硬并脆弱，颜色很深，用手按压时产生细小的裂纹或变形。若其他试验均能通过，可在小修期限内短期运行，但应特别注意防止过负荷和短路事故等。

四级　不合格状态，绝缘很坚硬，用手按压时有脱落现象或裂纹很深，绝缘碳化，断裂脱落，必须大修。

（8）检查分接开关，看旋转是否灵活、零部件是否完整，有无松动现象，动、静触点吻合与指示位置是否一致，触点有否灼伤或因严重过热而变色，接线处螺母有无松动现象等。

（9）器身在相对湿度为 75%以下的空气中贮留时间不宜超过 24 h，如果器身的温度比空气温度高出 3~5 ℃，贮留时间可适当延长。

3. 变压器的耐压试验

耐压试验的目的是检查绕组对地绝缘和绕组之间的绝缘。如果绕组和引线对油箱壁或铁轭之间装置不适当或绕组之间绝缘受潮损坏，或者夹入异物等，都可能在试验中发生局部放电或绝缘击穿。

变压器电压等级为 0.3 kV、3 kV、6 kV、10 kV 时，耐压试验电压为 2 kV、15 kV、21 kV、30 kV。试验电压持续时间为 1 min。

（1）试验高压绕组时，将高压的各相线端连在一起接到试验变压器上，低压的各相线端也连在一起，并和油箱一起接地。当试验低压绕组时，接线方法互换。

（2）先将试验电压升到额定试验电压的 40%，再以均匀、缓慢的速度升压到额定试验电压。若发现电流急剧增大，为击穿前兆，应立即降压到零，停止试验。

（3）电压升至额定试验电压后，应保持 1 min，然后再均匀降低，大约在 5 s 内降至 25%或更小，再切断电源。切不可不经降压而切断电源，否则容易烧坏操作试验设备。高压侧试验完应放电后方可触及。

（4）试验电源频率为 50 Hz，并应保持电源电压稳定。被试变压器、试验变压器及仪表装置，操作设备都应可靠接地，以确保安全。

第十六节　电缆的检修

一、电缆故障的主要形式

（1）线路故障　主要包括断线和不完全断线故障。
（2）绝缘故障　包括绝缘损坏或击穿，如相间短路、单相接地等。
（3）综合故障　兼有以上两种故障。

二、故障原因的分析

电缆产生故障的原因很多，电缆常见故障如下：
（1）机械损伤　电缆直接受到外力损伤，如基建施工时受挖掘工具的损伤，或由于电缆铅包层的疲劳损坏、铅包龟裂、弯曲过度、热胀冷缩等引起电缆的机械损伤。
（2）绝缘受潮　由于设计或施工不良，水分浸入，使绝缘受潮，绝缘性能下降。绝缘受潮是电缆终端头和中间接线盒最常见的故障。
（3）绝缘老化　电缆中的浸渍剂在电热作用下化学分解，使介质损耗增大，导致电缆局部过热，绝缘老化造成击穿。
（4）电缆击穿　由于设计不当，电缆长期过热，使电缆过热击穿；或由于操作过电压，造成电缆过电压击穿。
（5）材料缺陷　材料质差引起，如电缆中间接线盒或电缆终端头等附件的铸铁质量差，有细小裂缝或砂眼，造成电缆损坏。
（6）化学腐蚀　由于电缆线路受到酸、碱等化学腐蚀，使电缆击穿。

三、电缆故障的检测

1. 故障的判定

故障判定时应注意以下几点：
（1）无论何种电缆，均须在电缆与电力系统完全隔离后，才可进行鉴定故障性质的试验。
（2）鉴定故障性质的试验，应包括每根电缆芯的对地绝缘电阻、各电缆芯间的绝缘电阻和每根电缆线芯的连续性。
（3）鉴定故障性质可用兆欧表试验。电缆在运行中或试验中已发现故障，兆欧表不能鉴别其性质时，可用高压直流来测试电缆芯间及芯与铅包间的绝缘。
（4）电缆二芯接地故障时，不允许利用另一芯的自身电容做声测试验。
（5）电缆故障的测寻方法可参照表 1.16.1 进行。测出故障点距离后，应根据故障的性质，采用声测法或感应法定出故障点的确切位置。充电电缆的漏油点可采用流量法和冷冻法测寻。

2. 故障点的精测方法

主要有感应法和声测法等。
（1）感应法　其原理是当音频电流经过电缆线时，在电缆周围产生电磁波，当携带感应接收器沿电缆线路行走时，可以听到电磁波的音响。在故障点，音频电流突变，电磁波的音响也发生突变。该方法适用于寻找断线、相间低电阻短路故障；不适用于寻找高电阻短路及单相接地故障。

（2）声测法　其原理是利用电容器充电后经过球隙向故障线芯放电，故在故障点附近用拾音器可判断故障点的准确位置。

四、故障处理

（1）发现电缆故障部位后，应按《电业安全工作规程》的规定进行处理。

（2）清除电缆故障部分后，必须进行电缆绝缘的潮气试验和绝缘电阻试验。检验潮气用油的温度为150℃ 对于橡塑电缆，则以导线内有无水滴作为判断标准。

（3）电缆故障修复后，必须核对相位，并做耐压试验，合格后，才可恢复运行。

表 1.16.1　测寻电缆故障点的方法

故障情况		电桥法	感应法	脉冲反射示波器法	脉冲震荡示波器法
接地电阻小于 10 kΩ	单相	○	△①	△②	○
	二相 短路接地	○	△①	△②	○
接地电阻小于 10 kΩ	三相 短路接地	△③	△①	△②	○
	护层接地	○	△①	△②	○
高阻接地		△	×	×	○
断线		△	×	○	×
闪络		×	×	×	○

注：① 结合烧穿法，电阻小于1000Ω。

② 结合烧穿法，电阻小于100Ω（电缆波阻抗值的2～3倍）

③ 放全长临时线，或借用其他电缆芯作回线。

○—推广方法；△—可用方法；×—不用方法。

第十七节　电工基础理论知识

一、直流电路的分析和计算

1. 电阻电路的等效化简

三个电阻间的 Y 联结与△联结之间可以互相等效，它们之间的关系如图 1.17.1 所示。由 Y 联结的三个电阻 R_1、R_2、R_3，求等效△联结电阻 R_{12}、R_{23}、R_{31} 阻值的公式如下：

$$\begin{cases} R_{12}=R_1+R_2+\dfrac{R_1R_2}{R_3} \\[2mm] R_{23}=R_2+R_3+\dfrac{R_2R_3}{R_1} \\[2mm] R_{31}=R_3+R_1+\dfrac{R_3R_1}{R_2} \end{cases}$$

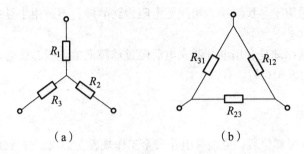

图 1.17.1 电阻电路的等效

由△联结电阻 R$_{12}$、R$_{23}$、R$_{31}$ 等效 Y 联结电阻 R$_1$、R$_2$、R$_3$ 的公式如下：

$$\begin{cases} R_1 = \dfrac{R_{12}R_{31}}{R_{12}+R_{23}+R_{31}} \\[2mm] R_2 = \dfrac{R_{23}R_{12}}{R_{12}+R_{23}+R_{31}} \\[2mm] R_3 = \dfrac{R_{31}R_{23}}{R_{12}+R_{23}+R_{31}} \end{cases}$$

当 Y 联结的三个电阻阻值（R_Y）相等时，其等效△联结的三个电阻阻值（$R_\triangle$）也相等，即

$$R_\triangle = 3R_Y \ \text{或} \ R_Y = R_\triangle/3$$

2. 支路电流法

对任何复杂直流电路，都可以用基尔霍夫定律列出节点电流方程式和回路电压方程式联立求解。以电路中各支路电流为未知量，就可以用支路电流法求解。下面以图 1.17.2 所示电路为例，说明求解方法。

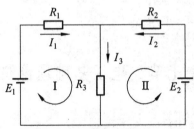

图 1.17.2 支路的电流法

（1）在电路图上标出各支路电流 I_1、I_2、I_3 的方向，列出独立的节点电流方程。

（2）选定适当回路并确定其绕行方向，列出回路电压方程。本电路可列出的方程组为

$$\begin{cases} I_1 = I_2 + I_3 \\ I_1 R_1 + I_3 R_3 = E_1 \\ I_2 R_2 + I_3 R_3 = E_2 \end{cases}$$

（3）将已知的电动势 E_1 和 E_2 的值以及电阻 R$_1$、R$_2$、R$_3$ 的阻值代入联立方程组。解出此方程组，可以求得三个支路的电流值。

3. 回路电流法

对支路数较多的电路求解，用回路电流法较为方便。以图 1.17.3 为例，解题步骤如下：

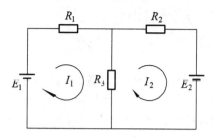

图 1.17.3　回路电流法

（1）以网孔为基础，假设回路电流参考方向。

（2）列出各网孔的回路电压方程。列方程时，电动势的方向若与回路电流方向一致，电动势取正，反之取负；本回路中所有电阻上的压降，当两个回路电流方向相同时取正，反之取负。本例电路列出的方程组是：

$$\begin{cases} I_1(R_1+R_3) - I_2R_3 = E_1 \\ I_2(R_2+R_3) - I_1R_3 = -E_2 \end{cases}$$

（3）求解所列出的方程组后，再用节点电流法求出各支路电流。本电路图中：

$$I_1 = I_2 + I_3$$

4. 节点电压法

对只有两个节点的直流电路，用节点电压法进行求解最为简便。以图 1.17.4 为例，其求解步骤如下：

（1）选定节点电压方向。

（2）列出节点电压表达式，并求出节点电压值。

（3）根据欧姆定律求出各支路电流。

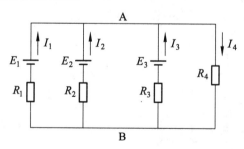

图 1.17.4　节点电压法

$$U_{AB} = \cfrac{\dfrac{E_1}{R_1} - \dfrac{E_2}{R_2} + \dfrac{E_3}{R_3}}{\dfrac{1}{R_1} + \dfrac{1}{R_2} + \dfrac{1}{R_3} + \dfrac{1}{R_4}}$$

式中分子各项的符号：当 E 的方向与所选电压方向相反时为正，反之为负。分母各项皆为正。则

$$I_1 = \frac{E_1 - U_{AB}}{R_1}, \quad I_2 = \frac{-E_2 - U_{AB}}{R_2}$$

$$I_3 = \frac{E_3 - U_{AB}}{R_3}, \quad I_4 = \frac{U_{AB}}{R_4}$$

5. 叠加原理

在线性电路中，任一支路的电流（或电压）都是电路中各个电源单独作用时，在该支路中产生的电流（或电压）的代数和，这个结论叫叠加原理。叠加原理主要用来指导其他定理、结论和分析电路。运用叠加原理过程中，当一个电源单独作用时，应将其余的恒压源作全部短路、恒流源作全部开路处理。

6. 戴维南定理

任何只包含电阻和电源的线性有源二端网络，对外都可用一个等效电源来代替。这个电源的电动势等于该网络的开路电压；这个电源的内阻等于该网络的入端电阻（即网络中各电动势短接时，两出线端间的等效电阻），这个结论称为戴维南定理。

用戴维南定理解题的步骤如下：

（1）把电路分为待求支路和含源二端网络两部分。

（2）把待求支路断开，求出含源二端网络的开路电压，即等效电动势 E_0 和入端电阻（即等效内阻）R_0。

（3）画出含源二端网络的等效电路（E_0 与 R_0 串联），再接入待求支路电阻，求出该支路电流及有关量。

7. 电压源、电流源的等效变换

（1）电压源、电流源的概念

① 电压源　一般都用一个恒定电动势 E 和内阻 γ_0 串联组合来表示一个电源。如图 1.17.5(a) 所示。用这种方式表示的电源称为电压源。$\gamma_0=0$ 时称之为理想电压源。

② 电流源　用一个恒定电流 I_s 和内阻 γ_0 并联表示一个电源，如图 1.17.5（b ）所示。用这种方式表示的电源称为电流源。γ_0 无穷大时称之为理想电流源。

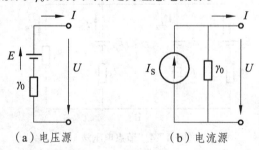

（a）电压源　　　　（b）电流源

图 1.17.5　电压源、电流源电路

（2）电压源与电流源的等效变换　一个电源既可以用电压源表示，又可以用电流源表示，它们之间可以进行等效变换，其方法如下：

① 已知电压源，若要用等效电流源表示，则电流源的电流 $I_s=E/\gamma_0$，并联的内阻与电压源内阻相同。

② 已知电流源，若要用等效电压源表示，则电压源的电动势 $E=I_s/\gamma_0$，串联的内阻与电流源

内阻相同。

（3）等效过程中应注意的问题

① 理想电压源与理想电流源之间不能进行等效变换。

② 与理想电压源并联的电阻或电流源均不起作用，将其作开路处理。

③ 与理想电流源串联的电阻或电压均不起作用，将其作短路处理。

二、正弦交流电路的分析

大小和方向都随时间作周期性变化的电动势、电压和电流分别称为交流电动势、交变电压和交变电流，三者统称为交流电。交流电分为正弦交流电和非正弦交流电两大类。正弦交流电是随时间按正弦规律变化的，而非正弦交流电不按正弦规律变化，如图 1.17.69（c）（d）所示。图 1.17.6（a）为恒定直流电，图（b）为脉冲直流电。本单元只讨论正弦交流电及其电路。

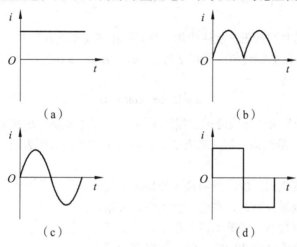

图 1.17.6 直流电和交流电的波形图

正弦交流电和直流电比较主要有三个优势：第一，交流电可用变压器来改变其电压的大小，便于远距离输电和向用户提供各种不用等级的电压；第二，交流电机比相同功率的直流电机构造简单、成本低、工作可靠；第三，交流电也可经过整流装置转换为电车、电镀、电子设备等需要的直流电。因此，交流电在生产和生活中得到广泛的应用。

在交流电作用下的电路称为交流电路。在交流电路中，我们将讨论三种不同性质的负载元件：电阻元件、电感元件和电容元件。三种元件在电路中的作用完全不同。电阻元件把电能转化为热能消耗掉，其转换过程不可逆转，因此它是耗能元件。电感元件把从电路中吸收的电能转化成磁场能储存起来；电容元件把从电路中吸收的电能转化成电场储存起来，但电感元件和电容元件又能在一定的条件下放出能量反送回电路，因此，它们是储能元件。

学习交流电，不但要注意其与直流电的共同点，而且要注意两者之间的区别，加深对交流电特性的理解，千万不要轻易地把直流电路的规律套用到交流电路中。

1. 正弦交流电的三要素

（1）正弦交流电的周期、频率和角频率

交流电每重复一次变化所需要的时间称为周期，用字母 T 表示，单位是秒，用字母 s 表示。

交流电 1 s 内重复变化的次数称为频率，用字母 f 表示，单位是赫兹，用字母 Hz 表示。

根据周期和频率的定义可知，周期和频率互为倒数，即

$$f = \frac{1}{T} \text{ 或 } T = \frac{1}{f}$$

我国工农业及生活中使用的交流电频率为 50 Hz（习惯上称为工频），其周期为 0.02 s。

角频率（即电角速度）是指交流电在 1 s 内变化的电角度，用字符 ω 表示，单位是弧度/秒（rad/s）。如果交流电在 1 s 内变换了 1 次，则电角度正好变化了 2π 弧度，也就是说该交流电的角频率 $\omega = 2\pi$（rad/s）。若交流电 1 s 内变化了 f 次，则可得角频率与频率的关系式为

$$\omega = \frac{2\pi}{T} = 2\pi f$$

周期、频率和角频率都是表示正弦交流电变化快慢的物理量。三个物理量中只要知道其中一个，就可通过上述两式求出另外两个。通常把角频率（或频率、或周期）称为正弦交流电的三要素之一。

（2）正弦交流电随时间按正弦规律变化，我们把正弦交流电在任意时刻的数值称为瞬时值。正弦电动势、电压、电流的瞬时值分别用字母 e、u、i 表示。瞬时值有正有负，也可能为零。正弦交流电压的瞬时值表达式为

$$u = U_{\mathrm{m}}\sin(\omega t + \varphi)$$

最大的瞬时值称为最大值（或峰值、振幅）。正弦交流电动势、电压和电流的最大值分别用 E_{m}、U_{m} 和 I_{m} 来表示。虽然最大值有正有负，但习惯上都以绝对值表示。最大值是正弦交流电的三要素之一。

交流电是在不断变化的，瞬时值和最大值均不能反映交流电实际做功的效果。因此，在电工技术中，常用有效值来衡量做功能的大小。如图 1.17.7 所示，让交流电和直流电分别通过阻值完全相同的电阻，如果在相同的时间内这两种电流产生的热量相等，就把此直流电的

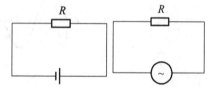

图 1.17.7　正弦交流电的有效值

数值称为该交流电的有效值。换句话说，把热效应相等的直流电流（或电压、电动势）定义为交流电流（或电压、电动势）的有效值。交流电流、电压和电动势有效值的符号分别是 I、U 和 E。

可以证明，正弦交流电的有效值和最大值之间有以下关系：

$$I = \frac{I_{\mathrm{m}}}{\sqrt{2}} \approx 0.707 I_{\mathrm{m}}$$

$$U = \frac{I_{\mathrm{m}}}{\sqrt{2}} \approx 0.707 U_{\mathrm{m}}$$

$$E = \frac{E_{\mathrm{m}}}{\sqrt{2}} \approx 0.707 E_{\mathrm{m}}$$

特别应指出的是，若无特殊说明，交流电的大小总是指有效值。各种交流电设备上所标注的额定电压和额定电流的数值也都是有效值，通常照明电路的电压是 220 V，指的是电压有效值为 220 V，电压最大值 $U_{\mathrm{m}} = \sqrt{2} \times 220 \approx 311$（V）。

【例 1】已知某正弦交流电的电动势为 $e = 311\sin314t$（V），试求该电动势的最大值、角频率、频率和周期。

解：将式 $e = 311\sin314t$（V）与公式 $e = E_{\mathrm{m}}\sin\omega t$ 比较可得

$$E_m = 311\,\text{V}, \quad \omega = 314\,\text{rad/s}$$

$$f = \frac{\omega}{2\pi} = \frac{214}{2 \times 3.14} = 50\,(\text{Hz})$$

$$T = \frac{1}{f} = 0.02\,(\text{s})$$

（3）正弦交流电的相位、初相位和相位差

正弦量的变化进程常常用随时间变化的电角度（即相位）来反映。电压瞬时值表达式中的 $(\omega t + \varphi)$ 就是反映正弦交流电压在变化过程中任意时刻所对应的电角度，它随着时间变化，$t=0$ 时的相位角 φ 称为初相角，也叫初相位或初相。初相反映了正弦交流电计时起点的状态。在正弦量的解析式中，通常规定初相不得超过 $\pm180°$。在此规定下，初相为正角时，正弦量对应的初始数值一定为正值；初相为负角时，正弦量对应的初始数值一定为负值。在波形图上表示初相角时，横坐标常以弧度（rad）或度（°）为单位，取曲线由负值变为正值的零点（取离坐标原点最近的零点）与坐标原点间的角度为初相角，在坐标原点左侧的初相角为正值，在右侧的为负值。如图 1.17.8 中的 i_1 对应 φ_1 为正，i_2 对应 φ_2 为负。初相角是正弦交流电的要素之一。

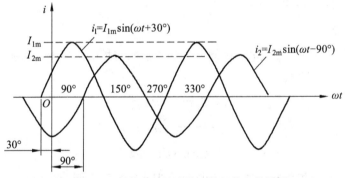

图 1.17.8　同频率正弦交流电的相位及其关系

为了比较两个同频率正弦交流电在变化过程中的相关系和先后顺序，我们引入相位差的概念。相位差是指两个同频率正弦交流电的相位差，用字母 $\Delta\varphi$ 表示。设 i_1 的相位为 $(\omega t + \varphi_1)$，i_2 的相位为 $(\omega t + \varphi_2)$，则两者的相位差为

$$\Delta\varphi = (\omega t + \varphi_1) - (\omega t + \varphi_2) = \varphi_1 - \varphi_2$$

上式表明，同频率正弦交流电的相位差，实质上就是它们的初相角之差，与时间无关。如果 $\Delta\varphi > 0$，如图 1.17.8 所示，i_1 比 i_2 先到达最大值，称为 i_1 超前 i_2，或 i_2 滞后 i_1；若 $\Delta\varphi = 0$，即两者的初相角相等，称它们同相，如图 1.17.9（a）所示；若 $\Delta\varphi = 180°$，即它们的初相相差 $180°$，则称它们的相位相反，简称反向相，如图 1.17.9（b）所示。

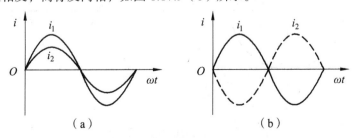

图 1.17.9　交流电同相和反相

由式 $e = E_{m}\sin(\omega t + \varphi)$ 可以看出，当正弦交流电的最大值、角频率（或频率、周期）和初相角这三个量确定时，正弦交流电才能确定，也就是说这三个量是描述正弦交流电必不可少的要素，所以称它们为正弦交流电的三要素。

【例2】已知某正弦交流电动势为 $e = 14.1\sin\left(800\pi t + \dfrac{3\pi}{2}\right)$ V，求该正弦交流电的三要素。

解：将式 $e = 14.1\sin\left(800\pi t + \dfrac{3\pi}{2}\right)$ V 与公式 $e = E_{m}\sin(\omega t + \varphi)$ 比较可得

$$E_{m} = 14.1\,\text{V}，\quad \omega = 800\pi\,\text{rad/s}$$

$$f = \frac{\omega}{2\pi} = 400(\text{Hz})$$

$$T = \frac{1}{f} = 2.5(\text{ms})$$

$$\varphi = \frac{3\pi}{2} - 2\pi = -\frac{\pi}{2}$$

三、正弦交流电的表示法

1. 解析表示法

用三角函数式表示正弦交流电随时间变化的方法叫解析法。根据前面所学，正弦交流电动势、电压和电流的解析式为

$$e = E_{m}\sin(\omega t + \varphi_{e})$$

$$u = U_{m}\sin(\omega t + \varphi_{u})$$

$$i = I_{m}\sin(\omega t + \varphi_{i})$$

一般而言，ωt 和初相角 φ 的单位均为弧度，但有时为了方便，初相角的单位也可以用度。

2. 波形表示法

根据解析式的计算数据，在平面直角坐标系中作出波形的方法叫作波形法，如图1.17.10（b）所示。图中纵坐标表示交流电的瞬时值，横坐标表示电角度 ωt 或时间 t。我们把这种曲线叫作正弦交流电的曲线图或波形图。

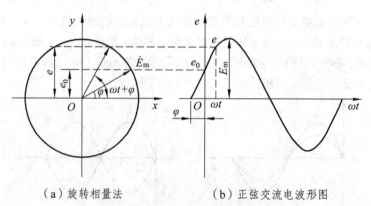

（a）旋转相量法　　　　　　　　（b）正弦交流电波形图

图1.17.10　正弦交流电相量表示法

3. 相量表示法

为了形象化表示正弦交流电，使正弦交流电的计算更加简便，常采用旋转相量法。

（1）旋转相量法

在描绘正弦曲线时，数学上常用这样的方法，如图 1.17.10（a）所示。取一段长度等于正弦函数最大值的线段作为半径，令其绕坐标原点逆时针旋转，它在各个不同角度时的纵轴投影即为各对应角的正弦函数，由此可描绘出正弦函数的曲线。同样，对于正弦电流，也可以用这样的方法来表示。旋转相量法就是用在一个直角坐标系中绕原点作逆时针方向不断旋转的相量来表示正弦交流电的方法。

（2）最大值相量

① 旋转相量的长度代表正弦交流电的最大值。最大值相量任意瞬间在纵轴上的投影，就是该瞬间正弦交流电的瞬时值。最大值相量常用 $\dot{U}_m$、$\dot{I}_m$ 和 $\dot{E}_m$ 来表示。

② 旋转相量沿逆时针方向旋转的角速度等于正弦交流电的角频率。

③ 旋转相量起始时与 x 轴正方向的夹角代表正弦交流电的初相角。若旋转相量起始时与 x 轴的正方向同向，则正弦交流电的初相为零。

在图 1.17.10（a）中，若旋转相量的长度为 E_m，逆时针方向旋转的角速度为 ω，起始时与横轴正方向的夹角为 φ，则 t 时刻旋转相量在纵坐标上的投影为 $y = e = E_m \sin(\omega t + \varphi)$，即正弦交流电在 t 时刻的瞬时值。由于旋转相量在坐标系中的位置与实践有关，在 1.17.10（a）中，相量的起始位置用实线表示，经过时间 t 后它已转到虚线位置。所以旋转相量是时间 t 的函数，通常把它称为时间相量。

虽然正弦交流电本身不是相量，但它是时间的函数，又因为旋转相量的三个特征（长度、转速、与横坐标的夹角）可以分别表示正弦交流电的三要素（最大值、角频率、初相角），所以可以借助旋转相量按一定的法则来表示正弦交流电。使用旋转相量法后，就可运用平行四边形法则进行正弦交流电的加减运算，而且表示更为直观。

用旋转相量法计算正弦量，必须注意以下几点：

① 旋转相量法只适用于同频率的正弦交流电的加减。

② 合成正弦量的瞬时值等于各正弦量瞬时值的代数和；合成正弦量的最大值应等于各正弦量最大值的相量和，而不等于各正弦量最大值的代数和。因为最大值往往不是在同一时刻出现。

③ 现在相量法中的各旋转相量都是以相同的角速度 ω 作逆时针旋转，在旋转过程中各相量间的夹角保持不变，所以只需画出起始时各相量的位置就可以进行计算。

（3）有效值相量

在实际中，交流电各量的表示一般常用有效值，因此往往采用有效值相量图来计算同频率正弦量的加减。有效值相量图简称相量图，它具有以下几个特点：

① 相量的长度表示正弦交流电的有效值。

② 相量与水平方向的夹角仍表示正弦交流电的初相角，沿逆时针方向转动的角度为正，反之为负。

③ 在仅仅为了表示几个正弦交流电的相位关系时，即可以选横轴的正方向为参考方向，也可任意选一个相量作为参考相量，并取消直角坐标轴。

④ 有效值向量用 $\dot{U}$、$\dot{I}$ 和 $\dot{E}$ 来表示。

根据有效值相量图，用平行四边形法则，求得合成相量的大小和初相位后，就不难列出对应的正弦交流电的瞬时值表达式，也不难作出波形图。

值得注意的是，有效值相量在纵轴上的投影并不等于正弦交流电的瞬时值。这一点与最大值相量图是不一样的。

【例 3】已知 $u_1 = 3\sqrt{2}\sin 100\pi t$ (V)，$u_2 = 4\sqrt{2}\sin\left(100\pi t + \dfrac{\pi}{2}\right)$ (V)，求 $u = u_1 + u_2$ 的瞬时值表达式。

解：画出 $\dot{U}_1$、$\dot{U}_2$ 相量（图 1.17.11）

从向量图上可知：

$$U = \sqrt{U_1^2 + U_2^2} = \sqrt{3^2 + 4^2} = 5\text{(V)}$$

$$\varphi = \arctan\frac{3}{4} \approx 53.1°$$

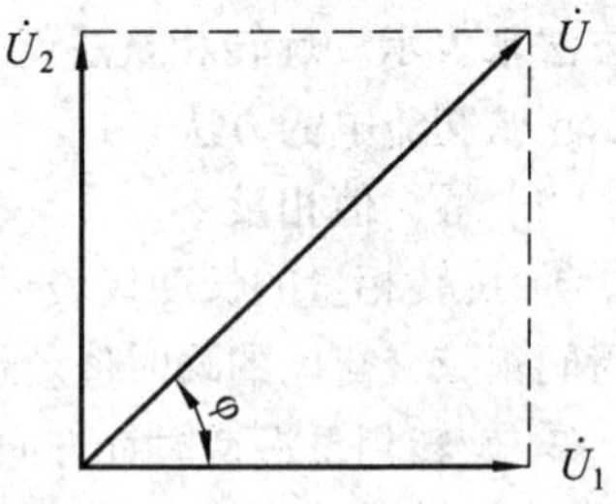

于是可得电压 $u = u_1 + u_2$ 的三要素为

$$U_m = 5\sqrt{2}\ \text{V}$$

$$\omega = 100\pi\ \text{rad/s}$$

$$\varphi = 53.1°$$

图 1.17.11　相量的计算

所以　　　　　　　　　$$u = 5\sqrt{2}\sin(100\pi t + 53.1)\ \text{(V)}$$

由此可知，采用相量法表示正弦量比前述波形图法和三角函数求和法两种方法简单、方便。

四、单一参数的正弦交流电路

（一）纯电阻电路

我们把负载中只有电阻的交流电路称为纯电阻电路。由白炽灯、电烙铁、电阻炉或电阻器组成的交流电路都可近似看成纯电阻电路。在交流电路中接入纯电阻元件，就构成纯电阻电路，如图 1.17.12（a）所示。

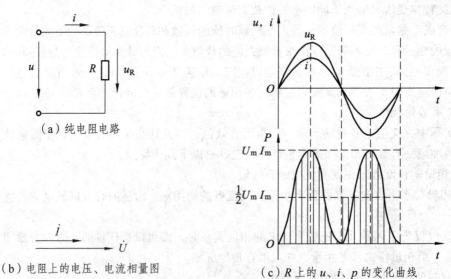

（a）纯电阻电路

（b）电阻上的电压、电流相量图

（c）R 上的 u、i、p 的变化曲线

图 1.17.12　纯电阻电路的电压、电流、功率

1. 电流与电压的关系

设加在电阻两端的电压为

$$U_R = U_{Rm}\sin\omega t$$

实验证明，在任意瞬间，电阻上的电压和电流之间符合欧姆定律，即

$$i = \frac{u_R}{R} = \frac{U_{Rm}}{R}\sin\omega t$$

对比正弦交流电流的通式 $i = I_m\sin\omega t$ 得

$$I_m = \frac{U_{Rm}}{R} \text{ 或 } I = \frac{U_R}{R}$$

上述各式表明：电流与电压的频率相同，相位相同，数值之间仍符合欧姆定律。电阻上的电压、电流和相量图见图 1.17.12（b）。

2. 电阻的功率

由于电阻两端的电压和电阻中流过的电流都在不断变化，所以电阻消耗的功率也在不断变化。功率的瞬时值可用下式求出

$$P_{瞬} = u_R i$$

根据上式，将电压和电流同一时刻的数值逐点相乘，即可画出瞬时功率的变化曲线。由于在前半周内电压和电流都是正值，则功率都是正值；在后半周内虽然电压和电流都是负值，但二者的乘积仍为正值，所以瞬时功率曲线都为正值（除电压和电流都为零的瞬间外）。另外，从能量的观点来看，不论电流的方向如何，电阻总要消耗能量，所以电阻上的功率只能是正值。电阻上的电压、电流及功率变化曲线如图 1.17.12（c）所示。

由于瞬时功率的测量和计算都不方便，交流电的功率规定为一个周期内瞬时功率的平均值，即平均功率。又因为电阻消耗电能说明电流做了功，从做功的角度来说，又把平均功率叫做有功功率，简称功率，以 P 表示，单位仍是瓦（W）。经数学证明，有功功率等于最大瞬时功率的一半，即

$$P = \frac{1}{2}U_{Rm}I_m = U_R I = I^2 R = \frac{U_R^2}{R}$$

式中，P 为有功功率，W；U_R 为电阻两端交流电压的有效值，V；I 为电阻上交流电流的有效值，A。

【例 4】已知某白炽灯工作时的电阻为 484 Ω，其两端加的电压为 $u = 311\sin314t$ (V)，试求：（1）电流有效值，并写出电流瞬时值的解析式；（2）白炽灯的有功功率。

解：（1）由 $u = 311\sin314t$ (V) 可知，交流电压的有效值

$$U = \frac{U_m}{\sqrt{2}} = \frac{311}{\sqrt{2}} = 220(V)$$

则电流的有效值为

$$I = \frac{U}{R} = \frac{220}{484} \approx 0.45(A)$$

又因为白炽灯可视为纯电阻，电压与电流相同，所以电流瞬时值的解析式为

$$i = 0.45\sqrt{2}\sin314t(\text{A})$$

（2）白炽灯的有功功率

$$P = \frac{U^2}{R} = \frac{220^2}{484} = 100(\text{W})$$

（二）纯电感电路

电阻为零的线圈称为纯电感线圈，如果把它接到交流电源上，则构成纯电感电路，如图1.17.13 所示。

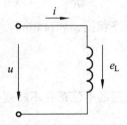

图 1.17.13　纯电感电路

1. 电压与电流关系

电感线圈上的电压、电流瞬时值关系为

$$u = -e_L = L\frac{\mathrm{d}i}{\mathrm{d}t}$$

式中，比例常数 L 为线圈的电感（或称自感系数），单位为亨利（H）；e_L 为线圈产生的感应电动势；u 为线圈两端的交流电压。

假定电路中的电流 $i = I_m\sin\omega t$，则

$$u = L\frac{\mathrm{d}i}{\mathrm{d}t} = LI_m\omega\cos\omega t = I_m\omega L\sin\left(\omega t + \frac{\pi}{2}\right) = U_m\sin\left(\omega t + \frac{\pi}{2}\right)$$

由此可得以下三点结论：

（1）纯电感元件上的电压与电流同频率。

（2）纯电感元件上电压与电流的数值关系：

$$U_m = I_m\omega L$$

$$I_m = \frac{U_m}{\omega L} = \frac{U_m}{X_L} \quad \text{或} \quad I = \frac{U}{X_L}$$

式中，$X_L = \omega L = 2\pi fL$，为感抗，表示电感对电流的阻碍作用。对比纯电阻电路的欧姆定律可知，X_L 相当于电阻 R。

值得注意的是，虽然感抗与电阻相当，但是感抗只有在交流电路才有意义，而且不能代表电压与电流瞬时值的比值。

（3）电压超前电流 $\pi/2$（或 90°），即电压超前，电流滞后。

图 1.17.14（b）画出了纯电感电路中电压、电流的波形图。在图中，电压超前电流 90°。

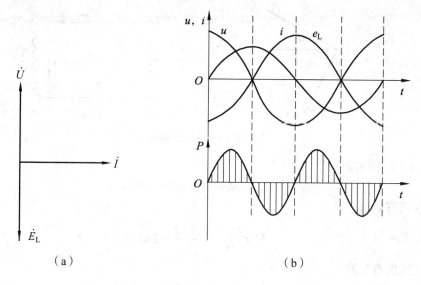

（a） （b）

图 1.17.14 纯电感电路的电压、电流、功率

2. 电感的功率

在纯电感电路中，电压瞬时值和电流瞬时值的乘积，称为瞬时功率，即

$$P_L = ui = U_m\sin\left(\omega t + \frac{\pi}{2}\right)I_m\sin\omega t = U_mI_m\cos\omega t\sin\omega t$$

$$= \frac{1}{2}U_mI_m\sin2\omega t = UI\sin2\omega t$$

由于纯电感瞬时功率的频率是电压和电流频率的两倍，则在交流电的第一及第三个 1/4 周期内，P_L 为正值，这表示电感吸收电源的能量并以磁场能的形式储存在线圈中；在第二及第四个 1/4 周期内，P_L 为负值，这表示电感把储存的能量送回电源，如图 1.17.14（b）所示。不同的电感与电源交换能量的规模是不同的，但经数学计算或从图中波形分析均可得到，瞬时功率在一个周期内的平均值为零，则纯电感电路中的平均功率为零。即

$$P = 0$$

在供电系统中，只要接有电感负载，就会出现电能与磁场能的相互转换，能量在电源与负载之间往返传输。为了计量这一部分往返传输的功率。我们取交换功率的最大值为计量数据，并把它叫作电路的无功功率。为了区分，无功功率用 Q_L 表示，以乏（var）为单位，计算式为

$$Q_L = UI = I^2X_L = \frac{U^2}{X_L}$$

必须指出，"无功"的含义是"交换"而不是"消耗"，它是相对于"有功"而言的，绝不能理解为"无用"。事实上无功功率在生产实践中占有很重要的地位。具有电感性质的变压器、电动机等设备都是靠电磁转换工作的。

【例 5】如图 1.17.15（b）所示，设有一个电阻可以忽略的线圈接在电压 $u = 220\sqrt{2}\sin(314t + 30°)$(V) 的交流电源上，线圈的电感量 $L = 07$ H。试求：（1）流过线圈电流的瞬时表达式；（2）电路的无功功率；（3）作电压和电流的相量图。

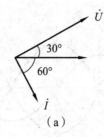
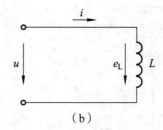

图 1.17.15　电感电路

解：（1）因线圈感抗

$$X_L = \omega L = 314 \times 0.7 \approx 220\,(\Omega)$$

电压的有效值

$$U = \frac{U_m}{\sqrt{2}} = \frac{220\sqrt{2}}{\sqrt{2}} = 220\,(V)$$

则电流的有效值

$$I = \frac{U}{X_L} = \frac{220}{220} = 1\,(A)$$

又因为电流滞后电压 90°，而电压的初相为 30°，则电流的初相为

$$\varphi_i = \varphi_u - 90° = 30° - 90° = -60°$$

所以流过线圈电流的瞬时值表达式为

$$i = \sqrt{2}\sin(314t - 60°)\,(A)$$

（2）电路的无功功率为

$$Q_L = UI = 220 \times 1 = 220\,(var)$$

（3）电压和电流的相量图如图 1.17.15（a）所示。

（三）纯电容电路

由介质损耗很小、绝缘电阻很大的电容器组成的交流电路，都可以近似看成纯电容电路，如图 1.17.16（a）所示。

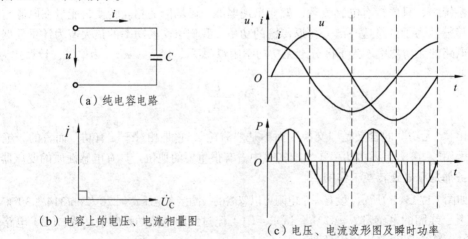

（a）纯电容电路

（b）电容上的电压、电流相量图

（c）电压、电流波形图及瞬时功率

图 1.17.16　纯电容电路的电压、电流、功率

1. 电压与电流的关系

纯电容电路中的电流，是由于电压的瞬时值不断变化引起电容器极板上电荷量变化而产生的，所以，电流的瞬时值等于电荷量的变化率，即

$$i = \frac{\mathrm{d}q}{\mathrm{d}t} = \frac{\mathrm{d}Cu}{\mathrm{d}t} = C\frac{\mathrm{d}u}{\mathrm{d}t}$$

式中，C 代表电容器的电容量，单位是法拉（F）。

这就是纯电容交流电路中电压、电流瞬时值的基本关系式。

设电源电压为正弦交流电压，且初相为零，即

$$u = U_{\mathrm{m}}\sin\omega t$$

$$i = C\frac{\mathrm{d}u}{\mathrm{d}t} = CU_{\mathrm{m}}\omega\cos\omega t = U_{\mathrm{m}}\omega C\sin\left(\omega t + \frac{\pi}{2}\right) = I_{\mathrm{m}}\sin\left(\omega t + \frac{\pi}{2}\right)$$

由此可得以下结论：

（1）纯电容元件上的电压与电流同频率。

（2）纯电容元件上电压与电流的数值关系。

$$I_{\mathrm{m}} = U_{\mathrm{m}}\omega C$$

$$I_{\mathrm{m}} = \frac{U_{\mathrm{m}}}{\dfrac{1}{\omega C}} = \frac{U_{\mathrm{m}}}{X_{\mathrm{C}}} \text{ 或 } I = \frac{U}{X_{\mathrm{C}}}$$

式中，$X_{\mathrm{C}} = \dfrac{1}{\omega C} = \dfrac{1}{2\pi f C}$，称为容抗，表示电容对电流的阻碍作用。对比纯电阻电路的欧姆定律可知，X_{C} 相当于电阻 R。

值得注意的是，虽然容抗与电阻相当，但容抗只有在交流电路才有意义，而且不能代表电压与电流瞬时值的比值。

（3）电压滞后电流 $\dfrac{\pi}{2}$（或 90°），即电流超前，电压滞后。

图 1.17.16（a）画出了纯电容电路中电压、电流的波形图和相量图。

2. 电容的功率

在纯电容电路中，电压瞬时值和电流瞬时值的乘积，称为电容器的瞬时功率。即

$$\begin{aligned} P_{\mathrm{C}} &= ui = U_{\mathrm{m}}\sin\omega t\, I_{\mathrm{m}}\sin\left(\omega t + \frac{\pi}{2}\right) \\ &= U_{\mathrm{m}}I_{\mathrm{m}}\sin\omega t\,\cos\omega t \\ &= \frac{1}{2}U_{\mathrm{m}}I_{\mathrm{m}}\sin2\omega t \\ &= UI\sin2\omega t \end{aligned}$$

由于纯电容瞬时功率的频率是电压和电流频率的两倍，则在交流电的第一及第三个 1/4 周期内，P_{C} 为正值，这表示电容吸收电源的能量并以电场能的形式储存在电容器中；在第二及第四个 1/4 周期内，P_{C} 为负值，这表示电容把储存的能量送回电源，如图 1.17.16（c）所示。不同的

电容与电源交换能量的规模是不同的，但经数学计算或从图中波形分析均可得到，瞬时功率在一个周期内的平均值为零，则纯电容电路中的平均功率为零。即

$$P = 0$$

在供电系统中，只要接有电容负载，电容器与电源之间就会进行能量交换。为了计算这一部分能量，我们取交换功率的最大值为计算数据，叫作电路的无功功率，用 Q_C 表示，以乏（var）为单位，数学式为

$$Q_C = UI = I^2 X_C = \frac{U^2}{X_C}$$

【例 6】已知某电容电路两端的电压 $u = 220\sqrt{2}\sin(314t + 30°)(V)$，电容器的电容量 $C = 31.9\,\mu F$。求（1）电容上电流的瞬时值表达式；（2）电路的无功功率；（3）作电压和电流的相量图。

解：（1）因容抗 $X_C = \dfrac{1}{\omega C} = \dfrac{1}{314 \times 31.9 \times 10^{-6}} \approx 100（\Omega）$

电压的有效值 $U = \dfrac{U_m}{\sqrt{2}} = \dfrac{220\sqrt{2}}{\sqrt{2}} = 220（V）$

则电流的有效值 $I = \dfrac{U}{X_C} = \dfrac{220}{100} = 2.2（A）$

又因为电流超前电压 90°，而电压的初相为 30°，则电流的初相为

$$\varphi_i = \varphi_u + 90° = 30° + 90° = 120°$$

所以流过电容的电流瞬时值表达式为

$$i = 2.2\sqrt{2}\sin(314t + 120°)(A)$$

（2）电路的无功功率为

$$Q_C = UI = 220 \times 2.2 = 484（var）$$

（3）电压和电流的相量图如图 1.17.17 所示。

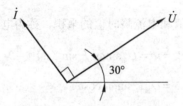

图 1.17.17　电压、电流的相量图

五、电阻、电感和电容串联电路

在含有线圈的交流电路中，当线圈的电阻不能被忽略时，就构成了 RL 串联交流电路；当线圈与电容器串联时，就构成了 RLC 串联交流电路。RLC 串联电路如图 1.17.18 所示。

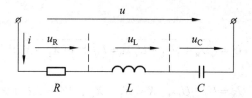

图 1.17.18　RLC 串联电路

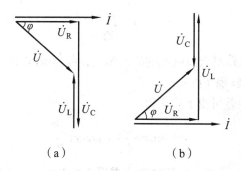

（a）　　　　　　　　　（b）

图 1.17.19　RLC 串联电路的电流、电压相量图

1. 电流与电压的频率关系

由于纯电阻电路、纯电感电路、纯电容电路的电流与电压的频率相同，所以 RLC 串联电路中电流与电压的频率也相同。

2. 电流与电压的相位关系

由于纯电阻电路的电流与电压同相，纯电感电路的电压超前电流 90°，纯电容电路的电压滞后电流 90°。又因为串联电路中电流处处相等，所以 RLC 串联电路两端的电压不与电流同相，各电压的相位也不相同。为了求得电路各量间的数量关系，较为简便的办法是先画出电路电压和电流以及各电压间的相量图。

图 1.17.19 是以总电流为参考正弦量作出的相量图。图中 $\dot{U}_R$、$\dot{U}_L$ 和 $\dot{U}_C$ 分别表示电阻、电感和电容两端交流电压的有效值相量，$\dot{U}$ 表示总电压相量。由图可知，总电压 $\dot{U}$ 超前（或滞后）电流 $\dot{I}$ 某一角度 φ，且 $0° < \varphi < 90°$（或 $-90° < \varphi < 0°$）。通常把总电压超前电流的电路叫做感性电路，把总电压滞后电流的电路叫做容性电路。

3. 电流与电压的数量关系

对于电阻、电感和电容元件来说，它们两端的电压和电流以及电阻（或感抗、容抗）之间的关系仍满足欧姆定律。

要求总电压和电流之间的数量关系，首先要讨论电流和各分电压之间的数量关系，由于各分电压间存在相位差，所以总电压不等于各分电压的代数和，而应是各个分电压的相量和。即

$$\dot{U} = \dot{U}_R + \dot{U}_L + \dot{U}_C$$

从相量图看出，总电压和分电压的数量关系为

$$U = \sqrt{U_R^2 + (U_L - U_C)^2}$$

又因　　　　　　　　　　$U_R = IR \quad U_L = IX_L, \quad U_C + IX_C$

103

则

$$U = \sqrt{U_R^2 + (U_L - U_C)^2} = I\sqrt{R^2 + (X_L - X_C)^2}$$

令

$$U_X = U_L - U_C, \quad X = X_L - X_C, \quad |Z| = \sqrt{R^2 + X^2}$$

可得常见的欧姆定律形式

$$I = \frac{U}{|Z|}$$

式中，$|Z|$ 表示 RLC 串联电路对交流电流的阻碍作用，称为 RLC 串联电路的阻抗，单位为欧姆（Ω）；X 称为电抗，单位为欧姆（Ω）。

电流与电压之间的相位差可由下式求得

$$\varphi = \arctan\frac{U_X}{U_R} = \arctan\frac{X}{R}$$

当 $X = X_L - X_C > 0$ 时，$\varphi > 0$，电路的电流滞后于总电压一个角度 φ，这时电路呈电感性；当 $X = X_L - X_C < 0$ 时，$\varphi < 0$，电路的电流超前于总电压 φ，这时电路呈电容性。

当 $X = X_L - X_C = 0$ 时，$\varphi = 0$，电路的电流与总电压同相位，这时电路呈电阻性，且串联电路中的电流有效值最大，这种现象称为串联谐振。此时 $U = U_R$。当 $X_L = X_C \gg R$ 时，$U_L = U_C \gg U$，即出现了电路中部分电压远大于电源电压的现象，故串联谐振又称为电压谐振。电感或电容上产生过电压，将危及设备和人身安全，对此要有充分的认识和注意。

串联电路的谐振条件为

$$X_L = X_C$$

串联电路谐振频率为

$$f_0 = \frac{1}{2\pi\sqrt{LC}}$$

4. 功 率

电路两端的电压与电流的有效值的乘积，称视在功率，以 S 表示，单位为伏安（V·A），其数学式为

$$S = UI$$

视在功率表示了电源提供的总功率，反映交流电源容量的大小。

电路的有功功率、无功功率分别为

$$P = U_R I = UI\cos\varphi = S\cos\varphi$$

$$Q = (U_L - U_C) I = Q_L - Q_C = UI\sin\varphi = S\sin\varphi$$

则三个功率之间有以下关系

$$S = \sqrt{P^2 + Q^2}$$

由此可见，电源提供的功率不能被负载完全吸收，只是有功功率被负载吸收，而无功功率是负载和电源进行能量交换的功率。所以电源提供给负载的功率为视在功率 S，而真正被利用的

功率为有功功率 P，这样就存在一个功率利用率的问题。为了反映这种利用率，引入功率因数 λ 的概念。

$$\lambda = \cos\varphi = \frac{P}{S}$$

上式表明，当电源提供的视在功率一定时，功率因数越大，说明用电器的有功功率越大，电源的功率利用率就越高。这也是供电部门所期望的。但工厂中的用电器（如交流电动机、电焊机等）多数是感性负载，功率因数往往较低。为了提高功率因数，可采取一些相应的措施，这部分内容将在以后介绍。

图 1.17.20（a）可以看出，电压相量 $\dot{U}_R$、$\dot{U}_X(\dot{U}_X = \dot{U}_L + \dot{U}_C)$ 和 $\dot{U}$ 组成一个直角三角形。若把这个三角形各边除以电流 I，就可以得到表示电阻、感抗、容抗和阻抗之间数量关系的阻抗三角形，如图 1.17.20（b）。若把电压三角形的各边乘以电流 I，又得到表示有功功率、无功功率和视在功率的功率三角形，如图 1.17.20（c）。很显然，这是三个相似三角形。熟练掌握这一关系，将为分析、计算交流电路带来极大的方便。在三个三角形中，只有电压三角形是相量三角形，其他两个三角形都不能用相量表示，只是数量关系。同时，当电路参数 R、L、C 和 f 一定时，阻抗三角形的形状就一定，与电源电压无关。

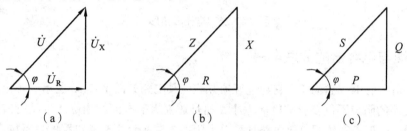

图 1.17.20　电压相量、阻抗、功率三角形

【例 7】将电感为 25.5 mH、电阻为 6 Ω 的线圈接到电压有效值 $U = 220$ V，角频率 $\omega = 314$ rad/s 的电源上。求：（1）线圈的阻抗；（2）电路中的电流；（3）电路中的 P、Q 和 S；（4）电路的功率因数；（5）以电流为参考量作电压三角形。

解：（1）线圈的阻抗

$$X_L = \omega L = 314 \times 25.5 \times 10^{-3} \approx 8(\Omega)$$

则

$$|Z| = \sqrt{R^2 + X_L^2} = \sqrt{6^2 + 8^2} = 10(\Omega)$$

（2）电路中的电流

$$I = \frac{U}{|Z|} = \frac{220}{10} = 22(A)$$

（3）电路中的功率

$$P = I^2 R = 22^2 \times 6 = 1904(W)$$

$$Q = I^2 X_L = 22^2 \times 8 = 3872(var)$$

$$S = UI = 220 \times 22 = 4840(V \cdot A)$$

（4）电路的功率因数

$$\lambda = \cos\varphi = \frac{P}{S} = \frac{R}{|Z|} = \frac{6}{10} = 0.6$$

（5）电压三角形各边的边长

$$U_R = IR = 22 \times 6 = 132(\text{V})$$

$$U_L = IX_L = 22 \times 8 = 176(\text{V})$$

$$\varphi = \arccos 0.6 \approx 53°8'$$

由于是感性负载，因此电压超前电流，电压三角形如图 1.17.21 所示。

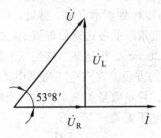

图 1.17.21　电压三角形

六、线圈与电容器的并联电路

实际线圈既含有 R 又含有 L，它与电容器并联，其电路如图 1.17.22 所示。在交流并联电路中，由于各支路的阻抗不仅要影响电流大小，而且还要影响电流的相位，所以用相量法计算交流并联电路时，一般不能仿照直流电路计算总电阻的方法来计算交流电路的总阻抗。

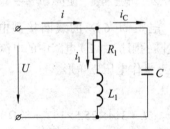

图 1.17.22　电感性负载与电容器的并联电路

1. 交流并联电路的分析方法

用相量法计算交流并联电路的方法是：先分别求出各支路的电流，然后用相量合成法来计算总电流。

根据各并联支路两端的电压相同可求出各支路的电流。

线圈中的电流为

$$I_1 = \frac{U}{|Z_1|} = \frac{U}{\sqrt{R_1^2 + X_{L1}^2}}$$

$\dot{I}_1$ 比电压 $\dot{U}$ 滞后 φ_1 电角，其值可由下式求得

$$\varphi_1 = \arccos \frac{R_1}{|Z_1|}$$

电容支路的电流为

$$I_C = \frac{U}{X_C}$$

I_C 超前电压 $\dot{U}$ $\frac{\pi}{2}$ 相位角。

由于并联支路两端的电压相同，所以在绘制并联电路的相量图时，常把电压相量画在水平位置，作为参考相量。各电流与电压之间的相位关系如图 1.17.23 所示。

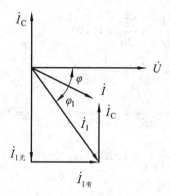

图 1.17.23　电流、电压的相位关系

为了便于计算，现把 $\dot{I}_1$ 正交分解为 $\dot{I}_{1有}$ 和 $\dot{I}_{1无}$，但 $\dot{I}_{1有}$ 并非是电阻上通过的电流，$\dot{I}_{1无}$ 也不是感抗上通过的电流，在电阻和感抗上通过的电流都是 $\dot{I}_1$。

$$I = \sqrt{I_{1有}^2 + (I_{1无} - I_C)^2} = \sqrt{(I_1 \cos\varphi_1)^2 + (I_1 \sin\varphi_1 - I_C)^2}$$

总电流与电压之间的相位差为

$$\varphi = \arctan \frac{I_{1无} - I_C}{I_{1有}}$$

当 $I_C < I_{1无}$ 时，总电流滞后于电压，整个并联电路相当于一个电感性负载；当 $I_C > I_{1无}$ 时，总电流超前于电压，整个并联电路相当于一个电容性负载；当 $I_C = I_{1无}$ 时，总电流与电压同相，整个并联电路相当于一个电阻性负载，此时总电流的有效值最小。这种现象称为并联谐振。

由此可得，并联电路的谐振条件为：

$$I_{1无} = I_C$$

由于实际线圈的电阻远小于感抗，因此并联电路的谐振条件和谐振频率又可近似为

$$X_L \approx X_C$$

$$f_0 \approx \frac{1}{2\pi\sqrt{LC}}$$

2. 电容器在感性负载电路中的调节作用

从图 1.17.23 可以看出，在电感性负载的两端并联适当的电容器后，可以起到以下两方面的

作用：

（1）使总电流减小，它比电感性负载上的电流小，这是因为 $\dot{I}_1$ 无和 $\dot{I}_C$ 相位相反，相互抵消。

（2）使总电流与电压的相位差 φ 小于感性负载上的电流与电压之间的相位差 φ_1，这样可提高电路的功率因数。

【例 8】如图 1.17.22 所示，设已知 $R_1 = 10\,\Omega$，$L_1 = 55.1\,\text{mH}$，$C = 80\,\mu\text{F}$，电压 $U = 220\,\text{V}$，$f = 50\,\text{Hz}$，求总电流 I。

解：

$$X_{L1} = 2\pi f L_1 = 2\pi \times 50 \times 55.1 \times 10^{-3} = 17.3(\Omega)$$

$$|Z_1| = \sqrt{R_1^2 + X_{L1}^2} = \sqrt{10^2 + 17.3^2} = 20(\Omega)$$

$$I_1 = \frac{U}{|Z_1|} = \frac{220}{20} = 11(\text{A})$$

$$\cos\varphi_1 = \frac{R_1}{|Z_1|} = \frac{10}{20} = 0.5$$

$$X_C = \frac{1}{2\pi f C} = \frac{1}{2\pi \times 50 \times 80 \times 10^{-6}} = 39.8(\Omega)$$

$$I_C = \frac{220}{39.8} = 5.52(\text{A})$$

由相量图 1.17.23 可知，总电流为

$$I = \sqrt{(I_1\cos\varphi_1)^2 + (I_1\sin\varphi_1 - I_C)^2}$$

$$= \sqrt{5.5^2 + (9.5 - 5.52)^2}$$

$$= 6.8(\text{A})$$

七、三相交流电路

目前，电能的产生、输送、分配和使用一般采用三相交流电路。三相交流供电系统之所以应用非常广泛，是因为它有以下几个方面的优点：

（1）三相交流发电机体积小，质量小，在工农业生产中得到广泛应用，在汽车上迅速取代了传统的直流发电机。

（2）用三相制传输电能，可以节省材料，减少线损。三相四线制电路中，既可以各相分别接入各种单相用电设备（如照明设备），也可以接入三相用电设备（如三相电动机）。

（3）三相异步电动机结构简单，性能能够满足生产中大部分机械设备的拖动要求，是当前生产中的主要动力设备。

（一）三相交流电源

1. 三相交流电的产生

三相交流电是由三相交流发电机产生的，如图 1.17.24 所示为三相交流发电机原理示意图。图中 U_1、V_1、W_1 分别表示绕组的始端（首端），U_2、V_2、W_2 分别表示末端。每一个绕组（线圈组）叫作发电机的一相，在空间上彼此相隔 120°。

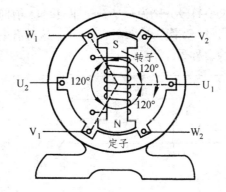

图 1.17.24　三相交流发电机原理

当原动机（如汽轮机、水轮机、启动机等）带动三相发电机的转子顺时针匀速转动时，定子绕组切割磁力线，则定子每个绕组中产生的感应电动势分别为 e_1、e_2、e_3。由于各绕组的结构相同，而位置一次互差120°，因此三个电动势的最大值相等、频率相同，而初相依次互差120°，这样的三个电动势称为三相对称电动势。规定每相电动势的参考方向是从绕组的末端指向始端，即当电流从始端流出时为正，反之为负。

2. 三相交流电的表示

若以第一相为参考正弦量，可得三相电动势的解析式如下：

$$e_1 = E_m \sin \omega t$$

$$e_2 = E_m \sin(\omega t - 120°)$$

$$e_3 = E_m \sin(\omega t - 240°) = E_m \sin(\omega t + 120°)$$

三相电动势的波形图和相量图如图 1.17.25 所示。三相电动势最大值出现的次序称为相序。U、V、W 三个绕组分别称为第一相绕组、第二相绕组和第三相绕组。

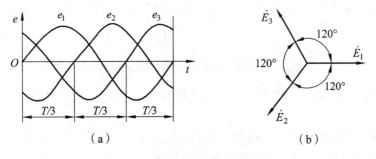

图 1.17.25　三相对称电动势波形图和相量图

3. 三相绕组的连接

三相绕组的连接方法有星形连接（又称 Y 形连接）和三角形连接（又称△连接）两种。

（1）三相绕组的星形连接

如图 1.17.26（a）所示为三相发电机绕组的星形连接。这种连接方法是把发电机三个绕组的末端 U_2、V_2、W_2 连接在一起，成为一个公共点（成为中性点），用符号"N"表示。从中性点引出的输电线称为中性线。中性线通常与大地相接，并把接大地的中性线称为零线。从三个绕组的始端 U_1、V_1、W_1 引出的输电线叫作相线，俗称火线。根据国标 GB4728.11—2008，第一、第二、第三相线及中性线的文字符号分别为L_1、L_2、L_3和N。有时为了简便，常不画发电机绕组的接线方式，只画四根输出线，如图1.17.26（b）所示。这种有中性线的三相供电系统称为三相四线制，如果不引出中性线，称为三相三线制。

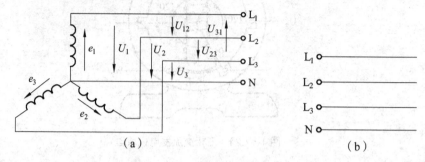

图1.17.26　三相绕组的星形连接

三相四线制可以输出两种电压：一种是相线与相线之间的电压，叫作电源线电压，$U_L = U_{12} = U_{23} = U_{31}$；另一种是相线与中性线之间的电压，即各相绕组的起端与末端之间的电压，叫作电源相电压，$U_P = U_1 = U_2 = U_3$。为了找出相电压与线电压的关系，采用相量图的方法将是十分方便的，其步骤如下：

① 根据参考方向的规定，先作出三个相电压$\dot{U}_1$、$\dot{U}_2$、$\dot{U}_3$的相量图，它们大小相等，相位依次相差120°，如图1.17.27所示。

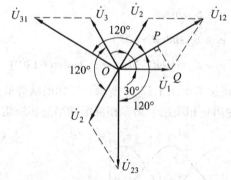

图1.17.27　三相四线制线电压和相电压的相位图

② 在三相四线制中，由图1.17.26（a）得到$\dot{U}_{12} = \dot{U}_1 - \dot{U}_2 = \dot{U}_1 + (-\dot{U}_2)$。为求$\dot{U}_{12}$，需先作出$(-\dot{U}_2)$。

③ 用平行四边形法则，由$\dot{U}_1$和$(-\dot{U}_2)$作出$\dot{U}_{12}$。

④ 由相量图可以看出，在直角三角形OPQ中

$$\frac{1}{2}U_{12} = U_1 \cos 30° = \frac{\sqrt{3}}{2}U_1$$

则

$$U_{12} = \sqrt{3}U_1$$

同理可得

$$U_{23} = \sqrt{3}U_2$$

$$U_{31} = \sqrt{3}U_3$$

$$U_L = \sqrt{3}U_P$$

另外，从图 1.17.27 可得，线电压和相电压的相位不同，线电压总是超前与之相对应的相电压 30°。

在我们常用的三相四线制低压供电系统中，电压是 220 V，线电压 $U_L = \sqrt{3}U_P = \sqrt{3} \times 220 = 380$ V。这种供电系统最大的优点是可以同时提供两种不同的电压，因而被广泛应用。

（2）三相绕组的三角形连接

三相电源绕组除可以作星形连接（Y），还可以作三角形连接（△），如图 1.17.28 所示。所谓三角形连接，就是把第一相绕组的末端 U_2 与第二相绕组的首端 V_1 相连，把第二相绕组的末端 V_2 与第三相绕组的首端 W_1 相连，把第三相绕组的末端 W_2 与第一相绕组的首端 U_1 相连，并从以上三个连接点引出三根线，向外供电。

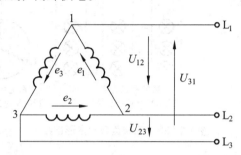

图 1.17.28　三相绕组的三角形连接

从图 1.17.28 可以看出，三角形连接时，三相电源的线电压等于电源绕组每一相的相电压，即

$$U_L = U_P$$

在电源的三角形连接方法中，没有中性线引出，因此采用的是三相三线制。这种连接方法不同于星形连接，在没有接上负载时，绕组本身就形成一个闭合回路。假如在此回路内的三相绕组产生的电动势不对称，或者把某一相绕组的两端钮接错，使其回路内的三个电动势相量之和不为零，由于绕组回路的内阻很小，在此情况下，回路内会产生相当大的电流，使绕组发热而毁坏。所以绕组为三角形连接时，切记不可将绕组接反。

八、三相负载的星形连接

1. 三相负载

使用交流电的电气设备种类很多，其中有些设备是需要三相电源才能工作的，如三相交流电动机、三相整流器等，这些都是三相负载。还有一些电气设备只需要单相电源，如照明用的白炽灯、电烙铁等，它们一端可以连接在三相电源的任意一根相线上，而另一端接在中性线上。许多像这样只需单相电源的设备，也往往按照一定的方式接在三相电源上，所以对电源来说，这些设备也可以是单相负载的组合。

三相电路中的负载，可能相同也可能不同。通常把各相负载完全相同（即各相负载的阻抗值相等、性质相同）的三相负载叫作三相对称负载，如三相电动机、三相电炉等；否则就叫作三相不对称负载，如三相照明电路中的负载。

在三相供电系统中，三相负载也有星形连接和三角形连接两种，根据负载的额定电压和电源电压来决定以哪种方式接入电源。

2. 三相负载的星形连接

当负载的额定电压等于电源的相电压时，采用星形连接。星形连接是把三相负载分别接到三相电源的一根相线和中性线之间的接法，如图 1.17.29 所示。

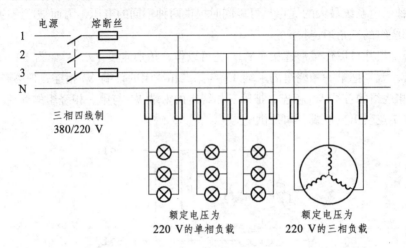

图 1.17.29　三相负载的星形连接

（1）相关概念

负载相电压——每相负载两端的电压，用 U_P 表示。

负载线电压——相线与相线之间的电压。在忽略输电线上的电压降时，负载线电压实质上等于电源电压，用 U_L 表示。

相电流——流过各相负载的电流叫作相电流，用 I_P 表示。

线电流——流过相线的电流叫作线电流，用 I_L 表示。

中性线电流——流过中性线的电流，用 I_N 表示。

（2）负载的星形连接的一般关系

假设三相电源是对称的，则

$$U_L = \sqrt{3} U_P$$

由图 1.17.29 可以看出，在负载的星形连接方式中，三相负载的线电流与相电流是相等的，即

$$I_{YL} = I_{YP}$$

关于三相电流的计算方法与单相电路基本一致，分别计算出三个相电流（或线电流）的大小为

$$I_1 = \frac{U_1}{|Z_1|}$$

$$I_2 = \frac{U_2}{|Z_2|}$$

$$I_3 = \frac{U_3}{|Z_3|}$$

相电压与相电流的相位差为

$$\varphi_1 = \arccos\frac{R_1}{|Z_1|}$$

$$\varphi_2 = \arccos\frac{R_2}{|Z_2|}$$

$$\varphi_3 = \arccos\frac{R_3}{|Z_3|}$$

中性线电流的参考方向规定为从负载指向电源，其有效值相量为三个相电流有效值相量之和，即

$$\dot{I}_N = \dot{I}_1 + \dot{I}_2 + \dot{I}_3$$

（1）三相对称负载

相电压与线电压的关系为

$$U_{YP} = \frac{U_{YL}}{\sqrt{3}}$$

三相负载的相电流相等且等于线电流，其数值为

$$I_{YL} = I_{YP} = I_1 = I_2 = I_3 = \frac{U_{YP}}{|Z_P|}$$

相电压与相电流的相位差为

$$\varphi = \arccos\frac{R_P}{|Z_P|}$$

式中，$|Z_P| = |Z_1| = |Z_2| = |Z_3|$，$R_P = R_1 = R_2 = R_3$。

中性线电流为

$$\dot{I}_N = \dot{I}_1 + \dot{I}_2 + \dot{I}_3 = 0$$

而每相电流间的相位差仍为120°。图 1.17.30(a)所示是以 $\dot{I}_1$ 为参考相量作出的电流相量图。从图可以看出，三相对称负载作星形连接时，中性线电流为零，此时取消中相线也不影响三相电路的工作，三相四线制就变成三相三线制。如三相交流电动机，三相负载对称，一般都省去中性线，采用三相三线制。

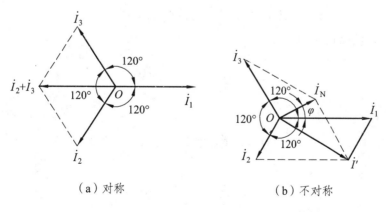

（a）对称　　　　　　　　　　　　（b）不对称

图 1.17.30　三相对称负载作星形连接的电流相量图

图 1.17.30（b）所示为各相负载的性质相同、大小不同的相电流相量图，图中 $\dot{I}_1$ 与 $\dot{I}_2$ 之和为 $\dot{I}'$，$\dot{I}'$ 与 $\dot{I}_3$ 之和为 $\dot{I}_N$。由图看出，三相负载不对称时，中性线电流不为零。实际工作中，在设计三相电路时，应尽量使其对称，因此中性线电流通常比相电流小得多，所以中性线的截面可小些。然而，在不对称的三相电路（如三相照明电路）中，当中性线存在时，它能平衡各相电压，保证三相负载成为三个互不影响的独立回路，此时每相负载上的电压等于电源的相电压，而不会因阻抗小的负载相电压低，阻抗大的负载相电压高，接在相电压高的那一相上的用电器就可能被烧坏。所以在三相不对称的低压供电系统中，绝对不允许省去中性线，而且，中性线上不允许安装熔断器或开关。

【例 9】已知三相对称负载作 Y 形连接，每相的 $R = 6\,\Omega$，$L = 25.5\text{ mH}$，电源线电压 $U_L = 380\text{ V}$，$f = 50\text{ Hz}$，求每相负载的电流、各相线上的电流及中性线上的电流。

解：

$$X_{LP} = 2\pi f L = 2 \times \pi \times 50 \times 25.5 \times 10^{-3} \approx 8(\Omega)$$

$$|Z_P| = \sqrt{R_P^2 + X_{LP}^2} = \sqrt{6^2 + 8^2} = 10(\Omega)$$

$$U_{YP} = \frac{U_{YL}}{\sqrt{3}} = \frac{380}{\sqrt{3}} = 220(\text{V})$$

$$I_{YL} = I_{YP} = I_1 = I_2 = I_3 = \frac{U_{YP}}{|Z_P|} = \frac{220}{10} = 22(\text{A})$$

由于三相负载对称，所以 $I_N = 0$。

【例 10】某电阻性三相负载作星形连接，并接有中性线，其各相电阻 $R_1 = 10\,\Omega$，$R_2 = R_3 = 20\,\Omega$，已知电源的线电压为 380 V，求相电流、线电流和中性线电流。

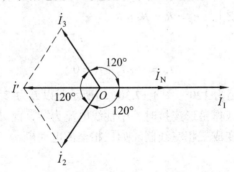

图 1.17.31　星形连接的三相负载

解：每相负载承受的电压为

$$U_{YP} = \frac{U_{YL}}{\sqrt{3}} = \frac{380}{\sqrt{3}} = 220(\text{V})$$

各相电流为

$$I_1 = \frac{U_{YP}}{R_1} = \frac{220}{10} = 22(\text{A})$$

$$I_2 = I_3 = \frac{U_{YP}}{R_2} = \frac{220}{20} = 11(\text{A})$$

在星形连接的三相负载中，线电流与相电流相等，因此以上三个相电流即为线电流。由于各相负载均为纯电阻负载，每相上的电流与电压同相，三个电流的相位差仍保持120°。图1.17.31所示为电流的相量图。由相量图不难得到，中性线电流为

$$\dot{I}_N = \dot{I}_1 + \dot{I}_2 + \dot{I}_3$$

$\dot{I}_2$ 与 $\dot{I}_3$ 之和为 $\dot{I}'$，$\dot{I}'$ 大小为 11 A，与 $\dot{I}_1$ 的相位差为 180°，得

$$I_N = 22 - 11 = 11(A)$$

九、负载的三角形连接

如果把三相负载分别接到三相电源的两根相线之间，就构成了三相负载的三角形连接，如图1.17.32（a）所示。

对于三角形连接的每相负载来说，也是单相交流电路，所以各相电流、电压和阻抗三者之间的关系仍与单相电路相同。由于三角形连接的各相负载接在两根相线之间，因此负载的相电压就等于线电压，即

$$U_{\triangle P} = U_{\triangle L}$$

三角形连接的负载一般都为对称负载，在对称的三相电压作用下，流过每相负载的电流应相等，即

$$I_{\triangle P} = I_{12} = I_{23} = I_{31} = \frac{U_{\triangle P}}{|Z_P|} = \frac{U_{\triangle L}}{|Z_P|}$$

而各相电流之间的相位差仍为 120°。图 1.17.32（b）所示是以 $\dot{I}_{12}$ 为参考相量作出的电流相量图。在图1.17.32（a）中，对于 1 点，由基尔霍夫节点电流定律得

$$\dot{I}_1 = \dot{I}_{12} - \dot{I}_{31} = \dot{I}_{12} + (-\dot{I}_{31})$$

为求相电流与线电流之间的关系，仍然采用相量求和的方法，具体步骤如下：

（1）先作出 $\dot{I}_{12}$、$\dot{I}_{23}$ 和 $\dot{I}_{31}$，三者的相位差120°。

（2）作出 $-\dot{I}_{31}$，$-\dot{I}_{31}$ 和 $\dot{I}_{31}$ 数值相等，相位相反。

（3）用平行四边形法则作出 $\dot{I}_{12}$ 和 $-\dot{I}_{31}$ 的合成相量 $\dot{I}_1$，并过 $\dot{I}_{12}$ 的端点作 $\dot{I}_1$ 的垂线，得直角三角形 OPQ，于是有

$$\frac{1}{2}I_1 = I_{12}\cos 30° = \frac{\sqrt{3}}{2}I_{12}$$
$$I_1 = \sqrt{3}I_{12}$$

同理可得

$$I_2 = \sqrt{3}I_{23}$$
$$I_3 = \sqrt{3}I_{31}$$

对于三角形连接的对称负载来说，线电流与相电流的数量关系为

$$I_{\triangle L} = \sqrt{3}I_{\triangle P}$$

从图1.17.32（b）可以看出，线电流总是滞后与之对应的相电流30°。

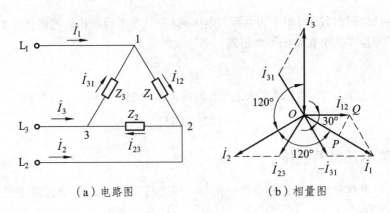

（a）电路图　　　　　　　　（b）相量图

图 1.17.32　三相负载的三角形连接及电流相量图

十、三相电路的功率

三相电路的功率与单相电路一样，也分为有功功率和视在功率。下面我们重点讨论三相电路的有功功率。

任何接法的三相负载，其每相功率的计算方法与单相电路完全一样。三相负载总的有功功率等于各相负载的有功功率之和，即

$$P = P_1 + P_2 + P_3 = U_1 I_1 \cos \varphi_1 + U_2 I_2 \cos \varphi_2 + U_3 I_3 \cos \varphi_3$$

在对称电路中

$$U_1 = U_2 = U_3 = U_P$$
$$I_1 = I_2 = I_3 = I_P$$
$$\varphi_1 = \varphi_2 = \varphi_3 = \varphi$$

于是，对称三相负载的总功率

$$P = 3P_P = 3U_P I_P \cos \varphi$$

当对称负载 Y 形连接时，$U_{YL} = \sqrt{3} U_{YP}$，$I_{YL} = \sqrt{3} I_{YP}$

当对称负载△形连接时，$U_{\triangle P} = U_{\triangle L}$，$I_{\triangle L} = \sqrt{3} I_{\triangle P}$

不论对称负载是哪种接法，将上述关系代入上式，则得

$$P = 3U_L I_L \cos \varphi$$

注意，上式中的 φ 均为相电压与相电流之间的相位差。

在实际工作中，线电压和线电流比相电压和相电流容易测量，因此通常采用 $P = 3P_P = 3U_P I_P \cos \varphi$ 来计算三相对称负载的有功功率。同理，可得出三相对称负载的无功功率和视在功率的计算公式为

$$Q = \sqrt{3} U_L I_L \sin \varphi，\quad S = \sqrt{3} U_L I_L$$

【例 11】已知某三相对称负载接在电源电压为 380 V 的三相交流电源中，其中每相负载的 $R_P = 6\,\Omega$，$X_P = 8\,\Omega$。试分析计算该负载作 Y 连接和△连接时的相电流、线电流及有功功率，并作比较。

解：（1）负载作星形连接时

$$|Z_P| = \sqrt{R_P^2 + X_P^2} = \sqrt{6^2 + 8^2} = 10(\Omega)$$

$$U_{YP} = \frac{U_{YL}}{\sqrt{3}} = \frac{380}{\sqrt{3}} = 220(V)$$

则

$$I_{YL} = I_{YP} = \frac{U_{YP}}{|Z_P|} = \frac{220}{10} = 22(A)$$

又

$$\cos\varphi = \frac{R_P}{|Z_P|} = \frac{6}{10} = 0.6$$

$$P_Y = 3P_{YP} = 3U_{YP}I_{YP}\cos\varphi = 3 \times 220 \times 22 \times 0.6 \approx 8.7 \times 10^3 (W) = 8.7 (kW)$$

或

$$P_\triangle = \sqrt{3}U_L I_L \cos\varphi = \sqrt{3} \times 380 \times 22 \times 0.6 \approx 8.7 \times 10^3 (W) = 8.7 (kW)$$

（2）负载作三角形连接时

$$U_{\triangle P} = U_{\triangle L} = 380(V)$$

则

$$I_{\triangle P} = \frac{U_{\triangle P}}{|Z_P|} = \frac{U_{\triangle L}}{|Z_P|} = \frac{380}{10} = 38(A)$$

$$I_{\triangle L} = \sqrt{3}I_{\triangle P} = \sqrt{3} \times 38A \approx 66(A)$$

$$P_\triangle = 3P_{\triangle P} = 3U_{\triangle P}I_{\triangle P}\cos\varphi = 3 \times 380 \times 38 \times 0.6 \approx 26 \times 10^3 (W) = 26 (kW)$$

或

$$P_\triangle = \sqrt{3}U_L I_L \cos\varphi = \sqrt{3} \times 380 \times 66 \times 0.6 \approx 26 \times 10^3 (W) = 26 (kW)$$

（3）两种方法比较

$$\frac{I_{\triangle P}}{I_{YP}} = \frac{38}{22} \approx \sqrt{3}$$

$$\frac{I_{\triangle L}}{I_{YL}} = \frac{66}{22} = 3$$

$$\frac{P_\triangle}{P_L} = \frac{26}{8.7} = 3$$

由上题可知，同一负载作三角形连接时的相电流是星形连接时的 $\sqrt{3}$ 倍，而三角形连接时的线电流和功率均是星形连接时的 3 倍。

十一、涡流及趋肤效应

1. 涡　流

把一整块金属放在通有交变电流的线圈中，由电流产生的交变磁通穿过金属块，在金属块内产生旋涡状的感应电流，称为涡流。涡流也是一种电磁感应现象。涡流在金属（铁块）中流动，由于整块铁芯的电阻很小，涡流常常达到较大数值，使铁芯发热而造成损耗，即铁损的一部分。涡流产生的磁通将阻止原磁通变化，即削弱原磁场作用，叫作去磁。减小涡流的一般方法是把整块铁芯换成由许多硅钢片叠合而成的铁芯。在另一种情况下，可以利用涡流产生的热量来加热金属，比如高频感应炉。

2. 趋肤效应

导体通过交流电时，由于产生的电磁感应，导体表面的电流密度较大，内部的电流密度较小，这种现象称为趋肤效应。趋肤效应使流过导体的电流比较集中地分布在导体表面，频率越高，此现象越明显。因此，导体对直流的"欧姆电阻"和对交流的"有效电阻"在数值上是有差别的。

十二、安全用电

1. 电流对人体的伤害

人体接触或接近带电体所引起的人体局部受伤或死亡的现象称为触电。根据人体受到伤害的程度不同，触电可分为电伤和电击两种。

（1）电伤

电伤是指在电弧作用下或熔断丝熔断时飞溅的金属沫对人体外部的伤害，如烧伤、金属溅伤等。

（2）电击

电击是指电流通过人体，使内部组织器官受到损伤，是最危险的触电事故。如受害者不能迅速脱离带电体，则最后会造成死亡事故。根据大量触电事故资料的分析和实验证明，电击所引起的伤害程度，由人体电阻的大小、通过人体的电流、电流流过人体的途径、作用于人体的电压及电流通过人体的时间长短等因素决定。

若电流流过大脑，会对大脑造成严重损伤；电流流过脊髓，会造成瘫痪；电流流过心脏，会引起心室颤动甚至心脏停止跳动。总之，以电流通过或接近心脏和脑部最为危险。通电时间越长，触电的伤害程度就越严重。

实践证明，常见的 50～60 Hz 工频电流的危险性最大，高频电流的危害性较小。人体通过工频电流 1 mA 时就会有麻木的感觉，10 mA 为摆脱电流，人体通过 50 mA 的工频电流时，中枢神经就会遭受损害，从而使心脏停止跳动而死亡。

（3）安全电压的人体电阻

人体电阻主要集中在皮肤，一般在 40～80 kΩ，皮肤干燥时电阻较大；而皮肤潮湿、有汗或皮肤破损时人体电阻可下降到几十至几百欧姆。根据触电危险电流和人体电阻，可计算出安全电压为 36 V。但电气设备环境越潮湿，安全电压就越低，在特别潮湿的场所中，必须采用不高于 12 V 的电压。

2. 触电形式

人体触电形式有单相触电（图 1.17.33）、两相触电（图 1.17.34）和电气设备外壳漏电（图 1.17.35）等多种形式。

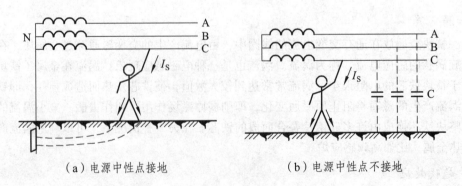

（a）电源中性点接地　　　　　　（b）电源中性点不接地

图 1.17.33　单相触电

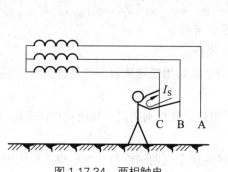

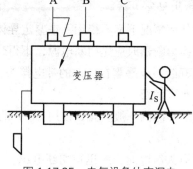

图 1.17.34　两相触电　　　　　　　图 1.17.35　电气设备外壳漏电

（1）单相触电

人体的某一部位接触一根相线，另一部位接触大地，人体承受相电压。

（2）两相触电

人的双手或人体的某两个部分分别接触三相电中的两根火线时，人体承受电压，这时，会有一个较大电流通过人体。这种触电最危险。

（3）电气设备外壳漏电

电气设备的外壳本来是不带电的，由于绝缘损坏等原因使外壳带电。人体触及这些设备时，相当于单相触电。大多数触电事故属于这一种。为了防止这种触电事故，对电气设备常采用保护接地和保护接零的保护装置。

3. 保护接地和保护接零

（1）保护接地

将电动机、变压器等电气设备的金属外壳用电阻很小的导线同接地体可靠地连接起来，称为保护接地。适用于中性点不接地的低电压系统。图 1.17.36 所示为电动机的保护接地电路。

（2）保护接零

将电气设备的金属外壳接到零线（或称中性线）上，称为保护接零。保护接零适用于中性点搭铁的低压系统。图 1.17.37 所示为电动机的保护接零电路。

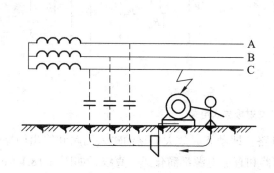

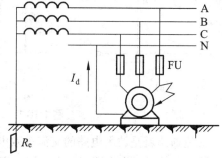

图 1.17.36　电动机的保护接地电路　　　图 1.17.37　电动机的保护接零电路

必须指出，在同一电力网中，不允许一部分设备接地，而另一部分设备接零。若有人既接触到接地的设备外壳，又接触到接零的设备外壳，则人将承受电源的相电压。显然，这是很危险的。

4. 安全用电常识

（1）在任何情况下都不得用手来鉴定导体是否带点。

（2）更换熔断器时应先切断电源，不得带电操作。

（3）拆开断裂或暴露在外部的带电接头，必须及时用绝缘物包好并悬挂到人身不会碰到的高处，防止有人触及。

（4）工厂车间内一般只允许使用 36 V 的照明灯，在特别潮湿的场所只允许使用 12 V 以下的照明灯。

（5）遇有人触电时，应迅速切断电源，或尽快用干燥的绝缘物（如棍棒）打断电线或拨开触电者，切勿直接用手去拉触电者。当触电者脱离电源后，根据具体情况，实施救治。

第十八节　模拟电子技术基础知识

一、电子技术基础

（一）共发射极放大电路的分析

1. 直流通路和交流通路

（1）直流通路就是放大电路的直流等效电路，即在静态时，放大电器输入回路和输出回路的直流电流流过的路径，如图 1.18.1（b）所示。在直流通路中，所有的电容器作断路处理，其余不变。常用来计算放大电路的静态工作点（如 I_{bQ}、I_{CQ}、U_{ceQ} 等）。

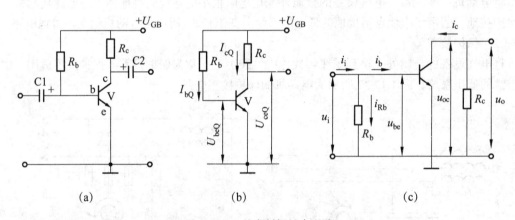

图 1.18.1　共发射极放大电路

（2）交流通路就是放大电路的交流等效电路，即动态时放大电路的输入回路和输出回路的交流电流流过的路径。在交流通路中，把电容器和直流电源都简化成一直线，如图 1.18.1（c）所示。通常用来计算放大电路的放大倍数、输入电阻、输出电阻、交流电量（如 i_b、i_c、u_o 等）。

2. 近似估算法

即运用数学方程式近似计算放大电路的各项参数。常用于小信号放大电路的分析。

（1）近似估算静态工作点，对图 1.18.1（a）所示电路，可采用下式进行计算：

$$I_{bQ} = \frac{U_{GB} - U_{beQ}}{R_b}$$

式中 U_{beQ} 很小（硅管 0.7 V，锗管 0.3 V），若忽略不计，则上式可写成：

$$I_{bQ} \approx \frac{U_{GB}}{R_b}$$

又得

$$I_{cQ} \approx \beta I_{bQ}$$

由图中还可知：

$$U_{ceQ} = U_{GB} - I_{cQ} R_c$$

对于图 1.18.2 所示射极偏置电路（又称分压式偏置电路）的近似估算应为

$$I_{bQ} \approx \frac{R_{b2}}{R_{b1} + R_{b2}} U_{GB}$$

$$U_{be} = U_{bQ} - U_{eQ}$$

$$I_{eQ} = \frac{U_{eQ}}{R_e} \approx \frac{U_{bQ}}{R_e} = \frac{R_{b2} U_{GB}}{(R_{b1} + R_{b2}) R_e}$$

$$I_{cQ} \approx I_{eQ}, \quad I_{bQ} \approx \frac{I_{cQ}}{\beta}$$

$$U_{ceQ} = U_{GB} - I_{cQ} R_c - I_{eQ} R_e$$

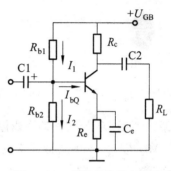

图 1.18.2　射极偏置放大电路

即　　　　　　$$U_{ceQ} \approx U_{GB} - I_{cQ}(R_c + R_e)$$

（2）近似计算电路的输入电阻 R_i、输出电 R_o 和阻放大倍数 A_u

对图 1.18.1（a）所示电路有：

$$R_i \approx r_{be} = 300 + (1 + \beta) \frac{26 \text{ mV}}{I_e \text{ mA}}$$

$$R_o \approx R_c$$

$$A_u = -\beta \frac{R'_L}{r_{be}} = -\beta \frac{R_c /\!/ R_L}{r_{be}}$$

对图 1.18.2 所示电路，有

$$R_i = \frac{R_b r_{be}}{R_b + r_{be}}$$

式中，

$$R_b = \frac{R_{b1} R_{b2}}{R_{b1} + R_{b2}}$$

$$R_o \approx R_c$$

$$A_u = -\beta \frac{R'_L}{r_{be}} = -\beta \frac{R /\!/ R_L}{r_{be}}$$

对其他几种电路，都可以应用电工基础知识，结合该电路的直流、交流通路进行计算。

3. 图解分析法运用

通过作三极管的输入、输出特性曲线簇，直观地分析放大电路性能的方法称为图解法。下面以图 1.18.3 所示电路为例加以分析。

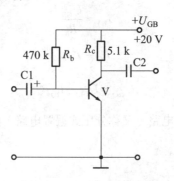

图 1.18.3　共发射极放大电路

（1）用图解法分析静态工作情况，该三极管的输出特性曲线簇如图 18.4 所示。由 $U_{ce} = U_{GB} - I_c R_c$ 知：当 $I_c = 0$ 时，$U_{ce} = U_{GB}$，当 $U_{ce} = 0$ 时，$I_c = \dfrac{U_{GB}}{R_c}$。可在坐标上分别找到 M 和 N 点。连接 MN 所得到的直线称为放大电路的直流负载线。由电路图中可算得 $I_{bQ} = 40 \ \mu A$。因此，MN 与 $I_{bQ} = 40 \ \mu A$ 曲线交点 Q 就是该放大电路的直流静态工作点。由图中还可直观地看出：静态时 $I_{cQ} = 2 \ mA$，$U_{ce} = 10 \ V$。

由图 1.18.4 可以看出：U_{GB} 一定时，增大 I_{bQ}，Q 点会向上移，反之则向下移；在其他条件不变时，改变 R_c 大小会使直流负载线斜率发生变化，也会使 Q 点发生位移；改变 U_{GB} 高低，会使直流负载线向右或向左平移，Q 点的位置也将发生变化。

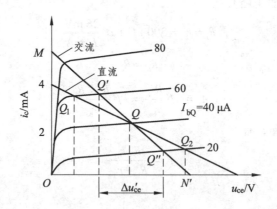

图 1.18.4　静态工作点图解分析

（2）动态工作情况如图 1.18.5 所示：放大器输入信号 u_i 在三极管输入特性曲线中得到对应的 Q_1、Q 和 Q_2 点，并可得到相应的 i_b 及 i_b 在 $20 \sim 60 \ \mu A$ 之间变动的变化波形[图 1.18.5（a）中曲线②]。在输出特性曲线簇中，已得到直流负载线 MN 及静态工作点 Q。由于 i_b 在 $20 \ \mu A$ 和 $60 \ \mu A$ 之间变动，三极管的工作点也会在 Q_2 和 Q_1 之间移动。称 Q_1 到 Q_2 之间的范围为动态工作范围。在坐标平面上可画出相应的 i_c 和 U_{ce} 的波形，并可求得它们的数值，进而求出电路的电压放大倍数：

$$A_u = \frac{U_{om}}{U_{im}}$$

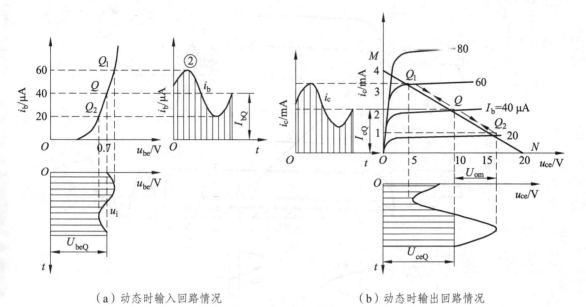

（a）动态时输入回路情况　　　　　　　　（b）动态时输出回路情况

图 1.18.5　图解分析动态时的工作情况

电路接入负载 R_L 后，反映交流电压、电流之间关系的工作点，沿着通过静态工作点 Q，斜

率为 $\tan a = \frac{1}{R_L'}\left(R_L' = \frac{R_C R_L}{R_C + R_L}\right)$ 的直线 $M'N'$ 变化，如图 1.18.6 所示。直线 $M'N'$ 叫作放大器的交流

负载线。电路的动态工作范围也变为 $Q'Q''$ 之间。对应 Q' 和 Q'' 的 U_{om} 值，可求得输出电压的最大

值 U_{om}，从而求得电路带负载时电压放大倍数：

$$A_u = \frac{U_{om}}{U_{im}}$$

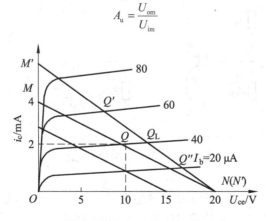

图 1.18.6　带负载时动态工作点变动情况

由图解法还可以直观地看到放大器工作点设置不当而出现的失真，如图 1.18.7 所示，若静

123

态工作点在交流负载线上位置定得太高（如图中 Q_A 点）。当 i_c 幅值较大时，正半周会进入饱和区，形成饱和失真。若设置得太低（图中 Q_B 点），就会形成截止失真。

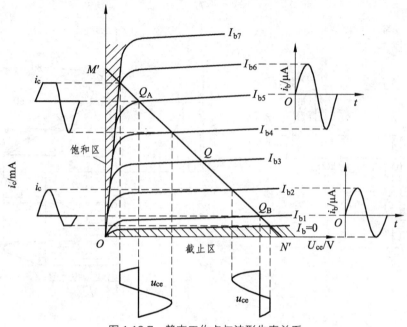

图 1.18.7　静态工作点与波形失真关系

（二）阻容耦合放大电路

1. 电路的组成

如图 1.18.8 所示。级间用电容器 C2 和基极电阻 R_{b12}、R_{b22} 连接。C2 叫耦合电容。利用电容器的"隔直、通交"特性，使前后级之间的交流信号可以进行传递，但直流工作状态相互独立，互不影响。

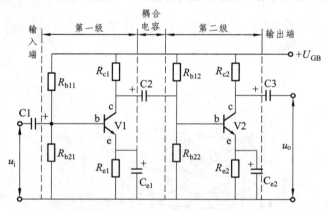

图 1.18.8　阻容耦合放大电路

2. 电路特点

结构简单、体积小、成本低、设置和调整静态工作点较方便。在放大交流信号的电路中应用较为广泛。耦合电容的容量对交流信号的传输有一定的影响。

3. 电路总放大倍数

整个电路的总电压放大倍数 A_u 等于单独每级的电压放大倍数的乘积，即

$$A_u = A_{u1} \cdot A_{u2} \cdot A_{u3} \cdots A_{un}$$

4. 放大电路中的反馈

（1）反馈的概念　将放大器输出信号的一部分或全部，经过一定的电路送回到放大器的输入端，与输入信号合成的过程称为反馈。被送回到输出端的信号称为反馈信号。

（2）反馈的分类　反馈信号起增强输入信号的作用，使放大器的放大能力上升的叫正反馈，反之则叫负反馈；对直流量起反馈作用的叫直流反馈，对交流量起反馈作用的叫交流反馈；反馈信号与输出电压成正比的叫电压反馈，与输出电流成正比的叫电流反馈；放大电路的净输入信号由原输入信号和反馈信号串联而成的叫串联反馈，并联而成的叫并联反馈。

5. 反馈的判断

（1）电压反馈与电流反馈的判断　把放大器输出端短路，若反馈信号为零，是电压反馈；反之即为电流反馈。

（2）并联反馈与串联反馈的判断　把放大器的输入端短路，若反馈信号也被短路，使放大器的净输入信号为零，是并联反馈；反之即为串联反馈。

（3）正反馈与负反馈的判断　通常采用"瞬时极性法"来进行判断。其原则是：三极管基极与集电极瞬时极性相反、基极与发射极瞬时极性相同，电容、电阻等元件不改变瞬时极性关系。反馈到输入端基极的极性和原假设极性相同为正反馈；相反为负反馈。

四种负反馈电路及判断如图 1.18.9 所示。

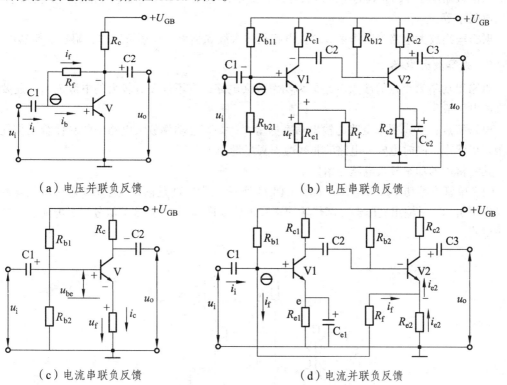

（a）电压并联负反馈　　　　（b）电压串联负反馈

（c）电流串联负反馈　　　　（d）电流并联负反馈

图 1.18.9　负反馈电路及判断

6. 负反馈对放大电路性能的影响

（1）会使电路的放大倍数降低。

（2）使电路放大倍数的稳定性提高。

（3）使放大信号的非线性失真减小。

（4）串联负反馈使放大电路的输入电阻增大，并联负反馈使放大电路的输入电阻减小；电压负反馈使放大电路的输出电阻减小，电流负反馈使放大电路的输出电阻增大。

7. 射极输出放大电路

在图 1.18.10 所示电路中，输出信号是由发射极出来的，故称为射极输出放大电路。

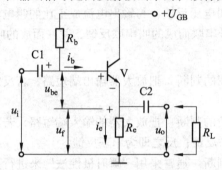

图 1.18.10　射极输出放大电路

射极输出放大电路具有以下特点：① 放大电路的反馈系数为 1（具有深度负反馈）；② 电压放大倍数略小于 1；③ 具有电流放大作用；④ 输出电压与输入电压相位相同；⑤ 输入电阻大，输出电阻小等。

射极输出放大电路多用作多级放大电路的输入级和输出级，还可以作为阻抗变换器用。

8. 功率放大电路

以输出功率为重点的放大电路称为功率放大电路，它不仅要有较大的电流输出，还要求有较高的电压输出。

电路特点：首先要求电路的输出功率尽量大，并且让功率放大电路中的晶体管工作在接近极限运用状态；同时也要求电路的非线性失真尽量小。

几种常用的功率放大电路介绍如下：

（1）单管甲类功率放大电路，如图 1.18.11 所示。图中 T1 是输入变压器（起传输信号和阻抗变换作用），T2 是输出变压器（起传输功率和阻抗变换作用），其余类似分压式电流负反馈偏置放大电路。

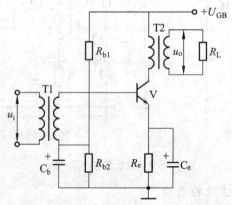

图 1.18.11　单管甲类功率放大电路

单管甲类功率放大电路只用一只三极管,线路简单,但由于效率低(实际效率只有 30%～40%),静态管耗大,故只用在小功率放大电路或作为大功率输出电路的推动放大级。

(2)乙类推挽功率放大电路,如图 1.18.12 所示。图中 V1 和 V2 是两只同型号、性能相同的三极管,电路在形式上是完全对称的。T1 和 T2 为输入变压器和输出变压器。未加入输入信号时,两只三极管都处于截止状态。当输入信号 u_i 加到 T1 时,V1 和 V2 在信号的正半周和负半周轮流导通,经过 T2 的"合成"作用,在负载上获得一个完整的经过放大的信号。

乙类推挽功率放大电路效率较高(实际可达 60%左右),整体对称性好,偏置电路简单,工作点稳定且易调整,与负载易于匹配,输出功率大等,在较多的场合都采用推挽放大电路。但也存在 T1、T2 制作要求高、电路易出现交越失真,体积大等缺点。

(3)无变压器功率放大电路应用较多的有 OTL、OCL 和 BTL 等功率放大电路。

OTL 功率放大电路如图 1.18.13 所示。图中 V4 和 V5 是一对导电类型不同但特性配对的功放管,在工作时互为补偿,故又称之为互补对称 OTL 功率放大电路。V3 为推动级,调整 V3 的基极电流,可调整 V4 和 V5 工作电压,使之都处于乙类放大状态。C2 是输出电容,同时又充当一个电源,保证晶体管正常工作,其容量要足够大。

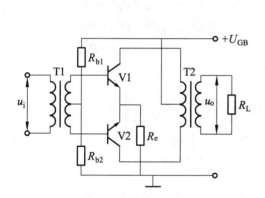

图 1.18.12 乙类推挽功率放大电路

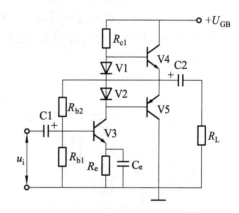

图 1.18.13 OTL 功率放大电路

OCL 功率放大电路即无输出电容的互补对称推挽功率放大电路,如图 1.18.14 所示。该电路的低频特性好,但必须用两组相同的电源供电。由于频率响应好,负反馈深、失真小、工作稳定,便于集成化,在要求低频特性较高的场合常采用。

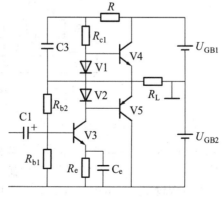

图 1.18.14 OCL 功率放大电路

除此之外，BTL 功率放大电路也属于无输出电容的功率放大电路，其应用与 OCL 功率放大电路相似。

9. 正弦波振荡电路

晶体管正弦波振荡电路是一种能量转换装置，把直流电转换为具有一定频率和振幅的正弦交流电，并且无需外加输入信号控制。常用的有 LC 振荡器和 RC 振荡器。

自激振荡的条件：放大器的输入端不接入外加信号时，它的输出端可以出现一定频率和幅度的交流信号的现象叫自激振荡。电路能形成自激振荡的主要原因是在电路中引入了正反馈。但要使电路产生稳定的自激振荡，必须满足以下条件：

① 相位平衡条件　反馈电压必须与输入电压同相位（电路必须有正反馈性质）。

② 振幅平衡条件　反馈电压的幅值必须等于输入电压的幅值。

为满足上述要求，对一个正弦波振荡器而言，应具备以下几个部分：

① 放大部分：利用晶体管的放大作用，使电路有较大的输出电压。

② 反馈部分：把输出信号反馈到输入端，让电路产生自激振荡。

③ 选频部分：使电路只对某种频率的信号能满足自激振荡条件。

（1）LC 正弦波振荡器的选频回路由 L 和 C 元件组成。有变压器反馈式振荡器、电感三点式振荡器（哈特来振荡器）和电容三点式振荡器（考毕兹振荡器），如图 1.18.15 所示。

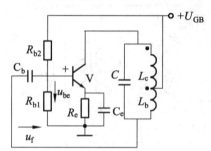

（b）电感三点式振荡器（哈特来振荡器）

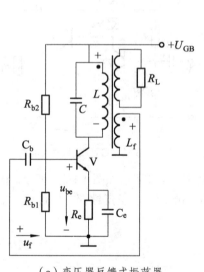

（a）变压器反馈式振荡器

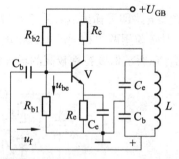

（c）电容三点式振荡器

图 1.18.15　LC 振荡器基本电路

变压器反馈式振荡器是通过互感实现耦合和反馈，很容易实现阻抗匹配和达到起振要求，效率高，应用普遍。但频率稳定性不高，输出波形不够理想。电感三点式振荡器采用 L_b 和 L_c 紧耦合方式，容易起振，频率调整范围较宽。而电容三点式振荡器中 C_b 和 C 的容量可以取得较小，使电路的振荡频率较高。

（2）RC 正弦波振荡器在需要较低频率（几赫到几千赫）的振荡信号时，常采用 RC 振荡器，其选频回路由 R 和 C 元件组成。有 RC 桥式正弦波振荡器和 RC 移相式正弦波振荡器，如图 1.18.16 所示。

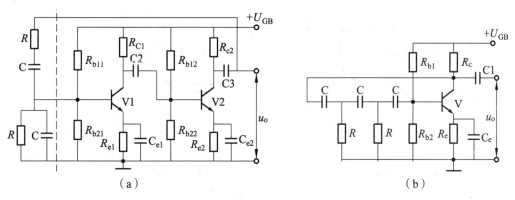

（a）   （b）

图 1.18.16   RC 正弦波振荡器

（3）石英晶体振荡器是用石英晶体作为谐振选频电路的振荡器。石英晶体是一种各向异性的结晶体，在其两面加一电场，晶体会产生机械变形；而在晶体两面施加机械压力，则会在晶体两面间产生一定电场和异性电荷，这种现象称为压电效应。利用石英晶体构成的正弦波振荡器有并联型和串联型两大类，如图 1.18.17 和图 1.18.18 所示。由于振荡器的振荡频率取决于石英晶体自身的谐振频率，因此石英晶体正弦波振荡器的频率稳定性较高。

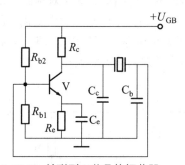

图 1.18.17 并联型石英晶体振荡器

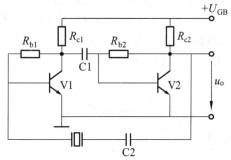

图 1.18.18 串联型石英晶体振荡器

10. 直接耦合放大电路

把前一级的输出端直接接到后一级的输入端，这种形式的放大电路称为直接耦合放大电路，如图 1.18.19 所示。该电路可以放大缓慢变化的信号或某个直流量的变化（统称直流信号）。应用时，必须要对电路存在的"前后级工作点影响"和"零点漂移"加以解决。

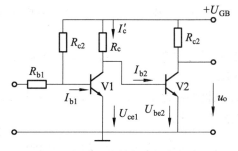

图 1.18.19   直接耦合放大电路

129

（1）前后级静态工作点影响的解决方法

① 提高后一级的发射极电位，即在后一级三极管发射极中接入电阻或硅稳压管（或硅二极管），如图 18.20 所示。

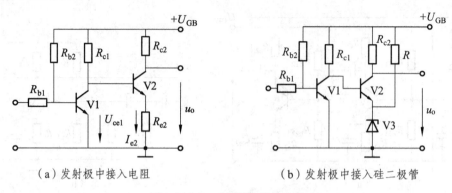

（a）发射极中接入电阻　　　　　　　　（b）发射极中接入硅二极管

图 1.18.20　直接耦合放大电路

② 采用 NPN-PNP 管直接耦合，如图 1.18.21 所示，利用两只三极管的极性不同，使得两级都能获得合适的静态工作点。第二级最好选用反向电流小、温度稳定性好的硅材料 PNP 管。

（2）零点漂移的影响　当放大器工作条件（温度、电源电压等）发生改变而引起晶体管静态工作点缓慢变化时，即使放大器输入信号为零，这个缓慢变化的电位经直接耦合的放大器逐级放大，在输出端就会有一个信号输出，这个现象称为零点漂移。克服零点漂移现象最常用的方法是采用差动放大电路，如图 1.18.22 所示。V1 与 V2 组成两个电路参数完全对称的共发射极放大电路，在 $u_i = 0$ 时，两管集电极之间没有电位差（ $u_o = 0$ ），即使工作条件发生变化，在两管的变化也是对称的，u_o 也为零。若两管基极输入的信号电压大小相等、极性相同，即 $u_{i1} = u_{i2}$（称共模信号），由于电路对称，$u_o = 0$ 。差动放大电路对共模信号抑制能力的大小，反映了它对零点漂移的抑制水平。

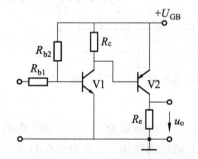

图 1.18.21　NPN-PNP 管直接耦合

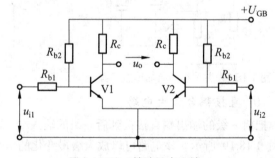

图 1.18.22　差动放大电路

若 u_{i1} 和 u_{i2} 的大小相等、极性相反（称差模信号），经两个管子放大后，在集电极之间获得输出电压 u_o 。

若输入的两个信号既非共模信号也非差模信号，差动放大器便只对其中的差模信号进行放大，同时又对共模信号进行抑制。

差动放大器质量的好坏用共模抑制比（ K_{CMRR} ）来表征。它定义是：放大电路对差模信号放大倍数 A_d 与共模信号放大倍数 A_c 之比：

$$K_{CMRR} = \frac{A_d}{A_c} \text{ 或 } K_{CMRR} = 20 \lg \frac{A_d}{A_c} (dB)$$

（三）晶闸管及其应用

1. 晶闸管的构造

晶闸管器件结构与符号如图1.18.23所示，晶闸管（也称半导体闸流管，过去称可控硅）器件内部有四层半导体（P1、N1、P2、N2），三个PN结（P1N1、P2N2、P2N1）；外部有三个电极：阳极A、阴极K和门极G。

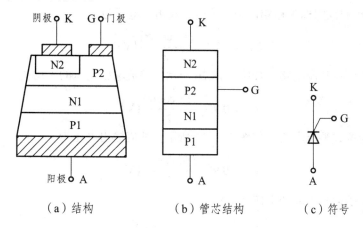

（a）结构　　　　（b）管芯结构　　　　（c）符号

图1.18.23　晶闸管器件结构与符号

2. 晶闸管的工作原理

有电流流过晶闸管时，称晶闸管导通；反之称为截止。晶闸管导通的条件是：在阳极-阴极间加上正向电压的同时，门极-阴极间加上适当的触发电压。

3. 晶闸管的特点

（1）晶闸管不仅具有反向阻断能力，还具有正向阻断能力。其正向导通受门极控制。

（2）晶闸管一旦导通，门极即失去控制作用。要重新关断晶闸管，必须让阳极电流减小到低于其维持电流。

4. 晶闸管的主要参数

有断态重复峰值电压U_{DRM}、反向重复峰值电压U_{RRM}、通态平均电流$I_{T(AV)}$、通态平均电压$U_{T(AV)}$、门极触发电流I_{GT}、门极触发电压U_{GT}、维持电流I_{H}、浪涌电流I_{TSM}。

5. 晶闸管的型号

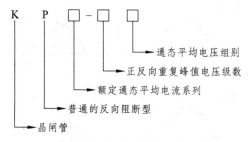

图1.18.24　晶闸管的型号

图1.18.24所示为晶闸管型号中各字母和数字的含义。例如，KP10-20表示额定通态平均电

流为 10 A，正反向重复峰值电压为 2 000 V 的普通反向阻断型晶闸管。

6. 晶闸管可控整流电路

（1）单相半波可控整流电路　图 1.18.25 为接电阻负载的单相半波可控整流电路及波形图。图中 U_1、U_2 是整流变压器一次、二次电压，R_L 为负载，U_L 为整流输出电压平均值。门极加入触发电压 U_G 使晶闸管开始导通的电角度称控制角 α，与晶闸管导通时间对应的电角度称导通角 θ（$\alpha+\theta=\pi$）。α 变化的范围称为移相范围。该电路输出的电压为

$$U_L = 0.45U_2 \frac{(1+\cos\alpha)}{2}(\text{V})$$

（2）单相全波可控整流电路　如图 1.18.26 所示。整流输出电压的平均值为

$$U_L = 0.9U_2 \frac{(1+\cos\alpha)}{2}(\text{V})$$

（3）单相半控桥式整流电路　如图 1.18.27 所示。整流输出电压为

$$U_L = 0.9U_2 \frac{(1+\cos\alpha)}{2}(\text{V})$$

每只晶闸管承受的最大峰值电压为 $\sqrt{2}U_2$。

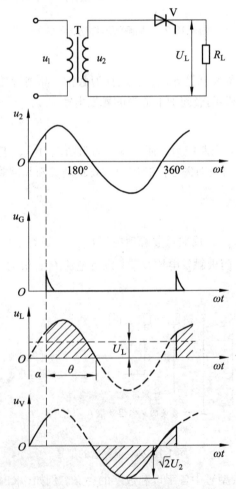

图 1.18.25　单相半波可控整流电路

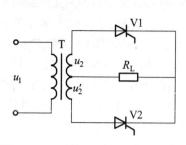

图 1.18.26 单相全波可控整流电路

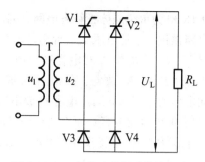

图 1.18.27 单相半控桥式整流电路

（4）三相半波可控整流电路　如图 1.18.28 所示。整流输出电压为

$$U_L \approx 2.34 U_2 \frac{(1+\cos\alpha)}{2}(\text{V})$$

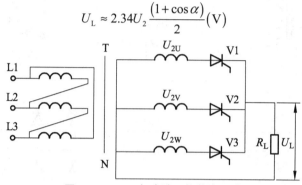

图 1.18.28　三相半波可控整流电路

其中 U_2 为变压器二次绕组相电压。每只晶闸管承受的最大峰值电压为 $\sqrt{2}\times\sqrt{3}U_2$，每只晶闸管流过的平均电流是负载电流的 1/3。

7. 晶闸管触发电路

晶闸管阳极加正向电压，门极加适当的正向触发电压时就会导通。提供触发电压的电路称为触发电路。

（1）对触发电路的要求　触发电压必须与晶闸管阳极电压同步；触发电压应满足主电路移相范围的要求；触发脉冲电压的前沿要陡，宽度要满足一定的要求；具有一定的抗干扰能力；触发信号应有足够大的电压和功率。

（2）触发脉冲的输出方式　一般有两种，即直接输出和由脉冲变压器输出。

（3）单结晶体管触发电路　单结晶体管又称双基极管，有三个引出脚，内部只有一个 PN 结，其结构与符号如图 1.18.29 所示。当加在单结晶体管发射极上的电压 U_E 高于峰点电压时，PN 结导通。当 U_E 低于谷点电压时，PN 结截止。

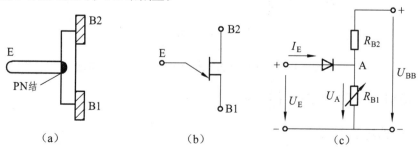

图 1.18.29　单结晶体管触发电路

图 1.18.30 为单结晶体管触发电路，同步变压器 T_s 的作用是让触发脉冲与主电路同步，并且向触发电路提供一个低电压 u_2，此电压经整流、稳压后得到一个稳定电压 U_2，加在单结晶体管触发电路上。U_2 经 R_1 和 R_p 对电容 C 充电，当 U_C 上升到大于单结晶体管 V6 的峰点电压时，E_{B1} 导通，C 通过 E_{B1} 和 R_{B1} 放电，在 R_{B1} 上形成一脉冲电压，加到主电路中两个晶闸管门极，使处于承受正向电压的晶闸管导通。电容 C 放电后，U_C 下降，到低于谷点电压时，单结晶体管截止。改变 R_p 的阻值可改变电容 C 充电的快慢，即改变了加在晶闸管门极上第一个触发脉冲的时刻（改变了控制角 α 大小），也就改变了可控整流输出电压的高低，实现了可控整流。

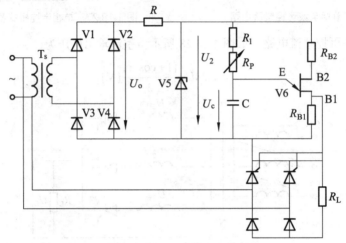

图 1.18.30　单结晶体管触发电路

（4）晶体管触发电路　要求触发功率大、输出电压与控制电压线性好的晶闸管整流设备，常采用晶体管触发电路，如图 1.18.31 所示。同步电源电压 U_2 对 C1 充电，C1 对 $R1$、L 放电的结果是在 C1 两端获得近似的锯齿波 u_{C1}。u_k 为加在 V3 管输入回路中的直流控制电压。U_{C1} 和 U_k 叠加后加在 V3 基极和发射极之间，控制 V3 的截止和导通。当 V3 由截止变为导通时，变压器 TM 二次侧便产生输出脉冲 u_G 去触发晶闸管。改变控制电压 U_k 的大小，就可以改变 V3 的截止与导通，即进行了移相调整。

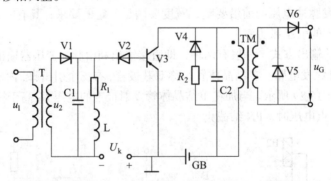

图 1.18.31　同步电压为锯齿波的晶体管触发电路

二、模拟电子技术基础（高级工和预备技师掌握）

（一）集成运算放大器

集成运算放大器是高增益直流放大器。

1. 内部基本结构

集成运算放大器大致可以分为输入级、中间放大级和输出级三大部分。

2. 主要技术参数

（1）输入失调电压 U_{IO}　在室温（25 ℃）及标准电源电压下，输入电压为零时，为了使集成运放的输出电压为零，在输入端加的补偿电压叫做失调电压 U_{IO}。要求其值小为好。

（2）输入偏置电流 I_{IB}　指集成运放输出电压为零时，两个输入端静态电流的平均值。

（3）输入失调电流 I_{IO}　指当输出电压为零时，流入放大器两输入端静态基极电流之差。要求 I_{IO} 越小越好。

（4）温度漂移　指由输入失调电压和输入失调电流随温度改变而发生的漂移。

（5）最大差模输入电压 U_{idmax}　指集成运放的反相和同相输入端所能承受的最高电压值。

（6）最大共模输入电压 U_{icmax}　指集成运放所能承受的最高共模输入电压值。

（7）转换速率 S_R　指集成运放在闭环状态下，输入大信号（如阶跃信号）时，放大器输出电压对时间的最大变化速率。

（8）开环差模电压增益　指集成运放在无反馈情况下的直流差模增益。通常用分贝表示。

（9）单位增益带宽 BW_G 和开环带宽 BW　BW_G 是指集成运放在开环差模电压增益下降到 0 dB 时的频率；BW 是指开环差模电压增益下降 3 dB 时所对应的频率。

3. 集成运算放大器的分类

可分为通用型集成运算放大器和专用型集成运算放大器两类。其中专用型集成运放又分为高输入阻抗型、低漂移型、高速型、低功耗型及高压型等。

（二）直流稳压电源电路

1. 串联反馈式稳压电源电路

指输出电压的微小变化反馈到调整管基极，控制其调整深度，以使输出电压更加稳定的电路，如图 1.18.32 所示。电路由五个部分组成：整流滤波输出部分、基准电压部分、取样电路部分、比较放大部分、调整器件部分。

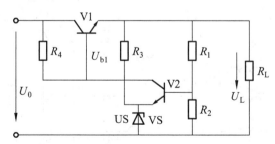

图 1.18.32　晶体管串联反馈式稳压电源电路

电路稳定电压的过程如下：

若负载 R_L 不变，因输入电压 U_o 增大而使输出电压 U_L 有增高的趋势，电路内部有：

$$U_o \uparrow \rightarrow U_L \uparrow \rightarrow U_{b2} \uparrow \rightarrow U_{b1} \downarrow \rightarrow U_{be} \downarrow \rightarrow U_{ce} \downarrow \rightarrow U_L \downarrow$$

当 U_o 减小时，上述过程相反。

若 U_o 不变，因 R_L 减小，有使 U_L 下降的趋势，电路内部有：

$$R_L \downarrow \rightarrow U_L \downarrow \rightarrow U_{b2} \downarrow \rightarrow U_{b1} \uparrow \rightarrow U_{be} \uparrow \rightarrow U_{ce} \downarrow \rightarrow U_L \uparrow$$

当 R_L 增大时，上述过程相反。

由上述分析可知，该电路可以稳定输出电压。

2. 三端集成稳压器

就是把调整管、取样放大、基准电压、启动和保护电路全部集成在一个半导体芯片上，对外只有三个端头的集成稳压电路。三个端头为输入端、输出端和公共端。

（1）分类　可分为三端固定电压输出稳压器和三端可调电压稳压器两类。每一类又分为正极输出和负极输出两种形式。

（2）主要参数　有：最高输入电压 U_{IM}、最小输入输出压差 $(U_I - U_o)_{min}$、输出电压范围、最大输出电流 I_{LM}。

（3）使用注意事项　三端集成稳压器有金属封和塑封两种结构，引脚的排列顺序不完全相同，使用时须加以认清；按要求装上散热片。

（三）晶闸管电路

1. 三相桥式半控整流电路

如图 1.18.33 所示，二极管 V4、V5、V6 的阳极接在一起，阴极分别与对应的晶闸管阳极相连，并接到三相电源上；三只晶闸管 V1、V2、V3 的阴极接在一起，对外为正极。在三相电源作用下，任何时刻都有一只二极管的阴极电位最低而处于导通状态。当三只晶闸管中阳极电位最高者又加上合适的触发脉冲而导通时，整流电路就有整流电压 U_L 输出。改变触发脉冲出现的角度（即控制角 α），就可以改变整流输出电压的高低。三相半控桥式整流电路输出电压的平均值为

$$U_L \approx 2.34 U_2 \frac{(1+\cos\alpha)}{2}$$

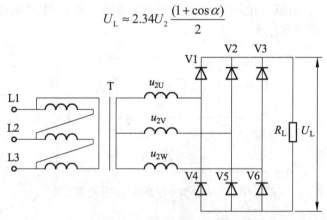

图 1.18.33　三相半控桥式整流电路

每只晶闸管承受的最大正反向电压为线电压的最大值，即

$$U_{RM} = \sqrt{2}(\sqrt{3}U_2) \approx 2.45 U_2$$

式中，U_2 为相电压有效值。

负载为电感性负载时，由于电感性负载中自感电动势的作用，电流滞后电压的变化，当交流电源过零时，流过晶闸管的电流并没有同时为零，造成晶闸管不能及时关断——失控。解决晶闸管"失控"现象的方法就是在电感性负载两端并联一个续流二极管。

2. 带平衡电抗器三相双反星形可控整流电路

主要应用在需要直流、低压、大电流的电工设备中。电路如图 1.18.34 所示。变压器二次侧有两个绕组，都接成星形（同名端相反）。平衡电抗器 L_p 中心抽头作为输出电压负极，使两组三相半波可控整流以 180° 相位差并联，使得两组可控整流电路中各有一只晶闸管导通且并联工作，同时向负载供电。负载上得到的电压就是两组输出电压相加的平均值：

$$U_L = \frac{1}{2}(U_{LI} + U_{LII}) = 1.17U_2$$

当控制角为 0° < α ≤ 60° 时：

$$U_L = 1.17U_2\cos\alpha$$

当控制角为 60° < α ≤ 120° 时：

$$U_L = 1.17U_2\left[1+\cos\left(\alpha+60°\right)\right]$$

式中，U_2 为变压器二次侧相电压。

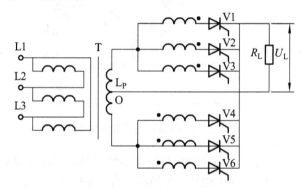

图 1.18.34　双反星形可控整流电路

每只晶闸管承受的最高正反向电压为 $2.45U_2$，每只晶闸管流过的平均电流为负载电流的 1/6。

3. 斩波器

将直流电源的恒定电压 U_G 变换为可调直流电压 U_d 的装置称为直流斩波器。斩波器内以晶闸管（也有用电力晶体管 GTR）作为直流开关，控制其接通与关断，在负载上便可获得大小可调的直流平均电压 U_d。

斩波器的组成如图 1.18.35 所示。其中控制电路可改变斩波器的输出脉冲电压的宽度 τ 和通断时间 $T(1/f)$。电路的导通比 τ/T 决定输出电压平均值：

$$U_d d = (\tau/T)U_G$$

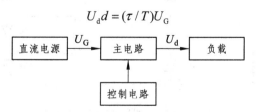

图 1.18.35　斩波器的组成

调节斩波器输出电压平均值大小的方法有三种:保持 T 不变而改变 τ;保持 τ 不变而改变 T;同时改变 T 和 τ。

4. 逆变器

把直流电变换成交流电的过程称为逆变。其中:由直流电→逆变器→交流电→交流电网,称为电源逆变。由直流电→逆变器→交流电(频率可调)→用电器,称为无源逆变。逆变器就是变频器的一种类型。在逆变电路中常用负载谐振式换流和脉冲换流两种形式。

(1)负载谐振式逆变器 是利用负载回路谐振特性来实现逆变器中的换流。图 1.18.36 为并联谐振逆变器主电路。V1、V4 和 V2、V3 两对晶闸管构成单相全控桥式电路。U_d 为整流电路提供的直流电源,L_d 为滤波电抗器,可使输出直流 I_d 保持连续,减小电流纹波,并限制中频电流进入电网。负载是线圈 L,电容 C 为补偿电容,使负载呈电容性。

四只晶闸管中,V1 和 V4,V2 和 V3 分别被同时触发导通,使得负载上得到与交替触发中频率相等的交变电压 u_a。改变两组晶闸管的导通、截止时间,就可改变交变电压 u_a 的频率。在国内生产的晶闸管中频电源等装置多采用这种逆变器。

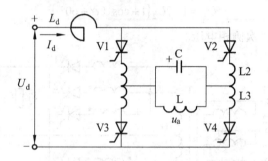

图 1.18.36 并联谐振逆变器主电路

(2)脉冲换流式逆变器 图 1.18.37 为单相电流型脉冲换流式逆变器主电路。图中 L_d 的作用是使输入电流 I_d 维持恒定。C1 与 C2 相等,称换流电容。V5 ~ V8 为隔离二极管。

V1、V4 同时被触发导通,V2、V3 也是同时被触发导通。在这两组晶闸管被轮流触发导通时,利用换流电容的作用,在负载 R_L 上获得频率可调的交流电压。

这种逆变器输出的电压波形由负载性质决定。负载为 R_L 时其波形接近正弦波。只要改变触发脉冲的频率即可改变输出电压的频率。在笼型异步电动机的变频调速器中多采用此种逆变器。

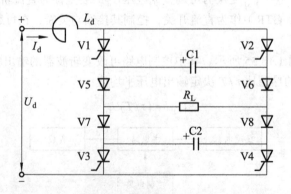

图 1.18.37 单相电流型脉冲换流式逆变器主电路

（四）电力半导体器件

1. 电力场效应管（MOSFET）

场效应管是利用改变电场来控制固体材料导电能力的有源器件。具有体积小、质量轻、耗电省、寿命长、输入阻抗高、噪声低、热稳定性好、抗辐射能力强和制造工艺简单等优点。根据结构不同，场效应管分为两大类：结型场效应管（JFET）和绝缘栅型场效应管（IGFET）。

电力场效应管（MOSFET）属于绝缘栅场效应管。在结构上，对外有三个电极：源极 s、栅极 g 和漏极 d。其内部，源极、栅极和漏极间均无电接触（绝缘）。当栅极加上电压时，可控制其导电沟道的宽度（即控制源极-漏极之间导通电流）及关断和导通状态。属于电压控制型元件。其栅极不消耗功率，工作频率高。但由于元件是靠一种载流子导电，为单极型器件，元件本身电流容量有限。

2. 电力晶体管（GTR）

是一种双极型大功率晶体管。内部多采用达林顿结构，使得电流放大倍数高。属于电流控制型元件。该器件的功率大，需要的驱动电流也大。但过载能力差，容易发生二次击穿现象。工作频率高。

3. 绝缘栅双极型晶体管（IGBT）

是由单极型的 MOS 和双极型晶体管复合而成的新型器件，兼有 MOS 和晶体管二者的优点，属于电压驱动型器件。具有输入阻抗高、工作频率高、驱动功率小，具有大电流处理能力，饱和压降低，功耗低等特点，是很有发展前途的功率电子器件。

电力场效应管、电力晶体管和绝缘栅双极型晶体管这三种功率电子器件共同的特点是都具有自关断能力，在逆变器和斩波器电路中获得广泛的应用。因为在把直流电能转换为交流电能的 DC→AC 逆变器中，以及在把直流电能的参数（幅值、极性）加以转换的 DC→AC 斩波器中，都必须要采用辅助换流及在电路中设置独立的换流支路来实现电路之间电流的转换，从而达到逆变和斩波的目的。由于这三种元件都具有自关断功能和输出输入的快速响应，比晶闸管逆变器和斩波器在电路结构上更简单、效率更高、成本更低，因而应用越来越广泛。

（五）电子设备防干扰知识

由于电子设备的元器件输入信号较小，并且一般的放大倍数都比较大，因此极易受外界的干扰而产生误动作。

电子设备中的干扰来自设备的外部和内部。采取防干扰措施时，应分别处理。对于来自内部的干扰，可在电路设计时采取措施，比如避免回路，避免平行走线，发热元件安放在设备边缘处或较空处，采用差动放大电路，输入部分与输出部分距离远一些，增设屏蔽隔板等。对于来自外部的干扰，可采用金属屏蔽，一点接地，提高输入电路的输入电平，在输入端和输出端采用去耦电路等防止干扰措施。

第十九节　数字电路知识

一、数字电路基础

随时间连续变化的脉冲信号称模拟信号，不连续变化的脉冲信号称数字信号。用来处理数字信号的电路称为数字电路。

（一）二极管、三极管的开关特性

1. 晶体二极管的开关特性

在图 1.19.1 所示二极管开关电路中，当输入为高电平 U_H 时，二极管正向稳定导通，在负载 R_L 上获得一个除去二极管压降的高电平。当输入为不超过反向击穿电压的低电平 U_L 时，二极管反向稳定截止，电路中只有二极管的反向漏电流存在。二极管由截止到导通所需的时间极短，可以忽略，但由导通转为截止过程（称反向恢复过程）所需的时间（反向恢复时间）不可忽略（纳秒级）。

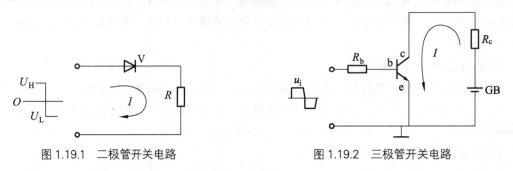

图 1.19.1　二极管开关电路　　　　　　图 1.19.2　三极管开关电路

2. 三极管的开关特性

三极管作为开关应用时，常采用共发射极接法，如图 1.19.2 所示。当基极输入一定幅值的正脉冲时，三极管进入饱和导通状态，相当于接通的开关，电路中有稳定电流流过；当基极输入为负脉冲时，三极管进入截止状态，相当于断开的开关。

当三极管在截止与饱和导通两状态间迅速转换时，由于三极管内部电荷的建立和消散都需要一定的时间，集电极电流的变化滞后于基极电流的变化；同时输出电压的变化也比输入电压的变化有相应的滞后。

（二）基本逻辑门电路

1. 逻辑"与"和"与"门电路

只有当条件同时都具备时，事件才能实现，这种关系称为逻辑"与"。逻辑"与"的表达式为：

$$P = A \times B \text{ 或简记为 } P = A \cdot B$$

式中，A、B 表示两个条件的状态。

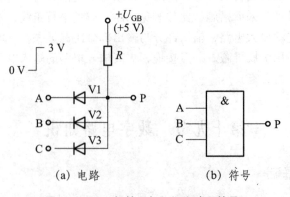

(a) 电路　　　　　　(b) 符号

图 1.19.3　二极管"与"门电路及符号

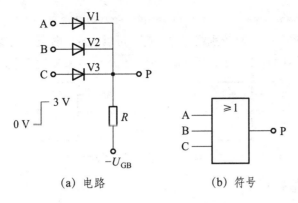

（a）电路　　　　　　　　（b）符号

图 1.19.4　二极管"或"门电路及符号

在正逻辑中，用"1"表示高电平，用"0"表示低电平。负逻辑中表示则相反。

简单的"与"门电路由电阻和二极管组成，如图 1.19.3 所示。A、B、C 为电路的三个输入端。输入端的电位（数字电路中称为电平）有高、低两种情况。高电平为 2.7 ~ 5 V，低电平为 0 ~ 0.4 V。

"与"门电路的逻辑关系为：A、B、C 全为高电平输入时，P 端输出为高电平；A、B、C 不全为高电平输入时，P 端输出为低电平。可简记为：输入全"1"出"1"，输入有"0"出"0"。

2. 逻辑"或"和"或"门电路

决定一件事情的几个条件中，只要有一个具备，事件即可实现，如无一条件具备，事件就不能实现，这样的关系称为逻辑"或"。逻辑"或"的表达式为：

$$P = A + B$$

最简单的"或"门电路由电阻和二极管组成，如图 1.19.4 所示。其逻辑关系为：A、B、C 全为低电平输入时，P 端输出为低电平；A、B、C 不全为低电平输入时，P 端输出为高电平。可以简记为：输入全"0"出"0"，输入有"1"出"1"。

3. 逻辑"非"和"非"门电路

输出总是输入的否定，这样的关系称为逻辑"非"。其逻辑关系式为

$$P = \overline{A}$$

式中，$\overline{A}$ 应读作 A 非或 A 反。

最简单的"非"门电路如图 1.19.5 所示。当电路输入端 A 为高电平时，三极管饱和，输出端 P 为低电平；当 A 为低电平时，三极管截止，输出端 P 为高电平，实现了"非"逻辑关系。

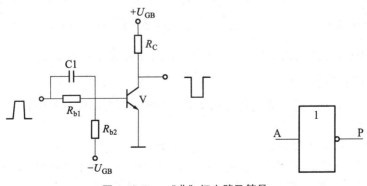

图 1.19.5　"非"门电路及符号

4. 复合逻辑门电路

把基本的"与""非"门电路分别组合在一起,可以构成各种复杂的逻辑门电路。其逻辑符号如图 1.19.6 所示。图中"与非"门逻辑功能为 $P = \overline{A \cdot B \cdot C}$,"或非"门逻辑功能为 $P = \overline{A + B + C}$。

图 1.19.6　复合逻辑门电路及符号

二、逻辑代数基础

逻辑代数又称布尔代数,是研究逻辑电路的工具,其逻辑变量也是用字母表示,但取值只有"1"和"0"("1"和"0"表示变量的两个对立状态——逻辑状态)。

1. 基本逻辑运算

(1)"与"运算 $L = A \cdot B$,式中"·"表示 A、B 的"与"运算,也称逻辑乘。在不致引起混淆的前提下,"·"常被省略。

(2)"或"运算 $L = A + B$,式中"+"表示 A、B 的"或"运算,也称逻辑加。

(3)"非"运算 $L = \overline{A}$,式中字母上方的短划"–"表示非运算。

2. 逻辑代数的基本定律

自等律:$A + 0 = A$,$A \cdot 1 = A$

0-1 律:$A + 1 = 1$,$A \cdot 0 = 0$

互补律:$A + \overline{A} = 1$,$A \cdot \overline{A} = 0$

重叠律:$A + A = A$,$A \cdot A = A$

还原律:$\overline{\overline{A}} = A$

交换律:$A + B = B + A$,$A \cdot B = B \cdot A$

分配律:$A \cdot (B + C) = AB + AC, A + BC = (A + B)(A + C)$

结合律:$(A + B) + C = A + (B + C) = (A + C) + B, (A \cdot B) \cdot C = A \cdot (B \cdot C) = (A \cdot C) \cdot B$

反演律(摩根定律):$\overline{A + B + C + \cdots} = \overline{A} \cdot \overline{B} \cdot \overline{C} \cdots, \overline{A \cdot B \cdot C \cdots} = \overline{A} + \overline{B} + \overline{C} + \cdots$

吸收律:$A + A \cdot B = A, A \cdot (A + B) = A, A + \overline{A} \cdot B = A + B, (A + B) \cdot (A + C) = A + BC$

其他常用恒等式:$AB + \overline{A}C + BC = BC = AB + \overline{A}C, AB + \overline{A}C + BCD = AB + \overline{A}C$

3. 逻辑代数运算的基本规则

(1)代入规则　任何一个含有变量 A 的等式,如果将所有出现 A 的位置都代之以一个逻辑函数,则等式仍成立。

(2)反演规则　求逻辑函数 L 的 $\overline{L}$ 时,可将 L 中(·)换成(+),(+)换成(·);再将原变量换为非变量,非变量换为原变量;并把 1 换成 0,0 换成 1,所得到的逻辑函数式就是 $\overline{L}$。

使用反演规则时,必须遵守"先括号,然后乘,最后加"的运算顺序。

（3）对偶规则　L 是一个逻辑表达式，若把 L 中的（·）换成（＋），（＋）换成（·），1换成0，0换成1，得到一个新的逻辑函数式，就是 L 的对偶式，记作 L'。

三、逻辑函数（高级工和预备技师掌握）

一个较复杂的逻辑电路受到多种因素的影响，也就是有多个逻辑变量。电路输出与输入之间可用一种函数（称逻辑函数）形式来表示。一个逻辑函数可以有多种表达式，如何获得最简表达式，使逻辑图简单，应用电子元件最少，就需要对逻辑函数进行化简（一般以化简成"与""或"表达式为目的）。常用的化简方法有代数化简法和卡诺图化简法。

1. 代数化简法

就是反复使用逻辑代数的基本公式，消去逻辑函数式中多余的乘积项和每个乘积项中多余的因子，以求得最简式。在化简过程中，常用的方法有：

（1）并项法　将两项合并为一项，并消去一个因子。如：

$$\overline{ABC} + \overline{AB}\overline{C} = \overline{AB}(C + \overline{C}) = \overline{AB}$$

（2）吸收法　将多余乘积项吸收掉。如：

$$\overline{AB} + \overline{AB}CD = \overline{AB}$$

（3）消去法　消去乘积中多余因子。如：

$$AB + \overline{A}C + \overline{B}C = AB + (\overline{A} + \overline{B})C = AB + \overline{AB}C = AB + C$$

（4）配项法　用该式乘其一项，可使其变为两项，再与其他项合并化简。如：

$$AB + \overline{AC} + B\overline{C} = AB + \overline{AC} + (A + \overline{A})B\overline{C} = AB + \overline{AC} + AB\overline{C} + \overline{A}B\overline{C}$$
$$= (AB + AB\overline{C}) + (\overline{AC} + \overline{A}B\overline{C}) = AB + \overline{AC}$$

2. 卡诺图化简法

一个逻辑函数的卡诺图就是将函数的最小项表达式中的各最小项相应地填入一个特定的方格图内，此方格图称为卡诺图。

（1）逻辑函数最小项及最小项表达式　对于 n 个变量函数，如果"与""或"表达式的每个乘积项都包含 n 个因子，而这 n 个因子分别为 n 个变量的原变量或反变量，每个变量在乘积项中仅出现一次，这样的乘积项称为函数的最小项，这样的"与""或"表达式称为最小项表达式。最小项的性质如下：对输入变量任何一组取值，在所有最小项（2^n 个）中，必有一个而且仅有一个最小项的值为1；在输入变量的任何一组取值下，任意两个最小项的乘积为0；全体最小项的和为1。

（2）用卡诺图表示逻辑函数　把逻辑函数化为最小项表达式后，在卡诺图上把各最小项所对应的小方格内填入1，其余方格填入0，就得到了表示该逻辑函数的卡诺图。某四变逻辑函数经化简后得到：

$$Z = \overline{A}BC\overline{D} + A\overline{B}C\overline{D} + \overline{A}BCD + \overline{A}B\overline{C}\overline{D} + ABCD + AB\overline{C}D + \overline{A}\overline{B}CD + \overline{A}\overline{B}\overline{C}\overline{D}$$

把各最小项所对应的小方格内填入 1，其余方格填入 0，得到图 1.19.7 所示逻辑函数的卡诺图。

CD AB	00	01	11	10
00	0	0	1	1
01	1	1	0	0
11	0	1	1	0
10	0	0	1	1

图 1.19.7　卡诺图

（3）用卡诺图法化简逻辑函数　首先把函数变换为"与""或"表达式，画出卡诺图。在卡诺图上将 2^n 个为 1 的相邻方格分别画成方格群，整理每个方格群的公因子作为乘积项，最后把整理后的乘积项相加，形成化简后的"与""或"表达式。

化简时，应遵循下列几项原则：

① 2^n 个 1 相邻画成一个方格群是指 $n=0$，1，2，3，4 时分别为 1 个 1，2 个 1，4 个 1，8 个 1，16 个 1 相邻构成方形（或矩形）。

② 包围圈越大，方格群中包含的最小项（2^n 个）越多，公因子越少，化简结果越简单。

③ 画包围圈时，最小项可以被重复包围，但每个方格群至少要有一个最小项与其他方格群不重复。

④ 必须把函数的全部最小项都圈完，方格群的个数越少越好。

四、集成逻辑门电路

（一）TTL"与非"门电路

电路大致由输入级、倒相级和输出级组成。由于其输入端和输出端都是三极管结构，又称三极管-三极管逻辑电路。图 1.19.8 为 CT54/74H 系列 TTL 与非门典型电路。V3、R1 组成输入级，V4、R2、R3 组成倒相级，V5、V6、V7、R4、R5 组成输出级。

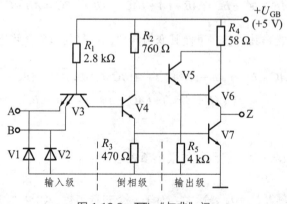

图 1.19.8　TTL"与非"门

输入级 V3 为多发射极晶体管。它相当于发射极独立而基极和集电极分别并在一起的三极管。

输出级为推拉式结构，复合管 V5、V6 和 V7 分别由互相倒相的 V4 集电极和发射极电压控制。使得 V5、V6 饱和导通时，V7 截止；当 V5、V6 截止时，V7 饱和导通（称为图腾输出电路）。

当输入端全为 1 时，输出端为 0；当输入端不全为 1 时，输出端为 1。

TTL 与非门电路的主要技术参数有：

（1）输出高电平 U_{OH}　指有一个（或几个）输入端是低电平时的输出电平。U_{OH} 的典型值约为 3.5 V。

（2）输入短路电流 I_{IS}　当某一输入端接地而其余输入端悬空时，流过这个输入端的电流称为输入短路电流。

（3）输出低电平 U_{OL}　　指输入端全为高电平时的输出电平。标准低电平 $U_{SL} = 0.4\,\text{V}$。

（4）扇出数 N_O　　表示与非门输出端最多能接几个同类的与非门。典型电路中 $N_O \geqslant 8$。

（5）开门电平 U_{ON} 和关门电平 U_{OFF}　　在额定负载下，使输出电平达到标准低电平 U_{SL} 时的输入电平称开门电平。当输出电平上升到标准高电平 U_{SH} 时的输入电平称关门电平。

（6）空载损耗　　与非门空载时，电源总电流 I_{GB} 与电源电压 U_{GB} 的乘积称空载损耗。

（7）高电平输入电流 I_{IH}　　某一输入端接高电平，而其余输入端接地时的电流。一般情况下 $I_{IH} < 50\,\mu\text{A}$。

（8）平均传输延迟时间 t_{pd}　　是用来表示电路开关速度的参数。定义为与非门的导通延迟时间 $t_{d(on)}$ 与截止延迟时间 $t_{d(off)}$ 的平均值。

（二）CMOS 集成逻辑门电路

由金属-氧化物-半导体场效应管构成的集成电路简称 MOS 电路。兼有 N 沟道和 P 沟道两种增强型 MOS 管电路，称互补 MOS 电路，简称 CMOS 电路。

1. CMOS 集成电路的特点（与 TTL 集成电路相比较）

静态功耗低，电源电压范围宽，输入阻抗高，输出能力强，抗干扰能力强，逻辑摆幅大，温度稳定性好，工作速度低于 TTL 电路，功耗随频率的升高显著增大。

2. CMOS 非门电路

常称 CMOS 反相器，由两个场效应管组成互补工作状态，如图 1.19.9 所示。当输入端全为 1 时，输出端为 0；当输入端为 0 时，输出端为 1，实现反相。

3. CMOS 与非门电路

由两个以上 CMOS 反相器 P 沟道增强型 MOS 管源极和漏极分别并接，N 沟道增强型 MOS 管串接，就构成 CMOS 与非门电路，如图 1.19.10 所示。当两个输入端全为 1 时，输出端为 o；当输入端中有一个或全部为 0 时，输出端为 1。

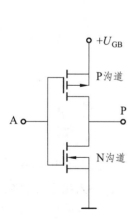

图 1.19.9　CMOS 非门电路

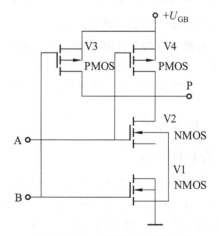

图 1.19.10　CMOS 与非门电路

4. CMOS 或非门电路

将两个 CMOS 反相器的开关管部分并联，负载管部分串联，就构成 CMOS 或非门电路，如图 1.19.11 所示。当两个输入端全为 1 或其中一个输入端为 1 时，输出端为 0；只有当两个输入端全为 0 时，输出端才为 1。

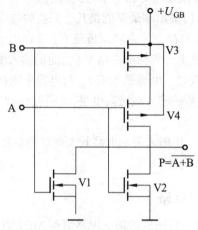

图 1.19.11　CMOS 或非门电路

五、组合逻辑电路

1. 组合逻辑电路的特点

在任意时刻的输出信号仅取决于该时刻的信号，而与信号作用前电路所处状态无关。在组合逻辑电路中，数字信号是单向传递的，即只有从输入到输出的传递，而没有从输出到输入的反向传递。

2. 组合逻辑电路的分析方法

（1）由逻辑图写出各输出端逻辑表达式。

（2）化简和变换各逻辑表达式。

（3）列出真值表。

（4）根据真值表和逻辑表达式对逻辑电路进行分析，最后确定其功能。

3. 组合逻辑电路的设计方法

（1）根据对电路逻辑功能的要求，列出真值表。

（2）由真值表写出逻辑表达式。

（3）根据简化或变换后的函数式，画出逻辑电路的连接图。

六、集成触发器

1. 基本 RS 触发器

由两个与非门作正反馈闭环连接而构成，如图 1.19.12 所示。它有两个输出端 Q、$\overline{Q}$，在正常情况下，Q 与 $\overline{Q}$ 总是逻辑互补的，即一个为 0 时另一个为 1。有两个输入端子 R 和 S，用来加入触发信号。该触发器的逻辑表达式为：

$$Q = \overline{S\overline{Q}} \qquad \overline{Q} = \overline{RQ}$$

当 $R=1$，$S=0$ 时，不论 $\overline{Q}$ 为何种状态，都有 $Q=1$，且 $\overline{Q}=0$。当 $R=0$，$S=1$ 时，有 $Q=0$、$\overline{Q}=1$。触发器 Q 端的状态作为触发器的状态。$Q=1$、$\overline{Q}=0$ 时，称触发器处于 1 态，反之则为 0

态。$S=0$、$R=1$ 使触发器置 1（或称置位）。因置位的决定性条件是 $S=0$，故称 S 端为置 1 端。$S=1$、$R=0$ 使触发器置 0（或称复位），故称 R 端为置 0 端。

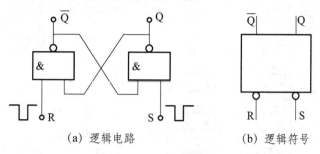

（a）逻辑电路　　　　　　　（b）逻辑符号

图 1.19.12　基本 RS 触发器

若触发器原来为 0 态，要使之变为 1 态，必须让 R 端的电平由 0 变 1，S 端由 1 变 0。这时所加的输入信号称为触发信号，所导致的过程称为翻转。

基本 RS 触发器的 $R=S=1$ 时，触发器保持原状态不变（即具有记忆功能）；而当 $R=S=0$ 时，将不能确定触发器是处于 1 态还是 0 态（这种情况应当避免）。

2. 时钟脉冲控制的 RS 触发器

也称为同步触发器，是由基本 RS 触发器以及用来引入 R、S 和时钟脉冲 CP 的两个与非门构成，如图 1.19.13 所示。CP 作用前触发器的原始状态称为初态，用 Q^n 表示，CP 作用后触发器的新状态称为次态，用 Q^{n+1} 表示。在 $CP=0$ 期间，$\overline{R}=\overline{S}=1$，触发器不动作。在 $CP=1$ 期间，如 $R=1$、$S=0$，则 $\overline{R}=0$、$\overline{S}=1$，使 $Q=0$，即触发器置 0。其余类推。

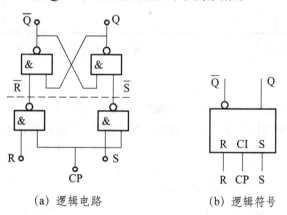

（a）逻辑电路　　　　　　（b）逻辑符号

图 1.19.13　同 RS 触发器

时钟脉冲控制的 RS 触发器特征方程为

$$\begin{cases} Q^{n+1} = S + \overline{R}Q^n \\ SR = 0（约束条件） \end{cases}$$

式中，$SR=0$ 指不允许将 R 和 S 同时取为 1。

3. D 触发器

由六个与非门组成，如图 1.19.14（a）所示。D 端为信号输入端，CP 为时钟信号输入端，$\overline{R}_d$

147

和 $\overline{S}_d$ 分别是直接置 0 端和直接置 1 端，Q 和 $\overline{Q}$ 端为输出端。D 触发器的真值表见表 1.19.1，其特征方程为

$$Q^{n+1} = D$$

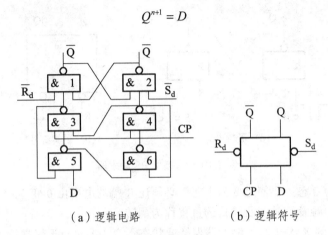

（a）逻辑电路　　　　　（b）逻辑符号

图 1.19.14　D 触发器

表 1.19.1　D 触发器的真值表

D	Q^n	Q^{n+1}	说明
0	0	0	置 0
0	1	0	
1	0	1	置 1
1	1	1	

D 触发器的状态翻转只能发生在 CP 信号的上升沿（即 CP 由 0 变 1 瞬间）。

4. T 触发器

一种每来一个时钟脉冲，触发器状态就翻转一次的电路。T 触发器一般由其他类型的触发器变化而来。图 1.19.15 为无控制端的 T 触发器，其中图（a）是用同步 RS 触发器组成，（b）是用 D 触发器组成。

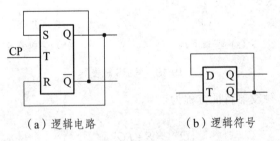

（a）逻辑电路　　　　　（b）逻辑符号

图 1.19.15　T 触发器

T 触发器是边沿触发器，每当 T 脉冲上升沿出现时，触发器状态就改变一次，因此输入两个脉冲信号，触发器就恢复到原来的状态。

还有一种可控 T 触发器，当控制端 C 为 1 时，时钟脉冲信号能使触发器翻转，当 C 为 0 时，时钟脉冲信号不起作用，触发器保持原来的状态。图 1.19.16 是其图形符号和真值表。

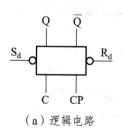

Q^n	C	Q^{n+1}
0	0	0
0	1	1
1	0	1
1	1	0

（a）逻辑电路　　　　　　（b）真值表

图 1.19.16　可控 T 触发器

5. JK 触发器

把 RS 触发器的输出端再引回到输入端，就构成 JK 触发器，如图 1.19.17（a）所示。电路的逻辑动作为：当 $J=K=1$ 时，在 CP 脉冲信号作用下，$Q^{n+1}=\overline{Q}^n$，即触发器状态将翻转，从而得到一个确定的输出状态。JK 触发器的特征方程为

$$Q^{n+1}=J\overline{Q}^n+\overline{K}Q^n$$

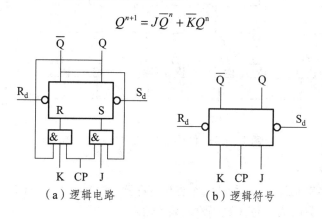

（a）逻辑电路　　　　　　　（b）逻辑符号

图 1.19.17　JK 触发器

七、时序逻辑电路

（一）寄存器

由具有存储功能的触发器构成，其功能是存储二进制代码。一个触发器只有 0 和 1 两个状态，只能存储一位二进制代码。因此，由 n 个触发器构成的寄存器只能存储 n 位二进制代码。

1. 数码寄存器

图 1.19.18 为四位双拍工作方式的寄存器逻辑图。电路由 4 个基本 RS 触发器构成。

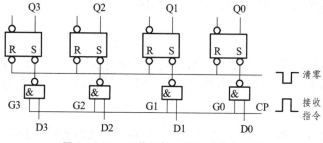

图 1.19.18　四位双拍工作方式的寄存器

它接收代码分两步（双拍）进行。

第一步，先用"清零"负脉冲把所有触发器都置0。

第二步，再用"接收指令"正脉冲把控制门 G3~G0 打开，使数据存入触发器。最后寄存器的内容从 Q3~Q0 端读出。

双拍工作方式的优点是电路简单；缺点是每次接收数据都必须给两个控制脉冲，操作不方便，在定型产品集成寄存器中很少采用。多采用的是单拍工作方式寄存器。

图 1.19.19 为四位数码单拍工作方式寄存器逻辑图。电路由四个基本 RS 触发器构成，但都通过控制门接成了 D 触发器方式。当 CP 正脉冲接收指令到达时，无论数据 D3~D0 为何值，R 和 S 状态都相反，触发器同步翻转，输出 Q3~Q0 将随 S 即分别随 D3~D0 数值而变。这种电路寄存数据不需要清除原来数据的过程，只要 $CP=1$ 信号一到，新的数据就会存入，所以称为单拍工作方式。

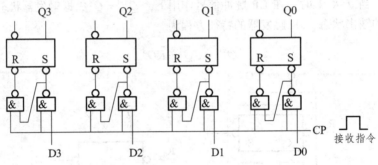

图 1.19.19　位数码单拍工作方式寄存器

2. 移位寄存器

把若干个触发器串联起来，就构成一个移位寄存器。图 1.19.20 为四位左移（由低位至高位）寄存器逻辑电路图。数码从 D 端（数码输入端）输入。

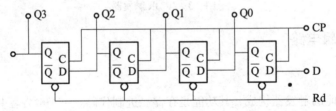

图 1.19.20　四位左移（由低位至高位）寄存器逻辑电路图

假如将数码 D3D2D1D0 从高位（D3）至低位依次送到 D 端，在 CP 的作用下，触发器的状态会依次向左移，经过四个 CP 后，D3D2D1D0 就出现在移位寄存器的输出端 Q3Q2Q1Q0，即把串行输入（从 D 端输入）的数码转换成并行输出的数码。

（二）计数器

计数器是一种能够记录脉冲数目的装置。按其进位制不同，可分为二进制计数器和十进制计数器；按其运算功能不同，可分为加法计数器、减法计数器和可逆计数器。

1. 二进制计数器

双稳态触发器具有 0 和 1 两种状态，用一个双稳态计数器就可以表示一位二进制数，把 n 个触发器串联，就可以表示 n 位二进制数。

（1）异步二进制递增计数器　递增计数就是每输入一个脉冲就进行一次加一运算。图1.19.21为四位异步二进制计数器逻辑电路图。

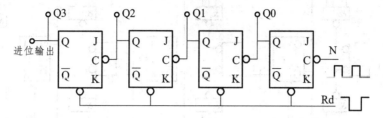

图1.19.21　四位异步二进制计数器逻辑电路

该计数器的工作过程为：每输入一个脉冲，最低位的状态改变一次；当低位的状态由1变0时，相邻高位的状态改变一次。触发器的个数为n时，它能累计的最大脉冲个数为2^n-1。

（2）同步二进制计数器　利用时钟脉冲去触发计数器中全部计数器，使各触发器的状态变换与时钟脉冲同步。按照这种方式组成的计数器称为同步计数器。

同步二进制递增计数器如图1.19.22所示。

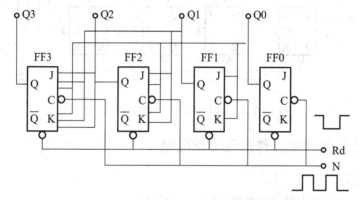

图1.19.22　递增计数器

由图1.19.22可知，各触发器的CP端输入同一时钟脉冲，因此触发器的状态就由J、K端的状态决定。该计数器工作过程是：最低位触发器FF0每输入一个脉冲翻转一次；其他各触发器都是在所有低位触发器的输出端Q全为1时，在下一个时钟脉冲的触发沿到来时状态改变一次。

每输入一个脉冲就进行一次减1运算的计数器称递减计数器。同时兼有递增和递减计数功能的计数器称可逆数器。图1.19.23为由JK触发器组成的四位同步二进制可逆计数器逻辑图。该计数器的逻辑功能为：当控制信号（递增/递减选择）$X=1$时，进行递增计数；当$X=0$时，则进行递减计数。

2. 十进制计数器

也有加法计数器和减法计数器之分，由于它们的电路基本相同，下面仅讨论加法计数器。图1.19.24为8421码异步十进制递增计数器逻辑图。FF0～FF2中除FF1的J端与FF3的$\overline{Q}$端连接外，其余输入端均接逻辑1电平。因此，在FF3翻转前，即从状态0000起到0111为止，各触发器的翻转情况与异步二进制递增计数器相同。由于FF1的J端与FF3的$\overline{Q}$端连接，起"阻塞作用"，使得在第八个脉冲输入后，四个触发器的状态为1000；第九个脉冲作用后，状态为1001；第十个脉冲来后，四个触发器都恢复到原来状态0000，形成十进制递增计数器。

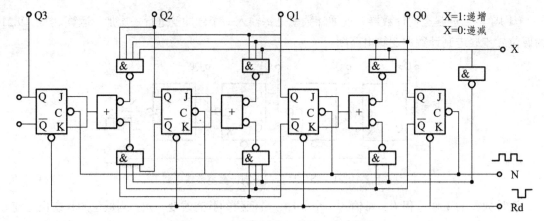

图 1.19.23 四位同步二进制可逆计数器

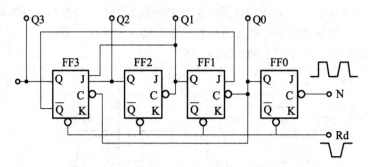

图 1.19.24 8421 码异步十进制递增计数器

八、脉冲波形的产生、整形及分配电路

1. 多谐振荡器

又称无稳电路，主要用来产生各种方波或时钟信号。

（1）用 CMOS 反相器组成的自激多谐振荡器 电路见图 1.19.25。控制状态的翻转是由于电容 C 充、放电的作用。该电路输出方波的周期为 $T \approx 1.4RC$，振荡频率为 $f=1/T \approx 1/1.4RC$。

（2）石英晶体多谐振荡器 石英晶体振荡频率稳定性高，选频性好，所组成的多谐振荡器具有很高的频率稳定性。电路如图 1.19.26 所示。石英晶体接在 G2 输出端与 G1 输入端之间。当输出信号频率为 f_s 时，石英晶体工作于串联谐振频率，即形成振荡。振荡的频率 f_o 由晶体的谐振频率 f_s 决定。改变 C1 的容量，可微调振荡频率。

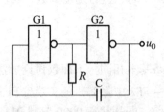

图 1.19.25 自激多谐振荡器

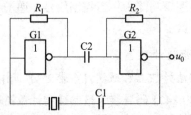

图 1.19.26 石英晶体多谐振荡器

（3）用 555 定时器组成的多谐振荡器 电路如图 1.19.27 所示。电路接通后，电源 U_{GB} 通过 R1，R2 向 C 充电，当电容 C 上电压 $u_C \geq \frac{2}{3} U_{GB}$ 时，555 内部触发器被复位，u_o 低电平，内部放

电管导通，电容 C 通过 555 内部放电。当 $u_c \leqslant \frac{1}{3}U_{GB}$ 时，内部触发器又被置位，放电管截止，u_o 翻转为高电平，电容 C 又开始充电。这样周而复始振荡下去。其振荡频率为

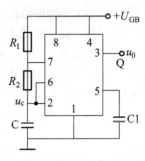

图 1.19.27　555 定时器组成的多谐振荡器

$$f = \frac{1}{0.7(R_1 + 2R_2)\,C}$$

2. 数字显示电路

通常由译码器、驱动器和显示器等部分组成。

（1）译码器　把寄存器中所存储的代码（0、1）转换成输出通道相应状态的过程称为译码。完成这种功能的电路称为译码器。译码器是多输入、多输出的组合逻辑电路。一般分为通用译码器和显示译码两大类。

① 通用译码器　其主要任务是输入二进制代码，输出与之对应的一组高、低电平信号。包括二极管译码器、中规模通用译码器、代码变换译码器等。

② BCD–七段显示译码器　功能是把机器中运行的二–十进制 BCD 代码直接译成十进制数并显示出来。七段显示器将 0～9 的十进制字符通过七段字划亮灭的不同组合来实现，如图 1.19.28 所示。与七段显示数码管配合的译码器只有七个输出端和四个输入端。在集成译码器上一般还设置了一些附加的控制端，如图 1.19.29 所示的 CT5448 七段显示译码器中，$\overline{RBI}$ 为灭灯输入端，$\overline{LT}$ 为灯测试输入端，$\overline{BI}$ 为消稳输入端，而 $\overline{RBO}$ 为灭零输出端。A、B、C、D 是四个输入端，a、b、c、d、e、f、g 则是七段字划的输出端。

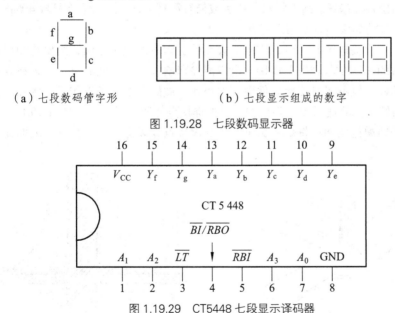

（a）七段数码管字形　　　　　（b）七段显示组成的数字

图 1.19.28　七段数码显示器

图 1.19.29　CT5448 七段显示译码器

（2）数码显示器（简称数码管）是用来显示数字、文字或符号的器件，显示的方式一般有三种：① 字形重叠式，它是将不同字符的电极重叠起来，要显示某字符，只需使相应的电极发光即可，如辉光放电管、边光显示管等。② 分段式，数码是由分布在同一平面上若干段发光的笔画组成，如荧光数码管等。③ 点阵式，由按一定规律排列的可发光的点阵组成，利用光点的

不同组合便可显示出不同的数码，如场致发光记分牌。

数码显示器按发光物质的不同，可以分为四类：

第一类：气体放电显示器，如辉光数码管、等离子体显示板等。其特点是显示字形清晰、工作电流小、稳定可靠；但工作电压高（需 150 V 以上），故目前已很少采用。

第二类：荧光数码显示器，如荧光数码管、场致发光数字板等。其特点是驱动电流较小、字形清晰、工作电压不高；但需加热灯丝，功率消耗较大，寿命及可靠性稍差，机械强度也较差。

第三类：半导体显示器，又称发光二极管（LED）显示器，其特点是工作电压低、体积小、寿命长、响应时间短、可靠性高，亮度也较高；但工作电流比较大。

第四类：液晶数字显示器，如液晶显示器、电泳显示器等。其特点是工作电压低、功耗极小；但亮度较差，响应速度慢等。

第二十节　简单模拟电子线路的安装、测试及故障排除

一、小型电子元件的焊接

1. 电烙铁的选用

一般电子元件的焊接选用 20 W 或 25 W 的电烙铁较合适。

2. 焊材和助焊的材料

焊料通常选用松香焊锡丝。助焊材料用松香或松香酒精溶液，酒精溶液可按 40%松香、60%酒精配制。电子元件的焊接不宜使用焊锡膏。

（1）焊接要点　焊接电子元件时，应先除去元件引脚表面的氧化层，用松香和焊锡在元件引脚上镀一层薄薄的锡。在印刷板上焊接，也应清除印刷板焊接点处的氧化层，在焊接点处同样镀上一层薄薄的锡，但不要封死穿元件引脚的小孔。做好以上准备工作后，将元件引脚穿入正确孔位，在电烙铁头上蘸适量焊锡和松香，对准焊接点停留 1 ~ 2 s，如图 1.20.1（a）所示，待焊锡将元件引脚四周包住即可将烙铁头迅速离开焊接点，以保证焊点稳固和表面光滑，如图 1.20.1（b）所示。

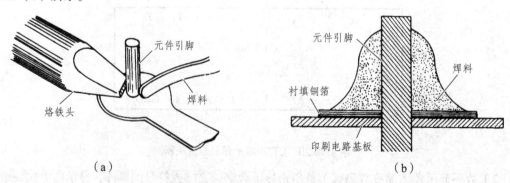

图 1.20.1　焊接电子元件

焊接时，应防止虚焊、假焊，若元件引脚周围有明显的一圈黑圈，该点属虚焊，会造成线路接触不良或断路。焊接完毕，应剪除元件引脚多余部分，并用纯酒精清洁焊接板面的残留物。

焊接集成块时，电烙铁应有可靠的接地。在给晶体二、三极管引脚镀锡时，应用金属镊子夹住管脚根部散热，以免因电烙铁的高温烧坏晶体管的 PN 结。

二、常用电子元件的简易识别

（一）电阻器的识别

电阻器的主要参数有标称阻值、误差和额定功率。参数的标识方法有直标法和色环标示法。直标法可直接读出电阻器的电阻值。下面就色环标示法作简要介绍。

色环标示，通常是用四道（或以上）色环表示不同阻值和误差值。色环电阻标示如图 1.20.2 所示。各色环所对应数值见表 1.20.1。

（a）四色环电阻标示 　　　　　　　（b）五色环电阻标示

图 1.20.2　色环电阻值标示法

表 1.20.1　色环颜色对应数值表

颜色	第一位有效值	第二位有效值	乘数	误差
黑	0	0	$\times 10^0 = 1$	—
棕	1	1	$\times 10^1 = 10$	±1%
红	2	2	$\times 10^2 = 100$	±2%
橙	3	3	$\times 10^3 = 1000$	—
黄	4	4	$\times 10^4 = 10\,000$	—
绿	5	5	$\times 10^5 = 100\,000$	±0.5%
蓝	6	6	$\times 10^6 = 1\,000\,000$	±0.2%
紫	7	7	$\times 10^7 = 10\,000\,000$	±0.1%
灰	8	8	$\times 10^8 = 100\,000\,000$	—
白	9	9	$\times 10^9 = 1000\,000\,000$	±50% ~ ±20%
金	—	—	$\times 10^{-1} = 0.1$	±5%
银	—	—	$\times 10^{-2} = 0.01$	±10%
无色				±20%

（二）电容器的识别

1. 电容器的参数标示法

电容器的参数有额定电压、标称容量和误差。参数的标示方法有直标法、数码和字母表示法几种。下面是几种标示法的读数。

（1）容量的数码标示　一般用三位数标示。从左起两位都是有效数，第三位表示倍率，单位"pF"。这种标示常用于小型瓷片电容器。

例：数码标示 103，容量为 $10×10^3 = 10\ 000$（pF）$= 0.01$（μF）

数码标示 682，容量为 $68×10^2 = 6800$（pF）

（2）容量的 m、μ、n，p 标示　常用 2~4 位数字与一字母标示容量。数字表示有效数，字母表示容量单位。

例：电容器上标示为 1m5，m 代表毫法，1m=1 000 μF，那么 1m5 标称容量为 1 500 μF。标示为 4μ7 的标称容量为 4.7 μF。标示为 1p5，其标称容量为 1p5=1.5（pF）

（3）电容器的误差标示　除直标外还有字母标示。字母标示电容器误差值见表 1.20.2。

表 1.20.2　电容器标示字母与误差值表

字母	误差	字母	误差	字母	误差
D	±0.5%	K	±10%	Z	+80%~-20%
F	±1%	M	±20%	S	+50%~-20%
G	±2%	N	±30%		
J	±5%	P	±100%~±0%		

例：224K，即 0.22 μF×（1+±10%）（不是 224kΩ 电阻）；

103P，即 0.01 μF×（1+ + 100%~0%）（该电容表示容量在 0.01~0.02 μF 范围内，不是 103 pF）。

2. 电容器的质量检查

电解电容器属有极性元件，其质量检查和极性判别如下：

将机械万用表置电阻挡，两表棒接触电容两脚，刚接触的一瞬间指针偏转很大，然后缓慢回偏趋向∞，直至指针不动。再短接电容两脚放电，交换表棒再测试一次，如前所述。一般两次测得的阻值为数百欧至数千欧。阻值越大，漏电越小，性能越好。若指针无偏转或阻值很小，说明电容器已坏，不能使用。0.1 μF 以下的电解电容器应选用电容表测量。

3. 电容器的极性判别

根据电解电容正接时漏电电流小，反接时漏电电流大的现象可判别其极性。测量方法与质量检查相同。测量时，要认真观察指针不动时的阻值大小，测得阻值大的一次，黑表棒所接的那一引脚为正极。

（三）电感器的识别

（1）电感器的标注方法与电阻器相似，也有直标法、文字符号法和色标法。

（2）电感器主要性能参数

① 标称电感量：反映电感线圈自感能力的物理量，电感量的大小与线圈的形状、结构和材料有关。实际电感量常用"mH""μH"为单位。

② 品质因素 Q：储存能量与消耗能量的比值。Q 值反映电感线圈损耗的大小，Q 值越高，损耗功率越小，电路效率越高。

$$Q = \frac{\omega L}{R}$$

③ 分布电容：指线圈匝数之间形成的电容效应。低频时，分布电容对电感的工作没有影响，高频时，会改变电感的性能。分布电容使线圈的 Q 值减小，稳定性变差。

④ 电感线圈的直流电阻：即电感线圈的直流损耗电阻 R，其值通常在几欧到几百欧之间，可用万用表直接测量出来。

（四）二极管的识别

1. 二极管的型号命名

我国晶体管的型号命名方法如表 1.20.3 所示：

表 1.20.3　我国晶体管的型号命名方法

第一部分数字表示电极数		第二部分字母表示材料和类别		第三部分字母表示器件的类别		第四部分数字表示序号	第五部分字母表示规格号
符号	意义	符号	意义	符号	意义		
2 3	二极管 三极管	A B C D E	PNP 锗材料 NPN 锗材料 PNP 硅材料 NPN 硅材料 其他材料	P W Z S V X G	普通管　　　V 微波管 稳压管　　　C 参量管 整流管　　　L 整流管 隧道管　　　N 阻尼管 光电器件　　K 开关管 低频小功率管 f_a<3MHz，P_c<1W 高频小功率管 f_a>3MHz，P_c<1W	第四部分数字表示序号	第五部分字母表示规格号
补充： 1）对于进口的三极管来说，就各有不同，要在实际使用过程中注意积累资料 2）常用的进口管有韩国的 90×× 、80×× 系列，欧洲的 2S× 系列，在该系列中，第三位含义同国产管的第三位基本相同				D A	低频小功率管 f_a<3MHz，P_c>1W 高频小功率管 f_a>3MHz，P_c>1W		
				符号	意义		
				I B	可控整流器　　J　体效应器件 雪崩管　　　　Y　阶跃恢复管		

2. 识别方法

小功率二极管的 N 极（负极），在二极管外表大多采用一种色圈标出来；有些二极管也用二极管专用符号来表示 P 极（正极）或 N 极（负极），也有采用符号标志为"P""N"来确定二极管极性的。

新的没有修剪过的发光二极管的正负极可从引脚长短来识别：长脚为正，短脚为负。

也可用万用表测，用数字万用表时，拨到电阻挡（2k 挡差不多），把红表笔接一端，黑表笔接另一端，如果有阻值则红表笔接的是正极；如果是 1，则红表笔接的负极。但如果用指针万用表，正好相反，把红表笔接一端，黑表笔接另一端，如果有阻值，则红表笔接的是负极；如果到无穷，则红表笔接的正极。

（五）三极管的识别

三极管的制造材料主要有锗（Ge）和硅（Si），其外部由管座和 3 个管脚构成，其内部有 3 个区、2 个 PN 结和 3 个电极。3 个区，即发射区、基区和集电区，每个区各自引出一个电极，分别称为发射极 e、基极 b 和集电极 c，具体如图 1.20.3 所示。

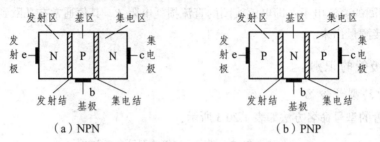

（a）NPN   （b）PNP

图 1.20.3　三极管的结构

三极管的文字符号是 VT，有两种导电类型，分别为 PNP 型和 NNN 型，如图 1.20.4 所示。

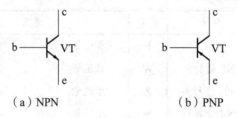

（a）NPN   （b）PNP

图 1.20.4　三极管的符号

1. 基极的判别

将万用表置于 R × 100 Ω挡或 R × 1 kΩ挡。假设三极管的一个电极为 b 极，并用黑表笔与假定的 b 极相连，然后用红表笔分别与另外两个电极相连，如图 1.20.5 所示。

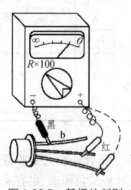

图 1.20.5　基极的判别

若两次测得的阻值同为大（交换表笔后同为小），或者同为小（交换表笔后同为大），则所假设的电极确实为基极。

若两次测得的阻值一大一小，则表明假设的电极并非真正的基极，需将黑表笔所接的管脚调换一个，再按上述方法测试。用此方法可确定三极管的基极和管型，如表 1.20.4 所示。

表 1.20.4　三极管基极和管型判断表

假设一个基极	
NPN 型	黑表笔接假设基极，红表笔分别接另外两极，阻值均小
	红表笔接假设基极，黑表笔分别接另外两极，阻值均大
PNP 型	红表笔接假设基极，黑表笔分别接另外两极，阻值均小
	黑表笔接假设基极，红表笔分别接另外两极，阻值均大

2. 发射极、集电极的判别

在基极确定后，可接着判别发射极 e 和集电极 c。

以 NPN 型三极管为例：将万用表的黑表笔和红表笔分别接触两个待定的电极，然后用手指捏紧黑表笔和 b 极（不能将两极短路，即相当于一个电阻），观察表针的摆动幅度，如图 1.20.6 所示。

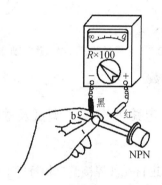

图 1.20.6　判别发射极 e 和集电极 c

然后将黑、红表笔对调，重测一次。比较两次表针摆动幅度，摆幅大的一次，黑表笔所接管脚为 c 极，红表笔所接管脚为 e 极。若为 PNP 型三极管，上述方法中将黑、红表笔对换即可。

也可以用测量放大倍数的方法来判断 C、E 管脚，具体方法如下：

选用带 h_{FE} 测试功能的万用表（如 MF-47 型），将转换开关拨至 ADJ 挡，把红、黑表笔短接，调节调零电位器，使指针指在 h_{FE} 的最大值，然后再把转换开关拨至 h_{FE} 挡，断开两表笔，最后把确定了基极和管型的三极管的 C、E 管脚（按 NPN 型和 PNP 型）分两次插入测试插座，读数大的一次，插入 C、E 孔中的 C、E 即为正确的 CE 脚。

3. 电流放大系数 β 的估计

选用带 h_{FE} 测试功能的万用表（如 MF-47 型），将转换开关拨至 ADJ 挡，把红、黑表笔短接，调节调零电位器使指针指在 h_{FE} 的最大值，然后再把转换开关拨至 h_{FE} 挡，断开两表笔，最后把三极管的管脚（按 NPN 型和 PNP 型）插入对应测试插座，读数即可。

（六）集成稳压电路元件的识别

（1）常用固定式三端集成稳压器分类

$$\left\{\begin{array}{l} W7800输出正电压 \\ W7900输出负电压 \end{array}\right.$$ 特点：有输入、输出、接地三个接线端子 输出电压稳定

（2）输出电压识别

$$\left.\begin{array}{l} \text{W7812输出+12 V} \\ \text{W7912-----} -12 \text{ V} \\ \text{W7805输出+5 V} \\ \text{W7905-----} -5 \text{ V} \end{array}\right\} \text{挡级有:5 V、6 V、8 V、12 V、18 V、24 V等}$$

（3）管脚判断

可根据图 1.20.7 对比判断其管脚。

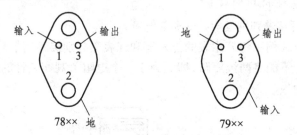

图 1.20.7　金属封装三端稳压器管脚分布图

其他元件可查相应手册确定参数。

三、单向桥式整流、滤波电路的安装、测试及故障处理

1. 安　装

可在制作好的印刷板上安装，进行元件焊接。单相桥式整流、滤波电路的安装步骤如下：

（1）检查整流二极管、电容器、电阻等元件的性能好坏及参数。

（2）清理元件引脚并镀上焊锡。

（3）在印刷电路板或自制空心铆钉安装板上按原理图焊接元件及连线。

（4）选配、检查、固定整流变压器。做好一次侧电源引线的连接和二次侧与电路板交流输入端的连接。

2. 测试及故障处理

（1）检查各元件有无错焊、漏焊和假焊情况，接线是否正确无误。

（2）接通电源后，观察有无异常情况，选用万用表直流电压相应的量程，测量空载输入电压，应略高于输出电压。测量时，红表棒接输出的正端，黑表棒接输出的负端。

（3）若测出的电压低于输出电压，应检查滤波电容是否有虚焊或损坏。若测出的电压为输出电压的 1/2 左右，应检查整流桥是否有一桥臂脱焊或整流二极管断路。

（4）若测出电压值为 0，则有可能是变压器一次或二次线圈断路，熔断或电源没接通。应切断电源，用万用表逐一检查排除。

（5）接通电源，熔断器立即熔断。应检查变压器一次或二次线圈有无短路现象，整流二极管有无接反，电容有无短路或线路板有无焊接短路现象。

四、串联型稳压电路的安装、调试及故障处理

串联型稳压电路如图 1.20.8 所示。

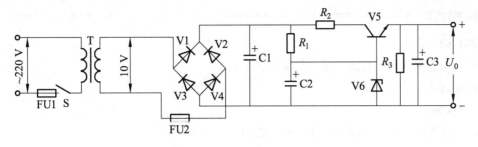

图 1.20.8　串联型稳压电路

1. 安　装

串联型稳压电路的安装步骤基本与单相桥式整流、滤波电路安装步骤相同。

2. 调试及故障处理

（1）认真检查线路板，确认无误后通电。

（2）用万用表交流电压挡测量变压器二次侧应约为 10 V，用直流电压挡测量电容器 C1 两端电压应约为 12 V，测量输出电压 U，U≈6 V。

（3）若测量出 C1 两端电压为 9 V 左右，可能是 C1 开路或整流桥有二极管开路。切断电源，逐一检查排除。

（4）测量 C1 电压正常，若调整管 V5 的集电极与发射极之间电压接近零或接近 C1 两端电压，有可能是 V5 已损坏。

（5）测量稳压管 V6 两端电压为零，可能是稳压管接反或稳压管被击穿。

第二十一节　简单数字电子线路的安装、测试

常用数字集成电路主要通过集成电路型号来进行识别。知道集成电路的型号，可以查相关手册，了解其基本参数，确定其使用方法及注意事项。常见的数字集成电路管脚分布和对应的逻辑表达式如下所示：

一、常用数字逻辑门电路元件的识别

1. 与门集成电路

74LS08 为输入与门，其管脚功能图如图 1.21.1 所示，逻辑表达式如下：

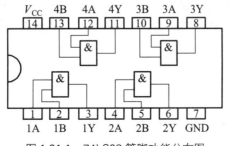

图 1.21.1　74LS08 管脚功能分布图

逻辑表达式：$Y = A \cdot B$

2. 74LS32 输入或门

其管脚功能图如图 1.21.2 所示，逻辑表达式如下：

逻辑表达式：$Y = A + B$

3. 74LS04

非门，其管脚功能图如图 1.21.3 所示，逻辑表达式如下：

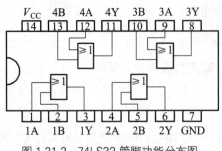

图 1.21.2　74LS32 管脚功能分布图

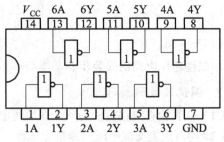

图 1.21.3　74LS04 管脚功能分布图

逻辑表达式：$Y = \overline{A}$

二、常用组合逻辑门电路的识别

1. 74LS00 与非门

其管脚功能图如图 1.21.4 所示，逻辑表达式如下：

逻辑表达式：$Y = \overline{A \cdot B}$

2. 74LS02 或非门

其管脚功能图如图 1.21.5 所示，逻辑表达式如下：

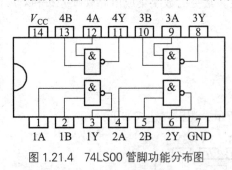

图 1.21.4　74LS00 管脚功能分布图　　　图 1.21.5　74LS02 管脚功能分布图

逻辑表达式：$Y = \overline{A + B}$

3. 74LS86 异非门

其管脚功能图如图 1.21.6 所示，逻辑表达式如下：

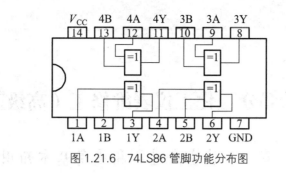

图 1.21.6　74LS86 管脚功能分布图

逻辑表达式：$Y = \overline{A}B + A\overline{B} = A \oplus B$

三、数字集成块元件的焊接

1. 贴片集成块元件的焊接

（1）焊接时最难的地方是，贴片集成块脚与印刷电路板上对应脚的准确定位。不能准确定位，焊接就无从做起。这时焊膏就派上用场了。在集成块的四周管脚涂上焊膏，并在集成块的正底下也涂上焊膏。将集成块按照脚位对应关系在印刷电路板上放好，再借助放大镜将两者位置准确校对，并压好集成块。在这里，焊膏的作用有两个，一是助焊，二是利用其膏状黏性将集成块固定，防止下一步焊接时位置移动，方便接下来的操作。

（2）用尖端铬铁在集成块的四角各焊接一个脚，这样集成块整体就基本固定了，不容易再发生整体脚位错移。

（3）取一段多股铜线，去掉一定长度的塑料皮，将露出的多股细铜丝拧在一起，用加热好的烙铁压着铜丝在松香里过一下，然后给这段铜丝用烙铁上锡（这里的上锡量有一定的讲究）。

（4）将上好锡的铜丝股压在集成块排脚的右端，将铬铁压放在铜丝股上，待焊锡融化时，铜丝牵引带着铬铁从右向左轻轻拖过集成块的排脚。由于焊锡的液态流动性，这时集成块的各脚就与印刷电路板上的脚焊接好了。到这里你会发现，在第（3）步中，若铜丝股上锡含量合适，焊接出来的集成块脚又整齐又干净，不会发生焊锡连脚现象。

（5）若发生焊锡连脚现象，重复第（3）步，但这时不给铜丝股上锡，将上了松香的铜丝股放在锡连脚位置，用铬铁压在铜丝股上在该位置加热，铜丝股即可将锡连脚位置多余的焊锡吸附干净。

（6）用放大镜仔细观察集成块四周的脚位焊接情况，并进行修整。

2. 贴片式集成元件的拆卸

用热风焊枪吹焊贴片集成电路时，首先应在芯片的表面涂放适量的助焊剂，这样既可防止干吹，又能帮助芯片底部的焊点均匀熔化。由于贴片集成电路的体积相对较大，在吹焊时可采用大嘴喷头，热风枪的温度可调至 3～4 挡，风量可调至 2～3 挡，风枪的喷头离芯片 2.5 cm 左右为宜。吹焊时应在芯片上方均匀加热，直到芯片底部的锡珠完全熔解，此时应用手指钳将整个芯片取下。

需要说明的是，在吹焊此类芯片时，一定要注意是否影响周边元件。另外芯片取后，电路板会残留余锡，可用烙铁将余锡清除。若焊接芯片，应将芯片与电路板相应位置对齐，焊接方法与拆卸方法相同。

第二部分 化工仪表维修工（高级工）

第一节 工艺生产过程和设备基本知识

一、化工工艺图基本知识

表达化工生产过程与联系的图样称为化工工艺图。它包括工艺流程图、设备布置图和管道布置图。这些图样是化工工艺设计的主要内容，也是进行工艺安装和指导生产的重要技术文件。

（一）工艺流程图

用以表达化工生产工艺流程的图样。属于工艺流程图性质的图样有若干种，由于它们的要求、用途不尽相同，其内容及表达的重点和深度也不一样，但彼此之间有着密切的联系。工艺流程图主要有以下几种。

1. 工艺方案流程图（简称方案流程图）

这是化工厂进行设计之初，首先提出的一种示意图，主要表示由原料变为产品采用何种工艺过程及设备。图 2.1.1 为某化工厂空压站的工艺方案流程图。

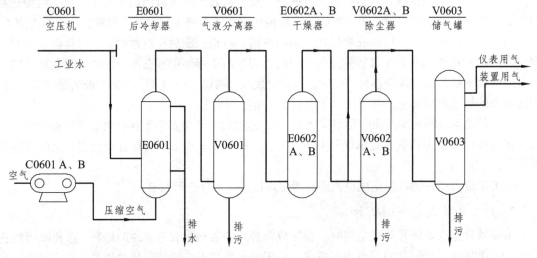

图 2.1.1 工艺方案流程图

（1）工艺方案流程图的内容
① 图形　设备的示意图形和流程线。
② 标注　设备的位号、名称，物料的来源或去向。
③ 标题栏　包括名称、图号、设计者签名等。
（2）工艺方案流程图的画法

① 用细实线（$d/4$），根据流程从左到右依次画出各设备示意图。

② 用粗实线（d），画出工艺物料流程线。

③ 用中粗线（$d/2$），画出其他介质的流程线。

（3）工艺方案流程图的标注

① 设备的标注　设备需在两个地方进行标注：一是在流程图的上方或下方靠近设备图形的位置，标注设备的位置的位号和名称，要求排列整齐，最好正对所标注的设备；二是在设备图形内或其近旁，注写设备的位号，如图2.1.1所示。

设备位号由设备分类代号、主项号、设备序号和相同设备的序号等组成，如图2.1.2所示。设备位号在整个主项内不得重复，不同设计阶段的编号应该一致。设备分类代号见表2.1.1所示。

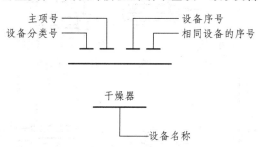

图 2.1.2　设备位号的标注

表 2.1.1　常用化工设备的分类代号与图例

序号	设备类别	代号	图　　例
1	塔	T	填料塔　　筛板塔　　浮阀塔　　泡罩塔　　喷洒塔
2	反应器	R	固定床反应器　　管式反应器　　反应釜
3	泵	P	离心泵　　液下泵　　螺杆泵　　旋转泵 齿轮泵　　水环式 真空泵 纳式泵　　喷射泵　　活塞泵、比例泵　　柱塞泵

序号	设备类别	代号	图　例
4	换热器 冷却器 蒸发器	E	固定管板式　　　　　　　　　　　U形管式 浮头式　　　　　釜式　　　　　平板式 换热器　　　　　　　　　冷却器 空冷器　　　　　　　　蒸发器
5	容器 （罐、槽）	V	卧式槽　　　　　　　　　　立式槽 除沫分离器　　旋风分离器　　锥顶罐　　浮顶罐 湿式气罐　　　　球罐

序号	设备类别	代号	图　例
6	鼓风机 压缩机	C	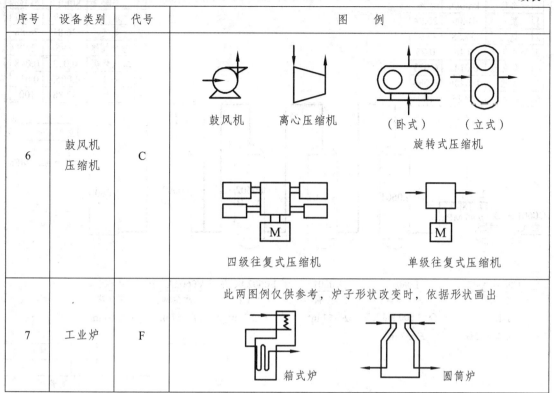
7	工业炉	F	此两图例仅供参考，炉子形状改变时，依据形状画出 箱式炉　　　　　圆筒炉

② 流程线的标注　流程线上应画出流向箭头，在流程线的开始和终止部位，要用文字注写物料名称及其来源或去向，如图 2.1.1 中的"空气""仪表用气"等。

（4）画工艺方案流程图的注意事项

① 设备示意图应近似反映设备外形尺寸和高低位置；各设备之间应留有一定的距离，以便布置流程线。

② 流程线的高低位置应近似反映管道安装的高低位置，安装在地下的管道，其流程线应画在地平线以下。

③ 当流程线发生交错，而实际上并不相连时，一般将后一流程线断开。

2. 物料流程图

物料流程图一般是在初步设计阶段，完成物料衡算和热量衡算时绘制的。物料流程图是在工艺方案流程图的基础上，采用图形与表格相结合的形式，反映某些设计计算结果的图样。它既是提供审查的材料，又可作为进一步设计的依据，还可供生产操作时参考。

图 2.1.3 为某空压站的物料流程图。从图中可以看出，物理流程图中设备、流程线的画法及标注，与工艺方案流程图基本一致，只是增加了以下内容。

（1）在设备位号、名称的下方，注明一些特性数据或参数，如塔的直径与高度、换热器的传热面积、机器的规格型号等。

（2）在流程线的起始部位和物料产生变化的设备之后，列表标注物料变化前后各组分的名称、千摩尔流量（kmol/h）、摩尔分率（$y\%$）和每项的总和等，其具体项目可按需要增减。

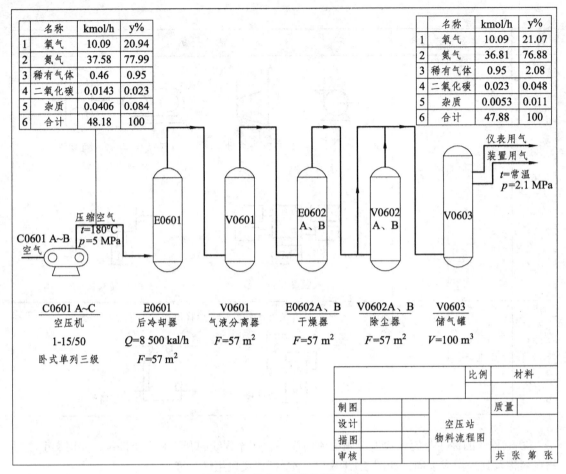

	名称	kmol/h	y%
1	氧气	10.09	20.94
2	氮气	37.58	77.99
3	稀有气体	0.46	0.95
4	二氧化碳	0.0143	0.023
5	杂质	0.0406	0.084
6	合计	48.18	100

	名称	kmol/h	y%
1	氧气	10.09	21.07
2	氮气	36.81	76.88
3	稀有气体	0.95	2.08
4	二氧化碳	0.023	0.048
5	杂质	0.0053	0.011
6	合计	47.88	100

图 2.1.3　某空压站的物料流程图

3. 管道及仪表流程图

管道及仪表流程图是用图示的方法，将化工工艺和所需全部设备、机器、管道、阀门、管件及仪表等表示出来。它是设计和施工的依据，也是操作运行及检修的指南。

管道及仪表流程图分为工艺管道及仪表流程图、辅助系统管道及仪表流程图。下面主要介绍工艺管道及仪表流程图。

（1）工艺管道及仪表流程图的内容

图 2.1.4 为某化工厂空压站的工艺管道及仪表流程图。从图中可以看出，工艺管道及仪表流程图包括以下内容。

① 图形　各种设备的示意图形；带管件、管道附件的管道流程线；各种检测仪表、调节控制系统、分析取样系统。

② 标注　标注设备的位号及名称；管道的编号及规格，并用箭头表示物料的流向；标注出全部检测仪表，调节控制系统分析取样系统的符号、代号。

③ 标题栏　填写图名等内容。

（2）管道及仪表流程图的画法与标注

① 设备的画法及标注　依据流程从左到右，用细实线按大致比例画出能够显示设备形状特征、并带有管口的主要轮廓图形。常用化工设备的分类代号与图例如表 2.1.1 所示。

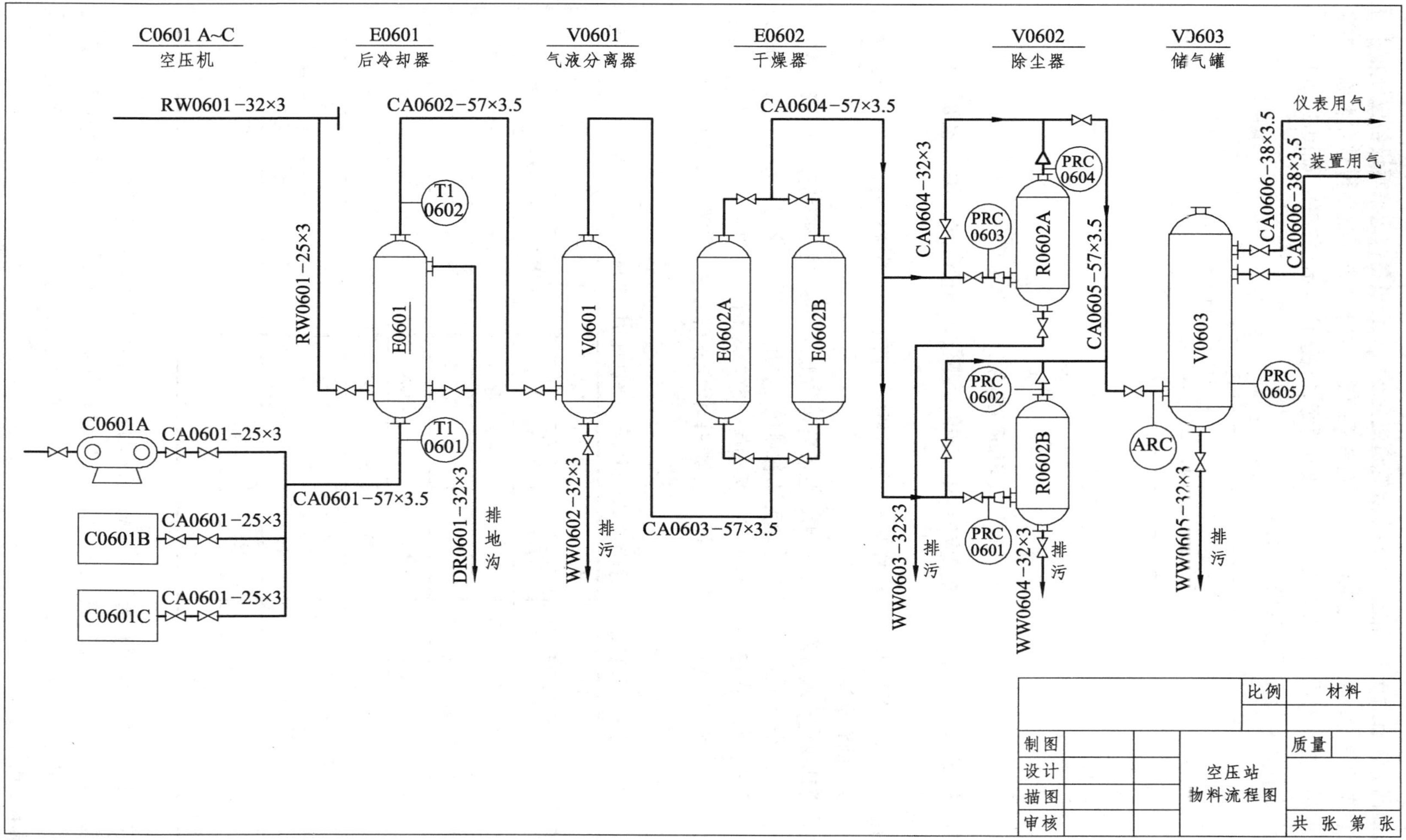

图 2.1.4 某化工厂空压站的工艺管道及仪表流程图

各设备之间应留有适应的间隔，以便布置管道流程线。每台设备都应编写设备位号并注写设备名称。设备位号应在两个地方标注。一是在图样的上方或下方标注设备位号和名称。要求排列整齐，并尽可能正对设备；二是在设备内或其近旁，仅注位号不注名称，如图 2.1.5 所示。设备的位号与名称，应与方案流程图一致。

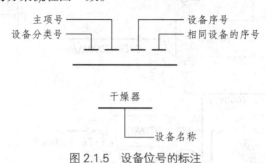

图 2.1.5　设备位号的标注

对于需隔热的设备与机器，要在相应的部位画出一段隔热层图例；有伴热的也要在相应的部位画出一段伴热管。

② 管道的画法与标注　用粗实线按照流程顺序画出全部工艺管道流程线；用中粗线绘出与工艺有关的一段辅助管道流程线。

对每根管道都要进行编号和标注，一般标注在管道的上方。标注的内容有以下四部分：

a.管段号　由三个单元组成，第一个单元为物料代号，用大写英文字母表示（表 2.1.2）；第二单元为主项编号，按工程规定的主项编号，采用两位数字从 01、02 开始，至 99 为止；第三单元为管道顺序号，相同类别的物料，在同一主项内以流向先后为序，顺序编号从 01、02 开始，至 99 为止。

表 2.1.2　管道及仪表流程图上的物料代号（摘自 HG/T 20519.36—1992）

物料代号	物料名称	物料代号	物料名称	物料代号	物料名称
PA	工艺空气	FG	燃料气	CWR	循环冷却水回水
PG	工艺气体	DR	排液、导淋	CWS	循环冷却水上水
PGL	气液两相流工艺物料	H	氢气	SW	软水
PGS	气固两相流工艺物料	DW	生活用水	CSW	化学污水
PL	工艺液体	RW	原水、新鲜水	AL	液氨
PLS	液固两相流工艺物料	CA	压缩空气	N	氮
PW	工艺水	IA	仪表空气	O	氧
AR	空气	HS	高压蒸汽	VE	真空排放气
WW	生产废水	SC	蒸汽冷凝水	VT	放空

b. 管道尺寸　一般标注公称通径，以 mm 为单位，只注数字不注尺寸单位。

c. 管道等级　由三个单元组成，第一单元为管道的公称压力（MPa）等级代号；第二单元为管道顺序号，用阿拉伯数字表示，由 1 开始；第三单元为管道材质类别，用大写英文字母表示，具体表示方式见表 2.1.3。

表 2.1.3　管道材料等级和压力等级（摘自 HG/T 20519.36—1992）

代号	管道材料	代号	管道材料	代号	管道材料	代号	管道材料
A	铸铁	C	普通低合金钢	E	不锈钢	G	非金属
B	碳钢	D	合金钢	F	有色金属	H	衬里及内防腐

管道的工称压力等级									
压力等级（用于 ANSI 标准）				压力等级（用于国内标准）					
代号	公称压力	代号	公称压力	代号	公称压力	代号	公称压力	代号	公称压力
A	150 LB	E	900 LB	L	1.0 MPa	Q	6.4 MPa	U	22.0 MPa
B	300 LB	F	1500 LB	M	1.6 MPa	R	10.0 MPa	V	25.0 MPa
C	400 LB	G	2500 LB	N	2.5 MPa	S	16.0 MPa	W	32.0 MPa
D	600 LB	—		P	4.0 MPa	T	20.0 MPa	—	

d. 隔热或隔声代号　详细内容可查阅 HG/T20519.30—1992。

对于工艺流程简单、管道品种规格不多的管道及流程图，管道组合代号中的管道等级和隔热或隔声代号可省略；管道尺寸可直接标注管子的"外径×壁厚"，图 2.1.4 中的管道及仪表流程图，即采用这种较简单的标注形式。

③ 管件的画法　管道上的阀门及其他管件，用细实线按标准所规定的符号在相应处画出。管道及仪表图上的管子、管件、阀门及管道附件的图例，见附录 B。

④ 自控仪表图例符号的表示方法及含义（仪表控制点的画法）在管道及仪表流程图中，仪表控制点用细实线在相应的管道上用符号画出。其符号包括图形符号和字母代号，它们组合起来表达工业仪表所处理的被测变量和功能，或表示仪表设备、管道的名称。

a. 仪的图形符号　是一个直径为 10 mm 的细实线圆圈，并用细实线指向工艺设备的轮廓或工艺管道上的测量点，如图 2.1.6 所示。

b. 表示仪表安装位置的图形符号　见表 2.1.4。

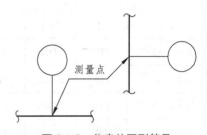

图 2.1.6　仪表的图形符号

表 2.1.4　仪表安装位置的图形符号（摘自 HG/T 20519.36—1992）

序号	安装位置	图形符号	备注	序号	安装位置	图形符号	备注
1	就地安装仪表	◯		3	就地仪表盘面安装仪表	⊖	
		⊣◯⊢	嵌在管道中	4	集中仪表盘后安装仪表	⊖	
2	集中仪表盘面安装仪表	⊖		5	就地仪表盘后安装仪表	⊖	

c. 仪表位号　在检测控制系统中构成一个回路的每个仪表（或元件），都应有自己的仪表位号。仪表位号由字母代号组号与阿拉伯数字编号组成：第一个字母表示被测变量，后继字母表示仪表的功能，用三位或四位数字表示主项号和回路顺序号，字母和数字之间用短横线隔开，如图 2.1.7 所示。

在管道及仪表流程图中，仪表位号中的字母代号填写在圆圈的上半圆中，数字填写在圆圈的下半圆中，如图 2.1.7 所示。

（a）集中仪表盘面安装的温度记录控制仪表　　　　（b）就地安装的液位指示仪表

图 2.1.7　仪表位号的标注

被测变量及仪表功能的字母组合实例，见表 2.1.5。

表 2.1.5　被测变量及仪表功能的字母组合实例

仪表功能	被测变量								
	温度	温差	压力或真空	压差	流量	流量比率	分析	密度	黏度
指示	TI	TDI	PI	PDI	FI	FFI	AI	DI	VI
指示、控制	TIC	TDIC	PIC	PDIC	FIC	FFIC	AIC	DIC	VIC
指示、报警	TIA	TDIA	PIA	PDIA	FIA	FFIA	AIA	DIA	VIA
指示、开关	TIS	TDIS	PIS	PDIS	FIS	FFIS	AIS	DIS	VIS
记录	TR	TDR	PR	PDR	FR	FFR	AR	DR	VR
记录、控制	TRC	TDRC	PRC	PDRC	FRC	FFRC	ARC	DRC	VRC
记录、报警	TRA	TDRA	PRA	PDRA	FRA	FFRA	ARA	DRA	VRA
记录、开关	TRS	TDRS	PRS	PDRS	FRS	FFRS	ARS	DRS	VRS
控制	TC	TDC	PC	PDC	FC	FFC	AC	DC	VC
控制、变送	TCT	TDCT	PCT	PDCT	FCT	—	ACT	DCT	VCT

（3）管道及仪表流程图（带控制点工艺流程图）的阅读

阅读管道及仪表流程图的任务是：了解和掌握物料的工艺流程，设备的数量、名称和位号，管道的编号和规格，以及管件、阀门、控制点的部位和名称，以便在管道安装和工艺操作实践中做到心中有数。

下面以图 2.1.4 所示空压站的管道及仪表流程图为例，介绍阅读管道及仪表流程图的方法和步骤。

① 掌握设备的数量、名称和位号　空压站的工艺设备共有九台。其中动设备有三台，即CA0601A～C都是压缩机；静设备有六台，即后冷却器 E0601、气液分离器 V0601、干燥器 E0602、两台除尘器 V0602A～B 和贮气罐 V0603。

② 了解主要物料的工艺流程　从压缩机出来的空气沿管道 CA0601-57×3.5，经测温点TRC0602-57×3.5 进入气液分离器。从气液分离器出来的气体经管道 CA0603-57×3.5 进入干燥器。干燥后的空气沿管道 CA0604-57×3.5 分两路，其中一路经截止阀、测压点 PRC0603、大小头进入除尘器 V0602A；另一路径测压点 PRC0601、大小头进入除尘器 V0602B。除尘后的压缩空气沿管道 CA0605-57×3.5，经截止阀、取样点 ARC 进入贮气罐。然后沿管道 CA0606-57×3.5 和CA0607-57×3.5，送到外管道。

③ 了解其他物料的工艺流程　如冷却水沿管道 SW0601-32×2，经截止阀进入后冷却器E0601，与压缩空气换热后沿管道 WW0601-32×2 排入地沟。

④ 了解故障处理流程线　压缩机有三台，两台运转一台备用。当压缩机 C0601A 出现故障时，备用的一台即可启动运转。方法是先关闭有故障的压缩机 C0601A 的进口阀，沿管道 CA0601-57×2.5 进入后冷却器 E0601。

第二节　自动控制系统知识

一、化工自动控制系统的基本知识

自 20 世纪 40 年代以来，随着工业生产的迅速发展，自动化技术在国防建设、交通运输、工业、农业生产等方面得到广泛应用。如飞机、导弹和宇航器等的起飞、发射、航行、投弹、着陆等，无人驾驶汽车、轮船等的自动导航系统都是自动化系统应用的实例。在工业生产中，使用自动控制系统的目的是取代人工的手动控制，减轻工人生产劳动强度，使生产在一定程度上自动地进行。

在化工生产中，为了保证产品的质量，提高产量，常对化工生产过程的温度、压力、流量、物位、成分等参数进行自动控制。化工自动控制系统的作用就是保证工艺生产的参数按照生产要求稳定不变或者是按照某种要求变化。

（一）自动控制系统的组成

自动控制是在手动控制的基础上发展起来的，它是用自动化仪表等自动化装置代替人的眼睛、大脑和双手，实现观察、比较、判断、运算和执行等功能，自动地完成控制过程。控制规律也是在人工操作经验的基础上发展起来的。图2.2.1 所示为列管式换热器温度自动控制原理。图中，自动化装置包括检测元件及变送器、控制器、调节阀三部分。检测元件（热电阻）及变送器（温度变送器）的作用是检测换热器出口物料的温度，

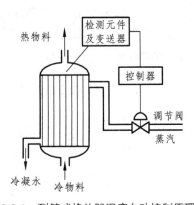

图 2.2.1　列管式换热器温度自动控制原理图

并转换成相应的检测信号。控制器根据温度变送器输出的测量信号与设定值（工艺规定值）进行比较，得出偏差，按设定的控制规律对偏差进行运算，发出控制信号给调节阀，开大或关小蒸汽阀门，实现控制作用，使换热器物料出口温度恢复到设定值。根据上述例子可知，自动化系统组成包括：取代人的眼睛，完成工艺变量检测和信号转换的检测元件及变送器；取代人的大脑，完成比较、判断和运算功能的控制器；取代手脚，根据控制器的信号改变物料流量或能量流的执行装置。另外还有需要控制的设备、机器或生产过程，称为被控对象或被控系统（如换热器）。

在自动化系统中，把被控对象中需求维持、通过控制能达到工艺要求的变量称为被控变量（如换热器出口温度）。被控变量的预定值称为设定值，设定值与被控变量的测量值之差称为偏差。控制系统中为保证被控变量稳定而引出的可调节的物料量或能量（如换热器中加热蒸汽的流量）称为操纵变量。除操纵变量外，作用于过程并引起被控变量变化的因素，称为扰动（如冷流体流量波动，蒸汽阀前压力变化等）。其实，在没有确定为操纵变量之前，操纵量也是扰动的一种，操纵变量是引起被控变量变化的内在因素，其作用是使被控变量向设定值方向变化。

（二）自动控制系统的类型

在生产过程中，被控变量偏离设定值的主要原因有三个方面。一是出现扰动，如换热器中被加热的冷流体流量增加时，出口温度将下降；二是根据工艺要求使设定值发生改变，例如，要提高换热器被加热物体的出口温度；三是累积误差，即使设定值不变，扰动也不出现，但由于任何控制都不可能没有一点误差，时间越长累积误差就会越大。由于上述原因，被控变量不可避免地发生变化，因此，必须选择适当的控制系统对被控变量进行控制。

1. 按控制系统的基本结构分类

按控制系统的基本结构，可分为开环控制系统和闭环控制系统两大类。如换热器温度控制，要保证换热后的出口物料温度，即被控变量是出口温度，一般通过改变蒸汽流量的方法来达到控制目的，即以蒸汽流量作为操纵变量，根据实际情况可以分别用开环和闭环控制系统来实现。

（1）开环控制系统　开环控制系统是指信号按一个方向流动，而没有形成回路。开环控制系统有两种形式。一种是按设定值进行控制，如图2.2.2（a）所示，蒸汽流量控制阀的开度通过控制装置随着设定值变化，与设定值保持一定的函数关系，当设定值变化时，操纵变量随之变化。另一种是按扰动进行控制，即所谓前馈控制，如图2.2.2（b）所示，如果负荷变化是主要扰动，即温度发生偏离的主要原因是物料的入口流量，可使蒸汽流量随着入口的冷物料流量的变化，按照一定规律来变化。这两种形式的共同特点是操纵变量对于系统的输入信号（设定值或入口流量）没有影响，无比较和反馈作用。一般判别的方法是：假设阀门开度变化，即操纵变量变化，分析被测变量是否随之变化，若不变化，则为开环控制系统。

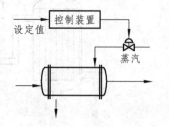
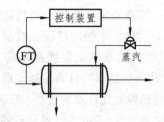

（a）按设定值控制的开环控制系统　　（b）按扰动控制的开环控制系统

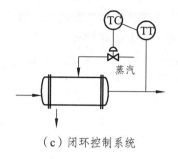

（c）闭环控制系统

图 2.2.2　控制系统的基本类型

（2）闭环控制系统　闭环控制系统又称反馈控制系统，它是按设定值与被控变量的检测值的差值进行控制的。在图 2.2.2（c）中，操纵变量（蒸汽量）通过工艺过程控制被控变量，而被控变量又通过自动控制装置影响操纵变量。从信息的传送关系来看，构成了一个闭合回路，所以称为闭环控制系统。被控变量信息要送回自动控制装置，所以也称为反馈控制系统。

在闭环控制系统中，按照设定情况的不同，可以分成以下三种类型：

①　定值控制系统　即设定值恒定不变的控制系统。其基本任务是克服扰动对被控变量的影响，即在扰动作用下仍能使被控变量保持在设定值。换热器出口温度控制就是一个定值控制系统。化工生产过程控制中，多数控制系统属于此类。

②　随动控制系统　也称自动跟踪系统。其设定值事先未知，是其他变量的函数。主要任务是使被控变量能尽快准确地跟踪设定值的变化。在化工自动控制系统中，某些比值控制系统就属于此类。

③　程序控制系统　其设定值是变化的，但它是时间的已知函数，即设定值按一定的时间程序变化。在化工生产中，间歇反应器、玻璃熔化炉的升温控制系统都属于此类系统。一定要注意程序控制不同于顺序控制，后者是指开关量逻辑控制系统，多为开环控制系统。

2. 按控制系统的复杂程度分类

在化工生产过程中，常常按控制系统的复杂程度将其划分为简单控制系统、复杂控制系统和新型控制系统。

（1）简单控制系统　简单控制系统是化工生产过程中最常见、应用最广泛、数量最多的控制系统。它的构成简单，需用设备少，易于调整和投运，能满足一般生产过程的控制要求。

简单控制系统是由检测变送器、控制器、执行机构和对象构成的闭环控制系统，图 2.2.3 为简单控制系统的方块图。图中，检测变送器的作用是把被控变量转化为控制器能够识别的信号，例如用热电阻或热电偶测量温度，利用热电阻或热电偶将温度信号转换成电阻或电动势，根据控制器的情况，用温度变送器将其转换成统一的信号（如 4～20 mA），或者是直接送到控制器。

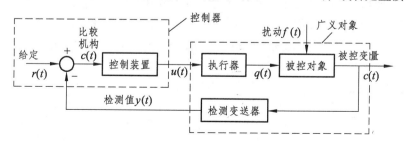

图 2.2.3　简单控制系统的方块图

175

比较机构的作用是将设定值与测量值比较并输出其差值。控制装置的作用是根据偏差的正负、大小及变化情况，按某种预定的控制规律计算，其输出信号传递给执行机构，完成控制作用。比较机构和控制装置通常组合在一起，称为控制器。目前应用最广的控制器是DDZ-Ⅲ型调节器和以CPU为核心的智能化控制器或计算机。

执行器的作用是接受控制器送来的信号并将其转换，然后改变操纵变量。最常用的执行器分为气动式、液动式和电动式。化工生产中最主要的执行装置是气动薄膜调节阀。

在控制系统中，因为控制器的形式和控制规律是可以调整的，设计控制器的算法用以提高控制系统的质量，所以把控制器以外的控制对象、执行器、检测元件与变送器组合在一起，统称广义对象。

（2）复杂控制系统　相对简单控制系统而言，复杂控制系统所采用的元件、仪表较多，构成的系统也较复杂，功能较齐全。使用常规仪表就可实现，仍属于常规控制系统（在有些教材中被命名为其他控制系统或典型控制系统）。常见的有串级控制系统、均匀控制系统、比值控制系统、前馈控制系统、分程控制系统等。

（3）新型控制系统　新型控制系统是指随着计算机技术应用于生产中而出现的常规控制仪表无法实现的控制系统，如多变量解耦控制、自适应控制、模糊控制等。这一类控制系统的最主要特点是利用计算机灵活的计算能力，按照建立的控制对象的数学模型来确定控制器的算法。

二、控制系统的控制指标

控制系统在受到扰动作用时，要求被控变量能平稳、迅速、准确地趋近或恢复到设定值。为此，在稳定性、快速性和准确性方面提出了相应的控制指标，以便衡量其控制品质。

1. 控制系统的过渡过程

在自动化领域，把被控变量不随时间变化的相对平衡状态称为系统的静态。这时，各变量都保持常数不变。当系统受到扰动作用后，被控变量就要偏离设定值产生偏差，控制器等控制装置也发生变化，施加控制作用以克服扰动的影响，使被控变量重新回到设定值上，系统达到新的平衡状态。这种被控变量随时间而变化的不平衡状态称为系统的动态，即系统在静态受到扰动作用，平衡被打破，系统进入动态，在控制作用下，系统又逐渐进入一个新的平衡状态。这种从原有平衡状态过渡到新的平衡状态的整个过程称为自动控制系统的过渡过程。图2.2.4（a）所示为系统的阶跃扰动，图（b）～（f）为系统的5种过渡过程。图（b）所示为发散振荡过程，它表明系统在受到阶跃扰动作用后，控制作用非但不能把被控变量调回到设定值，反而使其剧烈地振荡，从而越来越远离设定值；图（c）是等幅振荡过程，它表明控制作用使被控变量在设定值附近作等幅振荡，而不能稳定下来；图（d）是衰减振荡过程，它表明被控变量经过一段时间振荡后，最终能趋向于稳定状态；图（e）是非周期衰减的单调过程，被控变量经过很长时间才能趋近设定值；图（f）为非周期的发散过程。图（c）表示的过渡过程为临界稳定过渡过程属于不稳定过程；图（b）和（f）也属于不稳定过程；图（d）和（e）属于稳定的过渡过程。

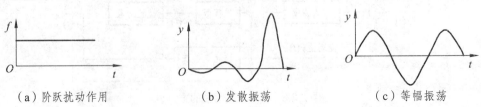

（a）阶跃扰动作用　　　　　（b）发散振荡　　　　　（c）等幅振荡

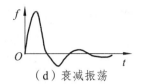

（d）衰减振荡

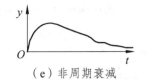

（e）非周期衰减

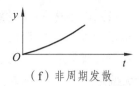

（f）非周期发散

图 2.2.4　过渡过程的几种基本形式

在实际应用过程中，一般要根据控制要求确定控制系统的过渡过程形式。在扰动比较频繁、要求过渡时间短的情况下，一般采用衰减振荡过程；如果要求被控变量不能超差，一般采用非周期衰减过程；对一些要求不高的变量控制，如中间储罐的液位控制，可以采用双位控制，过渡过程可采用等幅振荡形式。理论上采用衰减振荡过程更为普遍。

2. 控制系统的控制指标

图 2.2.5 所示为控制系统，图（a）为定值控制系统的过渡过程曲线及控制指标，图（b）为随动控制系统的过渡过程曲线与控制指标。用过渡过程评价系统质量时，习惯上用下面几项指标。这些指标均以原来的稳定状态为起点和参照。

（1）余差 $e(\infty)$　余差是控制系统过渡过程终了时，设定值 r 与被控变量稳态值 $y(\infty)$ 之差，即 $e(\infty) = r - y(\infty)$。定值控制系统，在原来的稳定状态下设定值与被控变量的检测值相等，即 $r = y(0)$，$e(\infty) = y(\infty)$。随动控制系统中，$r = r'$，而随动控制系统的最终稳态值一般不超过设定值，余差 $e(\infty) = r' - y(\infty)$。余差在图 2.2.5 中以 C 表示。余差是反映控制准确性的一个重要的稳态指标，从这个意义上说，余差越小越好，但不是所有系统对余差要求都很高。

（2）衰减比 n　衰减比是衡量过渡过程稳定性的动态指标，它是指过渡过程曲线第一个波的振幅 B 与同方向第二个波的振幅 B' 之比，即 $n = B/B'$。显然，衰减比越小，过渡过程越接近等幅振荡，系统越不稳定；衰减比越大，过渡过程越接近单调过程，过渡过程时间越长。一般认为，衰减比选择在 $4:1 \sim 10:1$ 之间为宜。

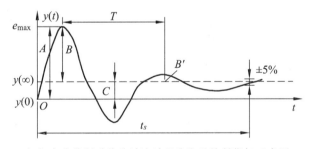

（a）定值控制系统的过渡过程曲线及控制指标示意图

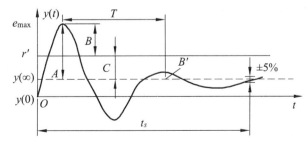

（b）随动控制系统的过渡过程曲线及控制指标示意图

图 2.2.5　控制系统的控制指导示意图

（3）最大动态偏差（最大偏差）e_{max} 与超调量 δ　最大动态偏差和超调量是描述被控变量偏离设定值最大程度的物理量，也是衡量过渡过程稳定性的一个动态指标。对扰动作用下的控制系统，过渡过程的最大动态偏差是指被控变量第一个波的峰值与设定值之差。在定值控制系统中，最大偏差为 e_{max}；在随动控制系统中最大偏差为 $e_{max} - r'$。在图 2.2.5 中用字母 A 表示。在设定作用下的控制系统中通常采用超调量来表示被控变量偏离设定值的程度，它的定义是第一个波的峰值与最终稳态值之差，图中用字母 B 表示。最大偏差或超调量越大，表明生产过程瞬时偏离设定值越远。对于某些工艺要求比较高的生产过程需要限制动态偏差。

（4）振荡周期 T　过渡过程曲线同方向相邻两波峰之间的时间称为振荡周期或工作周期。它是衡量系统控制过程快慢程度的一个指标，一般希望短一些好。

（5）过渡时间 t_s　过渡时间是指系统从开始受到扰动作用，到进入新的稳态所需要的时间。新的稳态一般指被控变量的波动范围在稳态值的±5%内。过渡时间也是衡量系统控制过程快慢程度的一个指标，一般希望短一些好。

此外，还有其他指标，如峰值时间 t_p、上升时间 t_r 等，此处就不再一一介绍了。

三、控制系统环节特性

环节特性是指环节的输出信号跟随输入信号变化的规律。要正确使用控制系统，必须了解控制系统各个环节的基本特性，按照对象的特性来确定控制方案，选择不同特性的检测仪表与控制仪表。环节的特性取决于环节设备本身，但相同的设备选取不同的被控变量或操纵变量，其特性就发生变化。环节的特性按照数学模型的表示形式有一阶滞后环节、二阶环节、纯滞后环节、比例环节、积分环节和微分环节等。

（一）特性研究方法

一般要求利用数学表达式来表示环节的特性，这种数学表达式即为环节的数学模型。虽然研究和开发数学模型的目的不同，但在建立模型的途径方面却有不少共同之处。建立数学模型的方法通常有分析法和实验法两种。

分析法是以过程的物理和化学基本定律、定理为基础，通过列写过程的物料和能量平衡的关系式，获得过程的模型，这类模型通常称为机理模型。应用这种方法建立数学模型的最大优点是具有非常明确的物理意义，所得的模型都具有很强的适应性，便于对模型参数进行调整。其不足之处是对于某些工业过程，我们还难以写出它们的数学表达式，或对其中某些参数仍然未知或不确定。实验法是通过改变过程的输入变量，然后同时记录相应的输出变量，由输出变量与输入变量通过数据处理建立对象的测试模型。

用这两种方法均可以建立对象的数学模型，但这两种途径也都有它自身的局限性，比如分析法遇到的未知性，实验法的盲目性等。因此，在实际建模过程中，两种方法又是相互渗透、相互联系的。可以用分析法建立原始方程，方程的各项系数可以直接求解获得，也可以由实验加以决定。这种由机理分析建立数学模型的形式，通过测试来决定模型中系数的方法，在现代控制理论中被称为参数估计。有时，对象的数学模型通过机理分析无法求出，也就是说连数学模型的形式也不知道，只能单纯通过实验由测试数据直接得出，这种方法在现代控制理论中被称为系统辨识。随着过程的复杂化，系统辨识的应用越来越广泛。

经典控制理论中用实验法获得数学模型的方法有阶跃响应曲线法和矩形脉冲法两种。

（1）阶跃响应曲线法　在环节处于稳定状态时，在对象的输入端施加一个幅值一定的阶跃扰动，记录输出端的变化曲线，然后根据记录曲线的形状进行相应的处理，得出描写曲线的特性参数，即求出该环节的数学模型。这是一种比较简单的方法，利用原有的记录仪等仪表就可完成。但如果用于测试对象特性，由于被控对象特性一般较为复杂，扰动因素较多，因此，在测试过程中，不可避免地受到其他扰动的影响，测试精度不高，在某些时候，获得的曲线形状难以辨认。如果为了显示清楚，加大输入的幅度，往往工艺上又不允许。因此，采用阶跃响应曲线法得到的数学模型精度不高。

（2）矩形脉冲法　在环节处于稳定状态时，突然输入一个阶跃信号，过一定时间后再解除阶跃信号，这时测得的输出变量随时间变化的曲线，称为矩形脉冲特性曲线。矩形脉冲信号可以视为两个方向相反、幅值相等、有一定相位差的阶跃信号的叠加。根据矩形脉冲响应曲线，用叠加法作图求出完整的阶跃响应曲线，按照阶跃响应曲线法进行数据处理，最后得到数学模型。采用矩形脉冲法求取环节特性，由于加在对象上的扰动经过一段时间后即消除，因此，幅值可以选得很大，提高了实验精度；同时，对象的输出又不会长时间偏离设定值，因而对正常的工艺生产影响较小。矩形脉冲法比较复杂和麻烦。

（二）被控对象的特性

自动控制系统的质量取决于组成系统的各个环节的特性，控制器、测量变送器、执行器的特性比较单一，容易了解和掌握，必须依据被控对象的特性去选择。对于自动控制系统而言，被控对象是否易于控制，对整个控制系统运行的好坏起着重大影响。在化工生产过程中，最常遇到的被控对象是各类压缩机、泵、反应器、储液槽、塔器、热交换器等。这些对象的特性各不相同，有的生产过程较易操作，工艺变量能够控制得比较平稳；有的生产过程很难操作，工艺变量容易产生大幅度的波动，只要稍不谨慎就会超出工艺允许范围，轻则影响生产，重则造成事故。因此，我们将着重研究被控对象的特性。

所谓对象的特性就是指对象在输入信号作用下，其输出变量即被控变量随时间而变化的特性。由图 2.2.3 所示的控制系统方块图可知，被控对象有两个输入，即操纵变量的控制作用和外界扰动的作用。因此，对象的特性应由两部分构成，即以控制作用为输入的控制通道特性和以扰动作用为输入的扰动通道特性。这里的通道是指输入变量对输出变量的作用途径。

以经典控制理论为基础的常规控制系统，研究的是单输出与单输入之间的关系，下面先介绍被控对象的两个基本性质，再说明典型特性的表示方法和描述这些特性的三个参数。

（1）对象的负荷　当生产过程处于稳定状态时，单位时间内流入或流出对象的物料或能量称为对象的负荷或生产能力。例如，储液槽的物料流量、精馏塔的处理量。根据生产需要经常会调整生产的负荷，生产负荷的改变，往往会引起对象特性的改变，因此，研究对象特性时，也应了解、分析负荷对对象特性三个参数的影响。

在自动控制系统中，对象负荷的变化也是扰动，它直接影响控制过程的稳定性。如果负荷变化很大又很频繁，控制质量就难以保证，所以，对象的负荷稳定有利于过程控制。

（2）对象的自衡性　如果对象的负荷改变后，无需外加控制作用，被控变量能自行趋于一个新的稳定值，这种性质称为对象的自衡特性。图 2.2.6（a）为普通储液槽，稳定状态时，流入量与流出量相等，液位保持在某一高度。如果流入量增加，液位就逐渐上升。由于液位的升高，流出量将随着液体静压力的增大而增加，于是流入、流出量的差值逐渐减小，液位上升速度渐慢，最后流入量与流出量重新相等，液位又自行稳定在一个新的高度。这就是一个常见的有自衡特性的对象，其响应曲线如图 2.2.6（b）所示。

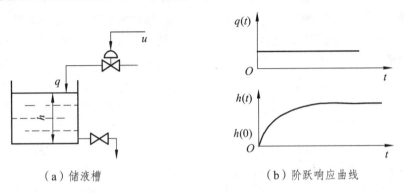

（a）储液槽　　　　　　　　　　（b）阶跃响应曲线

图 2.2.6　有自衡特性的对象及其阶跃响应曲线

在图 2.2.6（a）中，若在储槽出口处安装一台泵，情况将发生变化。因为此时流出量是由泵的转速决定的，而与液位高度无关，如果流入量增加，则液位将一直上升，不能自行重新稳定，所以它是无自衡特性的对象。

可见，具有自衡特性的对象易于控制，控制器选用简单的控制规律就能获得满意的控制质量。除了部分化学反应器、锅炉汽包及上述用泵排液的对象之外，大多数的对象都具有一定的自衡性。

（三）一阶对象特性

图 2.2.7 表示的液位对象即为一阶对象，图（b）为一阶对象的阶跃响应曲线。再如 RC 振荡电路、热电偶温度检测元件等也可以用一阶特性描述。

一阶环节的数学模型表示为：

$$T \frac{\mathrm{d}y(t)}{\mathrm{d}t} + y(t) = Kx(t)$$

以上对象都可以用上式表示，其区别主要在于特性参数有放大系数 K、时间常数 T 的不同。某些环节可能有纯滞后，用纯滞后时间 τ 表示纯滞后的大小。

1. 放大系数 K 及其对控制过程的影响

放大系数 K 是一个静态指标，它是指系统稳定后，输出的变化量与引起该变化的输入变化量之比，它反映的是输入对输出的最终影响情况。若以水槽为例，当入水流量发生阶跃变化时，液位必然发生变化。当系统达到新的稳定状态时，液位的变化量与入水流量的阶跃变化的比即为对象的放大系数，$K=\Delta h/\Delta q$，如图 2.2.7 所示。如果入水流量是操纵变量，此时的放大系数即为控制通道的放大系数，它反映的是控制作用对系统的影响；如果入水流量不是操纵变量，这时放大系数即为扰动通道的放大系数。

由图 2.2.7 可知，对象的放大系数与过程的起点和终点有关，而与变化过程无关，所以它们代表对象的静态特性，通常也称为对象的静态放大系数。用 K_o 表示对象控制通道的放大系数，K_f 表示对象扰动通道的放大系数。

对象控制通道放大系数 K_o 反映了对象以原有稳定状态为基准，被控变量在进入新的稳定状态的变化量与操纵变量之间的关系。操纵变量所对应的 K_0 的数值大，就表示它的控制作用显著。因而，当在工艺上有几个变量可选作操纵变量时，应选择 K_0 适当大一些的，并且选择可以有效控制的变量作为操纵变量，以使系统具有较强的抗干扰能力。

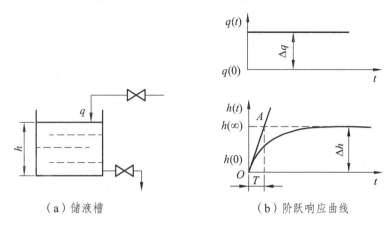

（a）储液槽　　　　　　（b）阶跃响应曲线

图 2.2.7　一阶液位对象及其阶跃响应曲线

有的对象控制通道放大系数值是不随时间或状态改变而改变的，这种对象称为线性对象，控制起来比较容易。有些对象的控制通道的放大系数值是随时间或状态改变而改变的，这种对象称为非线性对象，控制起来有一定的难度。

K_f 值表示对象受到阶跃扰动作用后，被控变量从原有稳定状态达到新的稳定状态的变化量与扰动幅度之间的关系。因此，在相同的扰动作用下，K_f 值越大，被控变量偏离设定值的程度也越大。也可以说 K_f 反映了扰动作用影响被控变量的灵敏度。

在系统中若同时存在几个扰动，由于扰动的种类和进入系统的位置不同，实际上有多个扰动通道，因此，更应该注意那些次数频繁而对被控变量影响又较大的扰动。控制系统应尽可能保证快速克服扰动，提高系统的控制质量。

2. 时间常数 T 及其对控制过程的影响

在实际生产中不难发现，有的对象在输入变量作用下，被控变量的变化速度很快，迅速达到新的稳态值；有的对象在输入变量作用下，惯性很大，被控变量经过很长时间才到新的稳态值。从图 2.2.8 看到，截面大的水槽与截面小的水槽相比，当入口流量改变同样数值时，截面小的水槽液位变化很快，并有可能迅速稳定在新的液位数值上，如图 2.2.8（a）所示。而截面积大的水槽惯性大，液位变化慢，要经过很长时间才能达到新的稳定状态，如图 2.2.8（b）所示。对象的这种特性用时间常数 T 来表示。时间常数 T 是指在阶跃输入作用下，对象的输出变量保持初始变化速度，系统达到最终稳态值所需要的时间。如图 2.2.7（b）所示，在阶跃响应曲线的起点作切线，与最终稳态值相交于 A 点，从响应开始到 A 点的时间间隔即为时间常数 T。根据响应曲线可以看出，时间常数 T 越大，被控变量变化得就越慢，达到新的稳定值所需的时间越长。

时间常数 T 的大小反映了被控对象的输出信号响应输入信号的速度快慢。对于控制通道而言，如果时间常数 T 太大，被控变量响应速度缓慢，控制作用不及时，最大动态偏差增大，过渡时间延长。时间常数 T 小，被控变量响应操纵变量的速度快，控制作用及时，控制质量比较容易保证；但当被控对象的时间常数太小，被控变量响应速度过快，容易引起振荡，反而使控制系统的控制质量下降。

在控制系统中，扰动作用与控制作用是一对矛盾，它们对被控变量的影响相反。因而，扰动通道的时间常数 T 越大，相当于扰动作用被延缓，对被控变量的影响比较缓慢，所以能很快得到被控制作用的补偿而获得较高的控制质量。

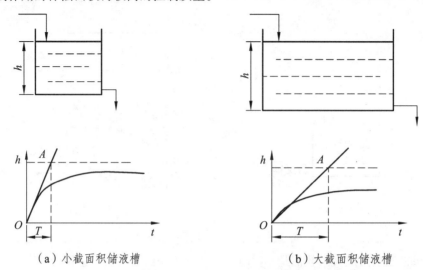

（a）小截面积储液槽   （b）大截面积储液槽

图 2.2.8　不同时间常数的响应曲线

3. 滞后时间 τ 及其对控制过程的影响

有的被控对象在输入变量变化后，输出变量不是随之立即变化，而是需要间隔一定时间后才开始发生变化。这种对象的输出变化落后于输入变化的现象称为滞后现象，输出变化落后于输入变化的这段时间称为纯滞后时间 τ。滞后时间是描述对象滞后现象的动态参数。

在自动控制系统中，控制通道纯滞后的存在不利于系统的控制。假如检测装置迟迟不能将被控变量的变化及时传递给控制器，控制器只能仍然按过时的信息进行控制，也就不能保证控制系统能将被控变量的变化矫正。如果是操纵变量方面造成的滞后，使得控制作用不能立即生效，以克服扰动的影响。不管何种原因，滞后都会降低控制系统的质量，使最大动态偏差和超调量增大，振荡加剧，控制过程延长。因此，构成控制系统时，应尽最大努力避免或减小纯滞后的影响，通过改进工艺（如减少不必要的管道），合理选择检测元件和执行器的安装位置或者选择更好的控制方案来实现。

扰动通道滞后与控制通道滞后对控制系统质量的影响大不相同。扰动通道的纯滞后相当于将扰动作用的时间推迟了，而过渡过程曲线的形状不改变，因此也就不影响控制质量。

（四）二阶对象特性

有些对象（如将两个一阶环节串联在一起）需要用 F 式的微分方程表示，则该对象为二阶系统。图 2.2.9（a）所示为串联的两个一阶环节，以第二水槽的液位 h 为输出，入水量 Q 为输入，此时对象等效成一个二阶对象。对象的阶次不一样，闭环传递函数也发生变化，控制方法和控制参数就必须随之调整，只有这样才能保证控制系统的过渡过程的品质指标符合控制要求。

二阶系统的数学模型为

$$T_1 T_2 \frac{d^2 y(t)}{dt^2} + (T_1 + T_2) \frac{dy(t)}{dt} + y(t) = K x(t)$$

阶跃响应曲线如图 2.2.9（b）所示。对于二阶以上的对象，进行处理时，由于特征参数较多（如 T_1，T_2，K），数学模型难以确定。出现二阶以上环节时，一般采用等效处理的方法，将模型等效成一阶加纯滞后环节。等效方法是在曲线的拐点处作切线，切线与最终稳定值和时间轴各有一个交点，两个交点之间的时间为一阶环节的时间常数 T，与时间轴交点的左端为纯滞后时间。最后稳态值与输入阶跃的比值为放大系数。

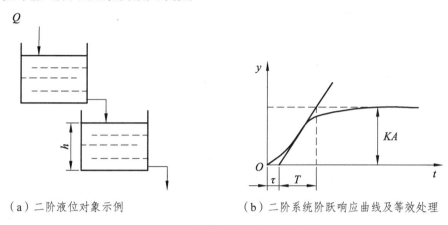

（a）二阶液位对象示例　　　　　　　　（b）二阶系统阶跃响应曲线及等效处理

图 2.2.9　二阶液位对象及阶跃响应曲线

（五）其他典型环节特性

1. 比例环节

比例环节是指输出的变化量与输入的变化量成比例关系。如仪表中的比例放大器、比值器、调节阀的执行机构等都可以用比例特性表示。其数学表达式为

$$y(t) = Kx(t)$$

式中，K 为环节的放大系数，一般为常数；$y(t)$为输出变量；$x(t)$为输入变量。

比例环节的特点是输出与输入成比例地变化。图 2.2.10 为比例环节的举例和阶跃输入响应曲线。其中，图 2.2.10（a）表示运算放大器回路，其比例放大系数为 R_2/R_1。

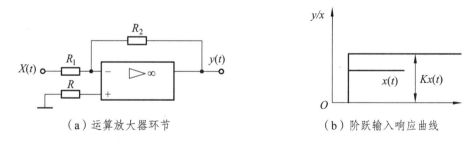

（a）运算放大器环节　　　　　　　　（b）阶跃输入响应曲线

图 2.2.10　比例环节应用示例及阶跃响应输入曲线

2. 积分环节

积分环节的特点是输出量与输入量的积分成正比。如图 2.2.11（a）所示的水槽液位对象，由于采出流量一定，液位的变化值等于流入量与流出量的差值，与时间的积分成正比。图 2.2.11（b）为积分环节的阶跃输入响应曲线。

积分环节的数学表达式为

$$y(t) = \frac{1}{T_i} \int_0^t x(t) \mathrm{d}t$$

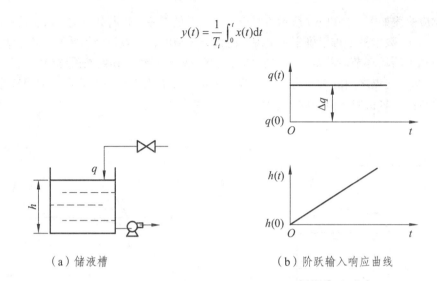

（a）储液槽　　　　　　　　（b）阶跃输入响应曲线

图 2.2.11　积分对象应用示例及阶跃响应输入曲线

3. 微分环节

微分环节是自动控制系统中常用到的环节，其特点是输出量与输入量的变化率成正比，即输出变化量是输入量的微分。微分环节的表达式为

$$y(t) = T_\mathrm{d} \frac{\mathrm{d}x(t)}{\mathrm{d}t}$$

以上表示的是理想状态下的微分，实际的微分环节常带有惯性，图 2.2.12 分别表示微分环节的理想阶跃响应曲线和实际阶跃响应曲线。

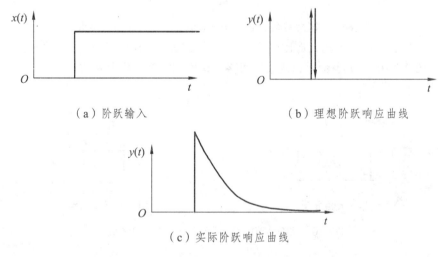

（a）阶跃输入　　　　　　　　　　（b）理想阶跃响应曲线

（c）实际阶跃响应曲线

图 2.2.12　微分环节阶跃响应曲线

四、控制规律对过渡过程的影响

控制器的特性主要反映在控制规律上。作为控制系统的核心，控制器的控制规律随着计算机在自动控制领域的应用而变得多种多样，但大多数控制系统仍采用常规的控制规律。控制规

律及控制参数的选择关系到控制系统的控制质量，应根据被控对象、测量变送器、执行器组成的不同的广义对象特性，选择控制规律及控制参数。

（一）常用控制规律

控制规律是指控制器的输出 $u(t)$ 与输入偏差 $e(t)$ 之间的关系。一般以增量的形式表示，也就是说表示为当输入偏差变化后，控制器在原来的基础上输出增加了多少。因此，在后面的表达式中均省略了"Δ"。

现在使用的单元组合式调节器同时具有比例（P）、积分（I）和微分（D）三种规律，在使用时可以合理选择，组成实际使用的组合控制规律。常用的控制规律有 P、PI、PD、PID 四种控制规律。

在有些控制要求不高的情况下，有时也采用双位控制规律。双位控制也就是开关控制，控制规律实施起来非常简单，但控制精度较低，过渡过程呈等幅振荡形式。一般用在对控制精度、控制时间要求低的中间设备中。在化工生产中的中间储罐、普通的抽水马桶的液位控制都可以采用这种形式。

1. 比例控制规律

纯比例控制规律一般应用于对控制质量要求不特别高，即允许有一定的静偏差存在，而且广义对象的时间常数又不是太大，扰动较小，负荷变化不大的场合。

比例控制规律的表达式为

$$u(t) = K_c e(t)$$

式中，K_c 为比例放大系数。K_c 越大，比例作用越强。

纯比例作用的传递函数为

$$G_c(s) = \frac{U(s)}{E(s)} = K_c$$

采用纯比例的控制器一般把积分作用置于最大值，微分作用切断。其开环阶跃输入响应曲线如图 2.2.10（b）。可见，比例作用的输出变化与输入变化成正比，且时间上没有滞后。

在常规控制器中，一般用比例度 δ 表示比例作用的强弱。定义为

$$\delta = \frac{e/(z_{max} - z_{min})}{u/(u_{max} - u_{min})} \times 100\%$$

式中，e 为控制器输入信号的变化量；u 为输出信号的变化量；$(z_{max} - z_{min})$ 为输入信号的变化范围；$(u_{max} - u_{min})$ 为输出信号的变化范围。上式适用于所有类型的控制器，但对于单元组合式仪表，由于其输入信号与输出信号的范围相等，因此，上式可以简化为

$$\delta = \frac{1}{K_c} \times 100\%$$

因此，比例度越小，比例放大系数越大，比例作用也就越强；反之，比例度越大，比例作用也就越弱。

2. 比例积分控制规律

在纯比例控制规律的基础上，将积分时间调整到适当的值，即增加积分作用，就形成了比例积分控制规律。比例积分控制规律主要用在广义对象时间常数不大、控制精度要求高、扰动

不太频繁的场合。

单纯的比例积分规律的开环阶跃响应曲线如图 2.2.11（b）所示。可见，积分作用是只要偏差存在，控制器的输出就不断变化，因此，也就能够克服偏差。但积分作用的动作较慢，因此，一般不单独使用纯积分作用。

比例积分作用的表达式为

$$u(t) = K_c e(t) + \frac{K_c}{T_i} \int_0 e(t) \mathrm{d}t$$

比例积分控制规律的传递函数为

$$G_c(s) = \frac{U(s)}{E(s)} = K_c(1 + \frac{1}{T_i s})$$

两式中的 T_i 为积分时间。T_i 越小，积分作用越强。

显然，比例积分作用是在比例作用的基础上增加了积分环节，而比例放大系数也同时影响到积分部分。

比例积分控制规律的开环阶跃输入响应曲线如图 2.2.13 所示。当输入发生阶跃变化后，比例输出立即突变到 $K_c A$，而后控制在积分环节作用下，随时间线性增长，斜率为 K_c/T_i。因此，当控制器输出达到比例部分的 2 倍时所经历的时间即为积分时间。在控制器的校验中，积分时间的校验就是依据此原理。

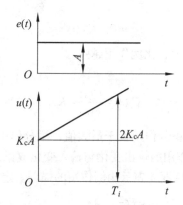

图 2.2.13　比例积分控制规律的开环阶跃输入响应曲线

3. 比例微分控制规律

单纯的微分控制规律的特性与前面分析的微分特性相同。在实际中，微分控制规律的阶跃输入响应曲线如图 2.2.12（c）所示。从曲线可以看出，微分作用在偏差变化等于零但有变化趋势的情况下，输出就有变化，也就是说具有超前控制的特点。但微分作用很少单独使用。

比例微分控制规律是在比例作用的基础上增加了微分控制规律。比例微分控制规律一般应用于控制质量要求不是很严格，允许静偏差存在，而广义对象的时间常数较大的场合。

比例微分控制规律的表达式为

$$u(t) = K_c e(t) + K_c T_d \frac{\mathrm{d}e(t)}{\mathrm{d}t}$$

比例微分控制规律的传递函数为

$$G_c(s) = \frac{U(s)}{E(s)} = K_c(1 + T_d s)$$

两式中的 T_d 为微分时间，T_d 越大，微分作用越强。

显然，比例微分控制规律是在比例作用的基础上增加了微分控制规律，而比例部分也同时影响到微分环节。微分增益 K_d 与控制器的类型有关，不同的控制器有不同的默认值。

比例微分控制规律的开环阶跃输入响应曲线如图 2.2.14 所示。在输入阶跃信号的瞬间，控制器的输出达到最大值 $K_c \cdot K_d \cdot A$，其中微分部分的输出为 $K_c A(K_d-1)$，而后输出按照指数规律下降，下降到微分部分的 63.2%时所经历的时间乘以微分增益 K_d 即为微分时间。在控制器校验时，依据此原理进行微分时间的测试。

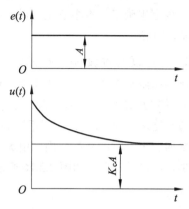

图 2.2.14　比例微分控制规律开环阶跃
输入响应曲线

4. 比例积分微分控制规律

按照以上分析，在控制要求指标较高，而时间常数又比较大的场合，应采用比例积分微分控制规律。从理论上讲，PID 控制规律是最好的控制规律，但由于参数整定及投运都比较困难，因此，没有较高要求时并不采用。

比例积分微分控制规律的表达式为

$$u(t) = K_c e(t) + \frac{K_c}{T_i}\int_0^t e(t)\mathrm{d}t + K_c T_d \frac{\mathrm{d}e(t)}{\mathrm{d}t}$$

传递函数为

$$G_c(s) = \frac{U(s)}{E(s)} = K_c(1 + \frac{1}{T_i s} + T_d s)$$

比例积分微分控制规律的开环阶跃输入的响应曲线如图 2.2.15 所示。在阶跃输入的瞬间，控制器输出为比例微分部分，随着时间的推移，微分部分逐渐下降，积分部分逐渐增加，最后为比例积分输出。

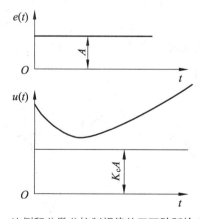

图 2.2.15　比例积分微分控制规律的开环阶跃输入响应曲线

（二）控制参数对过渡过程的影响

选择了比例、比例积分、比例微分和比例积分微分四种规律中的一种，还需要根据被控对象选择控制参数 δ，T_i，T_d。控制参数不同，控制系统的过渡过程也不同，究竟选择多大值应通过参数整定来确定。本小节主要讨论参数值的变化对过渡过程曲线的影响，可以作为参数整定或调整的依据。

1. 比例度对过渡过程的影响

比例作用是最基本的控制规律，比例度的大小直接影响控制质量。随着比例度 δ 的减小（比例放大系数 K_c 增大），比例控制作用增强，控制系统的稳定性将变弱，衰减比减小，系统振荡加剧。随着比例度 δ 减小，控制系统的余差大小，最大动态偏差变小，超调量由于余差的减小而略有增加，上升时间和振荡周期由大变小。同一控制系统在相同的阶跃输入前提下，改变比例的大小，过渡过程形式如图 2.2.16 所示。

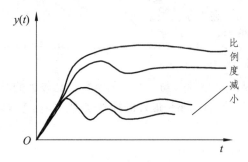

图 2.2.16　不同比例度下的过渡过程曲线

广义对象的时间常数和放大系数不同，对过渡过程也有影响，因此，为了保证控制系统的质量指标，要根据广义对象选择比例度的大小。广义对象的放大系数大时，比例度也适当选择大些；而广义对象的时间常数大时，比例度就适当选择小些。如果温度控制系统的时间常数较大，控制器的放大系数就选择较大值，即比例度选择小的值，比例作用强些。

2. 积分时间对过渡过程的影响

积分作用能够消除余差，对最终控制质量有帮助，在控制精度要求高的控制系统中，都要求包含积分规律。

在不改变比例度的前提下，增加积分作用，系统的稳定性变差，即衰减比减小。积分时间越小，积分作用越强，消除余差的时间也就越短，但振荡过程将加剧，甚至使系统过渡过程变成发散振荡过程。积分时间对过渡过程的影响如图 2.2.17 所示。

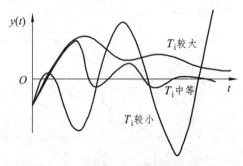

图 2.2.17　不同积分时间下的过渡过程曲线

在实际使用过程中，为了保证控制系统的稳定性，如保持4∶1振荡，在增加了积分作用以后，一般要减弱比例作用，即减小比例放大系数（增加比例度）。这种改变的结果是控制系统的稳定性保持了，但控制系统的动态偏差加大，上升时间、振荡周期将加大。

3. 微分时间对过渡过程的影响

微分作用具有超前控制作用，主要用于广义对象时间常数较大的系统的控制。增加了微分作用以后，系统的稳定性增强，即振荡程度减弱，衰减比增加；而对控制系统的余差没有影响，但振荡频率加快，控制系统周期减小。

为了保证振荡衰减比保持在 4∶1，一般在增加了微分控制规律以后，要适当地增加比例放大系数（减小比例度），使系统的最大动态偏差、余差减小，振荡周期缩短，这样就使控制系统的过渡过程的质量指标全面提高。

但要注意，微分作用不能加得太大，因为，微分时间 T_d 太长，超前控制作用就太强，会引起被控变量大幅度振荡。因此，一般在被控对象时间常数很小的情况下，是不加微分控制作用的。

4. 不同控制规律下的过渡过程比较

同一温度控制系统，采用不同的控制规律，调整各控制规律参数，使控制系统过渡过程具有相同的衰减比。控制系统过渡过程如图2.2.18所示。采用 P、PD 控制规律，有余差存在，而引入微分作用后，要保持衰减比就必须减小比例度，从而使系统的最大动态偏差、振荡周期等减小。因此，可以判断出曲线 3、4 分别为 P、PD 控制规律。而积分规律可以使系统受到扰动，经控制作用后没有余差，因此曲线 1、2 含有 I 控制规律。同理，根据微分作用的优点，曲线 1、2 分别为 PI、PID 控制规律。

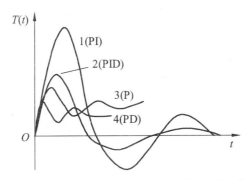

图 2.2.18　不同控制规律下的过渡过程曲线比较

在生产中，有经验的技术人员总是根据仪表记录数据或曲线等信息来分析判断生产的运行是否正常，并在控制器上做出相关参数的整定。因此熟悉各种控制规律的过渡过程曲线是保证正常生产的条件之一。

第三节　执行器与调节阀

执行器在自动控制系统中的作用是接受来自控制器的信号，由执行机构将其转换成相应的角位移或直线位移，去操纵调节机构，从而达到控制相关参数的目的。

执行器的组成结构　按功能不同分为执行机构和调节机构两类。如果调节机构为阀门，则执行机构和调节机构组合的执行器称为调节阀。生产中调节阀主要用于控制流量的大小。

执行机构按其使用的能源形式不同可分为气动执行机构、电动执行机构和液动执行机构三大类。生产中多数使用前两种类型的执行机构与阀门组合，构成气动调节阀和电动调节阀。

一、气动调节阀

气动阀具有输出力大、安装维修方便、价格便宜和防火防爆等优点，在工业生产特别是在石油、化工等生产过程中被广泛应用。

（一）气动执行机构

气动执行机构接受电/气转换器（或电/气阀门定位器）输出的气压信号，并将其转换成相应的推杆直线位移，以推动调节机构动作。

1. 气动执行机构的分类

气动执行机构有薄膜式、活塞式和长行程式三种类型。薄膜式执行机构结构简单、动作可靠、维修方便、价格低廉，是最常用的一种执行机构。活塞式执行机构允许操作压力达 500 kPa，因此输出推力大，但价格较高。长行程执行机构的结构原理与活塞式执行机构基本相同，具有行程长、输出力矩大的特点，直线位移为 40~200 mm，转角位移为 90°，适用于输出角位移和大力矩的场合。

气动执行机构又可分为有弹簧和无弹簧两种，有弹簧式气动执行机构比无弹簧式气动执行机构输出推力小、价格低。

气动执行机构有正作用和反作用两种作用方式。输入信号增加，执行机构的推杆向下运动，称为正作用；输入信号增加，执行机构的推杆向上运动，称为反作用。

2. 气动执行机构的命名

执行机构为薄膜式的气动执行器习惯上又称气动薄膜调节阀。国产的气动薄膜调节阀型号表示由两部分和尾注组成，第一部分以汉语拼音字母表示热工仪表分类、能源、结构形式；第二部分以阿拉伯数字表示产品的主要参数范围；尾注表示特殊要求。如图 2.3.1 及表 2.3.1、表 2.3.2 所示。

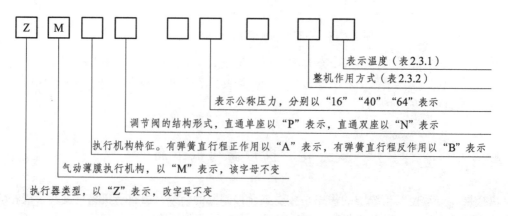

图 2.3.1　气动薄膜调节阀型号命名

190

表2.3.1　温度对照表

名称	普通型	长颈型	散热型	波纹管密封
代号	$-20\sim+200\ ℃$	$-60\sim+250\ ℃$	$-60\sim+450\ ℃$	V

表2.3.2　整机作用方式对照表

名称	气开型	气关型
代号	K	B

例如，ZMAP-16K 型表示直通单座控制阀，执行机构为有弹簧直行程正作用，公称压力等级为 16×100 kPa。整机为气开式，普通常温型。

3. 气动薄膜式执行机构

图 2.3.2 所示为有弹簧正作用式气动薄膜式执行机构。当信号压力通过上膜盖 1 和波纹膜片 2 组成的气室时，在波纹膜片上产生一个推力，使推杆 5 下移并压缩压缩弹簧 6。当压缩弹簧的作用力与信号压力在波纹膜片上产生的推力相平衡时，推杆稳定在一个对应的位置上，推杆的位移及执行机构的输出，也称行程。

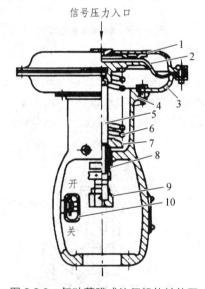

图 2.3.2　气动薄膜式执行机构结构图

1—上膜盖；2—波纹膜片；3—下膜盖；4—支架；5—推杆；6—压缩弹簧；
7—弹簧座；8—调节件；9—螺母；10—行程标尺

气动薄膜式执行机构的行程规格有 10 mm、16 mm、25 mm、60 mm、100 mm 等。波纹膜片有效面积有 200 cm²、280 cm²、400 cm²、630 cm²、1000 cm²、1600 cm² 六种规格。有效面积越大，执行机构的推力越大。

在选购气动薄膜式执行机构时，可以从其生产厂家的网站、技术服务人员处获得具体技术参数。

（二）调节机构

调节机构又称调节阀，它和普通阀门一样，是一个局部阻力可以变化的节流元件。在执行机构的推杆作用下，阀芯在阀体内运动，改变了阀芯和阀座之间的流通截面积，即改变了调节阀的阻力系数，使被控介质的流量发生相应变化。

1. 调节机构分类

根据阀芯的动作形式，调节机构有直通单座调节阀、直通双座调节阀、角形调节阀（角形阀）、三通阀、高压阀、隔膜阀和套筒阀等；角行程式调节机构有蝶阀、凸轮挠曲阀、V形球阀和O形球阀等。

阀芯有正装和反装两种形式。当阀芯向下移动时，阀芯与阀座之间的流通截面积减小，称为正装阀；反之，则称为反装阀，如图2.3.3所示。对于双导向正装阀，只要将阀杆与阀芯下端相接，即为反装阀。

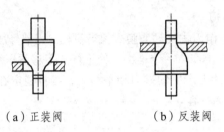

（a）正装阀　　　（b）反装阀

图2.3.3　阀芯安装形式

2. 调节机构的结构及特点

图2.3.4为直通单座调节阀，调节机构主要由压板、阀杆、上阀盖、填料、阀芯、阀体、阀座和下阀盖等部件组成。执行机构输出的推力通过阀杆1使阀芯4产生上、下方向的位移，从而改变了阀芯4与阀座6之间的流通截面积，即改变了调节阀的阻力系数，使被控介质的流量发生相应的变化。

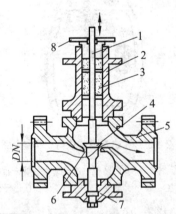

图2.3.4　直通单座调节阀的结构

1—阀杆；2—上阀盖；3—填料；4—阀芯；5—阀体；6—阀座；7—下阀盖；8—压板

下面对常用调节机构的特点及应用做一简单的介绍，图2.3.5为常用调节阀结构示意图。

（1）直通单座调节阀　　如图2.3.5（a）（b），直通单座调节阀的阀体内只有一个阀芯和一个阀座。其特点是结构简单、泄漏量小（甚至可以完全切断）和允许压差小。因此，它适用于要求泄漏量小、工作压差较小的干净介质的场合。在应用中应特别注意其允许的压差，防止阀门关不死。

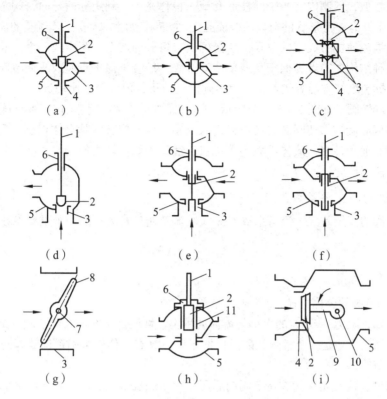

图 2.3.5　常用调节阀结构示意图

1—阀杆；2—阀芯；3—阀座；4—下阀盖；5—阀体；6—上阀盖；7—阀轴；
8—阀板；9—柔臂；10—转轴；11—套筒

（2）直通双座调节阀　如图 2.3.5（c），直通双座调节阀的阀体内有两个阀芯和两个阀座。因为流体对上、下两阀芯上的作用力可以相互抵消，但上、下阀芯不易同时关闭，因此直通双座调节阀具有允许压差大、泄漏量较大的特点。所以适用于阀两端压差较大、泄漏量要求不高的干净介质场合；不适用于高黏度和含纤维的场合。

（3）角形调节阀　如图 2.3.5（d），角形调节阀的阀体为直角形，其流路简单、阻力小，适用于高压差、高黏度、含有悬浮物和颗粒状介质的流量调节。角形调节阀一般适用于底进侧出，此时调节阀稳定性好，但在高压差场合下，为了延长阀芯使用寿命，也可采用侧进底出，但侧进底出在小开度时易发生振荡。角形调节阀还适用于工艺管道直角形配管的场合。

（4）三通阀　如图 2.3.5（e）（f），三通阀的阀体有三个接管口。三通阀适用于三个方向流体的管路控制系统，大多用于热交换器的温度控制、配比控制和旁路控制。在使用中应注意流体温差不宜过大，通常小于 150 ℃，否则会使三通阀产生较大应力而引起变形，造成连接处泄漏或损坏。三通阀有三通合流阀和三通分流阀两种类型。三通合流阀为介质由两个入口流进，混合后由一出口流出；三通分流阀为介质由一入口流进，分为两个出口流出。

（5）蝶阀　如图 2.3.5（g），蝶阀是通过挡板，以转轴为中心旋转来控制流体的流量。其结构紧凑，体积小，成本低，流通能力大，特别适用于低压差、大口径、大流量的气体或带有悬浮物流体的场合，但泄漏较大。通常蝶阀工作转角应小于 70°，此时流量特性与等百分比特性相似。

（6）套筒阀　如图 2.3.5（h）所示，套筒阀是一种结构比较特殊的调节阀，它的阀体与一般的直通单座阀相似，但阀内有一个圆柱形套筒，也称笼子，利用套筒导向，阀芯可在套筒中上下移动。套筒上开有一定形状的窗口（节流孔），阀芯移动时，改变了节流孔的面积，从而实现流量控制。根据流通能力大小的要求，套筒的窗口可分为四个、两个或一个。套筒阀分为单密封和双密封两种结构，前者类似于直通单座调节阀，后者类似于直通双座调节阀。套筒阀还具有稳定性好、拆装维修方便等优点，因而得到广泛应用；但其价格比较贵。

（7）偏心旋转阀　如图 2.3.5（i）所示，偏心旋转阀的球形阀芯的中心线与转轴中心偏离，转轴带动阀芯偏心旋转，使阀芯向前下方进入阀座。偏心旋转阀具有体积小、重量轻、使用可靠、维修方便、通用性强、流体阻力小等优点，适用于黏度较大的场合，在石灰、泥浆等流体中具有较好的使用性能。

3. 调节机构的主要参数

（1）调节阀的流量系数　流量系数 C 是反映调节阀口径大小的一个重要参数。

$$C = 4.0 \frac{DN^2}{\sqrt{\xi}}$$

式中，DN 为调节阀的公称直径；ξ 为阻力系数。

由上式可知，阻力系数 ξ 的大小与流体的种类、性质、工况以及调节阀的结构尺寸等因素有关。在一定条件下 ξ 是一个常数，因而根据流量系数 C 的值就可确定调节阀的公称直径 DN，即可以确定调节阀的口径。

调节阀流量系数 C 定义为在调节阀前后压差为 1 kgf/cm^2（1 kgf/cm^2 =98.0665 kPa），流体密度为 1000 kg/m^3 的条件下，调节阀全开时，每小时通过阀门的流体量（m^3）。

国外采用 C_v 来表示流量系数，其定义为：60 °F（1°F=$\frac{5}{9}$K）的清水，保持阀两端压差为 psi，调节阀全开时，每分钟流过的流体流量（单位：gal）。C 和 C_v 的换算关系为 C_v =1.17C。

（2）调节阀的可调比　调节阀的可调比就是调节阀所能控制的最大流量与最小流量之比，即 $R = \frac{Q_{max}}{Q_{min}}$。可调比也称为可调范围，它反映调节阀的调节能力。

必须注意的是，Q_{min} 是调节阀所能控制的最小流量，与调节阀全关时的泄漏量不同。一般 Q_{min} 为最大流量的 2% ~ 4%，而泄漏量仅为最大流量的 0.01% ~ 0.1%。调节阀的可调比受阀前、阀后压差变化的影响，因此有理想可调比和实际可调比之分。

理想可调比是调节阀前后压差一定时的可调比。

$$R = \frac{Q_{max}}{Q_{min}} = \frac{C_{max}\sqrt{\frac{\Delta p}{\rho}}}{C_{min}\sqrt{\frac{\Delta p}{\rho}}} = \frac{C_{max}}{C_{min}}$$

由上式可见，理想可调比等于最大流量系数与最小流量系数之比，它是由结构设计决定的。可调比反映调节能力的大小，所以可调比大些好。但由于阀芯结构设计和加工的限制，C_{min} 不能太小，因此理想可调比一般均小于 50。目前设计时我国统一为 R=30。

实际可调比是考虑阀前后压差变化因素时的可调比。调节阀在实际使用时总是与工艺管路系统相串联或与旁路阀并联，管路系统阻力变化或旁路阀开启程度不同，将使调节阀前后压差发生变化，从而使调节阀的可调比也发生相应的变化。

（三）调节阀的流量特性

调节阀的流量特性是指介质流过调节阀的相对流量与相对位移（即阀的相对开度）之间的关系。即

$$\frac{Q}{Q_{max}} = f(\frac{l}{L})$$

式中，$\frac{Q}{Q_{max}}$ 为相对流量，调节阀在某一开度流量 Q 与全开度流量 Q_{max} 之比；$\frac{l}{L}$ 为相对位移，调节阀某一开度阀芯位移 l 与全开度阀芯位移 L 之比。

调节阀开度变化的同时，阀前后的压差也会发生变化，而压差变化又将引起流量的变化。为了便于分析，将流量特性分为理想流量特性和工作流量特性。

1. 理想流量特性

理想流量特性又称固有流量特性，是指调节阀前后压差一定时的流量特性。理想流量特性主要有直线、等百分比（对数）、抛物线及快开四种，如图 2.3.6 所示。

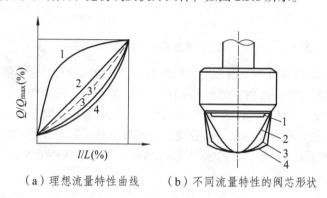

（a）理想流量特性曲线　　（b）不同流量特性的阀芯形状

图 2.3.6　理想流量特性

1—快开；2—直线；3—抛物线；3′—修正抛物线；4—等百分比

（1）直线流量特性　直线流量特性调节阀的放大系数虽是常数，但其流量相对变化值是不同的。小开度时，流量相对变化值大；而开度大时，流量相对变化值小。因此，直线阀在小开度时，灵敏度高，调节作用强，易产生振荡；在大开度时，灵敏度低，调节作用弱，调节缓慢。

（2）等百分比流量特性（对数流量特性）等百分比流量特性曲线的斜率是随着流量增大而增大，即它的放大系数随流量增大而增大。但流量相对变化值是相等的，即流量变化的百分比是相等的。因此，具有等百分比特性的调节阀，在小开度时，放大系数小，调节缓和平稳；在大开度时，放大系数大，调节灵敏、有效。

（3）抛物线流量特性　相对流量与相对位移之间为抛物线关系，它介于直线和对数特性曲线之间。

（4）快开流量特性　快开流量特性在开度较小时就有较大的流量，随着开度的增大，流量很快达到最大，此后再增大开度，流量变化很小，所以称为快开流量特性。

2. 工作流量特性

在实际生产中，调节阀前后的压差总是变化的，这时的流量特性称为工作流量特性。因为调节阀总是与工艺设备、管道等串联或并联使用，调节阀前后压差因阻力损失变化而变化，致

使理想流量特性畸变成工作流量特性。

对于理想流量特性为直线及等百分比流量特性的调节阀，串联管道工作时在不同的 S（调节阀全开时阀前后压差与系统总压差之比，即 $S = \dfrac{\Delta p_{min}}{\Delta p}$）值下，工作流量特性畸变情况如图 2.3.7 所示。

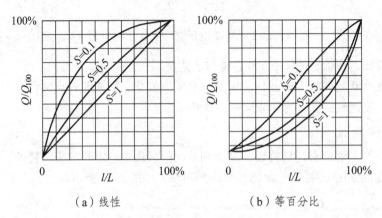

（a）线性　　　　　　　（b）等百分比

图 2.3.7　工作流量特性畸变情况（以 Q100 为参考比值）

由图 2.3.7 可看出，在 $S=1$ 时，管道阻力损失为零，系统的总压差全部降到调节阀上，工作流量特性与理想流量特性是一致的；随着 S 值的减小，管路阻力损失增加，结果不仅调节阀全开时的流量减小，而且流量特性也发生了很大的畸变，直线特性趋向于快开特性，等百分比特性趋向于直线特性，使得小开度时放大系数变大，调节不稳定；大开度时放大系数变小，调节迟钝，从而影响控制质量。因此，在实际使用时，S 值不能太小，通常 S 值不低于 0.3。

3. 调节阀流量特性的选择

（1）从控制系统的控制品质考虑　在负荷变动的情况下，理想的控制系统应仍能保持预定的品质指标，即它总的放大系数在调节系统整个操作范围内保持不变。但在实际生产过程中，被控对象的放大系数总是随着操作条件和负荷的变化而变化，所以被控对象特性往往是非线性的。因此需要适当地选择调节阀的特性，以阀的放大系数来补偿被控对象放大系数的变化，使控制系统的总放大系数保持不变或近似不变。例如，对于放大系数随着负荷增大而变小的对象，选用放大系数随着负荷增大而变大的等百分比特性调节阀，则能使两者非线性相互抵消，最终使系统的总放大系数保持不变，近似线性。

（2）从工艺配管情况考虑　在实际使用中，调节阀总是与管道、设备等连在一起的。如前分析，调节阀在串联管道时的工作流量特性与 S 值的大小有关，即与工艺配管情况有关。因此，在选择其特性时，必须考虑工艺配管的情况。具体做法是先根据系统的特点选择所需要的工作流量特性，再按照表 2.3.3 考虑工艺配管情况，确定相应的理想流量特性。

（3）从负荷变化情况考虑　直线特性调节阀在小开度时流量相对变化值大，调节过于灵敏，易引起振荡，且阀芯、阀座易受到破坏，因此，在 S 值小、负荷变化大的场合，不宜采用。等百分比特性调节阀的放大系数随阀门开度增大而增大，流量相对变化值是恒定的，因此适合负荷变化幅度大的场合使用。在工艺参数不能精确确定时，选用等百分比调节阀具有较强的适应性。

表 2.3.3　工艺配管情况与流量特性

配管情况	S=0.6～1		S=0.3～0.5	
阀的工作流量特性	直线	等百分比	直线	等百分比
阀的理想流量特性	直线	等百分比	等百分比	等百分比

目前，国内外生产的调节阀主要有直线、等百分比、快开三种基本流量特性。快开特性一般应用于双位控制或程序控制。因此，流量特性的选择主要指直线特性和等百分比特性的选择。

（四）阀门定位器

阀门定位器与气动执行器配套使用。阀门定位器是气动执行器的主要附件，其功能如图 2.3.8 所示，它接受控制器的输出信号，然后成比例地输出信号至执行机构，使阀杆产生位移，其位移量通过机械装置反馈到阀门定位器，当位移反馈信号与输入的控制信号相平衡时，阀杆停止动作，调节阀的开度与控制信号相对应。阀门定位器与气动执行机构构成的是一个负反馈系统，所以阀门定位器可以提高执行机构的线性度，实现准确定位，并且可以改变执行机构的特性，从而改变整个执行器的特性。阀门定位器可以采用更高的气源压力，可增大执行机构的输出力，克服阀杆的摩擦力，消除不平衡力的影响和加快阀杆移动的速度。阀门定位器与执行机构安装在一起，可减少控制信号的传输滞后。

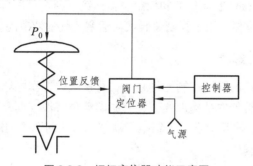

图 2.3.8　阀门定位器功能示意图

阀门定位器按结构形式可分为气动阀门定位器、电/气阀门定位器和智能阀门定位器。气动阀门定位器直接接受气动信号。电/气阀门定位器接受 4～20 mA 的直流电流信号，用以控制气动薄膜式或气动活塞式调节阀。它能够起到电/气转换器和气动阀门定位器两种作用。

（1）电/气阀门定位器　如图 2.3.9 所示，电/气阀门定位器是按力矩平衡原理工作的。当输入电流 Io 通入永久磁钢 1 中线圈时，线圈受永久磁钢作用，对主杠杆 2 产生一个向左的力，使主杠杆绕主杠杆支点 15 逆时针偏转，固定在主杠杆上的挡板靠近喷嘴 13，使气动放大器 14 背压升高，经放大后输出气压也随之升高。此输出作用在气动执行机构 8 的薄膜气室，使阀杆向下运动。阀杆的位移通过反馈杆 9 绕支点 4 偏转，反馈凸轮 5 也跟着逆时针偏转，通过滚轮 10 使副杠杆 6 绕副杠杆支点 7 顺时针偏转，从而使反馈弹簧 11 拉伸——反馈弹簧产生反馈力矩使主杠杆顺时针偏转，当反馈力矩与电磁力矩相平衡时，阀门定位器就达到平衡状态。此时，阀杆稳定在某一位置，从而实现了阀杆位移与输入信号电流成正比关系。

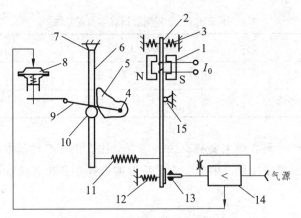

图 2.3.9　电/气阀门定位器结构示意图

1—永久磁钢；2—主杠杆；3—迁移弹簧；4—支点；5—反馈凸轮；6—副杠杆；7—副杠杆支点；
8—气动执行机械；9—反馈杆；10—滚轮；11—反馈弹簧；12—调零弹簧；13—喷嘴；
14—气动放大器；15—主杠杆支点

（2）智能阀门定位器　智能阀门定位器以微处理器为核心，同时采用了各种新技术和新工艺，因此具有定位精度高、可靠性高、流量特性修改方便、零点和量程调整简单等优点，同时还具有诊断和监测功能。接受数字信号的智能阀门定位器具有双向的通信功能，可以就地或远距离利用上位机或手持式操作器进行阀门定位器的组态、调试和诊断。智能阀门定位器有三种，第一种是只接受 4～20 mA 直流电流信号的阀门定位器；第二种是既接受 4～20 mA 模拟信号，又能接受数字信号的，即 HART 通信的阀门定位器；第三种是只进行数字信号传输的现场总线阀门定位器。智能阀门定位器均用于控制薄膜式或活塞式气动调节阀。

（五）气动执行器的选择

执行器是自动控制系统的终端控制元件之一，对系统的工作好坏影响很大。执行器的选择一般应从三方面考虑：执行器的结构形式，调节阀的流量特性，调节阀的口径。调节阀流量特性的选择在前面已经讲解，本部分着重介绍执行器结构形式的选择和调节阀口径的确定。

1. 执行器结构的选择

（1）执行机构的选择　对于气动执行机构来说，薄膜式执行机构的输出力通常都能满足调节阀的要求，所以大多数情况下选用它。但当所选用的调节阀口径较大或压差较高时，要求执行机构有较大的输出力，此时可考虑选用活塞式执行机构，当然也可选用薄膜式执行机构再配上阀门定位器。

在选用气动执行机构时，还必须考虑整个气动执行器的作用方式。从控制系统角度出发，气开阀为正作用，气关阀为反作用。气开阀在有信号压力输入时阀开大，无信号时阀全关；气关阀在有信号压力输入时阀关小，无信号时阀全开。气开阀、气关阀的选择应从工艺生产的安全角度出发。考虑原则是：信号中断时，应保证设备和操作人员的安全，如阀门处于全开位置时危害小，则选用气关阀；反之，选用气开阀，例如，控制加热炉燃料油的气动执行器应选用气开阀，因为当控制信号中断时阀应处于全关状态，切断进炉燃料，以避免炉温过高而造成事故。

由于执行机构有正反两种作用方式，调节机构也有正装和反装两种方式，因此实现气动执行器的气开和气关时有四种组合方式，如图 2.3.10 所示，（a）（d）为气关式，（b）（c）为气开式。

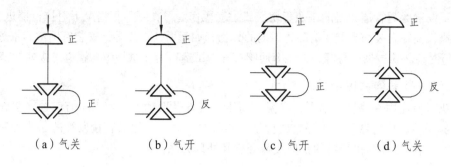

| （a）气关 | （b）气开 | （c）气开 | （d）气关 |

图 2.3.10　气动执行器的组合方式

对于双座阀和 DN25 以上的单座阀，推荐使用图（a）（b）两种形式，即执行机构为正作用，通过阀的正装和反装来实现气关和气开。对于单导向阀芯的高压阀、角形调节阀、DN25 以下的单座阀以及隔膜阀、三通阀等，由于阀门只能正装，因此只有通过变换执行机构的正、反作用来实现气关或气开，即采用图（a）（c）的组合形式。

（2）调节机构的选择　生产过程中，被控介质的特性各不相同，有高压的、高黏度的、强腐蚀的；流体的流动状态也不同，有的流量小、有的流量大，有的是分流、有的是合流。因此，必须根据流体性质、工艺条件和控制要求，并参照各种阀门结构的特点进行综合考虑，同时兼顾经济性来确定合适的调节机构。

2. 调节阀口径的选择

流量系数是选择调节阀口径的主要依据。为了能正确计算流量系数，首先必须合理确定调节阀流量和压差数据。通常把代入流量系数计算公式中的流量和压差分别称为计算流量和计算压差。而在根据计算所得到的流量系数选择调节阀口径之后，还应对所选调节阀开度和可调比进行验算，以保证所选调节阀的口径能满足控制要求。调节阀口径的计算步骤详见有关手册。

（六）气动执行器的安装与维护

1. 气动执行器的安装

（1）气动执行器安装位置，要求与地面有一定距离。执行器的上、下要留有一定空间，以便进行拆装和维护。对于装有气动阀门定位器和手轮的执行器，必须保证操作、观察和调整时方便。

（2）执行器应安装在水平管道上，并与管道垂直。一般要在执行器下加以支撑，保证稳固可靠。对于特殊场合下，需将执行器水平安装在竖直的管道上时，也应将执行器进行支撑（小口径执行器除外）。

（3）安装时，要避免给执行器带来附加应力，如管道与阀不同心或法兰不平行等。

（4）执行器的工作环境温度要在-30～+60℃，相对湿度不大于95%。因调节阀的薄膜和密封环的橡胶制品零件在低温时易硬化变脆，高温时易老化，所以安装时应注意安装位置，离开加热炉、高温管道。

（5）执行器前后位置应有直管段，阀前后直管段长度不小于10倍管道直径，以避免由于阀的直管段太短而影响流量特性。

（6）执行器的口径与工艺管道不同时，应采用异径管连接。在安装小口径执行器时，可用螺纹连接。阀体上流体方向箭头应与流体方向一致。

（7）要设置旁通管道，目的是便于切换或手动操作，可在不停车情况下对执行器进行检修。

（8）执行器在安装前要彻底清除管道内的异物，如污垢、焊渣等。安装后用常温水进行试运行。试运行时应将执行器全打开，或将旁通阀打开。试运行时注意阀体与管道连接处的密封等。

2. 气动执行器的故障与维修

气动执行器应用在易燃、易爆、高温、高压、有毒、振动、噪声大、有腐蚀或强腐蚀、有粉尘等恶劣环境。执行器多处于遥控或自动控制状况，一般是无人直接监视的，不可避免地出现各种故障。表2.3.4为执行器的常见故障分析及处理方法。

表2.3.4 执行器的常见故障及处理方法

故障	原因	处理方法
阀杆、阀芯可动部分受阻，不能与信号同步变化	① 填料压得太紧，阀杆摩擦力增大 ② 阀杆、阀芯同心度不好，或使用中造成阀杆变形，产生的移动摩擦力大 ③ 在冬季使用时膜头内进水被冻	① 更换新填料 ② 更换或修理阀杆 ③ 清除冻结
阀杆与上阀盖连接处泄露介质严重，产生滴、漏、跑、冒现象	① 阀盖松动 ② 填料老化	① 压紧阀盖 ② 更换填料，清除泄露
阀在停止使用或小开度时，仍有较大流量通过执行器	① 阀芯、阀座磨损或被腐蚀 ② 阀座内进入异物，阀关不死 ③ 阀芯与阀杆脱落	① 将阀芯、阀座重新研磨，或更换阀芯、阀座 ② 取出阀体内异物 ③ 将阀杆与阀芯重新连接牢固
执行器动作缓慢，输入信号对执行器不能控制	① 膜片老化而破裂，产生漏气现象 ② 信号管漏气，信号管与执行器接头处泄露 ③ 膜头的密封环破裂	① 更换膜片 ② 更换信号管及信号接头 ③ 更换密封环
执行器的线性误差太大	① 执行机构的反馈弹簧性能不好或损坏 ② 阀杆摩擦力太大	① 更换反馈弹簧 ② 消除摩擦现象

二、电动调节阀

电动调节阀是由电动执行机构和调节阀组成的，如图2.3.11所示。电动执行器具有动作较快、适于远距离的信号传送、能源获取方便等优点；其缺点是价格较贵，一般只适用于防爆要求不高的场合。但由于其使用方便，特别是智能式电动执行机构的面世，使得电动执行器在工业生产中得到越来越广泛的应用。

电动执行器与气动执行器的区别主要在执行机构，本小节主要介绍电动执行机构、智能式执行机构以及与电动执行机构相关的控制电机，并简单介绍电磁阀的有关知识。

电动执行器

阀门

图2.3.11 电动执行器

（一）电动执行机构

电动执行机构接受 4~20 mA DC（或 1~5 V DC）的输入信号，并将其转换成相应的输出力和直线位移或输出力矩和角位移，以推动调节机构动作。方块图见图 2.3.12。

电动执行机构主要分为两大类：直行程和角行程。角行程式执行机构又可分为单转式和多转式。单转式输出的角位移一般小于 360°，通常简称为角行程式执行机构；多转式的角位移超过 360°，可达数圈，所以称为多转式电动执行机构，它和闸阀等多转式调节机构配套使用。

电动执行机构由伺服放大器、伺服电机、位置发送器和减速器四部分组成，如图 2.3.12 所示。伺服放大器将输入信号和反馈信号相比较，得到偏差信号 e，并将 e 进行功率放大。当 $e>0$ 时，伺服放大器的输出驱动伺服电机正转，再经机械减速器减速后，使输出轴向下运动（正作用执行机构），输出轴的位移经位置发送器转换成相应的反馈信号，反馈到伺服放大器的输入端，使 e 减小，直到 $e=0$ 时，伺服放大器无输出，伺服电机停止运转，输出轴也就稳定在输入信号相对应的位置上。反之，当 $e<0$ 时，伺服放大器的输出驱动伺服电机反转，输出轴向上运动，反馈信号也相应减小，直至使 $e=0$ 时，伺服电机才停止运转，输出轴稳定在一个新的位置上。

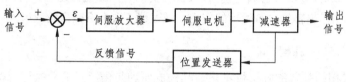

图 2.3.12　电动执行机构方块图

1. 伺服电机

伺服电机的作用是将伺服放大器输出的电功率转换成机械转矩，并且当伺服放大器没有输出时，伺服电机能可靠地制动，以消除输出轴的惰走（断电后，电机由于惯性而继续转动）以及抵消负载对电机的反作用力。伺服电机的结构及原理在控制电机部分介绍。

2. 伺服放大器

伺服放大器主要包括放大器和两组可控硅交流开关Ⅰ、Ⅱ，其工作原理如图 2.3.13 所示。放大器的作用是将输入信号 I_i 与反馈信号 I_f 进行比较，得到偏差 e，并根据 e 的极性和大小，控制可控硅交流开关Ⅰ、Ⅱ的导通或截止。可控硅交流开关Ⅰ、Ⅱ用来接通或切断伺服电机的交流电源，控制伺服电机的正转、反转或停止运转。执行机构工作时，可控硅交流开关Ⅰ、Ⅱ只能一组接通。假设开关Ⅰ接通，分相电容 Cd 与伺服电机定子上的绕组 W1 串接，由于 Cd 的作用，绕组 W1 和 W2 的电流相位总是相差 90°，其合成向量产生定子旋转磁场，定子旋转磁场又

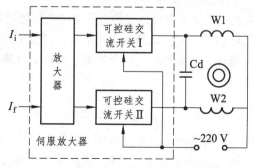

图 2.3.13　伺服放大器原理示意图

在转子内产生感应电流并构成转子磁场，两个磁场相互作用，使转子顺时针旋转（正转）；而开关Ⅱ接通时，则分相电容 Cd 与绕组 W2 串接，使转子逆时针旋转（反转）；开关Ⅰ、Ⅱ均截止时，伺服电机停止运转。为了满足控制系统的需要，有时执行机构的伺服放大器有多个输入信号通道。

3. 位置发送器

位置发送器的作用是将电动执行机构输出轴的位移线性地转换成反馈信号，反馈到伺服放大器的输入端。位置发送器通常由位移检测元件和转换电路两部分组成。前者用于将电动执行机构输出轴的位移转换成毫伏或电阻等信号，常用的位移检测元件有差动变压器、塑料薄膜电位器和位移传感器等；后者用于将位移检测元件输出信号转换成伺服放大器所要求的输入信号，即 4 ~ 20 mA DC 信号。

4. 减速器

减速器的作用是将伺服电机高转速、小力矩的输出功率转换成执行机构输出轴的低转速、大力矩的输出功率，以驱动调节机构。直行程式执行机构中，减速器还起到将伺服电机转子的旋转运动转变为执行机构输出轴的直线运动的作用。减速器一般由机械齿轮或齿轮与皮带轮构成。

（二）智能式执行机构

智能调节阀采用的是智能式执行机构，其构成原理与模拟式电动执行机构相同。由于智能式执行机构的伺服放大器中采用了微处理器系统，所有控制功能均可通过编程实现，而且还有数字通信接口，从而具有 HART 协议或现场总线通信功能，成为现场总线控制系统中的一个节点。伺服放大器还采用了变频技术，可以更有效地控制伺服电机的动作。减速器采用新颖的传动结构，运行平稳、传动效率高、无爬行、摩擦小。位置发送器采用了新技术和新方法，有的采用霍尔效应传感器，直接感应阀杆的纵向或旋转动作，实现了非接触式定位检测；有的采用特殊的电位器，电位器中装有球轴承和特种导电塑料材质做成的电阻薄片；有的采用磁阻效应的非接触式旋转角度传感器。

智能式执行机构通常都有液晶显示器和手动操作按钮，用于显示执行机构的各种状态信息和输入组态数据以及手动操作。因此与模拟式电动执行机构相比，智能式执行机构具有如下优点：

（1）定位精度高，并具有瞬时启停性以及自动调整死区、自动修正，长期运行仍能保证可靠的关闭和良好运行状态等；

（2）推杆行程的非接触式检测；

（3）更快的响应速度，无爬行、超调和振荡现象；

（4）具有通信功能，可通过上位机或执行机构上的按钮进行调试和参数设定；

（5）具有故障诊断和处理功能，能自动判别输入中断、伺服电机过热或堵转、阀门卡死、通信故障、程序出错等，并能自动切换到阀门安全位置，当供电电源断电后，能自动切换到备用电池上，使位置信号保存下来。

（三）控制电机

控制电机是用来实现信号转换的电机，在自动控制系统中用作检测、执行和校正等元件。控制电机是在动力电机的基础上发展起来的，从基本原理来说与动力电机并无本质区别。动力电机的主要功能是实现能量的转换，对它们的要求是提高效率等经济指标以及启动、调速等性能。而控制电机的功能是实现控制信号的传递和转换。因此，对控制电机的要求是技术性能稳定可靠、动作灵敏、精度高、体积小、重量轻。控制电机种类很多，本部分主要介绍伺服电机和微型同步电机。

1. 伺服电机

伺服电机又称执行电机，其功能是将输入的电信号转换为电机转轴上的角位移或角速度的变化。伺服电机（也称可逆电机）的特点是响应快、精度高和转动稳定可靠（如自动平衡电桥、电子电位差计中的可逆电机）。伺服电机的转速通常要比控制对象的运动速度高得多，一般都是通过减速机构将两者连接起来（如电动执行器的执行机构）。

按电流种类不同，伺服电机可分为交流和直流两种，它们的最大特点是转矩和转速受信号电压控制。当信号电压的极性和大小发生变化时，伺服电机的转动方向和速度非常灵敏、准确地跟着变化。

（1）交流伺服电机

① 交流伺服电机的原理　两相交流伺服电机是以单相异步电机原理为基础的，图 2.3.14 中 FW 是励磁绕组，CW 是控制绕组。当两相绕组分别加上相位相差 90°的交流电压 U_c 和 U_f 时，两绕组便产生旋转磁场。该磁场与转子中的感应电流相互作用产生转矩，使转子跟随着旋转磁场以一定的转差率转动起来，转向与旋转磁场的方向相同。若把控制电压反相，则可以改变伺服电机的旋转方向。

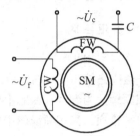

图 2.3.14　交流伺服电机的原理图

② 交流伺服电机的控制方法　交流伺服电机运行时，若改变控制电压的大小或改变它与励磁电压之间的相位角，则旋转磁场都将发生变化，从而影响电磁转矩。当负载转矩一定时，可以通过调节控制电压的大小或相位角来达到改变转速的目的。因此，交流伺服电机可以有以下三种转速控制方法。

a. 幅值控制　控制电压与励磁电压的相位差保持 90°不变，通过改变控制电压的大小来改变电机的转速。

b. 相位控制　控制电压与励磁电压的大小保持额定值不变，通过改变它们的相位差来改变电机的转速。

c. 幅相控制　同时改变控制电压的大小与相位来改变电机的转速。

以上控制方法中幅值控制方法的控制电路比较简单，生产中应用最多。

交流伺服电机可以方便地利用控制电压的有无来进行启动、停止控制；利用改变电压的幅值（或相位）来调节转速；利用改变控制电压的极性来改变电机的转向，它是控制系统中的原动机。由于交流伺服电机结构简单、运行可靠、维护方便，特别是在小功率（0.1～100 W，主要是 30 W 以下）控制系统中应用较多。例如，交流伺服电机在电动执行器中驱动调节机构动作，实现阀门的开启；数控机床中刀具运动也是由伺服电机来带动。

（2）直流伺服电机　直流伺服电机是用直流电压供电，由定子和转子两部分组成。直流伺服电机根据定子磁场情况可以分为电磁型和永磁型。电磁型电机定子有绕组，通过直流供电产生磁场。永磁型电机定子由永久磁钢制成，由磁钢产生磁场。

直流伺服电机的特点是调速范围广，机械特性和调节特性线性度好，无自转现象，启动转矩大，通常采用调整电枢（转子）电压的大小和方向来调速和换向。缺点是有电刷换向器的滑动接触，工作可靠性稍差，转动惯量不够小。直流伺服电机多用于功率较大（一般为 1~600 W）的控制系统中。

2. 微型同步电机

微型同步电机具有转速恒定的特点，广泛应用于恒速传动装置中作为驱动电机，如驱动仪器仪表中的走纸、打印记录机构、自动记录仪、录音机、录像机等。

微型同步电机在结构上也是由定子和转子两部分组成，按定子绕组所接电源种类不同，可分为三相和单相同步电机两大类。单相同步电机按定子结构不同可分为电容移相式和罩极式两种，工作时都是由单相电源供电，电容移相式的定子结构与交流伺服电机的定子相同，利用电容移相方法来产生旋转磁场。根据转子机械机构（或转子材料）不同，可分为永磁式、磁阻式和磁滞式等。永磁式同步电机结构简单、制造方便，转子又能做成多对磁极，因此微型同步电机的转速能设计得较低。目前，微型同步电机在自动化仪表中应用广泛，其额定功率一般非常小。

（四）电磁阀

1. 电磁阀的原理

电磁阀是结构简单的两位式电动执行器，是依靠电磁力工作的。图 2.3.15 所示为两位两通电磁阀原理。当卷绕在铁芯上的线圈中流过电流时，电磁铁有磁性，吸引阀芯向左移动，流体的通路被接通。当切断线圈中的电流，电磁铁失去磁性，在弹簧的作用下，阀芯向右移动，流体的通路被切断。

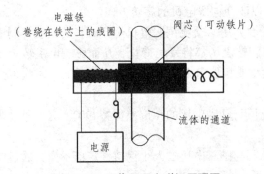

图 2.3.15　两位两通电磁阀原理图

2. 电磁阀的应用举例

（1）直接用于控制　电磁阀是自动化装置中常用的执行器，可作为直接的执行阀使用。在一些要求不高的双位控制中，采用电磁阀作为执行装置，如卫生间的自动供水。但因控制精度以及安全的因素，直接控制用的电磁阀多用在操作不方便处的排污或放空。

（2）用于联锁系统　电磁阀与气动执行器可组装在一起用于联锁控制系统。图 2.3.16 所示为两位三通电磁阀在联锁系统中的应用。控制系统中的被控变量在正常范围内波动时，电磁阀处于带电状态，工作在右位。这时电/气阀门定位器与气源相通。控制器出来的电信号经过电/气阀门定位器，转换为气信号送到气动执行机构，气动执行机构带动调节阀正常调节操纵变量，以使被控变量回到给定值。当控制系统出现事故时，联锁信号使电磁阀失电，工作在左位。这时电/气阀门定位器的气源被切断，电/气阀门定位器不能把控制器出来的电信号转换成气信号，因此没有信号到气动执行机构，调节阀处于全开（气关阀）或全关（气开阀），从而使系统处于安全状态。

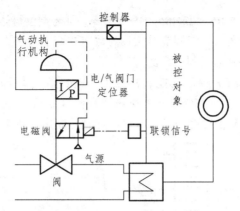

图 2.3.16　带电磁阀的气动执行器构成的阀门应用示意图

在联锁系统中，电磁阀一般在通电情况下工作，也就是正常情况下，电磁阀带电。这是为了避免电磁阀长期不动作，可能生锈而失灵，一旦联锁要求动作而不能动作时，造成事故。长期通电可以防止卡住。同时，处于带电状态也比较容易判断出电磁阀是否有故障，便于检修。

3. 电磁阀的使用

电磁阀使用时一般应考虑工作介质的温度、黏度、悬浮物、腐蚀性、压力、压差等因素，此外还必须考虑到下列问题。

（1）每分钟允许通断的工作次数，防止线圈烧坏。

（2）介质进入电磁阀前，一般应先经过过滤器，防止杂质堵塞阀门。

（3）若电磁阀铭牌框上标注的压力为 0.1～0.8 MPa，而介质压力为 0～0.1 MPa，则因电磁阀上压差太小，流体不能通过阀门。只有当流体压力大于 0.1 MPa 时才能通过阀门。

（4）电磁阀有电开型（通电打开）和电闭型（通电闭合）两种，若产品样本上未注明电开、电闭，则一般均为电开型。

（5）通常电磁阀是水平安装，这样可不考虑铁芯的重量。若垂直安装，线圈的磁吸力不能克服铁芯的重力，电磁阀不能正常工作。

三、液动执行机构

从原理上讲，只要把气动执行机构的动力源改为液压动力就可以变成液压执行机构。液压执行机构在调节阀中的应用不如气动、电动执行机构广泛。

液压执行机构实际上是一种液压缸，用在液动执行机构的液压缸主要有单活塞杆液压缸和摆动式液压缸。

第四节　工业控制器与数字式无纸记录仪

一、工业控制器

智能调节器是一种数字化的过程控制仪表，也是最常用的工业控制器，它以微处理器或单片微型计算机为核心，具有数据通信功能，能完成生产过程多个回路直接数字控制任务，在 DCS 的分散过程控制级中得到了广泛的应用。智能调节器不仅可接受 4～20 mA DC 电流信号输入的设定值，还具有异步通信接口 RS-422/485、RS-232 等，可与上位机连成主从式通信网络，发送、接收各种过程参数和控制参数。智能调节器又称为数字式调节器和工业控制器，由于价格低廉、使用方便，在我国工业控制领域得到了广泛应用。

　　智能调节器一般具备 PID 控制功能，即比例-积分-微分控制器（Proportion Integration Differentiation），由比例单元 P、积分单元 I 和微分单元 D 组成，通过 K_p，K_i 和 K_d 三个参数设定。PID 控制器主要适用于基本线性和动态特性不随时间变化的系统。系统框图如图 2.4.1 所示

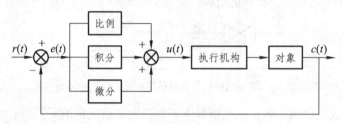

图 2.4.1　带 PID 控制功能的智能调节器

　　下面以上海万迅仪表有限公司生产的型号为 AI808 的智能调节器为例进行讲解。其具备外给定、手动/自动切换操作、手动整定及显示输出值等功能，并具备能直接控制阀门的位置比例输出（伺服放大器）功能，也可独立做手动操作器或伺服放大器用，此外还具备可控硅移相触发输出功能，可节省可控硅移相触发器，能精确控制温度、压力、流量、液位等各种物理量。其外形面板图和背面接线如图 2.4.2 所示。

（a）面板

（b）背面接线

图 2.4.2　智能调节器面板和背面接线

（一）主要特点

输入采用数字校正系统，内置常用热电偶和热电阻非线性校正表格，测量精度高达 0.2 级；采用先进的 AI 人工智能调节算法，无超调，具备自整定（AT）功能；采用先进的模块化结构，提供丰富的输出规格，能广泛满足各种应用场合的需要，交货迅速且维护方便；全球通用的 100～240 V AC 输入范围开关电源或 24 V DC 电源供电，并具备多种外形尺寸供客户选择；抗干扰性能符合在严酷工业条件下电磁兼容（EMC）的要求。AI 仪表在使用前应根据其输入、输出规格及功能要求正确设置参数，只有配置好参数的仪表才能投入使用。

（二）型号定义

AI 系列仪表硬件采用了先进的模块化设计，具备五个功能模块插座：辅助输入、主输出、报警、辅助输出及通信。模块可以与仪表一起购买也可以分别购买，自由组合。仪表的输入方式可自由设置为常用各种热电偶、热电阻和线性电压（电流）。AI 系列人工智能调节仪表共由 8 部分组成，例如：

AI-808	A	N	X3	L5	N	S4	—	24 V DC
①	②	③	④	⑤	⑥	⑦		⑧

这表示一台仪表：① 基本功能为 AI-808 型；② 面板尺寸为 A 型（966 mm×96 mm）；③ 辅助输入（MIO）没有安装模块；④ 主输出（OUTP）安装 X3 线性电流输出模块；⑤ 报警（ALM）安装 L5 双路继电器触点输出模块；⑥ 辅助输出（AUX）没有安装模块；⑦ 通信（COMM）装有自带隔离电源的光电隔离型 RS485 通信接口 S4；⑧ 仪表供电电源为 24 V DC 电源。

仪表型号中 8 个部分的含义如下：

① 表示仪表基本功能，AI-808 功能增强型 AI 人工智能工业调节器，具有手动/自动无扰动切换，阀门电机控制等功能。

② 表示仪表面板尺寸规格，如 A（A2 带 25 段 4 级亮度光柱）面板 96 mm×96 mm，开口 92 mm×92 mm，插入深度为 100 mm 等。

③ 表示仪表辅助输入（MIO）安装的模块，N 表示没有安装。

④ 表示仪表主输出（OUTP）安装的模块，用于仪表调节输出或 SV/PV 的变送输出。

⑤ 表示仪表报警（ALM）安装的模块（用于仪表 AL1 及 AL2 报警输出）。

⑥ 表示仪表辅助输出（AUX）安装的模块（用于仪表 AU1、AU2 报警或调节辅助输出）。

⑦ 通信：如果带有参数 S4，说明此表带有 RS485 通信端口；否则不带有该项功能。

⑧ 表示仪表供电电源：不写表示使用 100～240 V AC 电源，24 V DC 表示使用 20～32 V DC 或 AC 电源。

关于校准维护：本仪表是采用自动调零及数字校准技术的免维护型仪表，无需校准维护。计量检定时若超差，通常对仪表内部进行清洁及干燥即可解决问题。如果干燥和清洁无法恢复精度，应将此仪表视同故障仪表送回厂方检修。

（三）技术规格

智能调节器的功能强大，技术规格完整，在使用时一般应确认的技术参数有：输入规格（一台仪表即可兼容）、测量范围、测量精度、分辨率、温度漂移、响应时间、调节方式、输出规格、电磁兼容、隔离耐压、电源、使用环境、面板尺寸、开口尺寸、插入深度等。具体值可查说明书。

（四）显示及操作

1. 面板示意图及说明

为了便于使用，现仅简要对智能调节器的面板进行介绍，因功能较为复杂，此处不进行深入，使用时请查看配套说明书。面板各部分名称如图 2.4.3 所示。

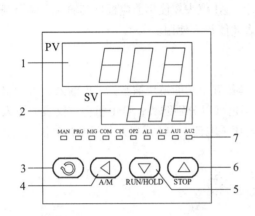

1—上显示窗；

2—下显示窗；

3—设置键；

4—数据移位（兼手动/自动切换）；

5—数据减少键；

6—数据增加键；

7—10 个 LED 指示灯（其中 MAN 灯灭表示自动控制状态，亮表示手动输出状态；PRG 表示仪表处于程序控制状态；M2、OP1、OP2、AL1、AL2、AU1、AU2 等分别对应模块输入、输出动作；COM 灯亮表示正与上位机进行通信）。

图 2.4.3　智能调节器面板名称

2. 显示状态

智能调节器 AI808 上电后，仪表显示窗中可能显示的内容如图 2.4.4 所示。

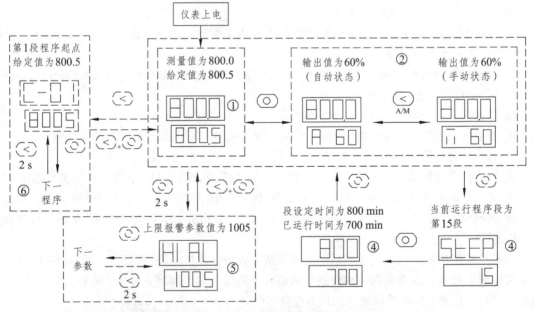

图 2.4.4　AI808 上电后显示值示意图

注意：不是所有型号仪表都有以上图形描述的显示状态，依据功能不同，AI-708 只有 ① ⑤ 两种状态，AI-808 有 ① ② ⑤ 三种显示状态，AI-708P 有 ① ③④⑤⑥ 五种状态，而 AI-808P 则具备以上所有显示状态。仪表上电后，将进入显示状态①，此时仪表上显示窗口显示测量值（PV），下显示窗口显示给定值（SV）。对于 AI-808/808P 型仪表，按键可切换到显示状态②，此时下显示窗显示输出值。状态①②同为仪表的基本状态，在基本状态下，SV窗口能用交替显示的字符来表示系统某些状态：闪动显示"orAL"，表示输入的测量信号超出量程（传感器规格设置错误、输入断线或短路均可能引起）。此时仪表将自动停止控制，并将输出设置为0。闪动显示"HIAL""LoAL""dHAL"或"dLAL"：分别表示发生了上限报警、下限报警、正偏差报警和负偏差报警。报警闪动的功能是可以关闭的（参看cF参数的设置），将报警作为控制时，可关闭报警字符闪动功能以避免扰乱的闪动。闪动显示"Stop"、"Hold"和"Rdy"：分别表示程序处于停止状态、暂停状态和准备状态，该显示仅适用于AI-708P/808P程序型仪表，当程序正常运行时（run状态），无闪动字符。仪表面板上还有10个LED指示灯，其含义分别如下：PRG灯，对于AI-708P/808P此灯亮表示程序运行（Run），闪动表示程序处于暂停（Hold）或准备（rdy）状态，灭表示处于停止状态。MAN灯，手动调节指示灯，当AI808/808P处于手动状态下时该灯亮；COM，当仪表与上位机通信时，此灯闪动；MIO、OP1、OP2、AL1、AL2、AU1、AU2分别表示对应的MIO、OUTP、ALM及AUX等模块动作与否的指示。当OUTP安装X或X4线性电流输出模块时，OP1/OP2在线性电流输出时通过亮/暗变化反映输出电流的大小。当OUTP安装K5单相移相可控硅触发模块时，OP2亮表示外部电源接通，OP1通过亮/暗变化反映移相触发输出大小。

3. 基本使用操作

（1）显示切换：按⊙键可以切换不同的显示状态。AI-808可在①②两种状态下切换，AI-708P可在①③④三种状态下切换，AI-808P可在①②③④四种状态下切换，AI-708只有显示状态①，无需切换。

（2）修改数据：如果参数锁没有锁上，仪表下显示窗显示的数值除AI-808/808P的自动输出值及AI-708P/808P的已运行时间和给定值不可直接修改外，其余数据均可通过按◁、▽或△键来修改下显示窗口显示的数值。例如，需要设置给定值时（AI-708/808型），可将仪表切换到显示状态①，即可通过按◁、▽或△键来修改给定值。AI仪表同时具备数据快速增减法和小数点移位法。按▽键减小数据，按△键增加数据，可修改数值位的小数点同时闪动（如同光标）。按键并保持不放，可以快速地增加/减少数值，并且速度会随小数点右移自动加快（3级速度）。而按◁键则可直接移动修改数据的位置（光标），操作快捷。

（3）设置参数：在基本状态（显示状态①或②）下按⊙键并保持约2秒，即进入参数设置状态（显示状态⑤）。在参数设置状态下按⊙键，仪表将依次显示各参数，如上限报警值HIAL、参数锁Loc等。对于配置好并锁上参数锁的仪表，只出现操作工需要用到的参数（现场参数）。用◁、▽、△等键可修改参数值。按◁键并保持不放，可返回显示上一参数。先按◁键不放接着再按⊙键可退出设置参数状态。如果没有按键操作，约30秒钟后会自动退出设置参数状态。如果参数被锁上（后文介绍），则只能显示被EP参数定义的现场参数（可由用户定义的，工作现场经常需要使用的参数及程序），而无法看到其他的参数。不过，至少能看到Loc参数显示出来。

4. AI人工智能调节及自整定（AT）操作

AI人工智能调节算法是采用模糊规则进行PID调节的一种新型算法，在误差大时，运用模糊算法进行调节，以消除PID饱和积分现象，当误差趋小时，采用改进后的PID算法进行调节，并能在调节中自动学习和记忆被控对象的部分特征以使效果最优化。具有无超调、高精度、参数确定简单、对复杂对象也能获得较好的控制效果等特点。AI系列调节仪表还具备参数自整定功能，AI 人工智能调节方式初次使用时，可启动自整定功能来协助确定 M5、P、t 等控制参数。初次启动自整定时，可将仪表切换到显示状态① 下，按 ◁ 键并保持约 2 秒钟，此时仪表下显示器将闪动显示"At"字样，表明仪表已进入自整定状态。自整定时，仪表执行位式调节，经 2～3 次振荡后，仪表内部微处理器根据位式控制产生的振荡，分析其周期、幅度及波型来自动计算出 M 5、P、t 等控制参数。如果在自整定过程中要提前放弃自整定，可再按 ◁ 键并保持约 2 秒钟，使仪表下显示器停止闪动"At"字样即可。不同系统，自整定需要的时间可从数秒至数小时不等。仪表在自整定成功后，会将参数 Ctrl 设置为 3（出厂时为 1）或 4，这样今后无法从面板再按 ◁ 键启动自整定，可以避免人为的误操作再次启动自整定。已启动过一次自整定功能的仪表如果今后还要启动自整定时，可以用将参数 Ctrl 设置为 2 的方法进行启动（参见后文"参数功能"说明）。

手动自整定（仅适用 AI-808/808P）：由于自整定执行时采用位式调节，其输出将定位在由参数 oPL 及 oPH 定义的位置。在一些输出不允许大幅度变化的场合，如某些执行器采用调节阀的场合，常规的自整定并不适宜。对此 AI-808 型仪表具有手动自整定模式。方法是先用手动方式进行调节，等手动调节基本稳定后，再在手动状态下启动自整定，这样仪表的输出值将限制在当前手动值+10%及-10%的范围，而不是 oPL 及 oPH 定义的范围，从而避免了生产现场不允许的阀门大幅度变化现象。此外，当被控物理量响应快速时，手动自整定方式能获得更准确的自整定结果。

（五）智能调节器使用注意事项

对于通过检验的智能调节器，在使用时一般要注意以下几个方面的问题：

（1）首先规划要使用的模拟量输入端子及信号类型，并在仪表加电后完成对应输入端子口的组态（包括与模拟输入信号有关通道的位号、单位、信号类型、大小、PID 参数、正反作用、变送输出、报警参数、小数点位数等系统所需的参数）。为了保证正确，可列表逐一完成。

（2）将完成组态的智能调节器按规划要求在对应的接线端子上接入相应的模拟输入量、电源、通信口接线、输出控制线等。

（3）确认所有接入线无误后，开机检查仪表是否按照规划的效果运行。

二、数字式无纸记录仪

数字式无纸记录仪是将工业现场的各种需要监视记录的输入信号，比如流量计的流量信号、压力变送器的压力信号、热电阻和热电偶的温度信号等，通过高性能 32 位 ARM 微处理器进行数据处理，一方面在大屏幕液晶显示屏幕上以多种形式的画面显示出来，另一方面把这些监视信号的数据存放在本机内藏的大容量存储芯片内，以便在记录仪上直接进行数据和图形查询、翻阅。

通过上位机管理软件可了解仪器记录信息，并能打印曲线、图形，列表。广泛应用于冶金、石油、化工、建材、造纸、食品、制药、热处理和水处理等各种工业现场。随着科技的发展，无纸记录仪扩展了更多的功能，如 PID 调节等，也向着越来越集成化的趋势发展。可以分为彩屏无纸记录仪、蓝屏无纸记录仪、单色无纸记录仪、中长图无纸记录仪、流量积算无纸记录仪等。

本小节以工业生产中常用的昌晖自动化系统有限公司生产的 ASR300 系列无纸记录仪为例进行讲解。ASR300 系列无纸记录仪采用宽视角、高亮度、3.6 英寸（in，1 in=2.54 cm）、高分辨率、LED背光的真彩色TFT液晶作为显示屏，全新硬件结构设计、更低的功耗、更强的抗干扰能力、更友好的人机界面、可以满足不同用户的特殊功能定制要求、灵活便捷。其外形如图2.4.5所示。

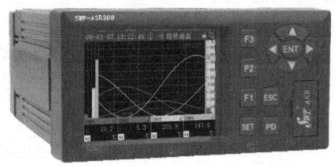

图2.4.5 ASR300系列无纸记录仪

1. 主要特点

嵌入式、多任务操作系统的运用，使仪表效率更高，更加稳定、安全、可靠；嵌入式图形显示系统的加入，使仪表人机交互界面更友好，标识一目了然，方便用户；多达16种信号全隔离输入加上22位高精度A/D芯片，使仪表适用范围更广、采集数据更精确；支持通用USB设备，使数据转存更方便、快捷、安全；海量、高品质FLASH存储芯片，使仪表可以存储更多的数据，断电前保存使数据更安全；细致的软件开发，使仪表更聪明贴心，当增减板卡后自动生成新的仪表配置表、接线图示等相关信息，方便用户操作；全铝合金外壳，插入式安装、超短机身，符合EMC（电磁兼容）国家GB/T17626.5标准，使仪表抗干扰性更强，轻便灵巧，便于安装；支持2路全隔离、高速通信口（RS232/RS485），支持1200～115200 bps波特率，8路全可切万能信号输入，6路继电器输出，3路24V馈电，使仪表通信更加灵活便捷；多种字符输入（大小写英文、数字、汉字、特殊字符），多语言版本切换（英、繁、简），方便不同地域用户选择；支持强大的硬件支持，丰富的功能，支持用户特殊功能定制，适应更多特殊应用需求，避免用户2次投资花费；全新设计的上位机分析软件，便于数据的统一收集、分析处理和安全保存。

2. 性能指标

输入端是否具有万能输入的功能；能具备24 V DC变送器用电源输出功能；显示部分应清晰，可定义、支持中文；报警功能；串口通信协议 SR-BUS或Modbus RTU协议，提供OPC Server，支持iFIX、组态王、MCGS、力控等流行专业组态软件；权限管理 5个管理员账号，10个操作员账号；组态设置需登录后才可操作，带操作信息记录；管理员可查看仪表操作信息，备份、恢复设置参数，清空各种记录数据；流量积算功能；PID控制功能；运算功能；曲线拟合：对于某些非线性的采集数据可以通过简单的变量变换使之直线化，实现对非线性的曲线拟合。ASR系列无纸记录仪可以实现将采集值用多段曲线拟合（fitting a curve）的功能（可设置8条曲线，每条最多可分16段），满足用户对特殊非线性信号采集的要求。报表功能：报表种类：日报表、月报表、班报表（最多4个班次），月、日、班报表显示流量通道的月、日、班生产记录，包括记录时间、各流量通道的累积流量、累积热能。月报表可保存最后 5 年的记录，日报表可保存最后12个月的记录，班报表可保存最后1500条记录，每天最多可定义4个班次或按间隔时间记录等。

3. 接线说明

正确使用无纸记录仪，必须清楚仪表接线端子布置图，本机的布置如图 2.4.6 所示。

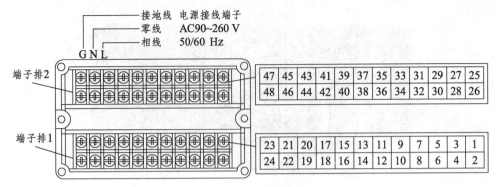

图 2.4.6　接线端子布置图

模拟信号输入接线如图 2.4.7 所示：

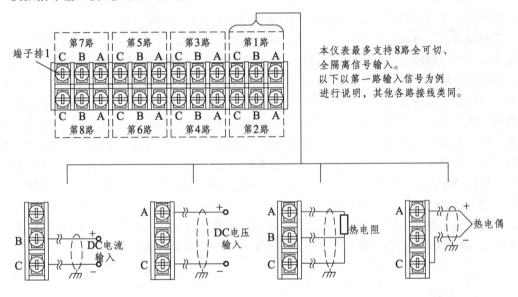

图 2.4.7　模拟信号输入接线图

其他端子功能如表 2.4.1 所示：

表 2.4.1　数字式无纸记录仪端子功能说明表

端子编号	说　　明
43、45、47	电源端子，G 为接地端
1～24	模拟量信号输入
25～36	继电器输出端子，共 6 路，继电器触点容量为：250 V AC，3A
37～42	DC 24 V 馈电输出端子，共 3 路，每路 60 mA，用于变送器供电
44、46、48	通信接线端子（如需使用，请查看说明书）

212

4. 彩色无纸记录仪使用注意事项

（1）使用本仪表和外部存储媒体连接时的注意事项如下：

① 彩色无纸记录仪塑料零部件较多，清扫时请使用干燥的柔软布擦拭。不能使用苯、香蕉水等药剂清扫，否则可能造成变色或变形。

② 不要将带电品靠近信号端子，可能引起故障。

③ 从仪表中冒烟，闻到有异味，发出异响等异常情况发生时，请立即切断供电电源，并及时与供货商或公司取得联系。

④ 存储媒体是精密产品，请小心使用；使用 U 盘请注意静电保护；在高温（大约 40 ℃以上）使用存储媒体时，请在保存数据时插入存储媒体，数据保存结束后取出放好，不要长期插在仪表上；打开/关闭电源前，请取出存储媒体；当存储灯（在 U 上）点亮时，请不要取出存储媒体，否则会破坏数据。

⑤ 其他使用注意事项，请参见所使用的存储媒体所带的使用说明书。

（2）无纸记录仪使用要点

① 首先规划要使用的模拟量输入端子，并在仪表加电后完成对应输入端子口的组态（包括与模拟输入信号有关通道的位号、单位、信号类型、大小、曲线颜色等；记录仪使用用户权限设置等）。如果待测量的参数较多，为了保证正确，可列表逐一完成。

② 将完成组态的无纸记录仪按规划在对应的接线端子上接入相应的模拟输入量、电源、通信口接线等。

③ 确认所有接入线无误后，开机检查仪表是否按照规划的效果运行。

第五节　传感器与变送器

国家标准 GB7665—87 对传感器的定义是："能感受规定的被测量并按照一定的规律转换成可用信号的器件或装置，通常由敏感元件和转换元件组成"。传感器是一种检测装置，能感受到被测量的信息，并能将感受到的信息按一定规律变换成为电信号或其他所需形式的信息输出，以满足信息的传输、处理、存储、显示、记录和控制等要求。它是实现自动检测和自动控制的首要环节。

一、传感器的分类

传感器种类繁多，功能各异。由于同一被测量可用不同转换原理实现探测，利用同一种物理法则、化学反应或生物效应可设计、制作出检测不同被测量的传感器，而功能大同小异的同一类传感器可用于不同的技术领域，故传感器有不同的分类方法。

1. 按外界输入的信号变换为电信号采用的效应分类

按这种分类方法，传感器可分为物理型传感器、化学型传感器和生物型传感器三大类，如图 2.5.1 所示。

（1）物理型传感器　其中利用物理效应进行信号变换的传感器称为物理型传感器，它利用某些敏感元件的物理性质或某些功能材料的特殊物理性能进行被测非电量的变换。如利用金属材料在被测量作用下引起的电阻值变化的应变效应制成的应变式传感器；利用半导体材料在被测量作用下引起的电阻值变化的压阻效应制成的压阻式传感器；利用电容器在被测量的作用下引起电容值的变化制成的电容式传感器；利用磁阻随被测量变化的简单电感式、差动变压器式传感器；利用压电材料在被测力作用下产生的压电效应制成的压电式传感器等。

物理型传感器又可以分为结构型传感器和物性型传感器。

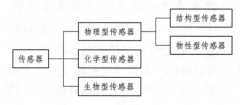

图 2.5.1　传感器的分类

① 结构型传感器　是以结构（如形状、尺寸等）为基础，利用某些物理规律来感受（敏感）被测量，并将其转换为电信号实现测量的。例如，电容式压力传感器必须有按规定参数设计制成的电容式敏感元件，当被测压力作用在电容式敏感元件的动极板上时，引起电容间隙的变化，导致电容值的变化，从而实现对压力的测量。又比如谐振式压力传感器，必须设计制作一个合适的感受被测压力的谐振敏感元件，当被测压力变化时，改变谐振敏感结构的等效刚度，导致谐振敏感元件的固有频率发生变化，从而实现对压力的测量。

② 物性型传感器　是利用某些功能材料本身所具有的内在特性及效应感受（敏感）被测量，并转换成可用电信号的传感器。例如，利用具有压电特性的石英晶体材料制成的压电式压力传感器，就是利用石英晶体材料本身具有的正压电效应而实现对压力测量的；利用半导体材料在被测压力作用下内部应力变化导致其电阻值变化制成的压阻式传感器，就是利用半导体材料的压阻效应而实现对压力测量的。

一般而言，物理型传感器对物理效应和敏感结构都有一定要求，但侧重点不同。结构型传感器强调依靠精密设计制作的结构才能保证其正常工作；而物性型传感器则主要依靠材料本身的物理特性、物理效应来实现对被测量的敏感。

近年来，由于材料科学技术的飞速发展与进步，物性型传感器应用越来越广泛。这与该类传感器便于批量生产、成本较低及易于小型化等特点密切相关。

（2）化学型传感器　是利用电化学反应原理，把无机或有机化学的物质成分、浓度等转换为电信号的传感器。最常用的是离子敏传感器，即利用离子选择性电极，测量溶液的 pH 值或某些离子的活度，如 K^+，Na^+，Ca^{2+}等。电极的测量对象不同，但其测量原理基本相同，主要是利用电极界面（固相）和被测溶液（液相）之间的电化学反应，即利用电极对溶液中离子的选择性响应而产生电位差，产生的电位差与被测离子活度的对数成线性关系，故检测出其反应过程中的电位差或由其影响的电流值，即可给出被测离子的活度。化学传感器的核心部分是离子选择性敏感膜。膜可以分为固体膜和液体膜。玻璃膜、单晶膜和多晶膜属固体膜；而带正、负电荷的载体膜和中性载体膜则为液体膜。化学传感器广泛应用于化学分析、化学工业的在线检测及环保检测中。

（3）生物型传感器　是近年来发展很快的一类传感器。它是一种利用生物活性物质选择性来识别和测定生物化学物质的传感器。生物活性物质对某种物质具有选择性亲和力，也称其为功能识别能力。利用这种单一的识别能力来判定某种物质是否存在，其浓度是多少，进而利用电化学的方法进行电信号的转换。生物型传感器主要由两大部分组成：一是功能识别物质，其作用是对被测物质进行特定识别。这些功能识别物有酶、抗原、抗体、微生物及细胞等。用特殊方法把这些识别物固化在特制的有机膜上，从而形成具有对特定的从小分子到大分子化合物进行识别功能的功能膜；二是电、光信号转换装置，此装置的作用是把在功能膜上进行的识别被测物所产生的化学反应转换成便于传输的电信号或光信号。其中最常用的是电极，如氧电极和过氧化氢电极。近来有把功能膜固定在场效应晶体管上代替栅极-漏极的生物传感器，使得传感器体积做得非常小。如果采用光学方法来识别在功能膜上的反应，则要靠光强的变化来测量被测物质，如荧光生物传感器等。变换装置直接关系着传感器的灵敏度及线性度。生物型传感器的最大特点是能在分子水平上识别被测物质，不仅在化学工业的监测领域，而且在医学诊断、环保监测也广泛使用。

表 2.5.1 给出了与五官对应的传感器。

表 2.5.1　与五官对应的传感器

感觉	传感器	效应
视觉	光敏传感器	物理效应
听觉	声敏传感器	物理效应
触觉	热敏传感器	物理效应
嗅觉	气敏传感器	化学效应、生物效应
味觉	味敏传感器	化学效应、生物效应

2. 按工作原理分类

按工作原理分类，是以传感器对信号转换的作用原理命名的，如应变式传感器、电容式传感器、压电式传感器、热电式传感器、电感式传感器、霍尔传感器等。这种分类方法较清楚地反映出了传感器的工作原理，有利于对传感器研究的深入分析。本书后面各章就是按传感器的工作原理分类进行编写的。

3. 按被测量对象分类

按传感器的被测量对象——输入信号分类，能够很方便地表示传感器的功能，也便于用户选用。按这种分类方法，传感器可以分为温度、压力、流量、物位、加速度、速度、位移、转速、力矩、湿度、黏度、浓度等传感器。生产厂家和用户都习惯于这种分类方法。同时，这种方法还将种类繁多的物理量分为两大类，即基本量和派生量。例如，将"力"视为基本物理量，可派生出压力、重力、应力、力矩等派生物理量，当我们需要测量这些派生物理量时，只要采用基本物理量传感器就可以了。所以，了解基本物理量和派生物理量的关系，对于选用传感器是很有帮助的，表 2.5.2 给出的是常用的基本物理量和派生物理量。

表 2.5.2　常用的基本物理量和派生物理量

基本物理量		派生物理量
位移	线位移	长度、厚度、应变、振动、磨损、不平度
	角位移	旋转角、偏转角、角振动
速度	线速度	速度、振动、流量、动量
	角速度	转速、角振动
加速度	线加速度	振动、冲击、质量
	角加速度	角振动、扭矩、转动惯量
力	压力	重力、应力、力矩
时间	频率	周期、计数、统计分布
温度		热容量、气体速度、涡流
光		光通量与密度、光谱分布

按输入物理量进行传感器分类，将原理不同的传感器归为一类，不易找出每种传感器在转换机理上的共性和差异，因此，不利于掌握传感器的一些基本原理和分析方法。仅温度传感器就包括用不同材料和方法制成的各种传感器，如热电偶温度传感器、热敏电阻温度传感器、金属热电阻温度传感器、P-N结二极管温度传感器、红外温度传感器等。通常对传感器的命名就是将其工作原理和被测参数结合在一起，先说工作机理，后说被测参数，如硅压阻式压力传感器、电容式加速度传感器、压电式振动传感器、谐振式质量流量传感器等。

针对传感器的分类，不同的被测量可以采用相同的测量原理，同一个被测量可以采用不同的测量原理。因此，必须掌握在不同的测量原理之间测量不同的被测量时，各自具有的特点。

4. 按需不需要外加电源分类

传感器按此分类，可分为有源传感器和无源传感器。

无源传感器的特点是无需外加电源便可将被测量转换成电信号。如光电传感器能将光射线转换成电信号，其原理类似太阳能电池；压电传感器能够将压力转换成电压信号；热电偶传感器能将被测温度场的能量（热能）直接转换成为电压信号的输出等。

有源传感器需要辅助电源才能将检测信号转换成电信号。大多数传感器都属于这类。

5. 按构成传感器的功能材料分类

按构成传感器的功能材料不同，可将传感器分为半导体传感器、陶瓷传感器、光纤传感器、高分子薄膜传感器等。

6. 按某种高新技术命名的传感器分类

有些传感器是根据某种高新技术命名的，如集成传感器、智能传感器、机器人传感器、仿生传感器等。

应该指出，由于敏感材料和传感器的数量特别多，类别十分繁复，相互之间又有着交叉和重叠，这里就不再赘述。为了揭示诸多传感器之间的内在联系，表2.5.3中给出了传感器分类、转换原理和它们的典型应用，供选用传感器时参考。

表2.5.3 传感器分类表

传感器分类		转 换 原 理	传 感 器 名 称	典 型 应 用
转换形式	中间参量			
电 参 数	电阻	移动电位器触点改变电阻	电位传感器	位移
		改变电阻丝或片的尺寸	电阻应变式传感器、 半导体应变传感器	微应变、力、负荷
	电阻	电阻的温度效应 （电阻-温度系数）	热丝传感器	气流速度、液体流量
			电阻温度传感器	温度、辐射热
			热敏电阻传感器	温度
		电阻的光敏效应	光敏电阻传感器	光强
		电阻的湿度效应	湿敏电阻	湿度
	电容	改变电容的几何尺寸	电容传感器	力、压力、负荷、位移
		改变电容的介电常数		液位、厚度、含水量

传感器分类		转 换 原 理	传 感 器 名 称	典 型 应 用
转换形式	中间参量			
电参数	电感	改变磁路几何尺寸、导磁体位置	电感传感器	位移
		涡流去磁效应	涡流传感器	位移、厚度、硬度
		利用压磁效应	压磁传感器	力、压力
		改变互感	差动变压器	位移
			自速角机	位移
			旋转变压器	位移
	频率	改变谐振回路中的固有参数	振弦式传感器	压力、力
			振筒式传感器	气压
			石英谐振传感器	力、温度等
	计数	莫尔条纹	光栅	大角位移、大直线位移
		改变互感	感应同步器	
		拾磁信号	磁栅	
	数字	数字编码	角度编码器	大角位移
电能量	电动势	温差电动势	热电偶	温度、热流
		霍尔效应	霍尔传感器	磁通、电流
		电磁感应	磁电传感器	速度、加速度
		光电效应	光电池	光强
	电荷	辐射电离	电离室	离子计数、放射性强度
		压电效应	压电传感器	动态力、加速度

二、使用传感器应考虑的几个方面

1. 根据测量对象与测量环境确定传感器的类型、外形尺寸、安装方式、防腐方式等

要进行一个具体的测量工作，首先要考虑采用何种原理的传感器，这需要分析多方面的因素之后才能确定。因为，即使是测量同一物理量，也有多种原理的传感器可供选用，哪一种原理的传感器更为合适，则需要根据被测量的特点和传感器的使用条件考虑以下一些具体问题：① 量程的大小；② 被测位置对传感器体积的要求；③ 测量方式为接触式还是非接触式；④ 信号的引出方法，有线或是非接触测量。在考虑上述问题之后就能确定选用何种类型的传感器，然后再考虑传感器的具体性能指标。

2. 灵敏度的选择

通常，在传感器的线性范围内，希望传感器的灵敏度越高越好。因为只有灵敏度高，与被测量变化对应的输出信号的值才比较大，有利于信号处理。但要注意的是，传感器的灵敏度高，与被测量无关的外界噪声也容易混入，也会被放大系统放大，影响测量精度。

3. 频率响应特性

传感器的频率响应特性决定了被测量的频率范围，必须在允许频率范围内保持不失真的测量条件。实际上传感器的响应总有一定延迟，希望延迟时间越短越好。传感器的频率响应高，可测的信号频率范围就宽，而由于受到结构特性的影响，机械系统的惯性较大，因此频率低的传感器可测信号的频率较低。在动态测量中，应根据信号的特点（稳态、瞬态、随机等）选择响应特性，以免产生过火的误差。

4. 线性范围

传感器的线形范围是指输出与输入成正比的范围。理论上讲，在此范围内，灵敏度保持定值。传感器的线性范围越宽，其量程越大，并且能保证一定的测量精度。在选择传感器时，当传感器的种类确定以后，首先要看其量程是否满足要求。但实际上，任何传感器都不能保证绝对的线性，其线性度也是相对的。当所要求测量精度比较低时，在一定的范围内，可将非线性误差较小的传感器近似看作线性的，这会给测量带来极大的方便。

5. 稳定性

传感器使用一段时间后，其性能保持不变的能力称为稳定性。影响传感器长期稳定性的因素除传感器本身结构外，主要是传感器的使用环境。因此，要使传感器具有良好的稳定性，必须要有较强的环境适应能力。在选择传感器之前，应对其使用环境进行调查，并根据具体的使用环境选择合适的传感器，或采取适当的措施，减小环境的影响。传感器的稳定性有定量指标，超过使用期后，在使用前应重新进行标定，以确定传感器的性能是否发生变化。在某些要求传感器能长期使用而又不能轻易更换或标定的场合，所选用的传感器稳定性要求更严格，要能够经受住长时间的考验。

6. 精　度

精度是传感器的一个重要的性能指标，它是关系到整个测量系统测量精度的一个重要环节。传感器的精度越高，其价格越昂贵，因此，传感器的精度只要满足整个测量系统的精度要求就可以，不必选得过高，这样就可以在满足同一测量目的的诸多传感器中选择比较便宜和简单的传感器。如果测量目的是定性分析，选用重复精度高的传感器即可，不宜选用绝对量值精度高的；如果是为了定量分析，必须获得精确的测量值，就需选用精度等级能满足要求的传感器。

7. 仪表之间的配套性

传感器总会与其他电子设备或产品配合使用，因此在选用时，还要考虑仪器及设备间参数的配套性。

8. 经济性

选用传感器时，也要考虑经济性，以降低生产成本。

三、无线传感器

无线传感器的组成模块封装在一个外壳内，在工作时由电池或振动发电机提供电源，构成无线传感器网络节点，由随机分布的集成有传感器、数据处理单元和通信模块的微型节点，通过自组织的方式构成网络，如图2.5.2所示。它可以采集设备的数字信号，通过无线传感器网络传输到监控中心的无线网关，直接送入计算机，进行分析处理。如果需要，无线传感器也可以实时传输采集的整个时间历程信号。监控中心也可以通过网关把控制、参数设置等信息无线传输给节点。数据调理采集处理模块把传感器输出的微弱信号经过放大、滤波等调理电路后，送到模数转换器，转变为数字信号，送到主处理器进行数字信号处理，计算出传感器的有效值、位移值等。

在物联网系统中常用工业智能节点连接传感器来共同组成无线传感检测和变送系统。例如，ZigBee 工业智能节点与传感器相连接，构成无线传感检测及变送系统，组合构成无线传感器。比较常用的变送器有：

（1）家居用传感器：人体红外、温湿度、光照度、空气质量、可燃气体、火焰、烟雾等；

（2）室外环境检测传感器：PM2.5、空气温湿度、风速、风向、光照辐射、雨量等；

（3）水体检测传感器：溶解氧、氯离子、悬浮物、pH 等；

（4）安全防卫：红外光栅、玻璃破碎、门磁开关等；

（5）特种领域：一氧化碳、二氧化碳、二氧化硫等。

图 2.5.2　工业无线传感器网络节点

四、变送器

变送器（transmitter）是把传感器的输出信号转变为可被控制器识别的信号（或将传感器输入的非电量转换成电信号，同时放大，以便供远方测量和控制的信号源）的转换器。传感器和变送器一同构成自动控制的监测信号源。不同的物理量需要不同的传感器和相应的变送器。变送器的种类很多，用在工业控制仪表上面的主要有温度变送器、压力变送器、流量变送器、电流变送器、电压变送器等。在工业控制中常用的变送器如图 2.5.3 所示。

（a）差压变送器　　　（b）液位变送器　　　（c）电流变送器　　　（d）温度变送器

图 2.5.3　常见的变送器形状

变送器输出的变送信号有直流电流和电压信号，常见的直流电流信号有 4～20 mA，直流电压信号有 1～5 V 的信号。变送器的输出信号类型及大小也可根据具体需要进行选定。

变送器的选用注意事项与传感器的选用注意事项相似，这里不再累述。

在科学技术飞速发展的今天，无论是传感器或变送器，由于其功能越来越强，技术参数太多，有些传感器与变送器相结合而构成一个功能模块，还有些仪表加入了嵌入式软件系统而变得功能重新定制化，因此在选用时应当详细查询相关厂商所提供的技术资料，使所构成的自动化系统更加具有可靠性、安全性和科学性。

五、检测仪表

检测仪表是传感器技术与变送器技术高度结合的产物，它们是整个自动化控制系统的基础，随着计算机控制技术的应用，仪表维修工更多的是负责现场检测仪表的安装和维护工作。

（一）测量的相关知识

化工生产中常见的参数，如温度、压力、流量、物位等，都有其法定计量单位。各常用单位与其对应的法定单位之间有一定的换算关系。

1. 压力计量单位及其转换

压力是指均匀而垂直作用于单位面积上的力。它由受力面积 S 和垂直作用力 F 的大小决定。在国际单位中，压力的单位是牛/米²（符号 N/m^2），又称为帕斯卡（简称帕，用符号 Pa 表示）。单位换算关系如表 2.5.4 所示。

表 2.5.4 压力单位换算表

单位	Pa	kPa	MPa	bar	mbar	kgf/cm^2	cmH_2O	mmH_2O	mmHg	p.s.i
Pa	1	10^{-3}	10^{-6}	10^{-5}	10^{-2}	10.2×10^{-6}	1.02×10^{-3}	101.97×10^{-3}	7.5×10^{-3}	0.15×10^{-3}
kPa	10^3	1	10^{-3}	10^{-2}	10	10.2×10^{-3}	10.2	101.97	7.5	0.15
MPa	10^6	10^3	1	10	10^4	10.2	1.02×10^3	101.97×10^3	7.5×10^3	0.15×10^3
bar	10^5	10^2	10^{-1}	1	10^3	1.02	1.02×10^3	10.2×10^3	750.06	14.5
mbar	10^2	10^{-1}	10^{-4}	10	1	1.02×10^{-3}	1.02	10.2	0.75	14.5×10^{-3}
kgf/cm^2	98066.5	98.07	98.07×10^{-3}	0.98	980.67	1	1000	10.000	735.56	14.22
cmH_2O	98.06	98.07×10^{-3}	98.07×10^{-6}	0.98×10^{-3}	0.98	10^{-3}	1	10	0.74	14.22×10^3
mmH_2O	9.806	9.807×10^{-3}	9.807×10^{-6}	98.07×10^{-6}	98.07×10^{-3}	10^{-4}	0.1	1	73.56×10^{-3}	1.42×10^{-3}
mmHg	133.32	133.32×10^{-3}	133.32×10^{-6}	1.33×10^{-3}	1.33	1.36×10^{-3}	1.36	13.6	1	19.34×10^{-3}
p.s.i	6894.76	6.89	6.89×10^{-3}	68.95×10^{-3}	68.95	70.31×10^{-3}	70.31	703.07	51.71	1

2. 物位计量单位及其转换

在化工生产中，对设备内的物位进行测量与控制是十分重要的，能为正常生产和质量管理及进行经济核算提供可靠保证。物位的单位一般常用 m、cm、mm 等，也可以用百分数表示。

3. 流量计量单位及其转换

流量是指流经管道（设备）某截面的流体数量。对它的测量可分为流量测量（瞬时流量）和总量（累积流量）测量。瞬时流量指单位时间内流经管道（设备）某截面的流体数量，可以用体积流量和质量流量来表示。累积流量指一段时间内流经管道（设备）某截面的流体数量，可以用体积流量和质量流量来表示。

流量单位是体积或质量与时间的导出单位，如表示体积流量的单位 m³/h、m³/s、L/h、L/min、L/s，表示质量流量的 t/h、kg/h、kg/s 等。在实际使用中，对液体、气体、蒸气流量常采用的表示方法如表 2.5.5 所示 。

表 2.5.5 液体、气体、蒸气流量的表示方法

流体种类	计量单位
液体	t/h, kg/h, m³/h, L/h
气体	m³/h, L/h
蒸气	t/h, kg/h

4. 温度计量单位及其转换

温度是表示物体冷热程度的物理量。分子的平均动能越大，物体的温度越高；反之越低。一个物体所具有的平均动能的多少，决定了它的温度高低。

用来量度物体温度高低的标尺叫做温度标尺，简称"温标"，是用数值表示温度的一种方法。温标规定了温度的读数起点（零点）和标量温度的基本单位。各种用度的刻度数值均由温标确定。温标的种类很多，目前国际上用得较多的有摄氏温标、华氏温标、热力学温标和国际实用温标。

（1）摄氏温标（°C） 摄氏温标和华氏温标都是根据液体受热后体积膨胀的性质建立的。摄氏温标是把在标准大气压下冰水混合物的温度规定为 0 度（冰的熔点），把水的沸点规定为 100 度的一种标。在 0 度和 100 度之间划分 100 等份，每一等份为 1 摄氏度，符号为°C。

（2）华氏温标（°F） 华氏温标规定在标准大气压下冰的熔点为 32 度，把水的沸点规定为212 度的一种温标。在 32 度和 212 度之间划分 180 等份，每一等份为 1 华氏度，符号为°F。摄氏温标 t 和华氏温标 t_F 有如下关系：

$$t_F = \frac{9}{5}t + 32 \qquad t = \frac{5}{9}t_F - 32$$

由此可见，用不同温标所确定的温度数值是不同的。上述两种温标是依据物体的物理性质建立起来的，测得温度的数值随物体的物理性质（水银纯度）及玻璃管材料的不同而不同，因此不能严格保证世界各国所采用的基本测温单位完全一致。

（3）热力学温标（K） 随着科学技术的发展，要求建立一个基本温标，统一温度测量。在生产和科学实践中，经过理论分析，提出一种与物体的任何物理性质无关的温标，就是热力学温标。热力学温标是以热力学第二定律为依据的一种理论温标，由国际权度大会采纳作为国际统一

的基本温标。热力学温标又称开氏温标 K，有一个绝对零度 0 K，低于 0 K 的温度不可能存在。

（4）国际实用温标　1990 年，国际实用温标 ITS—90 简介如下。热力学温度的符号为 T，其单位为开尔文，符号是 K，定义 1 K 为水的三相点的热力学温度的 1/273.16。继续沿用与冰点（273.15 K）的差值来表示温度，用这种方法表示的热力学温度称为摄氏温度，定义为

$$t(\text{℃}) = T(\text{K}) - 273.15$$

根据定义，摄氏度与开尔文的单位大小相同，温差可以用开尔文或摄氏度来表示。国际温标 ITS—90 同时定义国际开氏温度（符号为 T_{90}）和国际摄氏温度（符号为 t_{90}），T_{90} 和 t_{90} 之间的关系与 T 和 t 之间关系一样，即

$$t_{90}(\text{℃}) = T_{90}(\text{K}) - 273.15$$

5. 测量误差

在检测过程中，由于环境中存在各种干扰因素，实验手段不够完善、仪表精度有限、检测技术水平的限制等，测量值和真实值（真值）之间存在着一定的差值，这个差值称为测量误差。

真值是一个理想的概念，在实际应用中，可以用高一级标准仪器的测量值作为低一级仪表测量值的相对真值，在这样的情况下真值又称为实际值或标准值。如对同一个被测量，标准压力表示值为 16 MPa，普通压力表示值为 16.01 MPa，则该被测压力表测量值是 16.01 MPa，相对真值（实际值）为 16 MPa。

只要有测量，就会伴随着误差。根据不同的方式对误差进行分类。

（1）根据误差的表示方式不同分类

① 绝对误差　被测量的测量值（X）与实际值（T）之间的差值称为绝对误差。表示为

$$\Delta = X - T$$

式中，X 为测量值，即检测仪表显示值；T 为真实值，在一定条件下被测量的实际值。

绝对误差说明了被测量仪表显示值偏离实际值的大小。但测量值的大小不同或以不同量纲测量时，无法用绝对误差比较准确程度。为了更准确地描述仪表测量质量的好坏，通常将绝对误差与被测值的大小做一比较，从而引入相对误差的概念。

② 相对误差　相对误差是被测量的绝对误差与实际值（或测量值）的比值，用百分数表示，即

$$\delta = \frac{\Delta}{T} \times 100\% \approx \frac{\Delta}{X} \times 100\%$$

例如，用电阻式温度计测 200 ℃ 温度时，产生的绝对误差 Δ 是 ±0.5 ℃，得到的相对误差 δ 是 ±0.25%。用热电偶温度计测量 800 ℃ 温度时，产生的绝对误差 Δ 是 ±0.5 ℃，得到的相对误差 δ 是 ±0.0625%。可见，用绝对误差比较时两种温度计测量的准确度同样高，但用相对误差比较则发现，热电偶温度计相对于测量的实际值而言，测量结果的准确度高。

③ 引用误差　绝对误差与仪表量程比值的百分数称为引用误差。在实际应用时，通常采用最大引用误差来描述仪表实际测量的质量，并把它作为确定仪表精度的基准。表达式为

$$\delta_{引|m} = \frac{\Delta_{\max}}{X_{\max} - X_{\min}} \times 100\% \approx \frac{\Delta_{\max}}{M} \times 100\%$$

式中，$\Delta_{\max}$ 为在测量范围内产生的绝对误差的最大值；$X_{\max}$ 为仪表标尺上限刻度值；$X_{\min}$ 为仪表标尺下限刻度值；M 为仪表的量程。

（2）根据误差的测试条件分类

① 基本误差　在规定的工作条件下（温度、湿度、电源电压、频率等一定），仪表本身具有的误差叫基本误差。可用最大引用误差的计算方法来表示基本误差的大小。

② 附加误差　由于仪表的工作条件偏离正常范围所引起的误差就是附加误差。

（3）根据误差出现的规律分类

① 系统误差　系统误差主要是由于实验方法不合理、测量装置本身在使用中变形、未调到理想状态等原因造成的。系统误差的特征是误差出现的规律和产生原因是可知的。因此在掌握其规律后，可以通过分析、预测，并采用加修正值的方法来消除或减小系统误差。

② 随机误差　在相同条件下多次测量某一值时，误差的大小和符号以不可预计的方式变化，这种误差称为随机误差。随机误差的大小表明对同一测量值多次反复测量的结果的分散程度。对于随机误差可以通过多次测量取平均值的方法接近真值。

③ 粗大误差　明显歪曲测量结果的误差，称为粗大误差。产生的原因有测量方法不当、工作条件不符合要求等，但更多的是人为原因。含有粗大误差的测量结果称为坏值或异常值，应删除。

（4）动态误差与静态误差

① 静态误差　仪表进入一种新的平衡状态后具有的误差。这时仪表的示值是稳定的。一般仪表的精度都由静态误差决定。

② 动态误差　被测信号变化时，由于仪表惯性而不能准确跟踪信号变化，使示值产生滞后误差，即为动态误差。当信号稳定下来后，动态误差最终会消失。但在动态测试、系统环节多、惯性时间长的情况下，必须充分考虑其影响。

6. 仪表的主要性能指标

（1）精确度　精确度（精度）是描述仪表测量结果的准确程度的综合指标，精度高低主要由系统误差和随机误差的大小确定。因此精确度包含了正确度和精密度两个方面的内容。

正确度表示测量结果中系统误差大小的程度，测量结果与被测量真实值的偏离程度。系统误差越小，测量结果越正确。精密度表示测量结果中随机误差大小的程度，指在一定条件下，多次重复测量结果的分散程度。随机误差越小，测量结果越精密。

仪表的精度用基本误差来表示。在规定的工作条件下，仪表基本误差的允许界限称为允许误差。某仪表的基本误差小于或等于允许误差时，为合格；否则不合格。允许误差去掉百分号后的值就是国家规定的仪表的精度等级。为了方便仪表的生产及使用，国家用精度等级来划分仪表精度的高低。根据国家标准 GB/T 13283—91，由引用误差或相对误差表示精度的仪表，其精度等级应从下列数系中选取：

0.01、0.02、（0.03）、0.05、0.1、0.2、（0.025）、（0.3）、

（0.4）、0.5、1.0、1.5、（2.0）、2.5、4.0、5.0

在使用精度时，应注意以下问题：

① 必要时，可采用括号内的精度等级，其中0.4级只适用于压力表。

② 低于5.0级的仪表，其精度等级可以由各类仪表的标准予以规定。

因为仪表的精度是用基本误差表示的，仪表精度的高低不仅与测量范围内产生的绝对误差的大小有关，还与该仪表的量程有关。在选择仪表时必须同时考虑误差和量程两个因素。

量程是指仪表能接受的输入信号范围的大小。用测量范围的上限值与下限值的差值表示仪表的量程。一般规定正常测量范围在满刻度的 50% ~ 70%。若为方根刻度，正常测量值在满刻度

的 70% ~ 85%。

（2）重复性　仪表的重复性又称变差（回差），是指仪表在上行程和下行程的测量过程中，同一被测量所指示两个结果之间的偏差。在机械结构的检测仪表中，由于运动部件的摩擦、弹性元件的滞后效应和动态滞后时间的影响，测量结果会出现变差。变差的计算公式如下：

$$\delta_{\text{变}} = \frac{\Delta_{\text{变max}}}{X_{\text{max}} - X_{\text{min}}} \times 100\%$$

式中，$\Delta_{\text{变max}}$ 为同一输入值的上下行程示值之差的最大值；$X_{\text{max}} - X_{\text{min}}$ 为仪表量程，刻度上限与刻度下限的差。

（3）稳定性　稳定性包含稳定度和环境影响量两个方面

稳定度指的是仪表在所有条件都恒定不变的情况下，在规定的时间内能维持其示值不变的能力。稳定度一般以仪表的示值变化量和时间的长短之比来表示。

例如，某仪表输出电压值在 8 h 内的最大变化量为 1.3 mV，则其稳定度表示为 1.3 mV/8 h。

环境影响仅指由外界环境变化引起的示值变化量。造成环境影响的因素有温度、湿度、气压、电源电压、电源频率等。在这些因素中，温度变化对仪表的影响最难克服，必须予以特别重视。表示环境影响量时，必须同时写出示值偏差及造成这一偏差的影响因素。如 0.1 μA/V±5% 表示电源电压变化±5%时，将引起示值变化 0.1 μA；又如 0.2 mV/℃ 表示环境温度每变化 1 ℃引起示值变化 0.2 mV。

（4）可靠性　可靠性是反映检测仪表在规定的条件下，在规定的时间内是否耐用的一种综合性的质量指标。常用的可靠性指标有以下三种。

① 故障平均间隔时间（MTBF）它是指两次故障间隔的平均时间。

② 平均修复时间（MTTR）它是指排除故障所花费的平均时间。

③ 故障率或失效率（λ）它可用图 2.5.4 所示的故障率变化曲线来说明。故障率的变化可分成三个阶段。

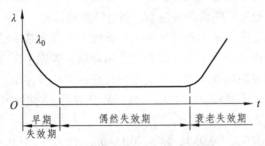

图 2.5.4　故障率变化曲线

a. 初期失效期　这期间开始阶段故障率很高，失效的可能性很大，但随着使用时间的增加而迅速降低。故障原因主要是设计或制造上有缺陷，所以应尽量在使用前期予以暴露，并消除之。有时为了加速度过这一危险期，在检测系统通电的情况下，将之置于高温环境→低温环境→高温环境……反复循环，称为老化试验。老化试验之后的系统在现场使用时，故障率大为降低。

b. 偶然失效期　这期间的故障率较低，是构成检测系统使用寿命的主要部分。

c. 衰老失效期　这期间的故障率随时间的增加而迅速增大，经常损坏和维修。元器件老化，随时都有可能损坏。因此有的使用部门规定系统超过使用寿命时，即使还未发生故障也应及时退休，以免造成更大的损失。

（5）灵敏度　灵敏度是指传感器在稳态下输出变化值与输入变化值之比，用 K 来表示，即

$$K = \frac{\Delta_Y}{\Delta_X}$$

式中，Δ_Y 为输入量的变化值；Δ_X 为输出量的变化值。

对线性传感器而言，灵敏度为一常数；对非线性传感器而言，灵敏度随输入量的变化而变化。

7. 仪表校验的数据处理

为了确知检测仪表的各项性能指标，需要对仪表的不同指示值进行校验，获得多组校验数据后，经过一定的数据处理，最后获得仪表的实际性能指标。

【例1】某一压力检测仪表的量程为 0 ~ 100 kPa，通过对其进行全量程范围正反行程的校验，获得如下数据，试计算各点的绝对误差及其变差，并确定其精度等级。

表 2.5.6　压力检测仪表校验数据

被校压力表读数/kPa		0	25	50	75	100
标准压力表读数/kPa	正行程	0	24.9	49.6	75.2	99.6
	反行程	0	25.1	49.8	74.8	99.9

解：解题步骤如下。

① 算出各个测试点在正、反行程时的绝对误差 $\Delta_正$、$\Delta_反$，并计算出正、反行程示值之差 $\Delta_变$，填入表 2.5.7。计算绝对误差时，运用公式 $\Delta = X - T$，被校表读数为测量值 X，标准表读数为真值 T。

表 2.5.7　压力检测仪表校验计算值

被校压力表读数/kPa		0	25	50	75	100
标准压力表读数/kPa	正行程	0	24.9	49.6	75.2	99.6
	反行程	0	25.1	49.8	74.8	99.9
绝对误差/kPa	$\Delta_正$	0	0.1	0.4	-0.3	0.4
	$\Delta_反$	0	-0.1	0.2	0.3	0.1
正反行程之差 $\Delta_变$（取绝对值）		0	0.2	0.2	0.6	0.3

② 由表 2.5.7 中找出最大的绝对误差 $\Delta_{max} = 0.4$ kPa，代入公式计算其引用误差 $\delta_{引m}$。

$$\delta_{引m} = \frac{\Delta_{max}}{M} \times 100\% = \frac{0.4}{100} \times 100\% = 0.4\%$$

去掉 $\delta_{引m}$ 中的"±"和"%"号，其数值为 0.4，在精度系列值中 0.2 级和 0.5 级之间，由于该表的精度已经超过 0.2 级表所允许的最大误差，故该表的精度等级为 0.5 级。若计算的变差值超过该级别，则需要重新确定精度等级。

③ 计算变差：

$$\delta_{变m} = \frac{\Delta_{变max}}{M} \times 100\% = \frac{0.6}{100} \times 100\% = 0.6\%$$

由于此变差值超出 0.5 级允许的误差范围，已经影响了准确度等级，所以应该以此变差值来重新确定该表的精度等级。去掉百分号后选择能达到的精度系列值，则此表的精度等级应为 1.0 级。

（二）温度检测

温度是化工生产检测的主要内容之一。温度检测存在滞后现象，在采用热电偶、热电阻检测时有一定的非线性问题。

温度是表征物体冷热程度的物理量，温度检测就是借助各种物体的热交换及冷热程度变化的物理特性间接进行的。温度检测仪表按测温方式可分为接触式和非接触式两大类。接触式测温仪表一般分为膨胀式、压力式，热电偶和热电阻。通常来说，接触式测温仪表比较简单、可靠，测温精度较高；但由于受到耐高温材料的限制，所以不能应用于很高温度的检测。非接触式测温仪表分为辐射式和红外线式。非接触式仪表测温是通过热辐射原理来测温的，测温元件不需与被测介质接触，测温范围广，不受测温上限的限制，也不会破坏物体的温度场，反应速度比较快；但受到物体的发射率、检测距离、烟尘和水汽等外界因素的影响，其检测误差较大。工业上常用的温度检测仪见表 2.5.8 所示。

表 2.5.8　常用测温仪表及其优缺点

测温方式	温度计种类		常用测温范围/℃	优点	缺点
接触式测温仪表	膨胀式	玻璃液体	$-50 \sim 600$	结构简单，使用方便，测量准确，价格低廉	测量上限和精度受玻璃质量的限制，易碎，不能记录和远传
		双金属	$-80 \sim 600$	结构简单紧凑，牢固可靠	精度低，量程和使用范围有限
	压力式	液体 气体 蒸汽	$-30 \sim 600$ $-20 \sim 350$ $0 \sim 250$	耐震、坚固、防爆，价格低廉	精度低，测温距离短，滞后大
	热电偶	铂铑-铂 镍铬-镍铝 镍铬-康铜	$0 \sim 1600$ $0 \sim 900$ $0 \sim 600$	测温范围广，精度高，便于远距离、多点、集中测量和自动控制	需冷端温度补偿，在低温段测量精度较低
	热电阻	铂电阻 铜电阻 热敏电阻	$-200 \sim 500$ $-50 \sim 150$ $-50 \sim 300$	测量精度高，便于远距离、多点、集中测量和自动控制	不能测高温，需注意环境温度的影响
非接触式测温仪表	辐射式	辐射式 光学式 比色式	$400 \sim 2000$ $700 \sim 3200$ $900 \sim 1700$	测温时，不破坏被测温度场	低温段测量不准，境条件会影响测量准确度
	红外线	热敏检测 光电检测 热电检测	$-50 \sim 3200$ $0 \sim 3500$ $200 \sim 2000$	测温时，不破坏被测温度场，响应快，测温范围大，适于测量温度	易受外界干扰，标定困难

1. 热电阻

（1）热电阻的测温原理　热电阻是测量中低温区温度最常用的一种温度检测器。它的主要特点是检测精度高，性能稳定。其中铂热电阻的检测精度最高，它不仅广泛应用于工业测温，而且还被制成标准的基准温度计。实际的热电阻外观如图2.5.5所示。

从微观上考虑，当导体温度升高时，内部电子热运动加剧，其外在表现是导体的电阻值增大；反之，电阻值减小，所以金属导体具有正的温度系数。热电阻测温就是基于金属导体的电阻值随温度的增加而增加这一特性来进行检测的。

图2.5.5　热电偶或热电阻

虽然大多数金属导体的电阻值会随温度的变化而变化，但是它们并不都能作为测温用的热电阻。一般要求制作热电阻的材料具有较大的温度系数，稳定的物理、化学性质，较大的电阻率，复现性好等特性。目前应用最多的热电阻金属材料是铂和铜。此外，现在已开始采用铟、镍、锰和铑等材料制造热电阻。铂热电阻的性能好，使用温度范围-200～500 ℃；铜电阻价廉且线性较好，但温度高了易被氧化，只适于低温测量，范围在-50～150 ℃。常用热电阻的技术性能见表2.5.9。

表2.5.9　常用热电阻的技术性能

名称	分度号	电阻比 R_{100}/R_0	R_0（0℃时的电阻值）/Ω	测温范围/℃	主要特点
铂电阻	Pt10	1.385±0.001	10±0.01	-200～500	测量精度高，稳定性好，可作为基准仪器
	Pt50	1.385±0.001	50±0.05		
	Pt100	1.385±0.001	100±0.1		
铜电阻	Cu50	1.428±0.002	50±0.05	-50～150	稳定性好，价格便宜，但体积大，机械强度较低
	Cu100	1.428±0.002	100±0.1		
镍电阻	Ni100	1.617±0.003	100±0.1	-60～180	灵敏度高，体积小，但稳定性和复现较差
	Ni300	1.617±0.003	300±0.3		
	Ni500	1.617±0.003	500±0.5		

常用热电阻的分度号有 Cu50、Cu100、Pt10、Pt100 等。Cu50 表示铜热电阻在 0 ℃时所对应的阻值 R_0 为 50 Ω；Pt100 表示铂热电阻在 0 ℃时所对应的阻值 R_0 为 100 Ω。其他分度号意义相同。

铂热电阻和铜热电阻的温度与电阻之间的关系可以通过分度表来体现，查相应的分度表可得到温度与电阻值的对应关系。

另外，随着半导体技术的发展，出现了半导体热敏电阻。半导体热敏电阻的电阻值也会随着温度的变化而变化，且其变化程度比金属电阻大，反应灵敏，同时还具有电阻率大、体积小、热惯性小、耐腐蚀、结构简单、寿命长等优点。其缺点是线性差、互换性差、测量范围小（一般为-50～300 ℃）等。热敏电阻的材料大多数是各种金属的氧化物，按一定的比例混合起来进行研磨成型，煅烧成坚固致密的整块，再烧上金属粉末作为接触点，并焊上引出线就成了热敏电阻。如果改变混合物的成分和配比，就可改变热敏电阻的测温范围、阻值及温度系数。

（2）热电阻的结构及类型

① 普通型热电阻 工业常用的感温元件（电阻体）的结构如图 2.5.6 所示。普通型热电阻由电阻体、引出线、绝缘管、保护套管、接线盒等基本部分组成，如图 2.5.7 所示。

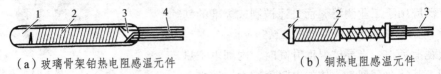

（a）玻璃骨架铂热电阻感温元件　　　　　　　（b）铜热电阻感温元件

图 2.5.6 普通型热电阻电阻体结构

1—玻璃外壳；2—铂丝；3—骨架；4—引出线　　　1—骨架；2—漆包铜线；3—引出线

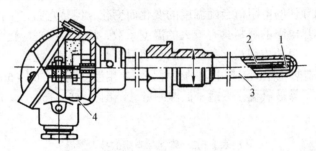

图 2.5.7 普通型热电阻结构图

1—电阻体；2—绝缘管；3—保护套管；4—接线盒

② 铠装式热电阻 铠装式热电阻是由感温元件（电阻体）、引出线、绝缘材料、金属套管组合而成的坚实体，如图 2.5.8 所示，它的外径一般为 $\Phi2 \sim 8$ mm，最小可达 $\Phi1$ mm，与普通型相比，它有下列优点：体积小，内部无空气隙，检测滞后小，力学性能好，耐震动、抗冲击、能弯曲，便于安装，使用寿命长。

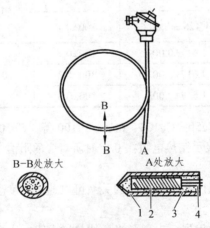

B—B处放大　　　　　A处放大

图 2.5.8 铠装式热电阻结构

1—金属套管；2—感温元件；3—绝缘材料；4—引出线

③ 端面热电阻 端面热电阻感温元件由特殊处理的电阻丝材料绕制而成，紧贴在温度计端面，其结构如图 2.5.9 所示。与一般轴向热电阻相比，它能更正确和快速地反映被测端面的实际

温度，适用于检测轴瓦和其他机件的端面温度。

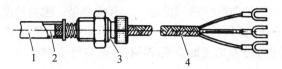

图 2.5.9　端面热电阻结构

1—保护管；2—感温元件；3—安装固定装置；4—三芯屏蔽线

④ 隔爆制热电阻　隔爆制热电阻通过特殊结构的接线盒，把其外壳内部爆炸性混合气体因受到火花或电弧等影响而发生爆炸局限在接线盒内，生产现场不会引起爆炸。

（3）热电阻测温系统的组成　从热电阻的测温原理可知，被测温度的变化是直接通过热电阻阻值的变化来反映的，因此，热电阻的引出线等各种导线电阻的变化会给温度检测带来影响。为消除引出线电阻的影响，一般采用三线制或四线制接法。

热电阻测温系统一般由热电阻、连接导线和显示仪表等组成。必须注意以下两点：

① 热电阻和显示仪表的分度号必须一致；

② 为了消除连接导线电阻随环境温度变化而变化带来的影响，必须采用三线制接法。

三线制接法是将热电阻其中一端接出两根线（B，B'），分别与显示仪表或变送器的 B、B'端连接。实质上是将导线分别接到测量桥路相邻的两个桥臂上，如图 2.5.10 所示。图中 R_1 为导线电阻，由于是三线制，两根导线电阻分别在两个相邻桥臂上。

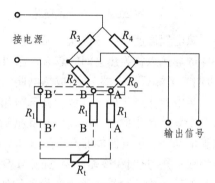

图 2.5.10　热电阻三线制接线示意图

因为传输导线也是金属，所以它也有温度系数，在外界环境温度发生变化时，其阻值也会变化。采用三线制接法可以把这种影响施加到相邻两桥臂上，使影响互相抵消。所以热电阻的三线制接法能有效地避免环境温度变化对输出的影响。

（4）热电阻常见故障及处理　热电阻的常见故障是热电阻的短路和断路。一般断路更为常见，这是因为热电阻丝较细。在投入使用之前，短路和断路都可以通过万用表进行判断。投入使用后，可以通过显示仪表的指示温度是否突变来判断热电阻的故障。表 2.5.10 列出了热电阻在运行中四种常见的故障及处理方法。

表 2.5.10　热电阻元件的常见故障及处理方法

故障现象	可能原因	处理方法
显示仪表指示值比实际值低或示值不稳	保护管内有金属屑、灰尘，导致接线柱或热电阻短路	清除金属屑、灰尘，找出短路点，加好绝缘
显示仪表指示无穷大	热电阻或引出线断路	更换热电阻或焊接断线处
显示仪表指示负值	显示仪表与热电阻接线错误或热电阻短路	改正接线，对短路处加好绝缘
阻值与温度关系有变化	热电阻材料腐蚀变质	更换热电阻

经修理恢复好的电阻体，均应检定合格后再使用。

2. 热电偶

热电偶是工业上最常用的温度检测元件之一，其优点是：检测精度高，因热电偶直接与被测对象接触，不受中间介质的影响；检测范围广，常用的热电偶从-50～1600 ℃均可连续检测，某些特殊热电偶最低可测到-269 ℃（如金铁-镍铬），最高可达2800 ℃（如钨-铼）；构造简单，使用方便。

（1）热电偶的测温原理　如图2.5.11所示，将两种不同材料的导体或半导体两端焊接起来，构成一个闭合回路。当导体 A、B 两个接点之间存在温差时，两者之间便产生电动势，因而在回路中形成一定大小的电流，这种效应称为热电效应。热电偶就是利用这一效应制作而成的。

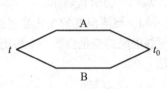 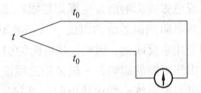

图 2.5.11　热电偶回路　　　　　　　图 2.5.12　热电偶与显示仪表的连接

热电偶温度计由热电偶、显示仪表和连接导线组成，如图 2.5.12 所示。把不同的导体或半导体的焊接点称为热电偶的热端（也叫检测端或工作端），与导线连接的一端称为热电偶的冷端（也叫参考端或自由端）。组成热电偶的两根导体或半导体称为热电极。

热电偶所产生的电动势由两部分组成，即温差电动势和接触电动势。温差电动势比较小，且两个导体产生的温差电动势相互抵消一部分，所以可以忽略。常说的热电偶的热电动势是指接触电动势。热电偶能够产生热电动势的两个条件是：① 热电偶由两种不同的导体或半导体材料组成；② 热端和冷端两端点的温度不同。在实际检测中，我们把热电偶的热端插入需要测温的生产设备中，冷端置于生产设备的外面，如果两端所处的温度不同，则在热电偶回路中产生热电动势。

热电偶两端的热电动势差可以用下式表示：

$$E_t = e_{AB}(t) - e_{AB}(t_0)$$

式中，E_t 为热电偶的热电动势；$e_{AB}(t)$ 为温度 t 时工作端的热电动势；$e_{AB}(t_0)$ 为温度 t_0 时自由端的热电动势。

当自由端温度恒定时，热电动势只与工作端的温度有关，即 $E_t = f(t)$。

当组成热电偶的热电极材料均匀时，其热电动势的大小与热电极本身的长度和直径无关，只与热电极材料的成分及两端的温度有关。把热电偶的冷端温度固定，则热电偶所产生的热电动势只与其热端，即检测端温度有关。当冷端温度固定为 0 ℃时，不同型号的热电偶的热电动势与温度之间的对应关系可以通过查阅分度表得到。因此，用各种不同的导体或半导体材料可制成各种用途的热电偶，以满足不同温度检测对象的需要。

（2）热电偶的种类　常用热电偶可分为标准热电偶和非标准热电偶两大类。标准热电偶是指国家标准规定了其热电动势与温度的关系及允许误差值，并有统一的标准分度表的热电偶，它有与其配套的显示仪表可供选用。非标准热电偶在使用范围和数量上均不及标准热电偶，一般没有统一的分度表，主要用于特殊场合的温度检测。

我国指定七种统一设计型热电偶 S、B、E、K、R、J、T 为标准热电偶。这七种标准热电偶的使用特性见表 2.5.11。

表 2.5.11 标准热电偶的使用特性

分度号	热电偶名称	热电偶丝直径/mm	等级允许偏差					
			I		II		III	
			温度范围/℃	允许偏差	温度范围/℃	允许偏差	温度范围/℃	允许偏差
S	铂铑$_{10}$-铂	0.5	0~1100	±1 ℃	0~600	±1.5 ℃	0~1600	±0.5%t
			1100~1600	±[1+(t-1100)×0.003]℃	600~1600	±0.25%t	600~800	±4 ℃
							900~1700	±0.5%t
B	铂铑$_{90}$-铂$_6$	0.5	—	—	600~1700	±0.25%t	600~800	±4 ℃
							900~1700	±0.5%t
K	镍铬-镍硅	0.3、0.5、0.8、1.0、1.2、1.5、2.0、2.5、3.2	≤400	±1.6 ℃	≤400	±3 ℃	-200~0	±1.5%t
			>400	±0.4%t	>400	±0.75%t		
J	铁-康铜	0.3、0.5、0.8、1.2、1.6、2.0、3.2	-40~750	±1.5 ℃ 或 ±0.4%t	-40~750	±2.5 ℃ 或 ±0.75%t	—	—
R	铂铑$_{13}$-铂	0.5	0~1100	±1 ℃	0~600	±1.5 ℃	—	—
			1100~1600	±[1+(t-1100)×0.003]℃	600~1600	±0.25%t		
E	镍铬-康铜	0.3、0.5、0.8、1.2、1.6、2.0、3.2	-40~800	±1.5 ℃ 或 ±0.4%t	-40~900	±2.5 ℃ 或 ±0.75%t	-200~-40	±2.5 ℃ 或 ±1.5%t
T	铜-康铜	0.3、0.5、0.8、1.0、1.6	-40~350	±1.5 ℃ 或 ±0.4% t	-40~350	±1.0 ℃ 或 ±0.75%t	-200~40	±2.5 ℃ 或 ±1.5%t

（3）热电偶的结构　对热电偶的结构要求有：

① 组成热电偶的两个热电极的焊接必须牢固；

② 两个热电极之间应很好地绝缘，以防短路；

③ 补偿导线与热电偶自由端的连接要方便、可靠；

④ 保护套管应能保证热电极与有害介质充分隔离。

（4）热电偶的分类

热电偶按结构可分为以下五种：

① 普通型热电偶　应用广泛，用来检测气体、蒸气、液体等介质的温度。因使用条件基本类似，这类热电偶已标准化、系列化。按其安装时的连接方式可分为螺纹连接和法兰连接两种。图 2.5.13 为普通型热电偶结构示意图，采用螺纹连接。

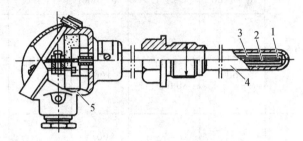

图 2.5.13　普通型热电偶结构

1—热电偶的测量端；2—热电极；3—绝缘管；4—保护套管；5—接线盒

图 2.5.14　铠装热电偶

② 铠装热电偶　又称缆式热电偶，如图 2.5.14 所示，是由热电极、绝缘材料和金属保护管三者结合，经拉制而成的一个坚实的整体。铠装热电偶有单支（双芯）和双支（四芯）之分，其检测端有露头型、接壳型和绝缘型三种基本形式。铠装热电偶具有体积小、精度高、动态响应快、耐震动、耐冲击、机械强度高、可挠性好、便于安装等优点，已广泛应用在航空、原子能、电力、冶金、石油等部门。铠装热电偶结构及特点如表 2.5.12 所示。

表 2.5.12　铠装热电偶的结构形式及特点

测量端形式	示意图	特点
露头型		反应速度快，适合于测量发动机的排气温度。适用于良好的工作环境，寿命短
接壳型		速度较快；适用于较坏的工作环境，耐压性能好，最高可承受 350 MPa；不适用于有电磁干扰的场合
绝缘型		反应速度比接壳型慢；适用于较恶劣的工作环境，寿命长；防电磁干扰

③ 表面热电偶　主要用来检测圆弧形表面温度。按结构分为凸形、弓形和针形。图 2.5.15 为直柄式弓形表面热电偶。

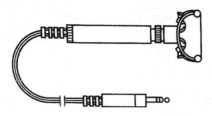

图 2.5.15　直柄式弓形表面热电偶

④ 薄膜式热电偶　用真空蒸镀的方法，将热电极沉积在绝缘基板上而成的热电偶。这种热电偶做得很薄，而且尺寸很小。特点是热容量小，响应速度快，适用于检测微小面积上的瞬变温度，如图 2.5.16 所示。

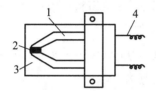

图 2.5.16　薄膜式热电偶

1—热电极；2—热接点；3—绝缘基片；4—引出线

⑤ 快速消耗式热电偶　是一种专为测量钢水及熔融金属温度而设计的特殊热电偶，其结构如图 2.5.17 所示。热电极由直径为 0.05 ~ 0.1 mm 的铂铑$_{10}$-铂铑$_{30}$ 或钨铼$_6$-钨铼$_{20}$ 等材料制成，把它装在外径为 1 mm 的 U 形石英管内，构成测温的敏感元件。其外部有绝缘良好的纸管、保护帽及高温绝热水泥加以保护和固定。它的特点是：把其插入钢水后，保护帽瞬间熔化，热电偶工作端即刻暴露于钢水中，由于石英管和热电偶的热容量都很小，因此能很快反映出钢水的温度，反应时间一般为 4 ~ 6 s。在测出温度后，热电偶和石英管都被烧坏，因此它只能一次性使用。这种热电偶可直接用补偿导线接到专用的快速电子电位差计上，直接读取钢水温度。

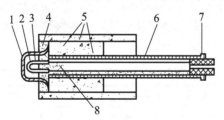

图 2.5.17　快速消耗式热电偶

1—保护帽；2—感温元件；3—石英管；4—高温绝热水泥；5—纸管；6—补偿导线；7—塑料插座；8—棉花

（5）热电偶的冷端温度补偿　只有在冷端温度为 0 ℃时，才能通过查分度表确知温度与输出电动势之间的关系。而热电偶的冷端温度一般不为 0 ℃，而且冷端温度容易受到被测温度的影响而很难保持恒定，所以需要对冷端进行补偿。

① 冰浴法　把热电偶的冷端温度保持为恒定的 0 ℃，一般在实验室中采用。在实验室条件下，先把冷端放在盛有绝缘油的试管中，再把试管放入盛有冰水混合物的容器中，其接线如图 2.5.18（a）所示，使冷端 C 保持为 0 ℃。在实际生产中，把热电偶的冷端深埋在地下，也是这

个道理。

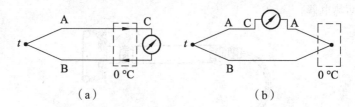

图 2.5.18 热电偶的冰浴法冷端补偿示意图

② 冷端温度校正法 如果热电偶的冷端温度为 t_0（大于 0 ℃），此时测得热电偶产生的电动势值为 $E(t, t_0)$，不能用测得的 $E(t, t_0)$ 去查分度表得 t，必须根据 $E(t,0) = E(t,t_0) + E(t_0,0)$ 进行修正，由公式得到 $E(t_0)$ 值，可以查分度表得到 t_0。

【例 2】镍铬-镍硅热电偶的检测系统处于运行状态时，其冷端温度 t_0 =30 ℃，测得仪表热电动势 $E(t, t_0)$ =39.17 mV，确定被测介质的实际温度。

解：查表得 $E(30,0)$ =1.20 mV，所以

$$E(t,0) = E(t,30) + E(30,0) = 39.7 + 1.20 = 40.37 \text{ (mV)}$$

再反查分度表，可得实际温度为 977 ℃。

③ 仪表机械零位调整法 对于具有零位高速的显示仪表，如果热电偶的冷端温度 t_0 较为恒定，可在测温系统未工作前，将显示仪表的机械零点调整到 t_0 上，这相当于把热电动势修正值 $E(t,0)$ 预先加到显示仪表上，当系统投入工作后，显示仪表的显示值就是实际的被测温度值。

图 2.5.19 热电偶的补偿导线

④ 补偿导线法 由于冷端距离待测点很近，容易受到被测温度的影响，导致冷端温度不恒定，所以常常利用补偿导线将冷端延伸到温度恒定的地方，补偿导线如图 2.5.19 所示。由于热电偶本身材料价格的原因，补偿导线不可能过长。补偿导线在选材上，一方面要考虑廉价，同时还要保证热电特性在 0 ~ 100 ℃内与所连接的热电偶近似相同。在使用补偿导线时，要注意与热电偶的匹配，同时不能把补偿导线正负极接反。表 2.5.13 列出了部分常用热电偶的补偿导线型号及允许的误差值。

表 2.5.13 部分常用热电偶的补偿导线

热电偶分度号	补偿导线型号	补偿导线正极		补偿导线负极		补偿导线在 100 ℃的热电动势及允许误差/mV	
		材料	颜色	材料	颜色	A（精密级）	B（普通级）
S	SC	铜	红	铜镍	绿	0.645±0.023	0.645±0.037
K	KC	铜	红	铜镍	蓝	4.095±0.063	4.095±0.105
K	KX	镍铬	红	铜硅	黑	4.095±0.063	4.095±0.105
E	EX	镍铬	红	铜镍	棕	6.317±0.102	6.317±0.170
J	JX	铁	红	铜镍	紫	5.268±0.081	5.268±0.135
T	TX	铜	红	铜镍	白	4.277±0.023	4.277±0.047

需要注意的是，补偿导线的作用只是延长热电极冷端至温度恒定点的距离，还需要采取上述②或③的方法来补偿冷端温度不等于零时对测温的影响。

⑤ 补偿电桥法　当热电偶冷端温度波动较大时，可以采用补偿电桥法。其检测线路如图2.5.20所示。补偿电桥法的工作原理是利用不平衡电桥（又称冷端补偿器）产生的不平衡电压来自动补偿热电偶因冷端温度变化而引起的热电动势变化。

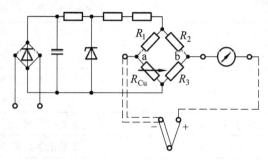

图 2.5.20　通过电桥和补偿导线对热电偶进行补偿

采用补偿电桥法时需注意几点：

a.所选冷端补偿器必须和热电偶配套；

b.补偿器接入检测系统时正负极不可接反；

c.显示仪表的机械零位应调整到冷端温度补偿器设计时的温度；

d.因热电偶的热电动势和补偿电桥输出电压两者随温度变化的特性不完全一致，故冷端补偿器在补偿温度范围内得不到完全补偿，但误差很小，能满足工业生产的需要。

【例3】某 E 分度的热电偶测温系统，动圈仪表指示 504 ℃，后发现补偿导线接反，且冷端温度补偿器误用 K 分度的补偿器，若接线盒处温度为 50 ℃，冷端温度补偿器处 30 ℃，则对象的实际温度值是多少？

解：由于未特殊指明，则冷端温度补偿器的平衡点温度视为 20 ℃，动圈仪表机械零位已调至 20 ℃，表内预置电动势为 $E_E(20,0)$。仪表指示为 504 ℃，说明此时热电偶测温系统的实际总电动势为 $E_E(504,0)$，根据总热电动势的组成，可列出实际热电偶测温系统的总热电动势为

$$E_E(504,0)= E_E(t,50) - E_E(50,30) + E_K(30,20) + E_E(20,0)$$

查 E、K 分度表可知：$E_E(504,0)=37.329$ mV；

$$E_E(50,0)=3.048 \text{ mV}$$

$$E_E(30,0)=1.801 \text{ mV}$$

$$E_E(20,0)=1.192 \text{ mV}$$

$$E_K(30,0)=0.793 \text{ mV}$$

$$E_K(20,0)=0.525 \text{ mV}$$

可以推导得出：

$$E_E(t,0)=E_E(504,0)+E_E(50,0)+E_E(50,0) - E_E(30,0) - E_K(30,0)+E_K(20,0) - E_E(20,0)$$

$$=37.3294+3.0484+3.048-1.801-0.793+0.525-1.192$$

$$=40.164 \text{ (mV)}$$

通过反查 E 的分度表可知对象的实际温度为 539.01 ℃。

（6）热电偶的故障处理　热电偶的常见故障、可能原因及处理方法见表 2.5.14。

表 2.5.14　热电偶的常见故障、可能原因及处理方法

故障现象	可能原因	处理方法
热电动势比实际值小（显示仪表指示值偏低）	热电极短路	找出短路原因，进行干燥或更换绝缘子等处理
	热电偶的接线处积灰，造成短路	清扫灰尘
	补偿导线线间短路	找出短路点，加强绝缘或更换补偿导线
	热电偶热电极变质	在长度允许的情况下，剪去变质段重新焊接，或更换热电偶
	补偿导线与热电偶极性接反	重新接正确
	补偿导线与热电偶不配套	更换配套的补偿导线
	热电偶安装位置不当或插入深度不符合要求	重新按规定安装
	热电偶冷端温度补偿器不符合要求	调整冷端补偿器
	热电偶与显示仪表不配套	更换热电偶或显示仪表使之配套
热电动势比实际值大（显示仪表指示值偏高）	热电偶与显示仪表不配套	更换热电偶或显示仪表使之配套
	补偿导线与热电偶不配套	更换补偿导线使之配套
	有直流干扰信号进入	排除直流干扰
热电动势输出不稳定	热电偶接线柱与热电极接触不良	将接线柱螺钉拧紧
	热电偶检测线路绝缘破损，引起断续短路或接地	找出故障点，修复绝缘
	热电偶安装不牢或外部震动	紧固热电偶，消除震动或采取减震措施
	热电极虚接	修复或更换热电偶
	外界干扰（交流漏电、电磁场感应等）	查出干扰源，采取屏蔽措施
热电偶的热电动势误差大	热电极变质	更换热电偶
	热电偶安装位置不当	改变安装位置
	护管表面积灰	清除积灰

3. 热电阻和热电偶的安装

热电偶和热电阻的安装应符合要求，否则会导致检测不准，影响生产。感温元件在管道（设备）上的安装应符合以下要求。

（1）感温元件的安装应确保检测的准确性：

① 应使测温元件与被测介质进行充分的热交换，使感温元件放置的方式和位置有利于热交换，不能将其插入死角区。在管道中，感温元件的工作端应置于管道中流速最大处。感温元件应迎着介质流向插入，至少应与被测介质流向成 90°，顺流安装会产生检测误差。

② 应避免器壁由于热辐射和热交换产生的误差。在高温情况下应尽量减小被测介质与管道（设备）壁表面之间的温差，可在器壁表面包一层绝热层（如石棉），以减少热量损失，提高器壁温度。

③ 应防止测温元件暴露在外面的部分的热损失。首先应保证有足够的插入深度。一般工艺

设备、测温元件的插入深度均能满足，在小管道上安装测温元件时可斜插安装，也可在管路轴线方向上安装（肘管处），以保证最大的插入深度，插入深度一般应不小于 300 mm。特殊情况下，可在管径较小的管道上安置扩大管。

④ 用热电偶检测炉膛温度时，应避免热电偶和火焰直接接触，不应把热电偶装于炉门旁和加热物体附近。

⑤ 测温元件安装在负压管道（设备）上时，应防止冷空气漏入，确保其密封性。

⑥ 检测元件安装时，应防止电磁干扰的引入而影响检测准确性。

（2）测温元件的安装应确保安全、可靠：

① 感温元件在安装时，应考虑其元件不被损坏。安装时一方面要考虑安置在安全可靠的地方，保证有足够的强度；还需要考虑被测介质的工作压力、温度、特性，以此来合理选择测温元件的保护套管的壁厚与材质。

② 高温下的热电偶应尽可能保持垂直，以防高温下保护套管产生形变，必要时应加支架。当被测介质流速大时，测温元件应倾斜安装，最好安于肘管处。

③ 安装测温元件时应便于仪表维修人员维修、校验，特殊情况下应加设平台、梯子等附加装置。

④ 当测温元件加设外套管时，为减小测温滞后，可在两套管之间加装传热良好的填充物。如被测介质温度低于 150 ℃，可充入变压器油；当温度高于 150 ℃ 时，可填充铜屑或石英砂。

（3）热电偶、热电阻在管道上的安装　测量元件在管道或设备上安装时，固定方式一般有法兰固定和螺纹连接头固定两种。

① 法兰固定方式　适用于在设备上安装测温元件，在高温、强腐蚀性介质、结焦淤浆介质、剧毒介质、粉状介质以及测触媒层多点温度时，也可采用法兰固定方式，以方便维护。热电偶、热电阻采用平焊法兰固定的安装方式，如图 2.5.21 所示。

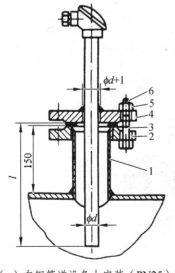 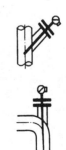

（a）在钢管道设备上安装（PN25）　　　　（b）在耐酸钢管道设备上安装（PN16）

图 2.5.21　用平焊法兰固定的安装方式

1—接管；2—管道用光滑面搭焊钢法兰；3—光滑面法兰垫片；
4—管道用光滑面法兰盖；5—螺母；6—螺栓

237

② 螺纹连接头的固定方式　一般适用于在无腐蚀性介质的管道上安装测温元件,具有体积小、安装较为紧凑的优点。图 2.5.22 为热电偶、热电阻在钢管道上垂直安装的示意图,采用螺纹连接头固定。在安装时,螺纹连接头相热片规格须按要求选择。

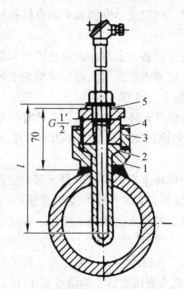

图 2.5.22　热电偶、热电阻在钢管道上垂直安装（套管可换）（PN160，320）

1—套管座；2—套管；3—压紧；4—防松螺母；5—垫片

如被测介质中有尘粒、粉末,为保护感温元件不受磨损,应加装保护屏。图 2.5.23 所示为带有保护屏的安装方式。

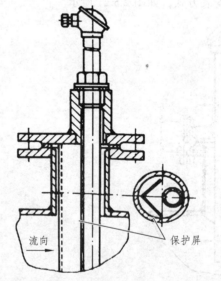

图 2.5.23　带有保护屏的热电偶、热电阻安装

4. 其他类型温度检测仪表

（1）膨胀式温度计

除了常用的热电偶和热电阻温度检测仪表外,还有膨胀式温度计。膨胀式温度计分为玻璃

管液体膨胀式和固体膨胀式两大类。对于固体膨胀式温度计，现在广泛采用的是双金属温度计，其实际外形如图 2.5.24 所示。

（2）双金属温度计

双金属温度计的感温元件是用两片线膨胀系数不同的金属片焊在一起制成的，如图 2.5.25 所示。双金属片受热后，由于两金属片的线膨胀长度不相同而产生弯曲，温度越高，产生的线膨胀长度差越大，因而引起弯曲的角度就越大。双金属温度计就是利用这一原理制成的。图 2.5.26 为双金属片温控原理示意图。

图 2.5.24　工业用就地指示双金属片温度计

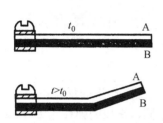

图 2.5.25 双金属片测温原理

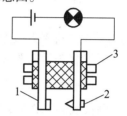

图 2.5.26　双金属片温控原理

1—双金属片（动触点）；2—静触点；3—支撑

（三）压力检测

1. 压力检测的基本知识

检测压力的仪表称为压力计或压力表。根据生产工艺的不同要求，它可进行指示、记录，也可带有报警、远传、调节等附加装置。

大气压力是指大气自重所产生的压力，也称气压。其值随气象情况、海拔和地理纬度等不同而改变。绝对压力是以零作为参考压力的压差。表压力是以环境大气压力作为参考压力的压差（在不混淆的情况下也常简称为压力）。其中，绝对压力高于大气压力的表压力叫正压，绝对压力低于大气压力的表压力叫负压，也可以叫真空度。大气压力、绝对压力、表压力之间的关系如图 2.5.27 所示。

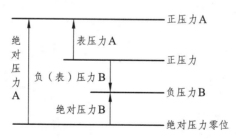

图 2.5.27　压力关系示意图

（1）检测压力的方法很多，大致可分为如下几类：

① 液体压力平衡法；

② 机械力平衡法；

③ 弹性力平衡法；

239

④ 利用其他物理性质与压力的关系来检测压力的方法。

压力表的品种、规格很多，因而其分类方法也不少。压力表按工作原理分，可分为液体式、活塞式压力表、弹性式压力表和电测式压力表等；从结构上可分为实验室型和工业应用型；按精度等级可分为标准压力表和工作压力表两类，标准压力表有 0.25、0.4、0.6 级，工作压力表分为1.0、1.5、2.5、4.0 级。压力表的品种繁多，因此，根据被测压力对象选用压力表就显得十分重要。

（2）压力检测表选择一般按以下原则进行。

① 就地压力指示　当压力在 2.6 kPa ~ 69 MPa 时，可采用膜片式压力表、波纹管式压力表和包端管压力表等弹性式压力表。如果是接近大气压的低压检测，可用膜片式或波纹管式压力表。

② 远距离压力显示　若需要进行远距离压力显示，一般用气动或电动压力变送器，也可用电气压力传感器。当压力范围为 140 ~ 280 MPa 时，则应采用高压压力传感器。对于高真空检测，可采用热电真空计。

③ 多点压力检测　进行多点压力检测时，可采用巡回压力检测仪。

④ 若被测压力达到极限值需要报警的，则应选用附带报警装置的各类压力表。

2. 弹性式压力检测仪表

弹性式压力检测仪表的工作原理是以弹性元件受压变形产生的反作用力与被测压力相平衡，然后检测弹性元件的变形位移。根据测压范围的不同，常用的弹性式压力表的弹性元件有薄膜式、波纹管式、弹簧管式（包端管式）。薄膜式、波纹管式多用于低压、微压和负压的检测，弹簧管式多用于高、中、低压和负压的检测。所以，弹簧管式压力表应用最广。

（1）弹簧管式压力表的原理　弹簧管式压力表以弹簧管为敏感元件。常见的弹簧管式压力表有单圈弹簧管压力表和多圈弹簧管压力表。前者检测范围极广，品种规格多，除普通型外，还有许多特殊用途的压力表，如电接点压力表、氨用压力表、瞬时压力表、耐震压力表等，其实际外形如图 2.5.28 所示。

① 弹簧管的测压原理　弹簧管式压力表内部的敏感元件弹簧管是一端开口、一端封闭，被弯成规定外形的金属或非金属管，它的横截面多呈扁圆形或椭圆形，如图 2.5.29 所示。开口端是固定的，作为被测压力的输入端，封闭端为自由端，是位移输出端。当固定端通入被测压力（高于大气压）后，由于呈椭圆形截面的管子在压力的作用下有变圆的趋势，使截面的长轴变短、短轴增长、C 形弹簧管随之产生向外挺直的扩张变形，使自由端发生位移，但变形前后管子长度没有改变。自由端的位移量就对应于某一压力值。由此说明：自由端必然要随压力的增大而向外伸张；反之，若管内压力小于管外压力，则自由端将随负压的增大而向内弯曲。所以，利用弹簧管不仅可以制成压力表，还可以制成真空表或压力真空表。

图 2.5.28　弹簧管式压力表

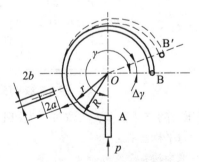

图 2.5.29　弹簧管式压力表原理示意图

② 弹簧管的传动、放大和指示原理　弹簧管自由端的位移量需要通过传动及示数装置等显示出其所对应的压力值。弹簧管式压力表内部主要由弹簧管、齿轮传动机构、示数装置和表壳等组成，如图 2.5.30 所示。齿轮传动机构也叫机芯，包括拉杆、扇形齿轮、中心齿轮等构件；示数装置包括指针和分度盘。弹簧管受压自由端变形后，通过拉杆把位移量传递给扇形齿轮和中心齿轮，在这里实现两级放大，中心齿轮偏转一定的角度，并带动轴上的指针顺时针偏转，从而在面板的刻度标尺上显示出被测压力的数值。

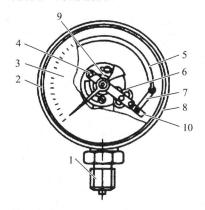

图 2.5.30　弹簧管式压力表内部构造

1—接头；2—衬圈；3—度盘；4—指针；5—弹簧管；6—齿轮传动机构（机芯）；
7—拉杆；8—表壳；9—游丝；10—调整螺钉

（2）电接点压力表

在实际生产中，常常需要把压力控制在一定的范围之内，以保证生产正常、安全地进行。利用电接点压力表能够简便地在压力偏离给定范围时发出报警信号，以提醒操作人员注意，从而进行控制。电接点压力表的实物如图 2.5.31 所示。

图 2.5.31　电接点压力表实物图

电接点压力表接线原理如图 2.5.32 所示。

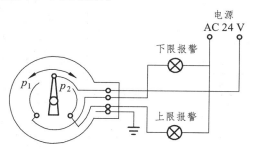

图 2.5.32　电接点压力表接线原理

241

（3）弹簧管式压力表的故障处理　为了保证弹簧管式压力表能正确指示并长期使用，在使用中应注意以下几点：仪表应工作在正常允许的压力范围内；仪表应按规定的方式安装，并保证系统无泄漏现象；尽可能减小测压点与仪表间的距离，并使两者处于同一水平位置，避免引入附加的高度误差（必要时还应进行修正）；有震动时，应加装减震器；介质易结晶、黏度大或腐蚀性强时，应加装隔离器；仪表种类要与介质性质、使用场合相适应；定期校验仪表，及时更换不合格的仪表。弹簧管式压力表在运行中的常见故障及处理方法，如表2.5.15所示。

表2.5.15　弹簧管式压力表在运行中的常见故障及处理方法

故障现象	可能原因	处理方法
压力表无指示	引压管上的切断阀未打开	打开切断阀
	引压管堵塞	拆下引压管，用钢丝疏通后，用压缩空气吹洗干净
	弹簧管接头内污物淤积过多而堵塞	取下指针和刻度盘，拆下机芯，用钢丝疏通弹簧管并进行清洗
	弹簧管裂开	更换新的弹簧管
	中心齿轮与扇形齿轮磨损过多,不能啮合	更换两个齿轮
压力表指针有跳动或呆滞现象	指针与表面玻璃或刻度盘相碰，有摩擦	矫正指针
	中心齿轮轴弯曲	取下齿轮，在铁墩上用木锤矫正敲直
	两齿轮啮合处有污物	拆下两齿轮进行清洗
	连杆与扇形齿轮间的活动螺钉不灵活	用锉刀挫薄连杆厚度
指针抖动大	被测介质压力波动大	关小阀门开度
	压力表的安装位置震动大	固定压力表或在许可的情况下把压力表移到震动较小的地方，也可装减震器
压力去掉后,指针不能恢复到零点	指针打弯	用镊子矫直
	游丝力矩不足	脱开中心齿轮与扇形齿轮的啮合,逆时针旋转中心轴以增大游丝反力矩
	指针松动	校验后敲紧
	传动齿轮有摩擦	调整传动齿轮啮合间隙
压力指示值误差不均匀	弹簧管变形失效	更换弹簧管
	弹簧管自由端与扇形齿轮、连杆传动比调整不当	重新校验调整
指示偏高	传动比失调	重新调整
指示偏低	传动比失调	重新调整
	弹簧管有渗漏	补焊或更换新的弹簧管
	指针或传动机构有摩擦	找出摩擦部位并加以消除
	引压管线有泄漏	逐段检查管线找出泄漏处并排除
指针不能指示到上限刻度	传动比小	把活节螺钉向里移
	机芯固定在机座位置不牢靠	松开螺钉，将机芯沿逆时针方向转动一点
	弹簧管焊接位置不当	重新焊接

（4）弹簧管式压力表的选用　为了使生产中的压力检测既经济、合理，又有效，正确地选择、校验和安装压力表是十分重要的。表 2.5.16 和表 2.5.17 列出了几种常用的弹簧管式压力表的规格，供选择时参考。

表 2.5.16　普通类型弹簧管式压力表

型号	公称直径/mm	检测范围/MPa	精度等级	用途
Y40 Y40Z	Φ40	0～0.1，0.16，0.25，0.4，0.6，1	2.5	检测对铜合金不起腐蚀的液体、气体、蒸汽的压力
Y60 Y60T Y60Z Y60ZQ	Φ60	0～0.1，0.16，0.25，0.4，0.6，1，1.6，2.5，4，6 -0.1～0，0.15，0.3，0.5，0.9，1.5，2.4 -0.1～0.6	2.5	检测对铜和钢合金不起腐蚀的液体、气体、蒸汽的压力或真空度
Y100 Y100T Y100ZQ Y100TQ	Φ100	0～0.1，0.16，0.25，0.4，0.6，1，1.6.2.5，4，6，10，16，25，40，60 -0.1～0，0.15，0.3，0.5，0.9，1.5，2.4 -0.1～0.6		
Y150 Y150T Y150ZQ Y150TQ	Φ150		1.5	
Y260	Φ260			

表 2.5.17　精密弹簧管式压力表（可作标准压力表）

型号	公称直径/mm	检测范围/MPa	精度等级	用途	备注
YB-160 A YB-160 B YB-160 C YB-160	Φ160	-0.1～0 0～0.1，0.16，0.25，0.4，0.6，1，1.6.2.5，4，6，10，16，25，40，60	0.25 0.4	可校普通压力表或用于压力精密检测和测负压	A——仪表可调零 B——仪表带有镜面 C——仪表带有镜面且可调零

对仪表型号中常出现的符号说明如下：在仪表型号中，常用汉语拼音的第一个字母表示某种意义。如 Y——压力，Z——真空（阻尼），B——标准（防爆），J——精密（矩形），A——氨表，X——信号（电接点），P——膜片，E——膜盒；数字表示表面尺寸（mm）；尺寸后的符号表示结构或配接的仪表。

压力表的选择应首先根据工艺过程对压力检测的要求、被测介质的性质、现场环境条件等来确定仪表的种类、型号、量程和精度，并确定是否需要带有远传、报警等功能，这样才能达到经济、合理、有效的目的。

对于弹簧管式压力表，在选用时应考虑以下几点：

① 量程的选择　根据被测压力的大小来确定仪表量程。在检测稳定压力时，最大压力值应不超过满量程的 2/3；测波动压力时，最大压力值应不超过满量程的 1/2，最低压力值不低于满量程的 1/3。按此要求算出后，取比其稍大的相邻系列值作为量程。

② 精度选择　根据生产允许的最大检测误差，以经济、合理的原则确定仪表的精度级。一般工业用压力表 1.5 级或 2.5 级已足够，科研或精密检测用 0.5 级或 0.35 级的精密压力表或标准压力表。

③ 使用环境及介质性能的考虑　对于弹簧管式压力表，弹簧管的材料因被测介质的性质和被测压力的高低而不同。一般当压力较低时用磷青铜，压力较高时用不锈钢或合金钢。当环境条件恶劣时，如高温、腐蚀、潮湿、震动等，被测介质的性质特殊时，如具有腐蚀性、易结晶、易燃、易爆等，需要根据条件来确定压力表的种类和型号。为了表明压力表具体适用于某种特殊介质的压力检测，常在仪表盘上的仪表名称下面标有色标，并标注特殊介质的名称。

④ 压力表外形尺寸的选择　现场就地指示的压力表一般表面直径为 100 mm，在标准较高或照明条件差的场合用表面直径为 200～250 mm 的，盘装压力表直径为 150 mm，或用矩形压力表。

（5）压力表的安装

一块合格的压力表能否在现场正常工作，与其安装是否正确关系很大。安装要求主要包含了测压点的选择、引压管的敷设和仪表自身的安装要求等。基本要求如下：

① 测压点

按被测介质的需求选取正确的测压点，原则是使所选取的测压点能反映被测压力的真实情况。具体要求有：

a. 测压点要选在被测介质直线流动的直管段上，不可选在拐弯、分岔、死角或其他能形成漩涡的地方；

b. 检测流动介质的压力时，取压管应与介质流动方向垂直，插入生产设备的取压管的内端面与工艺设备的接触处内壁应保持平齐，不允许有凸出物或毛刺，以免影响静压力的正确取得；

c. 检测液体压力时，测压点应在管道下部，使引压管内不积存气体；检测气体压力时，测压点应在管道上方，使引压管内不积存液体。

② 引压管

引压管的粗细、长短均应选取合适，一般内径为 6～10 mm，长度为 3～50 mm。在敷设引压管时应遵循的原则有：

a. 水平安装的引压管应保持 1：10～1：20 的倾斜度；

b. 当被测介质易冷凝或易冻结时，应加装保温伴热管；

c. 当测试液体压力时，在引压管路的最高处应加装消气器；测量气体压力时，在引压管路的最低处应装设气液分离器；当被测介质可能产生沉淀物析出时，在仪表前应加装沉降器。

③ 安装点

a. 安装地点的选择应避免震动与高温的影响；

b. 应安装在既能满足规定的使用环境又易于观察维修的地方；

c. 仪表必须垂直安装，若装在室外，还应加装保护罩。

④ 防护措施

压力检测仪表的防护包括防高温、防腐、防冻、防堵等几个方面，如检测蒸汽压力时，应加装冷凝液罐或冷凝管，如图 2.5.33（a）所示，以防止高温蒸汽与测压元件直接接触而损坏测压元件；对于有腐蚀性的被测介质，应加装充有中性介质的隔离罐，如图 2.5.33（b）所示。一般来讲，对于不同的被测介质，如高温、低温、腐蚀、脏污、结晶、沉淀、黏稠等，测压装置应采取相应的防护措施。为安全起见，测量高压的仪表除选用的表壳有通气孔外，安装时表壳应朝向墙壁无人通过之处，以免发生意外。

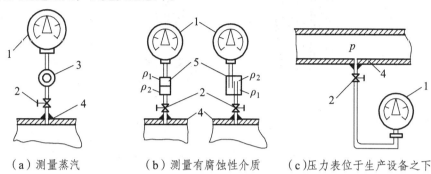

（a）测量蒸汽 　　　（b）测量有腐蚀性介质 　　（c）压力表位于生产设备之下

图 2.5.33　压力表安装示意图

1—压力表；2—切断阀；3—冷凝管；4—生产设备；5—隔离罐；ρ_1，ρ_2—被测介质和中性隔离液的密度

⑤　检修方便

安装压力表时，应考虑今后检修方便，压力的取压口到压力表之间应装切断阀，切断阀安装在靠近取压口的地方。如需在现场调校，被测介质又有脏污的情况，切断阀应当改用三通阀。

⑥　安装示意图

引压管不宜过长，否则会造成检测滞后。压力表的安装举例如图 2.5.33 所示。图 2.5.33（c）所示的情况为压力表与测压点不在同一高度，压力表的示值比管道里的实际压力高，示值读数应减去从压力表到管道取压口之间的这段液柱静压力。

3. 压力传感器

压力传感器是压力检测系统的重要组成部分。各种压力敏感元件将被测压力信号转换成容易检测的电信号后输出给显示仪表，或供控制和报警使用。

（1）应变式压力传感器　应变式压力传感器是把压力的变化转换成电阻值的变化来进行检测的。应变片是由金属导体或半导体制成的电阻体，其阻值随压力的变化而变化。图 2.5.34（a）为国产 BPR-2 型压力传感器的结构示意图。在图中，R_1、R_2 为康铜丝应变片，通过特殊粘贴剂粘贴在应变筒的外壁上，R_1 沿筒的轴向粘贴，作为检测片；R_2 沿筒的径向粘贴，作为温度补偿片。应变片 R_1、R_2 与另外两个固定电阻 R_3 和 R_4 组成一个桥式电路，如图 2.5.34（b）所示。由 R_1、R_2 的阻值变化获得桥路的不平衡电压，此电压作为传感器的输出信号。本传感器桥路的电源为 10 V 直流电源，最大输出为 5 mV 的直流信号，再经前置放大成为电动单元组合仪表的输入信号。这种类型的传感器主要适用于变化较快的压力检测。

（2）压电式压力传感器　压电式压力传感器的原理是基于某些晶体材料具有压电效应。目前广泛使用的压电材料有石英和钛酸钡等，当这些晶体受压力作用发生机械变形时，在其相对的两个侧面上产生异性电荷，这种现象称为"压电效应"。晶体上所产生的电荷量的多少与外部施加的压力成正比。图 2.5.35 为压电式压力传感器的结构原理图。这种传感器的特点是体积小，结构简单，不需外加电源，灵敏度和响应频率高，适用于动态压力的检测。广泛应用于空气动力学、爆炸力学、发动机内部燃烧压力的检测等。其检测范围可从 0～700 Pa 到 0～70 MPa，精

245

确度可达 0.1%。

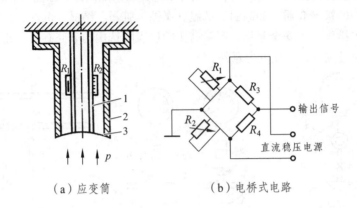

（a）应变筒　　　　　　　　（b）电桥式电路

图 2.5.34　应变式压力传感器结构原理图

1—应变筒；2—外壳；3—密封膜片

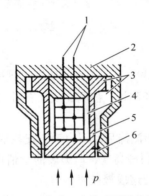

图 2.5.35　压电式压力传感器结构原理图

1—引出线；2—外壳；3—冷却腔；4—晶堆；5—薄壁筒；6—膜片

（3）光导纤维压力传感器　图 2.5.36 为 Y 形光导纤维压力传感器结构原理图。它由金属膜片杯、Y 形光导纤维、光源、光接收器及支架等组成。金属膜片杯与 Y 形光导纤维端面间距离约为 0.1 mm。这种传感器，输出信号大能测 0～35 MPa 动态压力，也可检测低压。

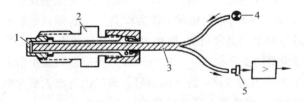

图 2.5.36　丫形光导纤维压力传感器结构原理图

1—金属膜片杯；2—支架；3—Y 形光导纤维；4—光源；5—光接收器

Y 形光导纤维压力传感器与传统压力传感器相比，有其独特的优点：利用光波传导压力信息，不受电磁干扰，电气绝缘好，耐腐蚀，无电火花，可以在高压、易燃易爆的环境中检测压力、流量、液位等；灵敏度高，体积小，可挠性好，可插入狭窄的空间中进行检测，因此得到迅速发展。

（四）物位检测

在工业生产过程中，常遇到大量的液体物料和固体物料，它们占有一定的体积，堆成一定的高度。把生产过程中罐、塔、槽等容器中存放液体的表面位置称为液位；把料斗、堆场仓库等储存的固体块、颗粒、粉料等的堆积高度称为料位；把两种互不相溶的物质的界面位置称为界位。液位、料位、界位总称为物位。对物位进行检测的仪表称为物位检测仪表。

物位检测仪表的种类很多，如果按液位、料位、界面来分可分为：检测液位的仪表——玻璃管式、称重式、浮力式、静压式、电容式、电感式、电阻式、超声波式、放射性式、激光及微波式等；检测界位的仪表——浮力式、差压式、电极式和超声波式等；检测料位的仪表——重锤探测式、音叉式、超声波式、激光式、放射式等。

1. 差压式液位计

差压式液位计是利用容器内的液位改变时，液柱产生的静压也相应变化的原理工作的。差压式液位计的特点是：

（1）检测元件在容器中几乎不占空间，只需在容器壁上开一个或两个孔即可。

（2）检测元件只有一两根引压管，结构简单，安装方便，便于操作、维护，工作可靠。

（3）采用法兰式差压变送器可以解决高黏度、易凝固、易结晶、腐蚀性、悬浮物介质的液位检测问题。

（4）通用性强，可以用来检测液位，也可用来检测压力和流量等参数。在实际化工生产中，常采用差压变送器作为液位测量仪表。

2. 差压（压力）变送器

图 2.5.37 为力平衡式差压变送器的结构示意图。可以看出，此差压变送器由两部分组成，

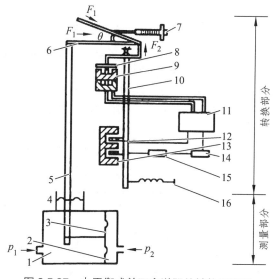

图 2.5.37　力平衡式差压变送器的结构示意图

1—低压室；2—高压室；3—测量元件（膜盒、膜片）；4—轴封膜片；5—主杠杆；6—矢量机构；
7—跃程调整螺钉；8—检测片；9—差动变压器；10—副杠杆；11—放大器；
12—反馈动圈；13—永久磁钢；14—电源；15—负载；16—调零弹簧

下半部分为测量部分，上半部分为转换部分。测量部分包括测量室、测量元件（膜盒、膜片）

等，转换部分包括主杠杆、矢量机构、副杠杆、差动变压器、反馈机构、调零装置和放大器等。被测差压信号进入高、低压室，通过膜盒把力传递给主杠杆的下端，主杠杆带动矢量机构上移，并带动副杠杆逆时针转动，使检测片靠近差动变送器，导致差动变动器的输出增加，并通过放大器输出 4～20 mA 的直流电流信号。

图 2.5.38 所示为电容式差压变送器，被测差压信号进入变送器高低压室，使中间的弹性膜片产生相应的位移。而此膜片是差动电容的中间极板，与两侧固定极板的距离变化导致两个电容值 C_1 和 C_2 的变化。经过转换电路的处理，最后变成 4～20mA 的直流电流信号。

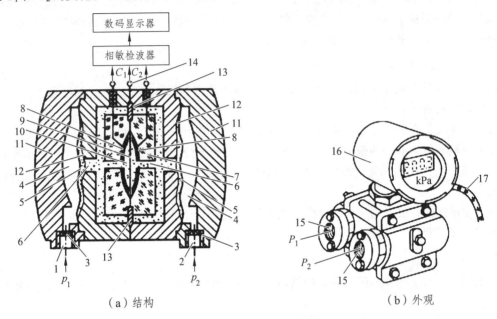

（a）结构　　　　　　　　　（b）外观

图 2.5.38　电容式差压变送器

1—高压侧进气口；2—低压侧进气口；3—过滤片；4—空腔；5—柔性不锈钢波纹隔离膜片；
6—导压硅油；7—凹形玻璃圆片；8—镀金凹形电极（定极板）；9—弹性膜片；10—δ 腔；
11—铝合金外壳；12—限位波纹盘；13—过压保护悬浮波纹膜片；
14—公共参考端（地电位）；15—螺纹压力接头；
16—测量转换电路及显示器铝合金盒；17—信号电缆

差压变送器的输出为 4～20 mA 直流信号，通过电流表来检测或校验此信号，如图 2.5.39 所示。

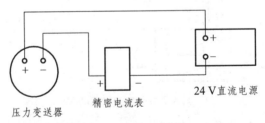

图 2.5.39　压力（差压）变送器的接线

3. 差压式液位计的工作原理

压力可以用液柱高度来表示，所以液柱高度（即液位）也可以用压力或压差来表示。对于敞口容器，可以通过压力表测量容器中的液位。但是在有压的密闭容器中，因为液面上部空间的气相压力不一定是定值，为了消除气相压力变化的影响，需采用差压式液位计测量压差，即 $\Delta p = p_B - p_A = \rho g H$。测量方法如图 2.5.40 所示，在设备的上下部安装取压管，与差压变送器的正负压室相连，检测其压差，若知道

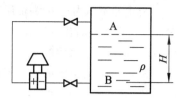

图 2.5.40　差压变送器测量液位

容器内液体介质的密度 ρ，则设备内的液位高度为 $H = \Delta p / \rho g$，这样就把液位的检测转换为对压差的检测。在石油行业及化工厂中，一般采用电、气动差压变送器进行压差的检测与传送。

使用差压式液位计测量液位时，必须注意两点：

（1）遇到含有杂质、结晶、凝聚或易自聚的被测介质，用普通的差压变送器可能引起连接管线的堵塞，此时需要采用法兰式差压变送器。如图 2.5.41 所示，变送器与设备通过法兰相连，法兰式测量头中的敏感元件金属膜盒，经毛细管与变送器的测量室相通，由膜盒、毛细管、测量室组成的封闭系统内充有硅油，通过硅油传递压力，在毛细管的外部套有金属蛇皮保护管。

（2）当差压变送器的安装位置与取压点和液位零位不在同一水平位置，或差压变送器与容器之间安装隔离罐时，需要进行零点迁移。

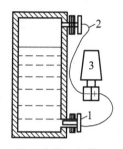

图 2.5.41　双法兰式差压变送器测液位示意图

1—法兰式测量头；2—毛细管；3—变送器主机

4. 差压变送器的零点迁移

在差压变送器的正负压室与取压点之间装设隔离罐，如图 2.5.42 所示。被测介质密度为 ρ_1，隔离罐内充以密度为 ρ_2 的隔离液（$\rho_1 > \rho_2$），则图 2.5.42 中正、负压室的压力分别为

$$p_1 = h_1\rho_1 + H\rho_1 + p_{气}$$
$$p_2 = h_2\rho_2 + p_{气}$$

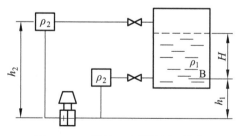

图 2.5.42　用差压变送器测量液位

正、负压室的压差为

$$\Delta p = p_1 - p_2 = H\rho_1 + h_1\rho_1 - h_2\rho_2 = H\rho_1 - B$$

式中，p_1 为正压室压力；p_2 为负压室压力；B 为固定压差，$B = (h_2 - h_1)\rho_2$。

由上式可以明显看出，当 $H = 0$ 时，$\Delta p = -B$，这一固定压差 B 的存在使差压变送器的零点发生移动，即输入 $H = 0$ 时，输出 Δp 不为零。为了使差压变送器的输入、输出相对应，即当 $H = 0$ 时，输出 Δp 也为下限值 0，则必须调整差压变送器的零点迁移弹簧，使之抵消固定压差值（即-B）的影响，这种做法叫做对差压变送器的"零点迁移"。由于当 $H = 0$ 时，输出 Δp 为负值（-B），所以在本部分中需要对仪表进行"零点负迁移"，固定压差 B 值的大小叫"迁移量"。

【例 4】根据图 2.5.43 的连接方式，确定差压变送器的迁移方式（正或负）及迁移量。已知被测介质的密度 $\rho_3 = 1060 \text{ kg/m}^3$，甲醇密度 $\rho_2 = 792 \text{ kg/m}^3$，氮气密度 $\rho_1 = 1.128 \text{ kg/m}^3$。

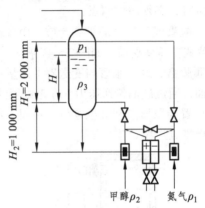

图 2.5.43　测液位接线

解：由图 2.5.43 可知，在高位时差压变送器正、负压室所受压力分别为

$$p_+ = h_2\rho_2 + H_1\rho_3 + p_1$$

$$p_- = (H_2 + H_1)\rho_1 + p_1$$

此时，差压变送器所受的差压为最大，即 Δp_{max}：

$$\Delta p_{max} = p_+ - P_- = p_1 + \rho_2 H_2 + \rho_3 H_1 - p_1 - \rho_1 H_1 - \rho_1 H_2$$
$$= H_1(\rho_3 - \rho_1) + H_2(\rho_2 - \rho_1)$$
$$= 2 \times (1060 - 1.128) + 1 \times (792 - 1.128)$$
$$= 2908.6 \times 9.8 \text{（Pa）}$$

在最低液位时

$$p_+ = h_2\rho_2 + p_1$$

$$p_- = (H_2 + H_1)\rho_1 + p_1$$

此时，差压变送器所受的差压最小，即 Δp_{min}：

$$\Delta p_{min} = p_+ - P_- = p_1 + \rho_2 H_2 - p_1 - \rho_1 H_1 - \rho_1 H_2$$

$$= H_1(\rho_3 - \rho_1) + H_1\rho_1 = 1 \times (792 - 1.128) - 2 \times 1.128$$

$$= 788.6 \times 9.8 \text{（Pa）}$$

由于差压变送器的量程范围为 $\Delta p_{min} \sim \Delta p_{max}$，所以，该差压变送器的量程范围为 788.6×9.8 ~ 2908.6×9.8 Pa，差压变送器为正迁移，迁移量为 788.6×9.8 Pa。

采用双法兰差压变送器测量液位时，如图 2.5.41 所示，由于双法兰差压变送器在出厂校验时，正负压室法兰是放在同一高度上的，而在实际测量液位时，负法兰在上，正法兰在下，等于在差压变送器上预加了一个反向压差而使零位发生了负迁移。所以，在使用时应注意。另外差压变送器主体安装位置的高低对液位测量值没有影响。这是因为正负压室毛细管内硅油液柱对差压变送器的正负压室所产生的压力信号起到相互抵消的作用。所以差压变送器的位置可以任意选择。

（五）流量检测仪表

在工业生产中，流量检测的目的主要是确定参与化学反应的物料的数量或比例；另外，由于使生产过程正常进行需要加入（排出）的能量也是通过各种流体（如蒸汽、冷却水等）来传递的，通过流量检测可了解能量情况，判断一些设备（如泵、压缩机等）的运行是否正常以及对生产过程的经济效果进行考核、分析。

工业上所用的流量仪表一般可分为三类：速度式流量仪表、容积式流量仪表、质量式流量仪表。其简要特征如下：

（1）速度式流量仪表 以测量流体的流速为测量依据，如叶轮式流量计、质量式流量计、差压式孔板流量计、靶式流量计、转子流量计、涡轮流量计、超声波流量计、电磁流量计等。

（2）容积式流量仪表 以单位时间内所排出的液体体积 V 作为测量根据，如盘式流量计、椭圆齿轮流量计等。

（3）质量式流量仪表 检测流体在管道中流过的质量。这类仪表精度高，目前常作为计量仪表。其传感器振动管的结构形式一般有 U 形、Ω 形两种。这类仪表不受流体的温度、压力、密度、黏度等的影响，是较为理想的计量仪表。

1. 差压式流量计

差压式流量计目前仍然是炼油、化工生产中使用最广的一种流量测量仪表。主要特点是检测方法简单，无可动部件，工作可靠，寿命长，内径在 50~1200 mm 范围内的管道均能应用，几乎可测量各种工况下的单相流体流量。不足之处是对小口径（小于 50 mm）的流量测量有困难，压损较大，流量与差压信号成非线性，测量精度不高。

（1）差压式流量计的结构 差压式流量计由节流装置、引压管和差压计（差压变送器）、显示仪表三部分组成，如图 2.5.44 所示。

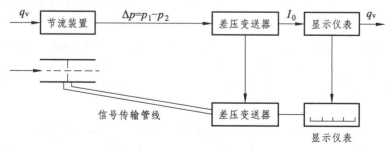

图 2.5.44 差压式流量计结构

节流装置包括节流元件和取压装置。在节流装置中，应用最多的是孔板、喷嘴、文丘里管和文丘里喷嘴。由于这几种节流元件历史悠久，试验数据完整，产品已经标准化，所以也称为"标准节流装置"。图 2.5.45（a）为标准节流装置——孔板的示意图。在不同场合下的节流装置的加工尺寸必须单独计算，节流装置没有互换性。其他形式的节流元件，如圆缺孔板等，尚未标准化，故称为特殊节流装置，这类特殊装置必须先进行标定，才能投入使用。

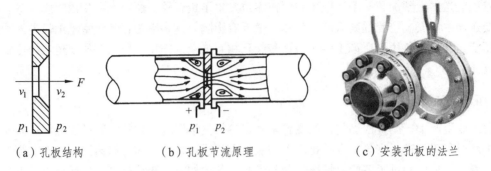

（a）孔板结构　　　　　（b）孔板节流原理　　　　　（c）安装孔板的法兰

图 2.5.45　标准节流装置——孔板的示意图

（2）差压式流量计的测量原理

在管道中流动的流体具有动能和位能，在一定条件下这两种能量可以互相转换，但能量的总和是不变的。节流元件测量流量就是利用这个原理来实现的。

节流装置节流原理如图 2.5.45（b）所示。由于流体在流动时遇到节流装置的阻挡，其流束形成收缩。在挤过节流孔后，流速又由于流通面积的变大和流束的扩大而降低，所以流体在流过节流装置的前后会发生能量的相互转换。在节流装置前后等管壁处的流体静压力发生变化，形成静压力差 Δp，$\Delta p = p_1 - p_2$，存在 $p_1 > p_2$。差压 Δp 与流量 Q 之间存在单值函数关系，流量 Q 越大，流束的局部收缩和位能、动能的转换就越显著，在节流装置前后所产生的压差也就越大，因此能够通过测量压差的大小实现对流量大小的测量。

根据能量守恒定律和流体连续性原理，可以得到节流装置的流量公式：

体积流量：

$$Q = \alpha \varepsilon F_0 \sqrt{2\Delta p / \rho_1}$$

质量流量：

$$M = \alpha \varepsilon F_0 \sqrt{2\Delta p \rho_1}$$

式中，M 为质量流量，kg/s；Q 为体积流量，m^3/s；α 为流量系数；ε 为流束膨胀系数；ρ_1 为流体流经节流元件前的密度，kg/m^3；F_0 为节流装置开孔截面积，m^2；Δp 为节流元件前后压力差，$\Delta p = p_1 - p_2$，Pa。

在差压式流量计的使用和计算中，一定要清楚流量值和差压值之间的对应关系不是线性关系，两者之间符合 $F \propto \sqrt{\Delta p}$ 这一规律。

（3）节流装置的取压方式　节流装置的取压方式，孔板有以下五种，喷嘴只有角接取压和径距取压两种。

① 角接取压　上、下游侧取压孔轴心线与孔板（喷嘴）前后端面的间距各等于取压孔直径的一半，因而取压孔穿透处与孔板端面正好相平。角接取压包括环室取压和单钻孔取压，如图 2.5.46 中 1—1 所示。

② 法兰取压　上、下游侧取压孔中心至孔板前后端面的间距均为(25.4±0.8)mm，如图 2.5.46 中 2—2 所示。

③ 径距取压　上游侧取压孔中心与孔板（喷嘴）前端面的距离为 D，下游侧取压孔中心与

孔板（喷嘴）后端面的距离为 $\left(\dfrac{1}{2}\right)D$，如图 2.5.46 中 3—3 所示。

④ 理论取压法　上游侧取压孔中心至孔板前端面的距离为 $1D\pm0.1D$；下游侧取压孔中心至孔板后端面的距离随 β（$\beta=d/D$）的大小而变，如图 2.5.46 中的 4—4 所示。

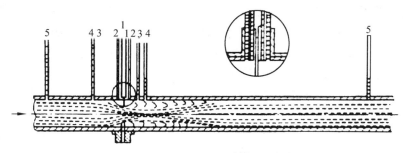

图 2.5.46　节流装置的取压方式

⑤ 管接取压　上游侧取压孔的中心线距孔板前端面为 $2.5D$，下游侧取压孔的中心线距孔板后端面距离为 $8D$，如图 2.5.46 中 5—5 所示。

以上五种取压方式中，角接取压法用得最多，其次是法兰取压法。

2. 差压式流量计的安装

差压式流量计的安装主要包括节流装置、信号管路和差压仪表的安装。在现场使用中，只有按照安装规程安装的差压计流量计，才能进行准确的检测和计算。

（1）标准节流装置的安装要求

① 安装节流装置的前后直管段原则上是越长越好，在工程上需保证节流装置前 $10D$、后 $5D$ 的直管段。避免干扰阻力对流束的影响，在节流装置前后 $2D$ 长度的管道内壁上，不允许有任何突出部分。

② 节流装置的开孔中心需与管中心线同心，节流装置的入口端面应与管道中心线垂直。

③ 安装孔板前，应将孔板表面的油污擦净，要绝对保持孔板的尖锐边缘，不能使用其他工具去加工边缘。

（2）信号管路的安装要求

差压信号通过引压管（脉冲管线）传递到差压计，只有引压管安装正确，才能如实地传递差压信号。具体安装要求如下：

① 引压管尽可能短距离敷设，总长不应超过 50 m，最短不少于 3 m，引压管拐弯处应是均匀的圆角。

② 引压管的安装应保持垂直或与水平面之间成不小于 1：10 的倾斜度，便于排除引压管中积存的气体、水分、液体或固体微粒，达到精确测量的目的。此外还应加装气体、凝液、微粒的收集器和沉降器等，便于定期排除杂质。

③ 引压管应远离热源，并有防冻保温措施，便于差压信号畅通准确地传递。

④ 检测黏性、腐蚀性的介质，应加装充有中性隔离液的隔离罐，以防堵、防腐。

⑤ 引压管密封性应好，无泄露现象。

⑥ 引压管中应安装相应的切断装置、冲洗系统、罐封液、排污阀门。

（3）差压变送器的安装要求

① 安装地点应便于检修。

253

② 要求安装地点周围环境要好，考虑温度、湿度、腐蚀性、振动等因素。在严寒的北方应加装保温箱，在尘埃较大和腐蚀性较强的恶劣环境下，均应加防护箱防护。

（4）差压式流量计的安装示意图

① 测量液体流量时要防止液体中有气体进入并积存在引压管内，同时还应防止液体中有沉淀物析出。所以差压计最好安装在节流装置的下方，如图 2.5.47 所示。在环境条件不具备的情况下，也可将差压计安装在节流装置的上方，此时注意从节流装置开始引出的引压管应先向下弯，而后再向上弯，形成 U 形封液，如图 2.5.48、图 2.5.49 所示。但在引压管的最高点应加装集气器，若被测介质有沉淀物析出，则应加装沉降器。

此外，测量温度大于 70 ℃的液体介质时，引压管上应装设平衡器。检测黏性或腐蚀性介质时，需装设隔离罐。

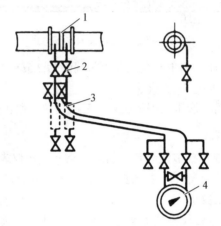

图 2.5.47　差压计装在下方（一）

1—节流装置；2—阀门；3—沉降器；4.差压计

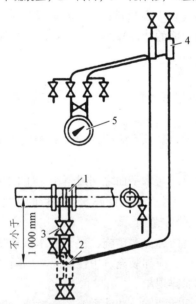

图 2.5.48　差压计装在上方（一）

1—节流装置；2—沉降器；3—阀门；4—集气器；5—差压计

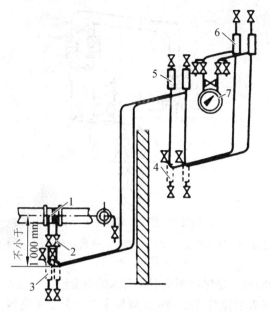

图 2.5.49　引压管不能向一方倾斜，差压计装在上方

1—节流装置；2—阀门；3，4—沉降器；5，6—集气器；7—差压计

　　② 测量气体流量，在安装时要防止液体污物或灰尘等进入引压管内，所以差压计最好安装在节流装置的上方。如条件不具备，只能安装在下方时，则需在引压管的最低处装设沉降器，以便排除凝液和尘土。此外，当气体中含有污物和灰尘时，应对管线进行定期清洗，以保证管线的洁净。测量有腐蚀性气体时，还需装设隔离罐。图 2.5.50、图 2.5.51 为测量腐蚀性气体流量时差压计的安装示意图。

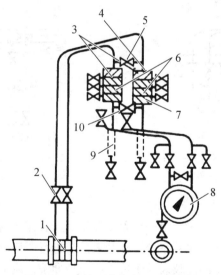

图 2.5.50　差压计装在上方（二）

1—节流装置；2—阀门；3—隔离液起始液面；4—被测气体；5—平衡阀；6—隔离液终结面；
7—隔离液；8—差压计；9—沉降器

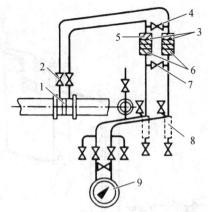

图 2.5.51　差压计装在下方（二）

1—节流装置；2—阀门；3—隔离液起始面；4，7—平衡阀；5—被测气体；6—隔离液终结面；
8—沉降器；9—差压计

③ 测量水蒸气流量的要点是保持两根引压管内的冷凝液柱高度相等，防止高温蒸汽与差压计直接接触。为此，在接近节流装置处的引压管路上装设两个平衡器。要求两平衡器及引压管内充满冷凝液，并在同一水平面上装设平衡器，以免引入附加误差。此外，根据被测介质的物理特性及安装要求，节流装置应位于差压计的上方。如条件不具备，差压计装在节流装置上方时，应在引压管路的最高点处加装集气器。安装示意图如图 2.5.52、26-53 所示。

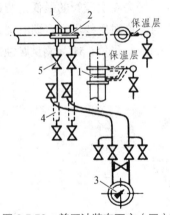

图 2.5.52　差压计装在下方（三）

1—节流装置；2—平衡器；3—差压计；
4—沉降器；5—阀门

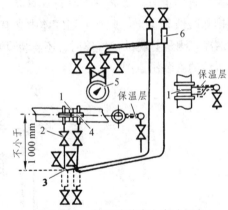

图 2.5.53　差压计装在上方（三）

1—节流装置；2—阀门；3—沉降器；
4—平衡器；5—差压计；6—集气器

3. 差压式流量计的投运

（1）差压式流量计的开表程序　当一台差压变送器安装完毕或经大检修后，均需进行开表投运。经安装、检修过的差压变送器系统，在开表前需进行严格的冲洗，将其脉冲管线内的铁屑、杂质、灰尘等脏物清除干净。仪表冲击线不必单独冲洗，应随同工艺管路一并吹扫冲洗。差压变送器开表接线如图 2.5.54 所示。

① 吹扫、冲洗过程：先关阀 3、4、5、6、7，开阀 8、9，再开阀 1、2；冲洗结束后，关阀8、9，其他阀保持吹扫、冲洗状态，待冷凝液充满引压管线后，为正式开表做好准备。

② 开表（投运）过程：开阀 5，开阀 3（使高压冷凝液经阀 5 到负压室），开阀 6 和阀 7（排

气），关阀 6 和 7，开阀 4（或先开阀 4，后开阀 3），其他程序均可不变。

（2）三阀组的操作顺序　对于测蒸汽流量的差压变送器、充隔离液的差压变送器，要防止冷凝液和隔离液因操作三阀组不当而引起漏液，导致仪表无法正常工作。特别对于重要的流量控制系统，更不允许差压变送器的三阀组有任何不妥的误操作。正确操作三阀组应遵守两个原则：不能让引压管内的冷凝液或隔离液流失；不能使测量元件（膜盒或波纹管）单向受压或受热。

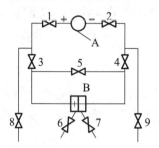

图 2.5.54　差压式流量计接线

A—孔板元件；B—差压变送器

图 2.5.55　三阀组

图 2.5.55 是三阀组的实物图，三阀组启动顺序是：

① 打开正压阀；

② 检查二次阀和排污阀应关闭，平衡阀应关闭；

③ 稍开一次阀，然后检查引压管、阀门、活接头等，如果不漏就把一次阀全开；

④ 分别打开排污阀，进行排污后，关闭排污阀；

⑤ 拧松差压室丝堵，排除其中的空气；

⑥ 待引压管内充满冷凝液后方可启动差压变送器；

⑦ 启动三阀组的顺序为：打开正压阀，关闭平衡阀，打开负压阀。

三阀组的停运顺序和启动顺序相反，即关闭负压阀，打开平衡阀，关闭正压阀。

对于测量蒸汽的差压变送器，在排污时会将引压管内的冷凝液放掉，故应等一段时间，待引压管充满冷凝液后，再开表投运。由于充满冷凝液的时间较长，势必影响仪表使用，所以测量蒸汽的差压变送器一般不轻易排污。此外，引压管内充满隔离液时更不能轻易排污。

对于需要灌入隔离液的差压式流量计，在启用前，即在打开孔板取压阀之前，必须先将平衡阀门切断，以防止隔离液冲走。在停用时，必须首先切断取压阀门，然后方可打开平衡阀门，使仪表处于平衡状态。

4. 差压式流量计的故障分析与处理

（1）差压式流量计的故障分析

① 负压管堵塞　当流量增加而负压管又堵塞时，流量计示值升高；当流量降低而负压管堵塞时，流量计示值下降；管道中流量不变（保持原流量），则其流量计示值不变。

② 正压管堵塞　当流量增加时，流体管道中的静压力也相应增加，设其增加值为 p_a；同时，因流速增加而静压降低，设其值为 p_0。若 $p_0 = p_a$，则流量计示值不变；若 $p_0 < p_a$，则流量计示值下降；若 $p_0 > p_a$，则流量计示值增加。

当流量降低时，流体管道中的静压也相应降低，设降低值为 p_a，同时，因流速降低而静压升高，设其值为 p_0。若 $p_0 = p_a$，则流量计示值不变；若 $p_0 < p_a$，则流量计示值升高；若 $p_0 > p_a$，则流量计示值下降。

如流量不变化（保持原流量），流量计示值不变。

③ 负压管漏　当流量 F 增加，而负压管漏时，则流量示值增加。

当流量下降时，负压管静压增加到 p_0，负压管漏压为 p_s。当 $p_0 = p_s$，则流量计示值不变；当 $p_s > p_0$，其流量计示值升高；当 $p_s < p_0$，其流量计示值下降。

④ 正压管漏　当流量增加时，负压管静压下降到 p_0，正压管漏压为 p_s。当 $p_0 = p_s$，则流量计示值不变；当 $p_0 > p_s$，其流量计示值升高；当 $p_0 < p_s$，其流量计示值下降。

而当流量下降时，流量计示值下降。

⑤ 孔板倒装后，流量计示值下降。

（2）故障处理

① 关于正、负引压管堵塞的处理：使用钢丝或铁丝将其堵塞位置疏通，如无法疏通，则使用 0.3 MPa 蒸汽加以冲洗；使用蒸汽冲洗后仍没有解决脉冲管线堵塞问题，则应动用焊具，更换其冲击管线堵塞部分，恢复其正常运行。

② 关于孔板倒装的故障：易于处理，将其装置部件拆开，调换孔板方向重新安装即可。

（3）差压变送器在现场是否正常运行的判断　由于差压变送器的故障多数是漂移和引压管堵塞，所以在现场很少对刻度进行逐点校验，而是检查它的零点和变化趋势。具体措施如下：

① 零点检查：关闭正、负截止阀，打开平衡阀，此时电差压变送器输出的电流应为 4 mA，气差压变送器输出气压应为 0.02 MPa。

② 变化趋势检查：零点检查后，各阀恢复原来的开表状态，打开负压室的排气排污阀，此时变送器的输出为最大，即电差压变送器输出应为 20 mA，气差压变送器输出信号应为 0.1 MPa；若只打开正压室排污阀，则输出为最小，即电差压变送器为 4 mA，气差压变送器为 0.02 MPa。

③ 在打开排污阀时，被测介质排出很少或没有，则说明引压管有堵塞现象，需设法疏通。

（六）容积式流量计

容积式流量计主要用来测量不含杂质的液体流量，如油类、树脂、液态食品等黏稠液体的流量，此类流量计的测量精度可达 0.2%。常见的容积式流量计有椭圆齿轮流量计、腰轮流量计、挂板流量计、皮囊流量计等。

1. 椭圆齿轮流量计

（1）结构原理　椭圆齿轮流量计的测量部分是由两个相互啮合的椭圆齿轮轴和壳体组成。其原理如图 2.5.56 所示。当被测流体流过椭圆齿轮流量计时，它将带动椭圆齿轮旋转，椭圆齿轮每转动一周，就有一定数量的流体流过仪表，只要用传动及累积机构记录下椭圆齿轮的转数，就能知道被测流体流过仪表的总数。

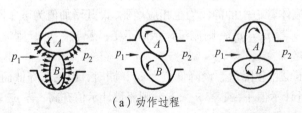
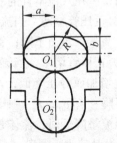

（a）动作过程　　　　　　　　　　　　（b）半月形容积计算示意图

图 2.5.56　椭圆齿轮流量计的测量原理图

图 2.5.56 表示了椭圆齿轮转过 1/4 周的情形，在这段时间内，仪表仅排出了一个月牙容积的被测介质。所以，可知椭圆齿轮旋转 n 圈所排出介质的总体积为

$$V = 4nV_0 = 4n(\pi R^2 / 2 - \pi ab / 2)\delta = 2\pi n(R^2 - ab)\delta$$

式中，n 为椭圆齿轮的旋转次数；V_0 为椭圆齿轮壳体间形成的月牙体积；R 为壳体容室的半径；a、b 为椭圆齿轮的长半轴和短半轴；δ 为椭圆齿轮的厚度。

（2）使用中的注意事项　此类仪表适用于测量黏度大的被测介质，因泄漏量小而精度高；但不能用来测量含固体颗粒的流体，否则易造成堵塞、卡死、齿轮磨损等现象。所以在椭圆齿轮流量计的入口处应加装过滤器。被测介质的流量不能过小，否则泄漏量引起的误差会更为突出。要考虑被测流体中是否夹杂气体，同时要符合椭圆齿轮流量计的温度使用范围。在安装方面，它既可以水平安装，又可以垂直安装。当安装在水平管道上时，应装有副线；当垂直安装时，为防铁屑、杂质落到流量计的测量部分，流量计应装在副线上。

2. 腰轮流量计

腰轮流量计测量流量的基本原理和椭圆齿轮流量计相同，只是轮子的形状不同，两个轮子不是相互啮合滚动进行接触旋转，轮子表面无牙齿，见图 2.5.57。它是靠套在伸出壳体的两根轴上的齿轮啮合的，图 2.5.57 展示了轮子的转动情况。腰轮流量计除了能测量液体流量外，还能测量大流量的气体流量。由于两个腰轮上无齿，所以对流体中的固体杂质没有椭圆齿轮流量计那样敏感。

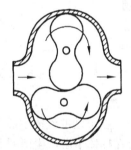

图 2.5.57　腰轮流量示意图

图 2.5.58　旋进漩涡流量计

（七）漩涡流量计

1. 漩涡流量计

是利用流体振荡原理进行流量测量的。它可分为流体强迫振荡的漩涡进行型和自然振荡的卡门漩涡分离型。前者称为旋进漩涡流量计，后者称为涡街流量计，图 2.5.58 为旋进漩涡流量计。漩涡流量计的特点是：测量精度高，可达±1%；量程比宽，可达 100∶1；仪表内无活动部件，使用寿命长；仪表指示几乎不受温度、压力、密度、黏度及成分等影响，故用水或空气标定的流量计用于其他液体或气体的流量测量时不用校正；仪表的输出是与体积流量成正比例的电脉冲频率信号，易与数字式仪表及计算机配套使用；维护方便，更换检测元件不用重新标定。但当检测元件被污物黏附时，将影响仪表的灵敏度。

图 2.5.60 为旋进漩涡流量计测量原理图。流体流过螺旋叶片后背强制旋转，便形成了漩涡。漩涡的中心是涡核，速度很快，外围是环流。在文丘里收缩段，涡核与流量计的轴线相一致。但进入扩大段后，涡核就围绕着流量计的轴作螺旋状进动。漩涡进动的频率和流体的体积流量成正比。涡核的频率通过热感电阻来检测。

热敏电阻通过电流，使它的温度始终高于流体的温度，每当涡核流经热敏电阻一次，热敏电阻就被冷却一次。这样，热敏电阻的温度随着涡核的进动频率而作周期性变化，该变化又导致热敏电阻的阻值作周期性变化。这一阻值变化经检测放大器处理后转换成电压信号，最终得到与体积流量成比例的脉冲信号，送到显示仪器显示。

旋进漩涡流量计由变送器、检测放大器和数字式显示仪表组成，结构如图 2.5.60 所示。

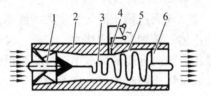

图 2.5.59　旋进漩涡流量计测量原理

1—螺旋叶片；2—文丘里收缩段；3—漩涡；4—热敏电阻；5—扩大段；6—导直叶片

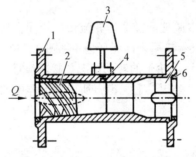

图 2.5.60　旋进漩涡流量计结构图

1—带法兰壳体；2—起漩螺旋叶片；3—放大器；4—敏感元件；5—消漩叶片 6—紧固环

2. 涡街流量计

涡街流量计的实物见图 2.5.61，测量原理如图 2.5.62 所示。在流动的流体中插入一个非流线型柱状物，常用圆柱形或三角形柱体。流体流动到柱体，会在柱体下游产生两列不对称且有规律的漩涡，当满足 $h/l=0.281$ 时，产生的漩涡是稳定的，在涡街流量计测量的有效范围内，流体的平均流速 u 与圆柱体卡门漩涡的频率成正比，所以测得漩涡的频率即可求 u，由 u 可得到体积流量 Q 值。

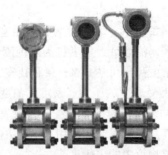

图 2.5.61　实际的涡街流量计

涡街流量计由检测器（圆柱或三角柱）、放大器和转换器等组成。它可直接以数字量输出，与数字显示仪表配套，也可通过 D/A 转换成 0 ~ 10 mA AC 或 4 ~ 20 mA DC 输出，以便进行测量显示、记录、积算和控制等。

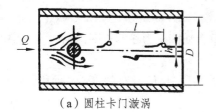
（a）圆柱卡门漩涡

（b）三角柱卡门漩涡

图 2.5.62　涡街流量计的测量原理

3．干扰和防干扰

（1）工业电磁干扰的预防　工业电磁干扰主要来源于高频电磁辐射、交直流电源线路耦合、低频电磁干扰等。具体预防措施如下：

① 通过金属防护罩屏蔽、使用低频滤波等方法消除高频电磁辐射干扰。

② 可以使用电源隔离、稳压、去耦合滤波等环节消除来自电网交直流电源的干扰。

③ 在仪表现场安装时，合理选择线路的敷设方式、正确接地是减少电磁干扰的有效措施。如信号与电源之间隔离，信号线远离动力电源和热源，并牢固安装，避免静电干扰；输入信号采用屏蔽线，选择合理的接地点等。

（2）管道振动干扰和抗干扰　由于涡街流量计直接安装在流体管线上，与泵、风机等运转设备管线相连，由此带来了管道振动干扰。具体预防措施为：首先在设计上采用支梁结构，被压点敏感元件放在振动弯矩的零点上，压电敏感元件将不会受到振动力的作用，此为压电敏感元件最佳防振措施。采用对称差动传感器也可消除振动影响。对振动较强的现场管道，可在仪表上、下附近安装防振座、防振垫和管道固墩。

（3）流场干扰及抗干扰　管路中的各种阀门、弯头、支管、扩张管形成的阻力，均对管道内流场产生影响（扰动、杂乱的漩涡流），破坏管道内流束的均匀性和规律性。消除办法为保持管段上下游有足够长度的直管段，以防止流场的扰动。

（八）电磁流量计

实际的电磁流量计如图 2.5.63 所示，电磁流量计是利用电磁感应原理制成的流量测量仪表，可用来测量导电液体的体积流量（流速）。电磁流量计的优点：变送器几乎没有压力损失，内部无活动部件，用涂层或衬里易解决腐蚀性介质流量测量问题；检测过程中不受被测介质的温度、压力、密度、黏度及流动状态等变化的影响，没有测量滞后现象。

图 2.5.63　实际的电磁流量计

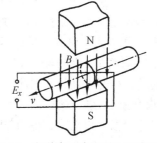
图 2.5.64　电磁流量计的测量原理图

1．电磁流量计的测量原理

电磁流量计是电磁感应定律的具体应用，如图 2.5.64 所示，当导电的介质垂直于磁力线方向运动时，在与介质流动和磁力线都垂直的方向上产生一个感应电动势 E_x：

$$E_x = BDv$$

式中，B 为磁感应强度，T；D 为导管直径，即导体垂直切割磁力线的长度，m；v 为被测介质在磁场中运动的速度，m/s

因体积流量 Q 等于流体流速 v 与管道截面积 A 的乘积，直径为 D 的管道截面积 $A = \pi D^2 / 4$，所以 $Q = \pi D^2 v / 4$，将此代入上式，即得

$$Q = \pi D E_x / (4B)$$

由上式可知，当管道直径 D 和磁感应强度 B 不变时，感应电动势 E_x 与体积流量 Q 之间成正比。上式是在均匀直流磁场条件下导出的，由于直流磁场易使管道中的导电介质发生极化，会影响测量精度，因此工业上常采用交流磁场，则 $B=B_m\sin\omega t$，代入上式得到：

$$Q = \pi D E_x / 4B_m \sin \omega t$$

式中，ω 为交变磁场的角频率；B_m 为交变磁场磁感应强度的最大值。

由上式可知，感应电动势 E_x 与被测介质的体积流量 Q 成正比，测得 E_x 值，便可知体积流量 Q 的大小，但变送器输出的 E_x 值是一个微弱的交流信号，其中包含各种干扰成分，而且内阻变化高达几万欧姆，因此要求转换器是一个高输入阻抗，且能抑制各种干扰成分的交流毫伏转换器，将感应电动势转换成 4 ~ 20 mA 的统一信号，以供显示、控制，也可以送到计算机进行处理。

2. 电磁流量计的优缺点

（1）优点

① 测量导管内无可动部件和阻流体，因而无压损，无机械惯性，所以反应十分灵敏。

② 测量范围宽，量程比一般为 10：1，流速范围一般为 1 ~ 6 m/s，也可扩展到 0.5 ~ 10 m/s。测量管径范围 2 ~ 2400 mm，甚至可达 3000 mm。

③ 可测含有固体颗粒、悬浮物或酸、碱、盐溶液等具有一定电导率的液体体积流量，也可测脉动流量，并可进行双向测量。

④ E_x 与 Q 成线性关系，故仪表具有均匀刻度，且流体的体积流量与介质的物性（如温度、压力、密度、黏度等）、流动状态无关，所以电磁流量计只需用水标定后，即可用来测量其他导电介质的体积流量而不需要标定。

（2）局限性和不足之处：

① 使用温度和压力不能太高。具体使用温度与管道衬里的材料发生膨胀、变形、变质的温度有关，一般不超过 120 ℃；最高使用压力取决于管道强度、电极部分的密封状况以及法兰的规格等，一般使用压力不超过 1.6 MPa。

② 应用范围有限。电磁流量计不能用来测量气体、蒸汽、石油制品等非导电液体的流量。

③ 当流速过低时，要把与干扰信号相同数量级的感应电动势进行放大和测量是比较困难的，而且仪表也易产生零点漂移。因此，电磁流量计的测量下限一般不得低于 0.3 m/s。

④ 流束与速度分布不均匀时，将产生较大的测量误差。因此，在电磁流量计前必须有一个适当长度的直管段，以消除各种局部阻力对流束分布对称性的影响。

3. 电磁流量计的使用注意事项

（1）变送器应安装于管内任何时候均充满液体的地方，以免在管内无液体时出现指针不在零位的错觉。一般应垂直安装，防止液体流过电极时形成气泡，造成误差。

（2）该流量计的信号较为微弱，一般为 2.5 ~ 8 mV，因而在使用时要特别注意外来干扰对其

测量精度的影响。所以变送器的外壳、屏蔽线、测量导线、变送器两端的管段均需接至单设的接地点，以免因地电位不等而引入附加干扰。

（3）变送器应安装于远离一切磁源（功率电机、变压器）的地方，不允许有振动。

（4）使用电源时，变送器和二次仪表需使用同一相线，以免检测和反馈信号相位差120°，造成仪表无法正常工作。

（5）变送器管内壁沉积的垢层要定期清理，以防电极短路，无法检测流量。要始终保持一次表的导管内绝缘衬里的良好状态，以免酸、碱、盐等的腐蚀，导致仪表无法检测。

（九）转子流量计

转子流量计又称面积式流量计或恒压降式流量计，是以流体流动时的节流原理为基础而制成的一种流量测量仪表。其实物如图2.5.65所示。

（a）玻璃管转子流量计　　　　　　　　　（b）金属转子流量计

图2.5.65　转子流量计

转子流量计的特点是：可测多种介质流量，特别适用于测量中小管径中雷诺数较低的中小流量，压力损失小且稳定；反应灵敏，量程比较宽（约10∶1），示值清晰，近似线性刻度；结构简单，价格便宜，使用维护方便；还可测腐蚀性的介质流量。但转子流量计的精度受测量介质的温度、密度和黏度的影响，而且仪表必须垂直安装等。

1. 转子流量计的工作原理

转子流量计是由一段向上扩大的锥形管子和密度大于测量介质密度、且能随被测介质流量大小上下浮动的转子组成，如图2.5.66所示。

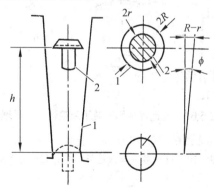

图2.5.66　转子流量计工作原理示意图

从图2.5.66可知，当流体自下而上流过锥形管时，转子因受到流体的冲击而向上运动。随着转子的上移，转子与锥形管之间的环形流通面积增大，流体流速减低，冲击作用减弱，直到流体作用在转子上的向上推力与转子的重力相平衡。此时，转子停留在锥形管中某一高度上。

如果流体的流量再增大，则平衡时所处的位置更高；反之则更低。因此，根据转子悬浮的高度就可测知流量的大小。

从上可知，平衡流体的作用力是利用改变流通面积的方法来实现的，因此称它为面积式流量计。此外，无论转子处于哪个平衡位置，转子前后压力差总是相同的，这就是转子流量计又被称为恒压降式流量计的缘故。

经过推导可知：① 流量与转子高度之间并非线性关系，但因锥形管的倾斜角很小，可以视为线性关系，所以存在测量误差，精度较低（±2.5%）。② 影响测量精度的主要因素是流体密度的变化，因此在使用之前必须进行修正。

2. 转子流量计的种类及结构

转子流量计按锥形管材料不同，可分为玻璃管转子流量计[图 2.5.65（a）]和金属管转子流量计[图 2.5.65（b）]两大类。前者一般为就地指示型，后者一般制成流量变送器。金属管转子流量计按转换器不同又可分为气远传、电远传、指示型、报警型、带积算型等；按其变送器的结构和用途又可分为基型、夹套保温型、耐腐蚀型、高温型、高压型等。

图 2.5.67 所示为电远传金属管转子流量计工作原理。当流体流过仪表时，转子上升，其位移通过封镶在转子上部的磁钢与外面的双面磁钢耦合传出，由平衡杆带动两套四连杆机构，第一套四连杆机构通过指针实现现场指示，第二套四连杆机构带动铁芯相对于差压变送器产生位移，从而使差动变送器的次级绕组产生不平衡电动势，经整流后，输出 0～10 mV 或 0～50 mV 的电压信号。如要输出标准电流信号，则可将整流后的电信号再经功率放大等，最后输出 0～10 mA 或 4～20 mA 的标准直流电信号，便于远传进行指示、记录、调节等。

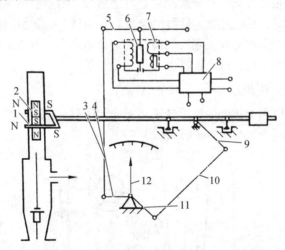

图 2.5.67 电远传金属管转子流量计工作原理图

1，2—磁钢；3，4，5—第二套四连杆机构；6—铁芯；7—差动变压器；8—电转换器；
9，10，11—第一套四连杆机构；12—指针

3. 转子流量计的使用

（1）示值修正 由于转子流量计是一种非标准化仪表，在一般情况下，应按照被测介质进行标定。为了便于批量生产，仪表制造厂是用水或空气在标准状态下（20 ℃，1 个标准大气压）对仪表进行标定的。而实际使用时被测介质的工作状态（温度、压力、介质密度）均有不同，仪表的示值和被测介质的实际流量之间存在一定的偏差。所以在使用时，均应根据实际被测介

质的密度、温度、压力等参数，对流量的示值进行工作状态下的修正。修正时，可按被测介质（液体或气体）的密度差异修正公式进行修正。

（2）量程更改　对于金属管转子流量计，可通过改变转子质量或锥形管锥度的办法来实现量程的更改；而玻璃管转子流量计，一般采用改变转子质量的办法来实现量程的更改。下面介绍量程增大或减小的办法。

① 量程的增大　通过分析可知，转子质量的增加可使仪表量程增大。转子有空心和实心两种，对于空心转子，若要增加其质量，可在空心部分添加铅等物质来满足；倘若要增加实心转子的质量，则应另选密度大的材料按原转子的形状另行加工。

② 量程的减小　采用减轻转子质量的办法来实现。要减轻实心转子的质量，可把它加工成空心的形式；要减轻空心转子的质量，可另选密度小的材料按原转子的形状另行加工。

对于形状和尺寸相同，材料改变的转子，当其密度大于原转子密度时，转子流量计的量程将扩大；反之，则缩小。改变量程后的流量指示值可由原来的刻度标尺上的指示值乘校正系数 K 得到。其中 K 值由下式计算：

$$K = \sqrt{\frac{\rho_1' - \rho}{\rho_1 - \rho}}$$

式中，ρ 为被测介质密度；ρ_1 为改量程前转子密度；ρ_1' 为改量程后转子密度。

（3）安装与使用注意事项　安装转子流量计时，应注意它的耐压以及转子和连接部分的材质是否满足要求，锥形管要垂直安装，流体的流向应自下而上。为了牢固安装，仪表前后的管道应安装牢固。当被测介质温度高于 70 ℃时，应加装保护罩，以防冷水溅在玻璃管上引起炸裂。当被测介质不清洁时，仪表需要经常清洗，此时应安装便于清洗的阀门。

转子流量计在使用时，流量计的正常流量最好选在仪表上限刻度的 1/3 ~ 1/2；开启仪表的阀门时，不可一下用力过猛、过急；搬动仪表时，应将转子顶住，以免转子将玻璃管打坏。

本书仅选取了一部分相对使用量大的检测和变送仪表进行讲解，大家在具体使用时还应该认真学习具体选用的仪表的说明书，按照其具体要求进行设置及使用。

传感器与变送器是当前科学技术重点发展的领域，各种新的检测变送装置不断涌现，工程技术人员只有不断学习跟进，才能使搭建的自动控制系统越来越先进。

第六节　DCS 控制系统

集散控制系统（DCS）以多台微处理机分散应用于过程控制，通过通信网络、计算机、打印机等设备实现高度集中的操作、显示和报警管理。这种实现集中管理、分散控制的新型控制装置，自 1975 年问世以来，发展十分迅速，目前已经得到了广泛的应用。

一、集散控制系统的基本构成

集散控制系统的基本组成通常包括现场监控站（监测站和控制站）、操作站（操作员站和工程师站）、上位机和通信网络等部分，如图 2.6.1 所示。图 2.6.2 为浙大中控 SUPCON　JX-300XP 系统的外观图，图中左边为操作台，即操作员站或工程师站；右边立柜为主控机柜，也是现场监测站。

现场监测站又叫数据采集站，直接与生产过程相连接，实现对过程变量进行数据采集。它完成数据采集和预处理，并对实时数据进一步加工，为操作站提供数据，实现对过程变量和状态的监视和打印，也可实现开环监视，为控制回路运算提供辅助数据和信息。

现场控制站也直接与生产过程相连接，对控制变量进行检测、处理，并产生控制信号驱动现场的执行机构，实现生产过程的闭环控制。它可控制多个回路，具有极强的运算和控制功能，能够自主地完成回路控制任务，实现连续控制、顺序控制和批量控制等。

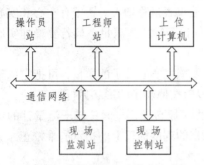

图 2.6.1 集散控制系统基本构成图

图 2.6.2 中控 SUPCON JX-300XP 系统外观图

操作员站简称操作站，是操作人员进行过程监视、过程控制操作的主要设备。操作站提供良好的人机交互界面，用以实现集中显示、集中操作和集中管理等功能。

工程师站主要用于对 DCS 进行离线的组态工作和在线的系统监督、控制与维护。工程师能够借助组态软件对系统进行离线组态，并在 DCS 在线运行时实时地监视 DCS 网络上各站的运行情况。

一般将稳定性能优异的计算机作为操作站或工程师站使用。

上位计算机用于全系统的信息管理和优化控制，在早期的 DCS 中一般不设上位计算机。上位计算机通过网络收集系统中各单元的数据信息，根据建立的数学模型和优化控制指标进行后台计算、优化控制等功能。

通信网络是集散控制系统的中枢，它连接 DCS 的监测站和控制站、操作站、工程师站、上位计算机等部分。各部分之间的信息传递均通过通信网络实现，完成数据、指令及其他信息的传递，从而实现整个系统协调一致地工作，进行数据和信息共享。可见，操作站、工程师站和上位计算机构成集中管理部分；现场监测站、现场控制站构成分散控制部分；通信网络是连接集散系统各部分的纽带，是实现集中管理、分散控制的关键。

经过 40 多年的发展，集散控制系统的结构不断更新。DCS 的层次化体系结构已成为它的显著特征，使之充分体现集散系统集中管理、分散控制的思想。若按照功能划分，可把集散型控制系统分成以下四层分层体系结构，如表 2.6.1 所示。

表 2.6.1 集散型控制系统的体系结构

经营管理级			第四层
生产管理级			第三层
过程管理级			第二层
直接控制级			第一层
连续控制过程	顺序控制过程	批量控	现场设备

二、集散控制系统的特点

集散控制系统具有集中管理和分散控制的显著特征，与模拟仪表控制系统和集中式工业控

266

制计算机系统相比，它具有以下显著特点。

（1）控制功能丰富　DCS 系统具有多种运算控制算法和其他数学、逻辑运算功能，如四则运算、逻辑运算、PID 控制、前馈控制、自适应控制和滞后时间补偿等；还有顺序控制和各种联锁保护、报警等功能。可以通过组态把以上这些功能有机地组合起来，形成各种控制方案，满足系统的要求。

（2）监视操作方便　DCS 系统通过显示器和键盘、鼠标操作，可以对被控对象的变量值及其变化趋势、报警情况、软硬件运行状况等进行集中监视，实施各种操作功能，画面形象直观。

（3）信息和数据共享　DCS 系统的各站在独立工作的同时，通过通信网络传递各种信息和数据协调工作，使整个系统信息共享。DCS 系统通信采用国际标准通信协议，符合 OSI 七层体系，具有极强的开放性，便于系统间的互联，提高了系统的可用性。

（4）系统扩展灵活　DCS 系统采用标准化、模块化设计，可以根据不同规模的工程对象要求，硬件设计上采用积木搭接方式进行灵活配置，扩展灵活。

（5）安装维护方便　DCS 采用专用的多芯电缆、标准化插接件和规格化端子板，便于装配和维修更换。DCS 具有强大的自诊断功能，为故障判别提供准确的指导，维修迅速准确。

（6）系统可靠性高　集散控制系统管理集中而控制分散，使得危险分散，故障影响面小。系统的自诊断功能和采用的冗余措施等，支持系统无中断工作，平均无故障时间可达十万小时以上。

DCS 控制系统的种类很多，生产厂家也有上百个，如日本横河的 CENTUM、CENTUM-XL，贝利控制有限公司的 N-90.INFI-90，霍尼韦尔公司的 TDC-3000 等。这些产品在国内已经大量使用，取得了较好的信誉。每一种 DCS 的操作方法各不相同，虽然近几年来，有些标准逐步统一，但在许多细节上差别还很大。本节将着重介绍国产 JX-300XP 系统，JX-300XP 是浙大中控的产品，在中小型企业中应用较广，其所组成的控制系统网络结构如图 2.6.3 所示。下面简要介绍其相关知识。

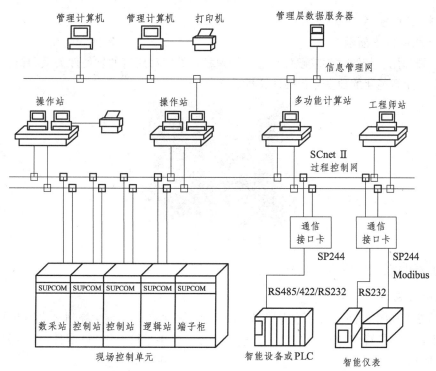

图 2.6.3　控制系统网络结构

三、系统整体结构

JX-300XP 采用三层通信网络结构：

（1）信息管理网　主要由管理计算机、数据服务器和操作员站、工程师站等组成，完成信息管理的功能。

（2）过程控制网　主要由操作员站、工程师站等及通信接口卡件、控制站内的相关卡件等组成，重点完成过程控制中的各种数字及模拟信号传输与采集。常见的控制网为 SCnet II 结构。

（3）控制站内部网络　指实现控制站内部各机笼卡件间的通信网络。

四、JX-300XP 系统常用硬件及功能

JX-300XP 控制站的外部形态如图 2.6.2 所示。

（一）DCS 控制站中的各类卡件认识及应用

DCS 控制站的卡件所插的基笼称为卡件基笼。在同一基笼中，卡件的排列关系如图 2.6.4 所示。

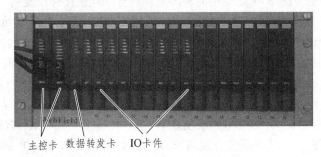

主控卡　数据转发卡　IO卡件

图 2.6.4　卡件基笼及卡件排列关系

1. 主控卡的认识

主控卡如图 2.6.5 所示。

（1）主要作用：控制站的软硬件核心，协调控制站内部所有的软硬件关系和执行各项控制任务。它是一个智能化的独立运行的计算机系统。

图 2.6.5　主控卡

（2）主要功能：数据采集，信息处理，控制运算等。

2. 数据转发卡的认识

数据转发卡如图 2.6.6 所示。它是系统 I/O 机笼的核心单元，是主控制卡连接 I/O 卡件的中间环节。主要作用是管理 I/O 卡件，驱动 SBUS 总线，连接主控卡和 I/O 卡件。其应用系统框图如图 2.6.6 所示。

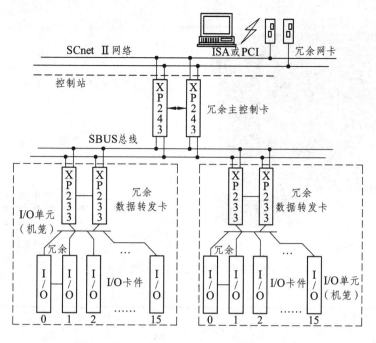

图 2.6.6 数据转发卡应用系统框图

浙大中控 DCS 中,常用的数据转发卡是 XP233,本书以它为例进行讲解。XP233 面板指示及功能含义如表 2.6.2 所示:

表 2.6.2 XP233 面板指示及功能表

	FAIL 出错指示	RUN 运行指示	WORK 工作/备用指示	COM (与主控制卡通信时)	POWER 电源指示	
颜色	红	绿	绿	绿	绿	
正常	暗	亮	亮(工作) 暗(备用)	闪(工作:快闪) 闪(备用:慢闪)	亮	
故障	亮	暗	—	暗	暗	

(1)地址拨号设置 为了保证主控卡能与数据转发卡正常通信,在使用数据转发卡前必须进行地址设置,同时也要进行冗余设置。

地址拨号设置范围:0~15 跳线设置:短接——ON,不短接——OFF;地址设置表(S5~S8 为系统保留资源,必须设置成 OFF 状态),具体见图 2.6.7 中所标注"跳线点"处。地址对应的值如表 2.6.3 所示。

(2)配置(ADD 为偶数)冗余:ADD、ADD+1;冗余跳线 J2;采用冗余方式配置 XP233 卡件时,互为冗余的两块 XP233 卡件的 J2 跳线必须都用短路块插上(ON)。具体见图 2.6.7 中所标注"J2"处。

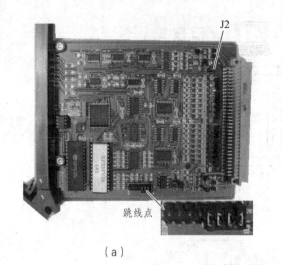

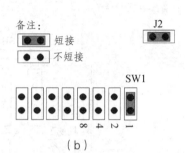

（a）　　　　　　　　　　　　　　　　　（b）

图 2.6.7　数据转发卡及跳线开关

表 2.6.3　XP233 可用地址与跳线对应表

地址选择跳线				地址	地址选择跳线				地址
S4	S3	S2	S1		S4	S3	S2	S1	
OFF	OFF	OFF	OFF	00	ON	OFF	OFF	OFF	08
OFF	OFF	OFF	ON	01	ON	OFF	OFF	ON	09
OFF	OFF	ON	OFF	02	ON	OFF	ON	OFF	10
OFF	OFF	ON	ON	03	ON	OFF	ON	ON	11
OFF	ON	OFF	OFF	04	ON	ON	OFF	OFF	12
OFF	ON	OFF	ON	05	ON	ON	OFF	ON	13
OFF	ON	ON	OFF	06	ON	ON	ON	OFF	14
OFF	ON	ON	ON	07	ON	ON	ON	ON	15

（二）常用 I/O 卡件的认识及应用

常用 I/O 卡件的类型比较多，如表 2.6.4 所示。其作用是进行 A/D 或 D/A 转换和信号调理。特点具有全智能化设计、专用的工业级、低功耗、低噪声微控制器、应用隔离技术、智能化自检和故障诊断。其在基笼中的位置如图 2.6.4 所示。

表 2.6.4　常用 I/O 卡件

型号	卡件名称	性能及输入/输出点数
XP313	电流信号输入卡	6 路输入，可配电，分组隔离，可冗余
XP314	电压信号输入卡	6 路输入，分组隔离，可冗余
XP316	热电阻信号输入卡	4 路输入，分组隔离，可冗余
XP322	模拟信号输出卡	4 路输出，点点隔离，可冗余
XP361	电平型开关量输入卡	8 路输入，统一隔离
XP362	晶体管触点开关量输出卡	8 路输出，统一隔离
XP363	触点型开关量输入卡	8 路输入，统一隔离
XP000	空卡	I/O 槽位保护板

1. 电流信号输入卡 XP313 的使用方法及注意事项

XP313 电流信号输入卡可测量 6 路电流信号，并可为 6 路变送器提供 24 V 隔离配电电源。电流信号输入卡是一块智能型控制卡对模拟电流信号进行调理、测量的同时，还具备卡件自检及与主控制卡通信的功能。XP313 卡的 6 路信号分成两组，其中 1、2、3 通道为第一组，4、5、6 通道为第二组，同一组内的信号调理采用同一个隔离电源供电，两组间的电源及信号互相隔离，并且都与控制站的电源隔离。卡件每一路可分别接受 0～10 mA 和 4～20 mA 电流信号（表 2.6.5）。当需要 XP313 卡向变送器配电时，可通过 DC/DC 对外提供 6 路 24 V 的隔离电源。

表 2.6.5　XP313 卡每一路可接受的电流信号

信号类型	测量范围	精度
标准电流（Ⅱ型）	0～10 mA	±0.2%FS
标准电流（Ⅲ型）	4～20 mA	±0.2%FS

要正常使用电流信号输入卡，应做好以下几方面的工作：

（1）板卡跳线点的分布，具体如图 2.6.8、图 2.6.9 所示：

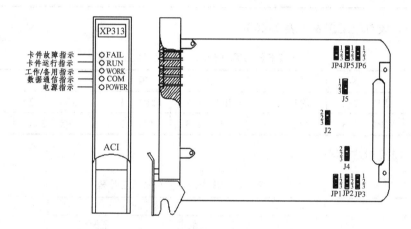

图 2.6.8　XP313 卡板卡跳线点的分布（一）

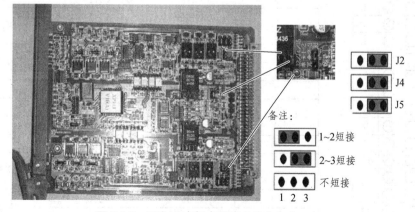

图 2.6.9　XP313 卡板卡跳线点的分布（二）

（2）指示灯及工作状态对应关系如表 2.6.6 所示：

表 2.6.6　XP313 卡指示灯及工作状态对应关系

LED 指示订 意义 状态	FAIL（红）	RUN（绿）	WORK（绿）	COM（绿）	POWER（绿）
意义	故障指示	运行指示	工作/备用	通信指示	5 V 电源指示
常灭	正常	不运行	备用	无通信	故障
常亮	自检故障	—	工作	组态错误	正常
闪	CPU 复位	正常	切换中	正常	—

（3）冗余跳线对应工作表（表 2.6.7）：

表 2.6.7　XP313 卡冗余跳线对应工作表

	J2	J4	J5
卡件单卡工作	1-2	1-2	1-2
卡件冗余配置	2-3	2-3	2-3

（4）配电跳线对应工作表（表 2.6.8）：

表 2.6.8　XP313 卡配电跳线对应工作表

	第一路	第二路	第三路	第四路	第五路	第六路
需要配电	JP1　1-2	JP2　1-2	JP3　1-2	JP4　1-2	JP5　1-2	JP6　1-2
不需配电	JP1　2-3	JP2　2-3	JP3　2-3	JP4　2-3	JP5　2-3	JP6　2-3

（5）端子接线对应工作表（表 2.6.9）：

表 2.6.9　XP313 卡端子接线对应工作表

端子图	端子号	端子定义		备注
		配电	不配电	
	1	CH1+	CH1-	第一通道
	2	CH1-	CH1+	第一通道
	3	CH2+	CH2-	第二通道
	4	CH2-	CH2+	第二通道
	5	CH3+	CH3-	第三通道
	6	CH3-	CH3+	第三通道
	7	NC	NC	
	8	NC	NC	
	9	CH4+	CH4-	第四通道
	10	CH4-	CH4+	第四通道
	11	CH5+	CH5-	第五通道
	12	CH5-	CH5+	第五通道
	13	CH6+	CH6-	第六通道
	14	CH6-	CH6+	第六通道
	15	NC	NC	
	16	NC	NC	

2. 模拟量输出卡 XP322 的认识及应用

XP322 模拟信号输出卡为 4 路点点隔离型电流（Ⅱ型或Ⅲ型）信号输出卡。是带有 CPU 的高精度智能化卡件，具有自检和实时检测、输出状况功能，它允许主控制卡监控正常的输出电流。具有正输出 4 ~ 20 mA 输出和反输出 20 ~ 4 mA 输出。

要正常使用模拟信号输出卡，应做好以下几方面的工作：

（1）板卡跳线点的分布，具体如图 2.6.10、图 2.6.11 所示：

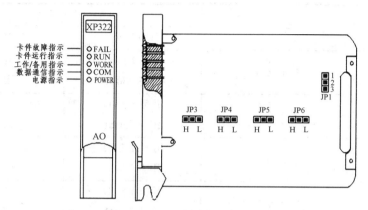

图 2.6.10　XP322 卡板卡跳线点的分布（一）

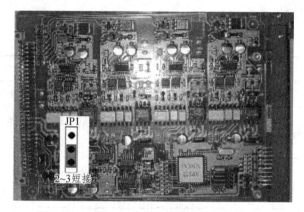

图 2.6.11　XP322 卡板卡跳线点的分布（二）

（2）指示灯及工作状态对应关系如表 2.6.10 所示：

表 2.6.10　XP322 卡指示灯及工作状态对应关系

LED 指示灯　　意义　状态	FAIL（红）	RUN（绿）	WORK（绿）	COM（绿）	POWER（绿）
	故障指示	运行指示	工作/备用	通信指示	5 V 电源指示
常灭	正常	不运行	备用	无通信	故障
常亮	自检故障	—	工作	组态错误	正常
闪	CPU 复位	正常	切换中	正常	—

（3）冗余跳线对应工作表（表 2.6.11）：

表 2.6.11　XP322 卡冗余跳线对应工作表

元件编号	跳 1-2	跳 2-3
JP1	单卡工作	冗余工作

（4）负载能力跳线工作表（表 2.6.12）：

表 2.6.12　XP322 卡负载能力跳线工作表

元件编号	通道号	负载能力	
		LOW 挡	HIGH 挡
JP3	第 1 通道	Ⅱ型 1.5 kΩ Ⅲ型 750 Ω	Ⅱ型 2 kΩ Ⅲ型 1 kΩ
JP4	第 2 通道	Ⅱ型 1.5 kΩ Ⅲ型 750 Ω	Ⅱ型 2 kΩ Ⅲ型 1 kΩ
JP5	第 3 通道	Ⅱ型 1.5 kΩ Ⅲ型 750 Ω	Ⅱ型 2 kΩ Ⅲ型 1 kΩ
JP6	第 4 通道	Ⅱ型 1.5 kΩ Ⅲ型 750 Ω	Ⅱ型 2 kΩ Ⅲ型 1 kΩ

（5）故障分析与排除（表 2.6.13）：

表 2.6.13　XP322 卡故障分析与排除

序号	故障特征	故障原因	排除方法
1	COM 灯灭	和数据转发卡无通信	检查数据转发卡
2	COM 灯常亮	组态卡件类型不一致	核对卡件类型是否正确，对 I/O 槽位重组态，编译后下载
3	FAIL 灯闪	卡件复位，CPU 没有正常工作	插拔卡件后重新上电，如仍不正常，更换卡件
4	所有通道无输出	24 V 电源故障	检查保险丝 F1 是否断路，更换卡件

3. 开关信号输入输出卡的认识及应用

电平型开关量输入卡常用的是 XP361。XP361 卡是 8 路数字信号输入卡，具有内部软硬件运行状况在线检测功能。它能够快速响应电平信号输入，实现数字信号的准确采集。8 路的数字信号采用光电隔离的方式。外部电压可根据需要选择 24 V 或 48 V（表 2.6.14）。

表 2.6.14　XP361 卡外部电压选择

逻辑"0"输入阈值	0～5 V
逻辑"1"输入阈值	12 V～54 V

要正常使用开关信号输入卡，应掌握并做好以下几方面的工作：

（1）板卡跳线点的分布，具体如图 2.6.12 所示：

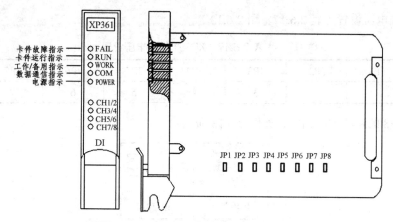

图 2.6.12　XP361 卡板卡跳线点的分布

（2）指示灯及工作状态对应关系如表 2.6.15 所示：

表 2.6.15　XP361 卡指示灯及工作状态对应关系

LED 指示灯　意义　状态	FAIL（红）	RUN（绿）	WORK（绿）	COM（绿）	POWER（绿）
	故障指示	运行指示	工作/备用	通信指示	5 V 电源指示
常灭	正常	不运行	备用	无通信	故障
常亮	自检故障	—	工作	组态错误	正常
闪	CPU 复位	正常	切换中	正常	—

（3）通道状态指示灯对应工作表（表 2.6.16）：

表 2.6.16　XP361 卡通道状态指示灯对应工作表

LED 灯指示状态		通道状态指示
CH 1 / 2	绿-红闪烁	通道 1：ON，通道 2：ON
	绿	通道 1：ON，通道 2：OFF
	红	通道 1：OFF，通道 2：ON
	暗	通道 1：OFF，通道 2：OFF
CH 3 / 4	绿-红闪烁	通道 3：ON，通道 4：ON
	绿	通道 3：ON，通道 4：OFF
	红	通道 3：OFF，通道 4：ON
	暗	通道 3：OFF，通道 4：OFF
CH 5 / 6	绿-红闪烁	通道 5：ON，通道 6：ON
	绿	通道 5：ON，通道 6：OFF
	红	通道 5：OFF，通道 6：ON
	暗	通道 5：OFF，通道 6：OFF
CH 7 / 8	绿-红闪烁	通道 7：ON，通道 8：ON
	绿	通道 7：ON，通道 8：OFF
	红	通道 7：OFF，通道 8：ON
	暗	通道 7：OFF，通道 8：OFF

（4）扫描电压设置（表 2.6.17、图 2.6.13）

表 2.6.17　XP361 扫描电压设置

跳线	JP1	JP2	JP3	JP4	JP5	JP6	JP7	JP8
通道	1	2	3	4	5	6	7	8

JP1 至 JP8 的跳线方法相同，如图 2.6.13 所示：

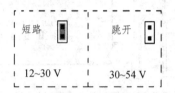

图 2.6.13　XP361 扫描电压设置

（5）端子定义及接线图（图 2.6.14、图 2.6.15）

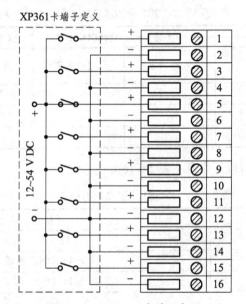

图 2.6.14　XP361 卡端子定义

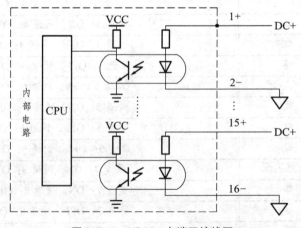

图 2.6.15　XP361 卡端子接线图

276

（6）故障分析与排除（表 2.6.18）

表 2.6.18　XP361 卡故障分析与排除

序号	故障特征	故障原因	排除方法
1	COM 灯灭	和数据转发卡无通信	检查数据转发卡
2	FAIL 灯闪烁	信号通道故障	更换卡件
3	FAIL 灯快闪	卡件复位，CPU 没有正常工作	插拔卡件后重新上电，如仍不正常，更换卡件
4	COM 灯常亮	组态卡件类型不一致	核对卡件类型是否正确，对 I/O 槽位重组态，编译后下载

4. 晶体管开关量输出卡 XP362

XP362 是智能型 8 路无源晶体管开关触点输出卡，该卡件可通过中间继电器驱动电动控制装置。该卡件采用光电隔离，隔离通道部分的工作电源通过 DC-DC 电路转化而来，不提供中间继电器的工作电源。该卡件具有输出自检功能。 板卡示意图如图 2.6.16 所示：

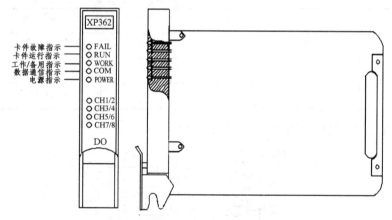

图 2.6.16　XP362 卡板卡示意图

（1）指示灯及工作状态对应关系如表 2.6.19 所示：

表 2.6.19　XP362 卡指示灯及工作状态对应关系

LED 指示灯　　意义 状态	FAIL（红） 故障指示	RUN（绿） 运行指示	WORK（绿） 工作/备用	COM（绿） 通信指示	POWER（绿） 5 V 电源指示
常灭	正常	不运行	备用	无通信	故障
常亮	自检故障	—	工作	组态错误	正常
闪	CPU 复位	正常	切换中	正常	—

（2）通道状态指示灯及工作状态对应关系如表 2.6.20 所示：

表 2.6.20 XP362 卡通道状态指示灯及工作状态对应关系

LED 灯指示状态		通道状态指示
CH 1 / 2	绿-红闪烁	通道 1：ON，通道 2：ON
	绿	通道 1：ON，通道 2：OFF
	红	通道 1：OFF，通道 2：ON
	暗	通道 1：OFF，通道 2：OFF
CH 3 / 4	绿-红闪烁	通道 3：ON，通道 4：ON
	绿	通道 3：ON，通道 4：OFF
	红	通道 3：OFF，通道 4：ON
	暗	通道 3：OFF，通道 4：OFF
CH 5 / 6	绿-红闪烁	通道 5：ON，通道 6：ON
	绿	通道 5：ON，通道 6：OFF
	红	通道 5：OFF，通道 6：ON
	暗	通道 5：OFF，通道 6：OFF
CH 7 / 8	绿-红闪烁	通道 7：ON，通道 8：ON
	绿	通道 7：ON，通道 8：OFF
	红	通道 7：OFF，通道 8：ON
	暗	通道 7：OFF，通道 8：OFF

（3）端子定义及接线图（图 2.6.17、图 2.6.18）

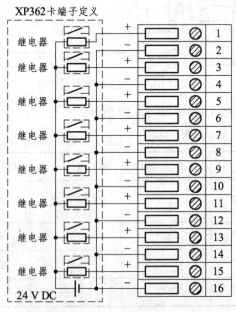

图 2.6.17 XP362 卡端子定义

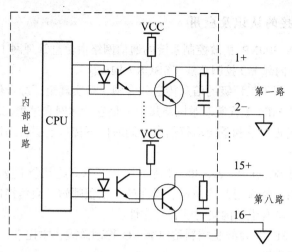

图 2.6.18　XP362 卡端子接线图

（4）接线端子及说明（表 2.6.21）

表 2.6.21　XP362 卡端子说明

端子图	端子号	定义	备注
XP362卡端子定义（见左图）	1	CH1+	第一路
	2	CH1-	
	3	CH2+	第二路
	4	CH2-	
	5	CH3+	第三路
	6	CH3-	
	7	CH4+	第四路
	8	CH4-	
	9	CH5+	第五路
	10	CH5-	
	11	CH6+	第六路
	12	CH6-	
	13	CH7+	第七路
	14	CH7-	
	15	CH8+	第八路
	16	CH8-	

（5）故障分析与排除（表 2.6.22）

表 2.6.22　XP362 卡故障分析与排除

序号	故障特征	故障原因	排除方法
1	COM 灯灭	和数据转发卡无通信	检查数据转发卡
2	FAIL 灯闪烁	信号通道故障	更换卡件
3	FAIL 灯快闪	卡件复位，CPU 没有正常工作	插拔卡件后重新上电，如仍不正常，更换卡件
4	COM 灯常亮	组态卡件类型不一致	核对卡件类型是否正确，对 I/O 槽位重组态，编译后下载

（三）通信与连接的认识及应用

（1）通信网络。JX-300XP 集散控制系统的通信网络由信息管理网（用户可选）、过程控制网（SCnetⅡ）、控制站内部 I/O 控制总线（SBUS）构成。

（2）信息管理网，用于工厂级的信息传送和管理，是实现全厂综合信息管理的信息通道。该网络通过在多功能站 MFS 上安装双重网络接口（信息管理网和过程控制网络）转接的方法，获取集散控制系统中过程参数和系统运行信息，同时向下传送上层管理计算机的调度指令和生产指导信息。

（3）过程控制网络 SCnet Ⅱ。JX-300XP 系统采用了双高速冗余工业以太网 SCnet Ⅱ作为其过程控制网络。它直接连接系统的控制站、操作站、工程师站、通信接口单元等，是传送过程控制实时信息的通道，具有很高的实时性和可靠性。

（4）SBUS 总线。SBUS 总线是控制站内部 I/O 控制总线，主控卡、数据转发卡、I/O 卡通过 SBUS 总线进行信息交换。

SBUS 总线分为两层：

第一层为双重化总线 SBUS-S2。是系统的现场总线，物理上位于控制站所管辖的 I/O 机笼之间，连接主控制卡和数据转发卡，用于主控制卡与数据转发卡间的信息交换。

第二层为 SBUS-S1 网络。物理上位于各 I/O 机笼内，连接数据转发卡和各 I/O 卡件，用于数据转发卡与各 I/O 卡件间的信息交换。

SBUS-S1 和 SBUS-S2 合起来称为 JX-300XP DCS 的 SBUS 总线，主控制卡通过它们来管理分散于各个机笼内的 I/O 卡件。连接方式如图 2.6.19 所示：

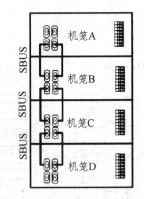

图 2.6.19　SBUS 总线连接方式

SBUS-S2 网络是主从结构网络，作为从机的数据转发卡需要分配地址：

数据转发卡的地址应从 "0" 起始设置，且应是唯一的。互为冗余配置的数据转发卡地址应设为 ADD 和 ADD+1 连续，且 ADD 必须为偶数，0≪ADD<15且地址不能重复。非冗余配置时一般定义为 ADD（偶数），而 ADD+1 应保留。

主控机笼中的数据转发卡必须设置为 0，输入输出机笼的数据转发卡必须相邻设置。

SBUS-S1 网络是主从结构网络，作为从机的输入输出卡需要分配地址：输入输出卡的地址应从 "0" 起始设置，且应是唯一的。互为冗余配置的输入输出卡地址应设为 ADD 和 ADD+1 连续，且 ADD 必须为偶数，0≪ADD<15且地址不能重复。

（四）控制柜中网络设备的认识与维护

控制柜中网络设备主要用的是交换机，考虑到企业生产的重要性及生产地点环境因素的影响，交换机一般选用企业级高稳定性的交换机。如果接入的操作员站及工程师机数量较多，交换机的端口速度可以选用千兆级的。如果操作员站的电磁影响较大，可以采用光纤进行网络数据的传送，此时交换机可选用具有光纤接口的交换机或通过光纤收发器进行数据转发。具有光纤接口的交换机如图 2.6.20 所示，光收发器如图 2.6.21 所示。

图 2.6.20　具有光纤接口的交换机　　　　　　　图 2.6.21　光收发器

交换机安装位置要便于与主控卡上的网线进行连接。

（五）控制柜中电源系统的认识与维护

控制柜中的电源系统一般由 DC 5 V 和 DC 24 V 组成。采用统一的电源模块进行供电。电源一般安装在主控机柜的最上端基笼里面。

四、软件系统开发过程及注意事项

在熟悉以上板卡的使用要求及注意事项后，要使用 DCS 系统，还应掌握其系统开发及运行软件的使用方法。浙大中控的 DCS 使用 AdvanTrol-Pro 系统软件（本书以 V2.50 版为例进行讲解）进行工程组态开发及运行。AdvanTrol-Pro 系统软件在使用前必须进行安装。下面简要介绍其安装过程及注意事项。

（一）软件系统的安装

AdvanTrol-Pro 系统软件的安装：在安装本软件时，请核实安装软件的计算机软、硬件系统是否满足该软件的要求（此处假设满足要求）。AdvanTrol-Pro 系统软件在购买浙江中控技术有限公司的 DCS 时由公司提供。其安装主要步骤如下：

（1）运行安装文件 setup.exe，系统启动安装过程，并弹出安装界面，如图 2.6.22 所示，然后再弹出图 2.6.23 所示对话框：

图 2.6.22　AdvanTrol-Pro 软件安装界面（一）　　　图 2.6.23　AdvanTrol-Pro 软件安装界面（二）

（2）输入用户名与公司名称后单击"下一步"按钮，选择安装位置，如果当前位置硬盘资源充足，可以安装在默认位置，单击"下一步"按钮继续进行软件安装，界面如图 2.6.24 所示。此时根据当前计算机事先规划的功能，选择所需的安装类型，所有可用的安装类型如图 2.6.25

所示（不同的安装类型所包含的功能是不同的，如果要了解本软件的所有功能，可用"自定义安装"的方法进行查看并选择安装），我们选择安装的类型为"工程师站安装"。单击"下一步"按钮，系统如图 2.6.26 提示完成相关信息的录入（可按照工程实际的用户及所控制的装置名称进行填写），单击"下一步"按钮完成软件的安装。安装完成后将在桌面上产生实时监控和系统组态两个快捷图标，见图 2.6.27 及图 2.6.28。

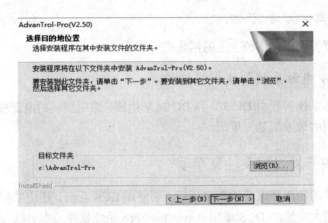

图 2.6.24 选择软件安装位置

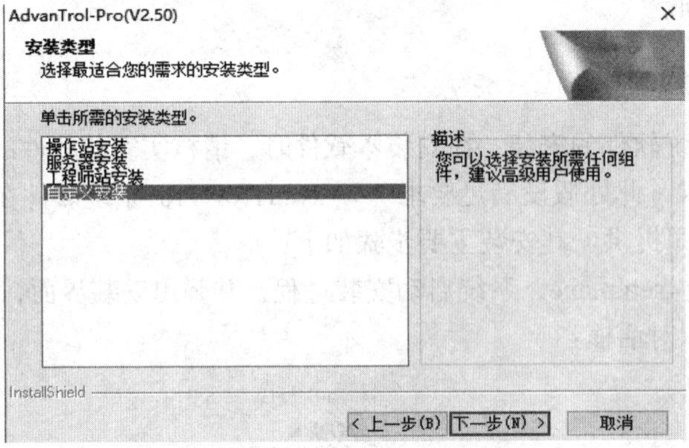

图 2.6.25 选择安装类型

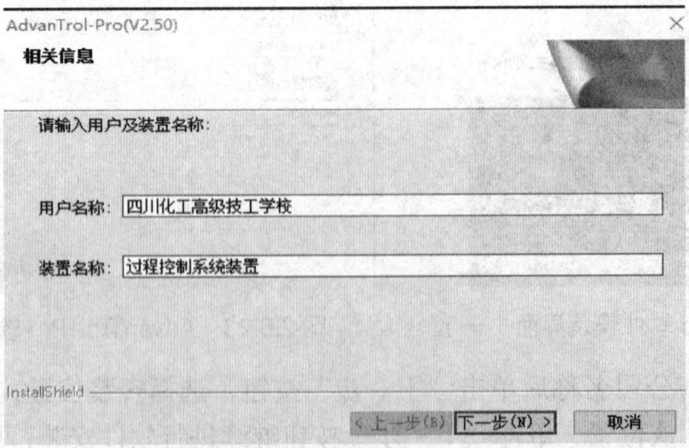

图 2.6.26 录入相关信息

图 2.6.27　安装完成后的桌面快捷图标　　　　　图 2.6.28　安装完成后任务栏图标

为了使系统正常运行，需要重新启动计算机。重启计算机后，将在任务栏提示区域发现图 2.6.28 所示的 ArGoSoft FTP Server，说明此时 ArGoSoft FTP Server 服务器已启动。

我们所拿到的软件还带有升级服务包，名称为 AdvanTrol-Pro 系统软件（V2.50）_SP05.exe，右击 ArGoSoft FTP Server 服务器图标选择"退出"，将 ArGoSoft FTP Server 退出，然后再运行 AdvanTrol-Pro 系统软件（V2.50）_SP05.exe，如图 2.6.29 所示，然后在安装程序的提示下完成软件系统的升级（备注：升级文件应与安装文件安装在相同的文件夹中）。

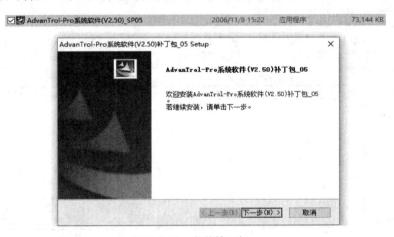

图 2.6.29　安装补丁包

（二）软件系统使用简要说明

（1）如果要运行已开发好的工程项目文件，可以运行"启动监控"程序，打开图 2.6.30 所示对话框，选择组态文件并单击"登录"按钮，填写编程开发时指定的用户名和密码进行工程文件的运行。

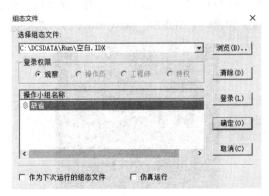

图 2.6.30　组态文件选择对话框

（2）如果要开发工程程序，运行"系统组态"程序，在图 2.6.31 所示的位置填写用户名与对应密码，即可进入组态编辑窗口。用户名：SUPER_PRIVILEGE_001，密码：SUPER_password_001，这是软件系统的默认特权+用户。单击"确定"按钮后，进入工程组态界面，如图 2.6.32 所示。

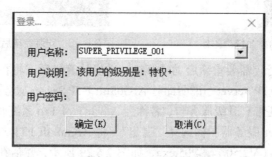

图 2.6.31　登录对话框

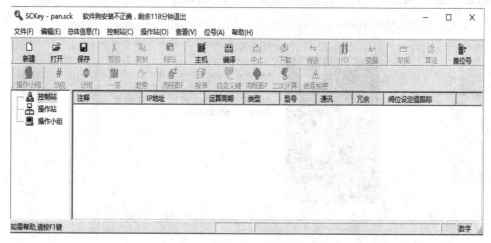

图 2.6.32　组态编辑窗口

（三）系统组态的使用方法

现通过以下实例说明：

1. 使用系统组态的 SCKey 程序进行系统组态的步骤和方法

（1）用户授权管理软件　运行用户授权管理程序（图 2.6.33），在弹出的对话框中输入用户名：SUPER_PRIVILEGE_001 和密码：SUPER_password_001，然后进入图 2.6.34 所示的窗口。

图 2.6.33　用户授权管理程序

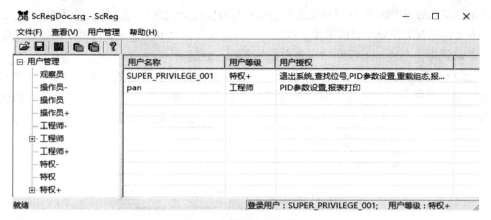

图 2.6.34　用户授权组态

从图 2.6.34 中可以看出，所有的用户类型，从上到下各用户类型的权限逐步提高。如果要增加某一种类型的用户，只需右击用户类型，然后在弹出的对话框（图 2.6.35）中依次按需要填写相关项目，单击"确定"即可。

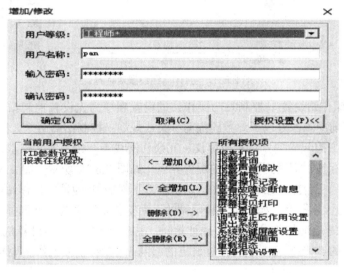

图 2.6.35　增加用户类型对话框

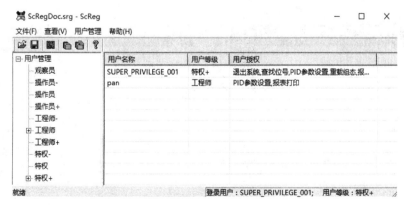

图 2.6.36　用户管理对话框

单击图 2.6.36 中的用户管理将显示当前用户授权文件中的所有用户名。可以将新建好的授权用户导入（将授权文件导入当前系统）或导出（将授权文件导出到指定文件，以便使用或备用）

（2）设置操作小组、工程师站和操作员站名称、地址。

① 操作小组的设置　双击操作小组图标，在弹出的操作小组设置中单击"增加"按钮后，在名称栏输入操作小组的名称，在切换等级中单击并选择事先规划的等级。切换等级的优先级为特权小组最优先。操作小组设置完成后单击 "退出"按钮完成设置。如图 2.6.37 所示。

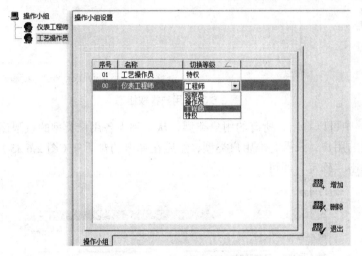

图 2.6.37　操作小组设置对话框

② 控制站与操作站设置　控制站与操作站的设置顺序为先设置控制站，然后再设置操作站。控制站在设置前应该做好以下参数的提前采集或规划：控制站的用途、控制站的 IP 地址、采样周期、类型、主控卡的型号、通信协议、冗余、网线等。按照实际需求选择或填写相关信息后再单击操作站标签，切换到操作站的配置界面，如图 2.6.38 所示。图 2.6.39 中所示为已建立了一台工程师站和三台操作站的系统图。这里配置了对应 IP 地址的操作站或工程师站，将应用到 IP 地址相同的计算机上。如果是工程师站的，在安装软件系统时就选择工程师站安装，这样，只有工程师机 IP 地址与所设置的 IP 地址相同，主控卡才能与对应计算机通信。同理，将作为操作站的计算机的 IP 地址也必须与这里设定的相同，才能够正常工作。具体如图 2.6.40 所示。

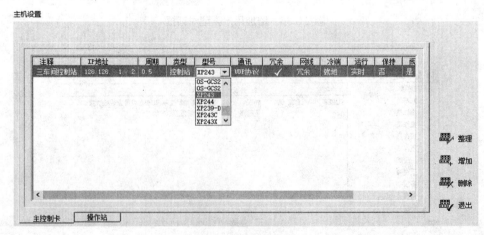

图 2.6.38　操作站的配置界面

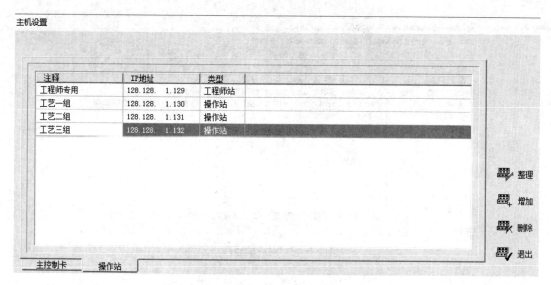

图 2.6.39　已建立一台工程师站和三台操作站

图 2.6.40　工程师站与操作站的 IP 地址设置

（3）工程师等级登陆组态软件，然后单击"新建组态"，建立如图 2.6.41 所示的组态名称。如果已经建立过组态，可用载入组态或选择组态的方式进入组态的编辑状态。这里我们接着上面的步骤进行操作，对应的组态如图 2.6.42 所示。

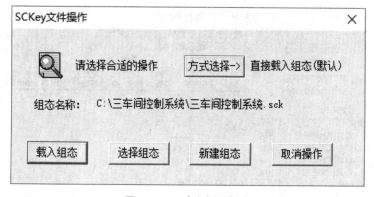

图 2.6.41　建立新的组态

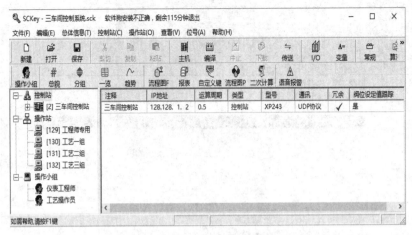

图 2.6.42　对应的组态

（4）I/O 系统组态

① 在进行 I/O 组态前应根据工程对控制点的要求列出测点清单,测点清单的样式如表 2.6.23 所示:

表 2.6.23　测点清单

编号		信号					趋势要求			
序号	位号	描述	IO 类型	类型描述	量程	单位	报警要求	周期/s	压缩方式和统计数据	位号地址
1	PI102	原料加热炉烟气压力	AI	不配电 4~20 mA	0~100	Pa	90%高报	1	低精度并记录	2-0-00-00
2	LI101	原料油储罐液位	AI	不配电 4~20 mA	0~100	%	100%高高报	2	低精度并记录	2-0-00-01
…	…	…	…	…	…	…	…	…	…	…

② 完成数据转发卡的组态　如图 2.6.43 所示,选择控制站 I/O 组态或工具栏中的 I/O 按钮,打开 I/O 输入窗口,如图 2.6.44 所示。选定主控制卡后,单击"增加"按钮,增加与控制柜中相同的数据转发卡,本例中卡型号为 XP233,如果控制柜中的数据转发卡采用了冗余技术,将冗余选定,选定状态出现"勾",有冗余的数据转发卡的起始地址为偶数,如图 2.6.45 所示。

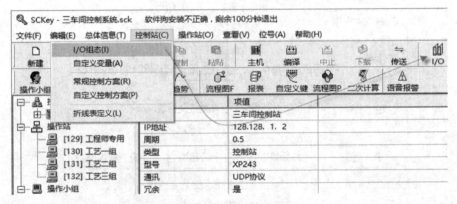

图 2.6.43　选择 I/O 组态

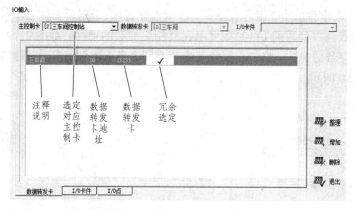

图 2.6.44　打开 I/O 输入窗口

图 2.6.45　数据转发卡冗余选择

③ 完成 I/O 卡件的组态　单击 I/O 卡件标签项,选定所需的数据转发卡,然后点击"增加"按钮,按照工程中实际选用的用于控制柜中 I/O 卡件完成地址、型号、冗余等项的选择。具体如图 2.6.46 所示。

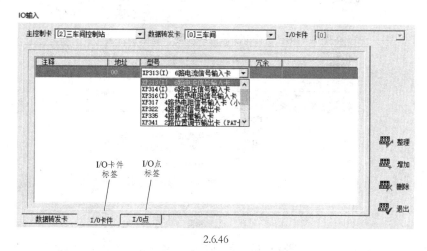

2.6.46

图 2.6.46　完成 I/O 卡件的组态

④ 完成每块 I/O 卡件的 I/O 组态　单击 I/O 卡件标签项,选定所需的 I/O 卡件,然后点击"增加"按钮,按照测点清单列写的 I/O 参数要求完成相关参数的填写,如图 2.6.47 所示。图 2.6.48 中不同类型的 I/O 信号的参数、趋势和报警等内容不同,当前示例的参数、趋势和报警对话框如图 2.6.49 和图 2.6.50 所示。

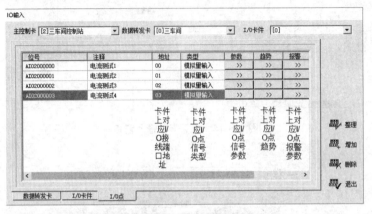

图 2.6.47　填写 I/O 参数

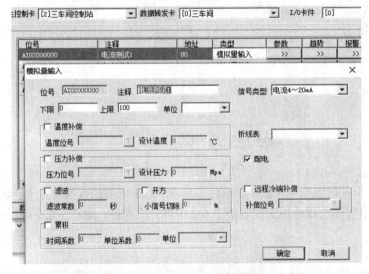

图 2.6.48　不同 I/O 信号的参数、趋势和报警

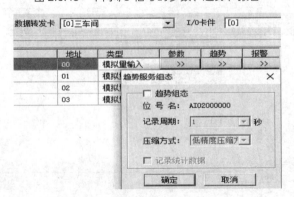

图 2.6.49　示例的 I/O 信号参数

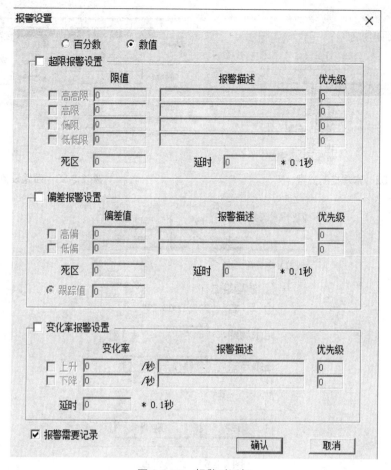

图 2.6.50　报警对话框

⑤ 设置常规控制方案　I/O 测点组态完成后，根据系统要求进行常规控制方案的组态。常规控制方案的调用方法如图 2.6.51 所示。类型如图 2.6.52 和图 2.6.53 所示。之后分别完成回路设置和 PV、MV 趋势设置，如图 2.6.54 所示。

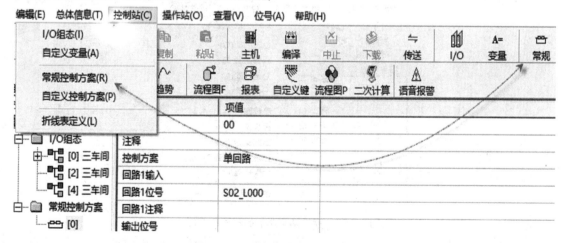

图 2.6.51　常规控制方案的调用方法

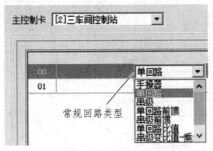

图 2.6.52　常规控制方案

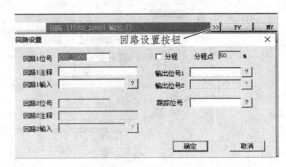

图 2.6.53　回路设置

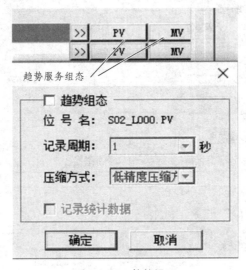

图 2.6.54　趋势设置

⑥ 设置操作站上显示的画面和图形等组态　操作站上显示的画面有总貌画面、趋势画面、分组画面、一览画面等，图形有流程图、弹出式流程图、报表等，另外还有语音报警等内容，如图 2.6.55 所示。下面就举例几种常见的画面和图形进行讲解。

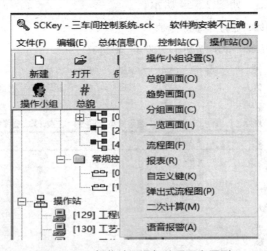

图 2.6.55　操作站可添加的画面和图形

a. 总貌画面　主要用于显示整个控制系统的所有参数。其设置项如图 2.6.56 所示。

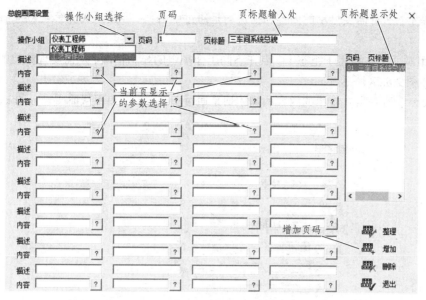

图 2.6.56　总貌画面及设置要点

特别提示：所有需要显示的内容和描述均是通过单击"？"按钮从前面录入的 I/O 测点中进行选择。

b. 趋势画面　主要用于显示 I/O 点组态时对趋势参数进行了组态的 I/O 点。趋势画面可以显示出所组态参数的变化趋势，从而直观地显示并记录参数的连续变化情况，为系统参数的运行状态提供必要的参考。其设置项如图 2.6.57 所示。

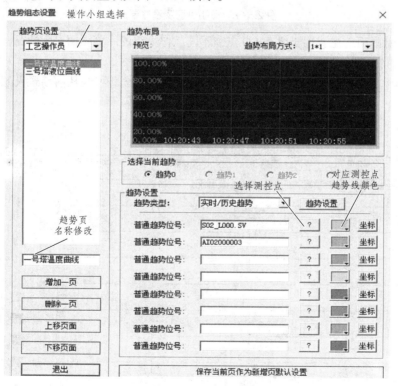

图 2.6.57　趋势画面及设置要点

特别提示：所有需要显示的内容和描述均是通过单击"？"按钮从前面录入的 I/O 测点中从进行选择。

c. 分组画面　主要用于组态 I/O 点在不同工作小组的显示情况，从而实现参数的分组管理。其设置项如图 2.6.58 所示。

特别提示：所有需要显示的内容和描述均是通过单击"？"按钮从前面录入的 I/O 测点中进行选择。

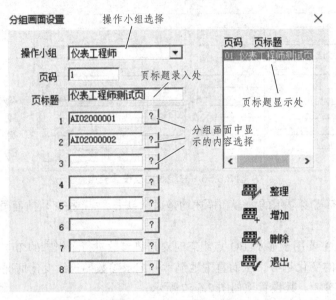

图 2.6.58　分组画面及设置要点

d.数据一览画面　主要用于组态 I/O 点在不同工作小组的一览画面显示情况，从而实现参数的分组管理。其设置项如图 2.6.59 所示。

特别提示：所有需要显示的内容和描述均是通过单击"？"按钮从前面录入的 I/O 测点中进行选择。

图 2.6.59　数据一览画面及设置要点

e.流程图组态　主要用于较直观地把与控制装置对应的系统图（可模仿绘制、抽象绘制）绘制出来，以便直观地反映参数在实际设备上的显示位置，便于操作员直观理解和观察设备的运行情况。其具体操作步骤如图 2.6.60 所示。

特别提示：流程图必须保存在 flow 文件夹中。然后再按图 2.6.61 所示进行流程图文件的选择。如果图形没有保存在 flow 文件夹中，需单击"其他文件夹"按钮进行重新选择。弹出流程图的组态与流程图相似，但是文件要保存在 FlowPopup 中，其他操作与流程图类似。

图 2.6.60　流程图组态及步骤

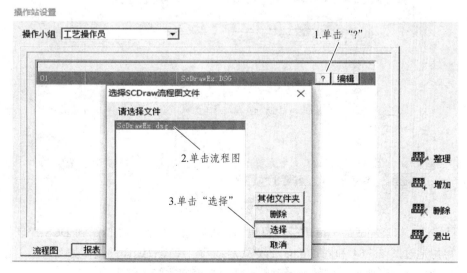

图 2.6.61　流程图选择

f.报表组态　主要是用表格形式对所需的参数进行组态，以便于直观地打印相关数据。其具体操作步骤如图 2.6.62 所示。

特别提示：报表文件必须保存在 report 文件夹中。然后再按图 2.6.63 所示进行报表文件的选择。如果报表文件没有保存在 report 文件夹中，需单击"其他文件夹"按钮进行重新选择。

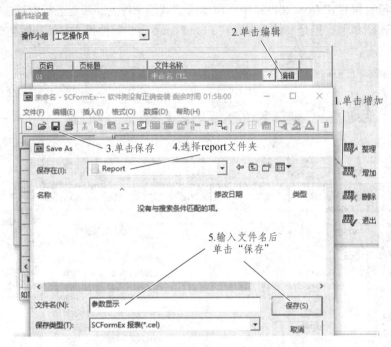

图 2.6.62　报表组态

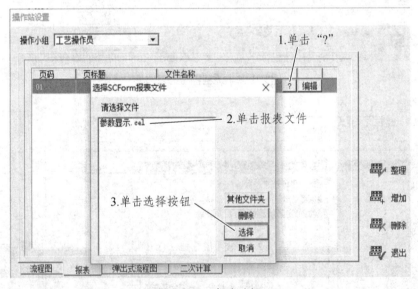

图 2.6.63　报表选择

g.项目编译　组态完成后，需进行项目编译，没有错误后，才能传送到 DCS 控制柜主控卡中使用。可以通过图 2.6.64 和图 2.6.65 的方式启动项目编译，编译的类型如图所示。相关编译的区别可以查看软件说明书。软件编译时需要插上加密狗才能正常进行。

文件(F)	编辑(E)	总体信息(T)
	主机设置(O)	
	全体编译(T)	
	快速编译(Q)	F7
	备份数据(B)	F6

图 2.6.64　通过菜单方式编译

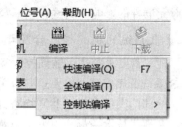

图 2.6.65　通过工具栏上的编译方式编译

h.组态传送　当项目通过编译后，可以进行组态的传送，使项目布置到主控卡、工程师机及操作员计算机中。特别提醒主控机柜中各种板卡的插入位置及测点的接入点位置必须与组态软件中一致；否则将不能正常工作。可以通过如图 2.6.66 和图 2.6.67 两种方法实现组态传送。传送时要确保指定为操作员站和工程师站的计算机处于开机且联网状态，并且对应的 IP 地址也应与图 2.6.40 中所示的 IP 地址一致。

SCKey - 三车间控制系统.sck

文件(F)	编辑(E)	总体信息(T)
	主机设置(O)	
	全体编译(T)	
	快速编译(Q)	F7
	备份数据(B)	F6
	组态下载(D)	F5
	组态传送(S)	F4
	控制站信息(I)	

图 2.6.66　通过菜单方式的完成组态传送

⇆
传送

图 2.6.67　通过工具栏上的传送按钮实现传送

五、集散控制系统的安装与故障分析

（一）DCS 系统的安装

集散控制系统由两部分组成。第一部分是中心控制室内的集散控制系统软、硬件设备，电源部分和内部电缆，这一部分通常称为集散控制系统。第二部分是现场仪表，只有现场仪表与作为控制的集散控制系统紧密配合，集散控制系统才能真正发挥作用。现场仪表的安装就是常规仪表安装，本小节着重介绍集散系统本体的安装。

集散系统由硬件和软件组成。集散系统的硬件安装包括盘、柜、机的安装和它们之间的连线，系统工作接地，电源及基本控制器、多功能控制器的安装，安全接地与隔离。

1. DCS 系统安装的外部条件

集散系统安装的外部条件就是控制室和操作室具备使用的条件。集散系统的控制室和操作室对室内温度、湿度、清洁度都有严格的要求。在安装前，控制室和操作室的土建、安装、电气、装修工程必须全部完工，室内装饰符合设计要求，空调能启动，并配有吸尘器。其环境温度、湿度、光照度以及空气的净化程度必须符合集散系统安装运行条件，才能开箱安装。

集散系统的安装对安装人员也有严格的要求，安装人员必须保持清洁，到控制室或操作室工作必须换上干净的专用拖鞋，以防止灰尘进入集散系统装置内。有条件的话，要尽量避免静电感应对元器件的影响。调试时，不穿化纤等容易产生静电的织物。

2. 集散系统的机、柜、盘及操作台安装

机、柜、盘要求整体运输到控制室，在安装前拆箱。

DCS 系统开箱安装时，要遵守有关"开箱检验"的规定。开箱时，要有设备供应部门人员，接、保、检部门人员在场，共同检查外观质量，设备内部卡件、接线的缺陷情况，随机带来的质量保证文件、技术资料，三方人员都要详细登记，认真做好记录。三方人员共同核对，共同签字认可。质量保证文件要妥善保管，交工时，随交工资料一起转交甲方（建设单位）。技术资料另行保管，以备安装、调试时使用。

集散系统硬件包装箱在运输、开箱、搬运时必须小心，防止倾倒和产生强烈振动，以免造成意外损失。机、柜、盘的安装顺序与常规仪表箱安装顺序相同。要制作槽钢底座。集散系统控制室通常有防静电、防潮地板，因此底座的高度确定要考虑这些因素，强调稳定性和强度。底座要磨平，不能有毛刺和棱角。要及时除锈和作防腐处理。然后再用焊接法（有预埋铁）或用膨胀螺栓（没有预埋铁）牢固地固定在地板上。盘、柜、操作台用 M10 的螺栓固定在底座上。

3. 接地及接地系统的安装

集散系统对接地的要求要远高于常规仪表。它分为本质安全接地、系统直流工作接地、交流电源的保护接地和安全保护接地等。各类接地系统、各接地母线之间彼此绝缘。各接地系统检查无混线后，方能与各自母线和接地极相连。

系统直流工作接地有时又称为数据高速通路逻辑参考地（Logic ground）。不同机型有不同要求，接地电阻一般不超过 1 Ω，因此必须打接地极。在地下水位很高的地方容易做到，但在地下水位不高的地方相对困难，但必须要达到小于 1 Ω 的要求，因此有时要采取一些特殊的减小电阻损失的措施。

其他系统接地要求是接地电阻小于 4 Ω。安全保护接地还可以与全厂系统接地网连起来。组成系统的模件、模块比较娇贵，有的怕静电感应，有的经受不了雷击感应。安装时要注意说明书中对接地的要求。不同的 DCS 厂家对其产品的接地要求各有不同，一般要按厂家的安装要求接地。

4. 集散系统的接线

集散系统的接线主要有两大部分：第一部分是硬件设备之间的连接，第二部分是集散系统和在线仪表包括执行器的连接。

（1）硬件设备之间的连接

这种连接在控制室内部进行，大多采用多芯（65 芯或 50 芯）屏蔽双绞线或同轴电缆（这些电缆又称为系统电缆）。用已标准化的插件插接，插接件很多，要仔细、谨慎，绝对不能误插、错插。通常情况是由一个人或一个小组主接电缆，另一个人或另一个小组按图进行审核。审核有问题，两人或两个小组共同商量，找出错接、误接原因，正确接线后，最好由第三者重新审核（主要是错接部分）。总之，要保证接线准确无误。

（2）集散系统和在线仪表的连接

这是控制室与现场仪表的连接，量大点多。这种连接有两种基本形式：第一种是一根电缆从头到尾，也就是与现场仪表或现场执行器连接的两芯电缆一直连到控制室集散系统相应的模件接线端子上；第二种是从控制室用主电缆（一般为 30 芯）连到现场点集中的地方，通过接线盒，再分别用两芯电缆连到每一个一次点上。这两种电缆敷设形式都很常用，通常引进项目以多芯电缆为多。不管采用哪一种接线方法，每组信号都要经过三个接点。一般的集散系统都有上百个回路，它的接点可多达4万~5万个，而每一个接点都必须准确无误，牢固可靠，并且要求排列整齐、美观。

集散系统与现场在线仪表的连接，通过各个回路的调试，可方便地检查出接线错误，但很耽误时间。因此，要求一个人接的线，由另一个人来校核，以便尽早发现问题。

（二）DCS系统的故障诊断

DCS系统在工业生产过程的广泛应用，使可靠性、稳定性问题更加突出，也使人们对整个系统的要求越来越高。人们希望DCS系统尽量少出故障，且一旦出现故障，能尽快诊断出故障部位，并尽快修复，使系统重新工作。下面简单介绍故障大体分类及故障诊断的一般方法。

1.DCS系统故障的分类

为了便于分析、诊断DCS系统故障发生的部位和产生原因，可以把故障大致分为如下几类。

（1）现场仪表设备故障

现场仪表设备包括与生产过程直接联系的各种变送器、开关、执行机构、负载等。现场仪表设备发生故障，直接影响DCS系统的控制功能。在目前的DCS控制系统中，这类故障占绝大多数。这类故障一般是由仪表设备本身的质量和寿命所致。

（2）系统故障

这是影响系统运行的全局性故障。系统故障可分为固定性故障和偶然性故障。如果系统发生故障后可重新启动，系统能恢复正常，则可认为是偶然性故障。相反，若重新启动不能恢复，而需要更换硬件或软件，系统才能恢复，则可认为是固定性故障。这种故障一般是由系统设计不当或系统运行年限较长所致。

（3）硬件故障

主要是指DCS系统中的板卡故障，特别是I/O板卡损坏造成的故障。这类故障一般比较明显且影响也是局部的，它们主要是由使用不当或使用时间较长，板卡内元件老化所致。

（4）软件故障

这类故障是软件本身的错误所引起的。软件故障又可分为系统软件故障和应用软件故障。系统软件是DCS系统带来的，若设计考虑不周，在执行中一旦条件不满足就会引发故障，造成停机或死机等现象，此类故障并不常见。应用软件是用户自己编写的。在实际工程应用中，由于应用软件程序复杂，工作量大，因此应用软件错误几乎难以避免，这就要求在DCS系统调试及试运行中十分认真，及时发现并解决问题。

（5）操作、使用不当造成故障

在实际运行操作中，有时会出现DCS系统某功能不能使用或某控制部分不能正常工作，但实际上DCS系统并没有问题，而是操作人员操作不熟练或错误操作引起的。初次使用DCS系统的操作工尤为常见。

2. 故障的分析诊断

DCS系统一旦出现故障，正确分析和诊断故障发生的部位是当务之急。故障的诊断就是根据经验，参照发生故障的环境和现象，确定故障的部位和原因。这种诊断方法因DCS系统产品不同而有一定差别。

DCS 系统故障诊断可按下列步骤进行。

（1）是否为使用不当引起的故障。这类故障常见的有供电电源错误、端子接线错误、模板安装错误、现场操作错误等。

（2）是否为 DCS 系统操作错误引起的故障。这类故障常见的有参数整定错误、某状态设定错误等。

（3）确认是现场仪表设备故障还是 DCS 系统故障。若是现场仪表故障，修复相应现场仪表。

（4）若是 DCS 系统本身的故障，应确认是硬件故障还是软件故障。

（5）若是硬件故障，找出相应硬件部位，更换模板。

（6）若是软件故障，还应确认是系统软件或是应用软件故障。

（7）若是系统软件有故障，可重新启动看能否恢复，或重新装载系统软件重新启动。

（8）若是应用软件故障，可检查用户编写的程序和组态的所有数据，找出故障原因。

（9）利用 DCS 系统的自诊断测试功能，DCS 系统的各部分都设计有相应的自诊断功能，系统发生故障时一定要充分利用这一功能，来分析和判断故障的部位和原因。

3. 影响 DCS 安全运行的扰动因素及处理对策

由于无线通信设备的普遍使用，不正确的接地、电源系统配置不合理或不完善，都会影响 DCS 的安全运行，为此必须采取相应的对策，预防或消除这些影响。

（1）警惕无线通讯对 DCS 的扰动

现场操作人员和仪表维护人员大都配有无线电对讲机，某炼油厂仪表车间曾用对讲机对仪表系统的扰动作过试验，扰动源采用 KENWOOD 公司生产的 TK278 型对讲机，测试用万用表在控制室内串接在被测回路上，对讲机在室外进行试验，现场仪表的表盖及电气连接部位密封良好。试验结果为当距离较近时，将引起 DCS 的误动作。应严格规定使用对讲机必须距仪表或 DCS 设备 1 m 以上。此外，雷达、氩弧焊和超声波设备等均会对 DCS 造成扰动，使用这些设备时都应远离 DCS 设备。

（2）防止由保护接地引入的扰动

接地体的设置从抑制扰动的观点出发，防止电力系统对仪表系统的扰动，将两个系统的接地完全分开，各自设置接地体，对仪表和 DCS 的抗扰动是有利的；但从工程的观点来看，有以下不利之处：

① 单独设置接地体投资大，安装维护麻烦。

② 仪表单独设置接地体，由于接地网小，抗扰动能力差，易受地电位差的影响，当出现大的电机投运和雷电，极易受杂散波影响而引起电位波动，从而引起 DCS 及仪表误动作。

③ 在爆炸危险场所，由于有地电位差的存在，不同接地点的设备意外直接或间接接触时，可能产生电火花引起爆炸。为防止这种情况发生，要求各接地点电位接近或相等。

为减少对 DCS 的扰动，一般做法是，将 DCS 保护接地接入全厂电气统一接地网。在接地点附近，不应有大型变压器或高中频用电设备接入。

DCS 设备采用的是 220 V AC 单相交流电，如果采用三相交流隔离变压器或 UPS 供电，变压器的次级或 UPS 的输出应采取三相四线制星型（Y）结构，并将三相负载均匀分配。其正确的做法如下：

① 采用 Y 型结构的三相四线制的隔离变压器或输出为三相四线制的 UPS 时，为避免负荷不平衡引起相位及电压的漂移，给 DCS 造成扰动，中线（零线）必须接地。

② 采用单相输出的 UPS 或单相变压器时：

a. 如果 DCS 及仪表系统的保护地是与电气统一接地网连在一起，电源零线不可接地，应将电源浮空，以避免电气统一接地网对 DCS 的扰动。

b. 如果 DCS 及仪表系统采用独立的保护接地，电源零线应与系统保护接地接连在一起，以避免地电位差通过机壳对 DCS 产生扰动。

③ 在中性点直接接地的低压配电系统中，除另有规定和移动式用电设备外，零线应在电源外接地，并且用电设备（DCS 机柜等）应采用接零保护。

（三）正确配置 DCS 的电源

中华人民共和国行业标准《石油化工仪表供电设计规范》SH3082—1997 明确提出：PLC、DCS、计算机系统采用不间断供电方式。UPS 的选用应注意以下问题：

（1）UPS 装置内应有变压稳压环节和维护旁路功能。维护旁路应自变压稳压环节后引出，或维护旁路单独设稳压变压器；UPS 内部主电源与旁路电源具有自动同步的功能。

（2）UPS 有三入三出、三入单出、单入单出等多种形式。由于单相输出的 UPS 容量有限，较大的 UPS（大于 15 kVA 者）大都是三入三出的形式。三相电源经 UPS 处理后，其输出相位的对称性取决于三相负载的对称程度，应均匀分配 UPS 三相的负载，并选取具有相位调整功能的 UPS。

（3）瞬断时间。许多人以为 UPS 输出是不可中断的，这是一种误解，实际上 UPS 内部有几种情况会造成输出的中断：① 主电源断路后，后备电池放电已结束，负载向旁路切换；② UPS 内逆变器损坏，负载向旁路切换；③ 负载电流超限，手动向旁路或逆变器切换。该切换时间应小于 DCS 允许的瞬断时间（按小于 3 ms 考虑）。

（4）当负载向旁路电源切换时，由于动力电源内阻很小，一般不会造成电压瞬间跃升，但负载返回到逆变器时，会出现瞬间电压降落。任何负载，只要能承受 2 ms 的电压瞬断，就能承受初期（第一个半周期内）跌落 27%的瞬变影响。例如，ABB 公司的 MOD300 系列最大允许瞬间电压跌落小于 15%，但要求降落 9%时就开始回升，否则将对 DCS 造成极大的扰动。因此，UPS 的电压瞬间跌落应小于 10%。

（5）正确选择 UPS 结构。目前，UPS 结构大同小异，基本结构如图 2.6.68 所示。这种结构的 UPS 设计有备用电源，备用电源来源于独立的发电机组或独立的供电线路。DCS 用的 UPS 应将主电源和备用电源同时接入，且主备电源之间能自动进行无

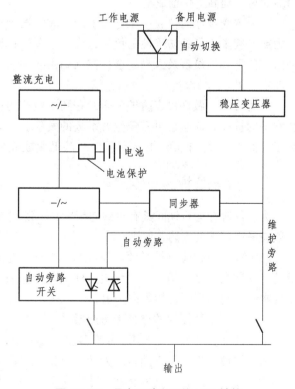

图 2.6.68　具有两路电源的 UPS 结构

301

扰动切换。

（6）大型联合石油化工装置的 DCS 供电，应采取 UPS 电源的充电和逆变环节冗余配置的措施，力求 UPS 输出稳定，保证 DCS 的安全运行。

第七节　仪表及设备的防护与防爆

一、仪表及设备的防护

随着我国现代化工业的迅速发展，自动化水平不断提高，仪表使用越来越广泛。大部分工业生产中，通过仪表来了解生产过程的变化，并将生产过程控制在预定的生产条件下，以确保生产的优质、高产和安全。但工业生产可能具有易燃、易爆、高温、高压、有毒和腐蚀性强等特点，仪表要在这些特殊条件下长期可靠地工作，就必须采取相应的措施，即设法解决仪表的防护问题。下面简要阐述一下仪表防护的重要意义：

（1）仪表被侵蚀将使自动生产过程无法正常运行。如果检测仪表遭受侵蚀，则不能反映生产过程中各种参数的真实情况；如果执行机构遭受腐蚀，控制阀就会动作不正常甚至无法动作，使自动控制系统瘫痪。

（2）先进的工艺流程常需要完善的仪表与之配套。如果工艺流程存在一些强腐蚀性介质，使仪表遭受侵蚀，会影响先进工艺流程的实现，降低其整体性能。

（3）仪表遭受侵蚀后会大大缩短使用寿命。遭受腐蚀的仪表比正常条件下使用的仪表周期明显缩短，提高了生产成本。

（4）遭受侵蚀的仪表可能导致生产事故的发生。如在防爆现场，当仪表受侵蚀，失去防爆能力或安装了不具备防爆性的仪表，会发生爆炸；液位控制失灵，可能会导致腐蚀性强的介质外溢，危害其他设备及人身安全；控制阀密封失效，也可能会造成有毒物质外泄和渗漏等，产生严重后果。

由此可见，做好仪表防护工作，有利于生产的正常运行，有利于新工艺流程的采用、自动化水平的提高，同时也可避免生产事故的发生。扩大仪表的使用范围，延长其使用寿命，从而为工厂提供有效的检测、控制的同时，降低生成成本，提高生产的安全可靠性。

二、仪表防护的一般原则

为使仪表在运行期间具有足够的精度，不发生或少发生故障，获得满意的安全性和可靠性，一般应考虑以下几点防护原则：

（1）仪表防护应有针对性。如考虑仪表是否与腐蚀性介质接触，有无机械磨损，承受什么负荷，安装在什么环境中，对仪表的外观要求等采取相应的措施，不能一概而论。否则既增加了成本，又起不到应有的防护作用。

（2）绝对不被侵蚀的材料和防护层是不存在的。在考虑选用防护材料和防护层时，应根据允许被侵蚀的程度来确定选用。在许多化工设备中，对金属的腐蚀每年不大于 1 mm 就能符合要求，而对检测、控制仪表而言，如转子流量计的浮子、控制阀的阀芯、阀座等均为有特殊要求的部件，尤其是孔板，其形状和尺寸直接关系到检测精度，腐蚀所造成的形状和尺寸的变化，都将使检测精度降低，因此，仪表防护要求金属的耐腐蚀率每年不大于 0.1 mm。

（3）解决仪表的防护问题，应从选用防护材料，采取防护层工艺措施和改进仪表结构等三方面入手。这三方面相辅相成，不可偏废，更不能只追求其中之一来达到仪表防护的目的。

（4）不能忽视仪表铭牌等零件的防护。仪表铭牌上记录着该台仪表的规格型号、使用范围等，对于仪表的安装、使用和维护人员来说，是不可缺少的指南。

（5）尽量改善仪表的安装位置。如能安装在室内，则避免安装在室外；能安装在阴凉干燥处，就不曝晒在日光下或安装在阴暗潮湿处等。

（6）为保证仪表的精度，应尽量不采用隔离器或其他隔离装置的方式保护仪表。必须采用隔离器或隔离装置时，应认真进行选型和确定隔离液，并正确选用隔离膜。

（7）可以考虑用非接触式仪表进行工艺参数的测量。

三、常见的防护材料和防护层

检测仪表和控制阀这两类仪表，工作时直接接触工作介质，因此在选择这些仪表的防护材料时，首先要从工作介质的性质来考虑。常见的防护材料及用途如下：

1. 合金和合金材料

（1）铬18镍9钛不锈钢（或称镍铬不锈钢）：能耐大气、水、强氧化性酸、有机酸、30%以下的碱液及氢氧化物，不耐非氧化性酸如硫酸、盐酸等。大量用于仪表作为一般防腐材料。

（2）铬18镍12钼2钛不锈钢（或称钼2钛不锈钢）：耐硫酸和氯化物的腐蚀，它比铬18镍9钛不锈钢好，但不耐盐酸，可耐高浓度碱及氢氧化物的腐蚀。可作为控制阀的阀芯、阀座、涡轮流量变送器、差压及压力变送器的检测机构和膜片材料。

（3）镍70铜30合金（或称蒙乃尔合金）：因含镍量高，除有良好的耐碱性外，还可耐非氧化性酸，尤其对氢氟酸具有良好的耐腐性，但不耐强氧化性酸和溶液。可作为控制阀、变送器的检测机构和膜片材料。

（4）镍铬铁钼合金（或称哈氏合金）：能耐盐酸、硝酸、硫酸以及其他各种酸类，也可耐碱和氢氧化物的腐蚀。可作为控制阀和仪表的检测机构或膜片材料。

（5）镍76铬16铁7合金（或称因考耐尔合金）：因含镍量高，主要用于高温耐碱和硫化物的材料。可用作控制阀的防腐材料。

（6）钛及钛合金：能耐氯化物和次氯酸、湿氯、氧化性酸、有机酸和碱等的腐蚀，但价格较贵，一般只用作仪表防腐镀层或薄层衬里。

（7）钽：其耐腐蚀性和玻璃相似，除氢氟酸、氟、发烟硫酸、碱外，几乎可耐一切化学介质（包括沸点的盐酸、硝酸和175℃以下的硫酸）的腐蚀；但价格昂贵。一般只用于仪表防腐膜片。

2. 非金属材料

（1）塑料类：有酚醛树脂、环氧树脂、聚酯树脂、聚乙烯、聚丙烯、聚氯乙烯、有机玻璃、氯化聚醚、聚苯硫醚、ABS塑料、聚三氟氯乙烯和聚四氟乙烯等。可做仪表和控制阀壳体材料，其中以聚三氟氯乙烯和聚四氟乙烯应用最广，可耐200℃以下酸、碱、硫化物的腐蚀，但价格较贵，一般作为涂层和衬里。

（2）橡胶类：分为天然橡胶和合成橡胶两种。其中合成橡胶品种很多，耐腐蚀与耐温性能以氟橡胶最好，但价格较贵，一般用作密封垫圈，其余橡胶可做变送器及控制阀的内衬。

（3）玻璃和陶瓷类：都是以二氧化硅为主的熔化或煅烧制品，具有很好的耐腐性，品种很多。用于强腐蚀环境的有高铝玻璃、硼玻璃、耐酸陶瓷，除了氢氟酸和含氟的一些其他物质及浓热碱液外，几乎能耐所有腐蚀介质，包括浓热硝酸、盐酸、王水、盐溶液、有机溶液等。但其主要缺点是，强度低，热导率低，热膨胀系数较大，易碎裂，适用于 300 ℃以下做控制阀、变送器衬里，或喷涂于仪表内壁做防腐层，如分析仪器的采样室，也可做 0.6 MPa 以下低压时管壁不超过 3 mm 的测温保护套管。

四、仪表常用的防护措施

为使仪表安全、正常地运行，应充分考虑介质腐蚀可能带来的影响，并采取相应措施来保护仪表。常用措施如下。

（1）直接接触介质的部分采用相应的耐腐材料，如节流装置、测温元件的保护管套，压力、差压变送器的检测机构和执行器的流通部分。

（2）在接触腐蚀介质的仪表零件表面、内壁涂敷（包括喷涂、电镀、堆焊、衬里）耐腐材料，如各控制阀体、阀芯、测温元件的保护套管、分析器的采样室、孔板、喷嘴等。

（3）用耐腐蚀的隔离液进行隔离防腐，主要用于压力变送器、差压变送器和压力表的防腐。

（4）所谓隔离，就是采用隔离液、隔离膜片使被测介质与仪表部件不直接接触，以保护仪表的一种方式。对于黏稠性介质、含固体物介质、有毒介质或在环境温度下可能汽化、冷凝、结晶、沉淀的介质，为实现检测，可采取隔离措施。常见隔离方式有三种：

① 管内隔离。利用隔离管充注隔离液，适用于被测介质压力稳定、排液量较小的仪表。隔离管的管径和材质一般与检测管线的管径和材质相同。

② 容器隔离。利用隔离容器充注隔离液，适用于被测介质压力波动显著，排液量较大的仪表，其结构形式应根据被测介质与隔离液密度的大小，仪表和隔离容器安装的相对位置来确定。

③ 膜片隔离。利用耐腐蚀的膜片将隔离液或填充液与被测介质隔离。适用于强腐蚀性介质和难于采用前两种隔离方式的场合。一般用于压力检测，不宜用于差压检测，隔离膜片的材质根据被测介质在工作条件下的腐蚀性来选择。

采用隔离措施时，要注意根据不同的介质及其工作条件选择合适的防爆隔离液。一般要求隔离液与被测介质接触呈惰性，不互溶，至少半年不变质，且热稳定性好，不易挥发，具有高沸点、低凝固点性能等。如果被测介质是液体，则还要求隔离液与被测介质有一定的密度差，以防互混。当被测介质是低沸点液体时，应选密度大的隔离液，以防介质汽化时带走隔离液。

（5）用中性液体或气体进行吹扫隔离。主要用于导压管距离长的压力、差压液位变送器的隔离防腐。

这种措施根据实现方法不同又分为吹气隔离和冲液隔离。吹气隔离是通过检测管线向被测对象连续、定量地吹入气体，以达到被测介质与仪表检测部件隔离的目的。冲液则是通过检测管线向被测对象连续、定量地冲入液体，以保护仪表检测部件不受被测介质腐蚀。其应用只限于腐蚀、黏稠、结晶、熔融、沉淀性介质的液位、压力、流量检测。这种措施一般是在采用隔离方式难以满足时才使用。真空对象不适合采用这种措施。

尽管对于应用在腐蚀介质中的检测仪表、控制阀有足够的防护材料和措施，仍不能忽视正常维护的作用。对于需要采取防护措施的仪表来说，日常维护显得更加重要，这就要求相关人员加强巡检，及时发现跑、冒、滴、漏，避免因此而对仪表造成的腐蚀。另外，要注意保持仪表清洁，定期打扫卫生，这也是行之有效的保护方法。

第八节　仪表检修

现代化的化工企业必须有一套先进、准确、可靠的仪表装置来控制和管理。但无论仪表如何先进、可靠，在长期的生产运行过程中，仍会发生各种各样的故障，我们必须正确地进行分析判断，及时加以处理，否则就会影响工艺操作、产品质量等，甚至造成生产事故和安全事故。

仪表检修工作所包含的内容不只是具体的检查和故障排除，还包括检修资料的整理、归档，及时确切的记录等。例如，一台仪表从进厂开始，就要有相应的档案记录，这可分为：仪表台账，仪表的周期检定计划，维修、校验记录等。一台仪表的资料保存越完整，则在检修时越方便容易。尤其是一些常见故障，每次处理后建立"病历卡"，将故障发生的时间、地点、现象、分析及处理等详细记录下来，再次检修时就可根据前面的记录直接切入关键，而不至于走弯路，耗费时间。现将仪表检修工作应完善的资料分别介绍如下。

一、仪表台账

仪表台账是有关每台仪表的明细表，对于生产规模较大、自动化程度较高，因而仪表种类、数量比较多的工厂，为方便查找，可分工段、分设备、分被测种类来归类，详细记录每台仪表的工位号、名称、量程、出厂日期、生产厂家、出厂编号、检修周期及仪表等级。这样，便于仪表车间对所辖仪表进行统一管理，做到所有的仪表均备案可查。

二、仪表的周期检定计划

仪表的周期检定计划是根据仪表所处位置的重要性，仪表的性能、工作条件、工作环境、精度等级及生产厂建议来制订的。制订合理的周期检定计划，可使仪表的检修工作有条理、全面地进行。计划中应注明待检修仪表的工位号、名称、型号、量程、出厂编号、生产厂家及上一次检修日期。制订合理的周期检定计划不仅可及时发现巡检时未发现的问题，还可以排除一些可能造成不良后果的因素，从而防患于未然，提高仪表及系统运行的可靠性。

仪表的每次检修，不论是按周期检定计划进行的，还是随机排除的运行故障，仪表维修工应形成良好的工作习惯，做到每检必有记录，没有故障的也要填写校验单，详细记录日常或每次检修的主要内容、零部件损坏原因、更换的备品型号、代用品部件型号以及调校数据等，然后分类存档。每台仪表的档案就如同一个人的"病历卡"，有了详尽的平时检修记录，对其他不熟悉该仪表情况的人也是一份宝贵的资料，通过查阅这些资料，可以提高检修人员的检修效率和检修质量。

有条件的单位应采用计算机网络化进行仪表台账和仪表周期检定计划的管理及编排，这样更有利于仪表数据的保存、查询、使用和管理。

在根据周期检定计划具体检修仪表时，还必须做出相应的检修方案，即检修计划。这包括该仪表属于大修、中修还是小修，通常检修哪些部位或零件，需要使用什么样的标准仪器、相应的材料及确定检修责任人等。仪表的检修程度是由它的损坏程度或工作条件决定的，通常分为三种情况：

1. 小　修

仪表的小修一般由维修人员在现场进行，其目的只是排除仪表个别的小问题或在线校验其精度，不需拆卸修理。包括零件的清洗、机械传动部件的上油、仪表零部件的更换及仪表的单体调校或系统联调等。这要求仪表工平时加强巡检工作，认真听取操作工的反映，并在巡检记录中记录，才能利用小修的机会把所存在的问题一次排除。

2. 中 修

仪表中修除小修所包括的内容外，还必须消除仪表中较严重的问题。中修可以在现场进行，也可以将仪表拆回仪表车间进行。一般设备停运几天，由于时间有限，要以检修故障较严重、作用比较重要且在线运行时不便停表处理的仪表为主；如果时间来不及，可将一些故障小的仪表安排在平时小修。

3. 大 修

仪表的大修工作一般都在特定的工作间进行。大型化工设备停车检修时间一般为 1～2 个月，仪表工可充分利用这段时间，对仪表进行彻底维护、修理和调校，以恢复仪表的性能。

仪表的检修方案（即检修计划）应根据其周期检定计划、运行时的故障程度以及全厂工艺设备的检修计划而定，要保证仪表检修进度与相应设备的检修进度相符合，否则，会出现互相牵制的现象。仪表大修除了应在全厂大修领导小组统一安排下进行外，还必须分出轻重，先检修较重要的位号或故障较大、难处理的仪表，这样不仅能与工艺设备检修同时进行，而且一旦工艺提前开车，仪表剩下的任务也是一些可以安排中修或小修的了。

不论仪表检修程度如何，都要及时整理出检修资料，如校验单、"病历卡"等，有条件的可以专人负责，每个检修小组专门指定一名记录人员，及时、准确地记下检修过程和结果，以便存档。

应该指出，仪表进行计划检修比事故检修具有很大的优越性，它使检修工作有准备、有计划、有步骤地进行，而且相应资料齐全，不至于因临时事故弄得手忙脚乱，影响工艺生产正常进行。从相关企业调查可知，计划检修搞得好，事故性检修的机会就少得多。

三、仪表检修方法

仪表的检修是一个细致、复杂、具体而技术性很强的工作，尽管检修方法的发现与总结一直是所有维修者最感兴趣的课题，但由于这是实践性相当强的环节，且对待同一台仪器，不同的人常有不同的检修思路和方法，即便是同一个人，在不同时期处理故障的方法可能也不一样，因此很难对检修方法进行系统、一致的总结。一些长期从事仪表检修工作的人通过多年积累的经验发现一些检修的普遍规律，从而获得了一些比较实用的检修方法，简单介绍如下：

1. 逐级检查法

根据原理图和查阅相应元件的参数，通过严密的测试逐步缩小故障区域，最终查出故障元器件。其优点是诊断测试步骤清晰，对实际问题的解决办法是"步步逼近"，适用于部件较多的系统的故障判断。由于此方法要求检修人员必须对仪表有相当准确和全面的了解，当一个仪表检修者初次遇到或其资料不详以及检修人员检修能力较低时，这种方法便不适用。

2. 尝试法

根据仪表的故障现象，参考已有的检修记录、"病历卡"或产品说明书的指导，可先假设可能发生故障的部位，并按假设来逐一排除。如对某台仪表的故障提出了几种可能性，则可逐项检查，否定一个再进行下一个，一直进行下去，直到明确了故障所在处为止。这种方法要求检修者有较高的理论水平和丰富的电路检修经验，对于检修经验丰富的检修者，以及记录资料较全、假设故障较小的仪表，采用此法比较适用。但这种方法也有其局限性，当可尝试的假设故障较多时，往往要耗费较多的时间，尤其是当所有的假设均被排除仍未确定故障时，则还需做进一步的尝试，使检修时间延长，影响了仪表的及时使用。

3. 直观检查法

直观检查简单、快速，获取的信息多而丰富。在视觉方面，包括仪器外观、曲线形状、焊点开裂、接线脱落、元件烧焦等；在听觉方面，较明显的泄漏、小电机转动声及各种异常噪声等；在触觉方面，有元件安装是否牢靠、接插件是否可靠、是否有异常发热等；在嗅觉方面，是否有烧焦气味、电火花臭氧气味等。实际检修工作中，一个经验丰富的检修者，往往能根据直观法获取仪表故障的信息。

直观法不能用以直观检查一些重要测试物理量如电压、电阻、流量等的大小，必须配用相应的仪器来测试判断。但对初学者而言，直观法是比较简单易行而又直接的方法。通过详尽的直观检查，往往能发现一些异常，进一步检查后即可确定故障部位，所以，这种方法还是可取的。但应注意，尽量先在停电状态进行直观检查，不能贸然通电，确无所获时才可考虑通电检查。从这个意义上说，直观法确定故障不仅仅是一种检修方法，而且可以是每种检修方法应用之前必须进行的步骤，其重要性是很明显的。

例如，检修之前，由于某种原因，有的元器件碰在一起，可能就是这个原因造成了仪表的故障，若未进行详细的外观检查而贸然通电检查各部分工作点，可能会有多处不正常，反而使问题复杂化，不利于判断故障部位。又如，仪表本身存在短路和断路，贸然通电有烧坏元器件的危险，起保护作用的元件也会被烧坏，在原故障的基础上又造成新的故障。

从现场取回的仪器仪表，往往较"脏"。表上积有灰尘、油污、潮湿及腐蚀性酸碱物质，更有甚者，由于上述脏而造成的似通非通、虚焊假接现象使检修复杂化，常弄得检修者筋疲力尽。例如，某控制器输出总是不到 20 mA，只能达到 18 mA 左右，检查反馈通道各点电压均不正常，直观检查查出微分波段开关脏，用酒精棉擦拭后，故障即消除。另外，由于不进行外观检查，尚未消除脏污、碰撞等故障之前，通电后故障现象复杂，盲目地怀疑元器件，并把多个元器件反复焊上焊下，容易造成永久性的虚焊。因为一个好的焊点应光滑明亮，若反复焊接，焊点的焊锡易被氧化而变成灰白色，暗淡无光；同时也导致部分印刷线路和元器件的管脚氧化，有了氧化层，接触电阻增加，多次焊接氧化严重，再补充新焊锡也无济于事，造成永久性虚焊，后患无穷。

4. 仪器测试法

仪器测试是指用万用表、信号发生器、示波器、兆欧表、特征信号测试仪、逻辑分析仪等仪器为媒介来间接获取故障信息。其优点是准确可靠、重复性强及能获取直观检查无法获得或不能精确获得的许多重要物理量，它的客观性较强。测试范围包括电流、电压、电阻、波形、流量、压力、温度等重要测试参量，而这些量往往对判定故障具有决定性的作用。使用仪器测试法确定故障的前提条件是检修者必须能熟练运用各种仪器和测试设备进行工作。其缺点是每一种仪器所能检测到的信息较少，检修一台仪表往往需要同时使用几种仪器，如果车间仪器配备不全，则很可能使这种方法无法展开，有一定的局限性。另外，由于仪器工作条件有严格要求，或不易搬运等，也限制了仪器测试法在现场的普遍使用。

5. 关键点测试法

这种方法可用于检修由若干功能部件组成，而各功能部件又由一系列关键点所确定的仪表。关键点能充分反映点与点之间部件的整体功能，而不是只反映部件中局部功能的"非关键点"。通过关键点的测试，可确定故障是否位于某一功能部件内，再重点检修故障的功能部件即可。其优点是结构明确，层次清楚，但要求检修者有相应的测试各功能部件关键点的仪器，并掌握该测试仪器的使用方法，有时这些操作较复杂，不适合初学者采用。

6. 替代法

如果某仪器或仪表由各个构造部件装配而成，而仪器或仪表的各个部件在整体上又是容易拆换的，或是可拆换的，则可用部件更换法，用一个好的部件去取代一个有疑问的部件，以观察整机是否正常。若正常，可判断原怀疑件有故障；若仍不正常，可再怀疑其他部件有问题，继续更换实验。这种方法的优点是更换容易，判断故障迅速、准确，原则上不需使用测试仪器，对操作者要求也不高；更换后仪器即进入使用状态，可不进行部件级测试。在拥有充分完好部件的条件下，采用这种方法可迅速缩小故障范围。这种方法多为生产厂家调修仪器时使用。若维修者手头有多台不同故障的同类仪表时，可用多台仪表的好的部件拼出几台好表来，这样既降低了成本，又锻炼了检修能力，尤其对于初学者，是行之有效的方法之一。但需注意，部件更换法不等于元件替换法，它不是逐个拆装电路元件来检查故障的方法。

当然，部件更换法的使用受一定前提条件的限制，如果检修者没有一定数量的完好部件，或仪器的组成部件不具备易拆换性时，这种方法就失去了其迅速性的优点，限制了这种方法的使用。

综上所述，仪表的检修方法各有其特点和局限性。检修者在工作时，不一定只采取其中一种方法，而可以综合几种形成更合理的检修方法。仪表运行所出现的种种故障中，有些是采用上述方法之一就能顺利解决的，有些是综合几种方法后才能解决的。

四、仪表检修的一般步骤

仪表检修的关键在于找出故障所在。要做好检修工作，全面了解仪表是在什么情况下产生故障或损坏的这一点非常必要，同时对分析和排除故障也大有好处。下面介绍的仪表检修程序供初学者参考。

1. 识别故障现象

检修的第一步是识别故障现象，这意味着检修者必须熟知仪表的各项技术指标及正常仪表的各种表现。没有正常指标的比较，就无法鉴别出仪表故障。

识别故障现象的途径是校验，检修仪表从校验开始。在校验待修仪表的过程中要解决两个问题：一是发现故障现象，二是通过适当调整，确认故障现象究竟属于哪一类。分析仪表的故障现象可能由哪些原因造成。识别故障现象，关键在"识别"二字，不仅要发现故障现象，而且要抓住故障的特征。故障的识别又分为真、假故障的识别。

（1）假故障的识别　仪表出现不正常，除本身故障外，系统中其他环节的影响，人为地误操作也能使仪表产生故障，这时需分出真假，找出故障源。

有时连接在前面或后面的仪表会影响当前仪表的工作状态，如电动执行器灵敏度太高，输出振荡，或控制阀线性不好等也会通过系统闭环反馈而影响其他仪表如检测表和控制器等。

误操作、错接线或作用开关位置不对等也会造成一些假故障。以控制器为例，初学者往往忽略了 PID 的作用，对输入输出特性不熟悉，认为与其他仪表一样输出与输入对应。当 PID 参数选择不当时，加入小信号就会有很大输出，去掉输入信号，输出仍很大等，其实这都属于正常现象。控制器正、反作用开关位置放置不当，也会造成假故障。例如，修单台表时，正反作用开关一定要在正作用，否则无输出等。这些问题要求检修者对控制器的特性非常熟悉，才会少走弯路。

正确识别假故障，可以节省检修者的时间，提高检修效率，要做到这一点，要注意以下几个方面。

① 要掌握各种仪表和控制器的工作原理、线路结构特点，建立控制系统的概念，熟悉本单位各系统间的相互联系，对各种特殊控制系统，如前馈、反馈、串级等控制原理，要大致了解工艺对象特性及工艺生产反应机理等，因为有不少故障是工艺生产条件的变化和异常而导致的。这时，如果不了解工艺情况，不善于把仪表反映出来的各种现象与工艺条件变化联系起来考虑，而只是一味地检修仪表，就会徒劳无功，且浪费时间。因此，仪表工要经常去操作现场，细心观察，熟悉情况，注意记录、总结，便于识别假故障。

② 对异常现象要联系前后左右仪表及本岗位操作的其他系统，作出相应分析，找出真正的故障原因。若由于故障仪表损坏了其他仪表，也应先查出故障根源，再修理仪表。

③ 严格按照操作规程操作，防止因误操作而带来的故障。

④ 坚持巡检、定期排污、调整零位等维护操作，随时观察、记录故障现象，以便积累经验，总结规律，提高识别故障的能力。

（2）隐患的识别　有些仪表表面看来正常，其实存在难以发现的隐患。这样的仪表接到系统中，将成为更大的隐患，可能导致系统工作不稳定，甚至产生重大事故。

正确识别隐患应注意以下几个方面。

① 将被检修仪表长时间通电运行以使假故障暴露，观察时间长一些，给故障隐患一个充分表现的机会。

② 仪表接入系统以前最好检测一下其恒流性能、电源电压波动影响、输出值稳定性等指标，若超出基本误差，则元器件可能有软特性故障。

③ 检查检修工作是否存在隐患，如接触不好、虚焊等。例如温度变送器，拍打拍打没问题，水平放置正常，一旦侧面放则输出变小，用手按印刷线路板输出则不正常。原因是检修时焊点留头过长，与壳体或底板似碰非碰。有的螺丝钉松动或在里面滚来滚去，不知何时就会造成短路等。

运行中仪表隐患的检查，比下线仪表隐患的检查要困难一些，只能通过平时仔细观察、记录，摸索规律。检查时以本系统安全、稳定为主，PID 参数偏保守些或配置在最佳状态。

（3）抓住真故障的特征　　要做到这一点首先要熟悉真故障的特征，这要求检修人员要注意平时的积累。通常运行仪表一旦发生故障，尤其是控制器需快速修复，越是这时越不能忙乱，应冷静地综合分析当时的工艺条件及仪表变化过程，从现象找出不同仪表的故障特征，应用正确的检修方法加以排除，切忌盲目，否则会适得其反。可以采用对关键仪表做冗余备份的方式来减轻仪表故障对生产的影响。

2. 分析故障原因，确定检修起点

确定故障现象后，下一步应分析故障可能出在何处，并以此为出发点展开检修，可参照本节所介绍的检修方法。

3. 确定故障级

检修者分析故障原因后，对故障一般就有了大概的估计，判断是否准确，还需要通过检查测试来确定。对涉及范围较大的故障，应先进行全面外观检查，确定一级电路是否有故障，必须抓住该级的输入和输出，无论是交流电路还是直流电路，只要输入正常而输出不正常，则该级无疑存在故障。

4. 确定故障元件

故障级确定后，对故障原因的寻找就缩小到了为数不多的几个元件和几个节点上。对大多数元件来说，故障的实质不是开路就是短路，表现在该元件上的电压不是过高就是过低。因此，测量元件两端的电压是值得推荐的行之有效的方法。

这时，检修者切不可忘了故障级的电路原理图，因为原理图提供了每个元件的详细情况和彼此之间的联系。记下测量值，与正常值比较，就能清楚地确定哪个元件已损坏。如果有一处电压偏离正常值太多，检修者需对整级电路再进行详细检查，找出原因，这样故障排除得才彻底。

各种元件在线测试方法有关书籍已介绍过，这是检修电子仪器仪表的一项基本功。

最不值得采用的是逐个替换元件的方法。一些初学者由于没有掌握元件特性和测试方法，喜欢逐个拆焊元件，以好元件替代检查，这种反复拆下装上的做法不仅费时费力，还容易拆断管脚，损坏元件，使印刷板上的铜箔剥落，或焊成永久性的虚焊，从而造成隐患。

5. 排除故障与校验

拆下损坏元件，换上新元件，至此故障已基本排除，但检修工作尚未结束。检修者还有一项重要工作，即校验被检修表是否已能正常工作，检查仪表性能是否完全恢复，这是每次检修后必须进行的步骤。

如果重校时，发现本级性能还未恢复，说明本级还有故障，这故障可能是原来就有的，也可能是检修时不小心新产生的，此时，检修者必须重复第4步，继续排除其他故障。

如果重校一切正常，则需对整机进行校验。如某项指标不满足要求，甚至有明显改变，说明还存在其他级的故障。此时检修者还需要重新按以上步骤进行检查、寻找，确定并排除故障，直至整机性能全部合格。必要时，检修后的仪表还应通电运行一段时间，无异常后，检修工作才算结束。

以上检修程序意在使检修过程条理化、逻辑化，主要强调测试，着重分析。初学者应紧紧抓住这一点，做到思考、判断准确。实际工作中，高效率、高质量的检修方法，还要靠在实践中反复摸索才能获得。

第九节 计算机网络操作系统

一、计算机基础知识

计算机（computer）俗称电脑，是现代一种用于高速计算的电子计算机器，既可进行数值计算，又可进行逻辑计算，并具备存储记忆功能。

计算机是由硬件系统（hardware system）和软件系统（software system）两部分组成的。计算机基本硬件组成包括输入单元、输出单元、算术逻辑单元、控制单元及存储记忆单元，其中算术逻辑单元和控制单元合称中央处理单元（Center Processing Unit，CPU），存储记忆单元包括内存（RAM、ROM）和外部存储设备（硬盘、光盘等）。凡是具备以上组成部件的都可认定为计算机。在计算机上安装功能扩展板卡，实现对计算机不同功能的需求。在软件系统中，最基本的系统软件为操作系统，它也是其他应用软件安装及管理的基础。

从计算机的功能不同进行分类，可分为超级计算机、工业控制计算机、网络计算机、个人计算机、嵌入式计算机五类，较先进的计算机有生物计算机、光子计算机、量子计算机等。常见的个人计算机有台式机、笔记本电脑、掌上电脑和手机等。

计算机发明者约翰·冯·诺依曼（匈牙利-美国；1903—1957）；1946 年 2 月 16 日美国宾夕法尼亚大学研制出人类历史上真正意义的第一台电子计算机 ENIAC；从 1970 年至今，发展到第四代计算机（以大规模和超大规模集成电路应用为特征）。

二、操作系统

1. 操作系统的定义

操作系统是方便用户使用、管理和控制计算机软硬件资源的系统软件（或程序集合）。操作系统在计算机系统中的作用是管理计算机系统的各种资源，扩充硬件的功能，提供良好的人机界面，方便用户使用计算机中的各种资源。

2. 网络操作系统

网络操作系统是针对各种计算机能方便而有效地共享网络资源，为网络用户提供所需的各种服务的软件和有关规程的集合。网络操作系统与通常的操作系统有所不同，它除了具有通常操作系统应具有的处理机管理、存储器管理、设备管理和文件管理的功能外，还具有以下两大功能：

（1）提供高效、可靠的网络通信能力；

（2）提供多种网络服务功能，如远程作业录入并进行处理的服务功能、文件转输服务功能、电子邮件服务功能、远程打印服务功能。

为实现网络服务功能的专业化，操作系统又分为针对服务器版本（server）和针对个人用户的客服机版（client）。

3. 操作系统的分类

目前常见的操作系统有 DOS、UNIX、LINUX、Windows 等，它们分别属于不同的公司。其中 UNIX、LINUX、Windows 在服务器及客户机中均广泛使用，因此在选择时不仅要区分是安装服务器还是普通客户机（多把个人电脑作为客户机使用），同时也应注意所选择操作系统要适应现有计算机硬件配置的要求。

三、网络协议

协议就是规则。网络协议是指计算机在网络中进行数据交换而建立的规则、标准或约定的集合。常用网络协议有以下几种。

1. TCP/IP 协议

TCP/IP（传输控制协议/因特网互联协议，Transmission Control Protocol/Internet Protocol）是最重要的协议，也是互联网的基础协议，所有上互联网的设备都应安装有 TCP/IP 协议，并有一个 IP 地址。

（1）IP 地址按照使用范围的不同分为公有 IP 地址（在 Internet 使用的 IP 地址）、私有 IP 地址（在局域网中使用的 IP 地址；这些 IP 地址不会被 Internet 分配，在 Internet 上也不会被路由，虽然它们不能直接和 Internet 网连接，通过 NAT 技术仍旧可以和 Internet 通信）和保留专用 IP（保留供测试使用）地址。

（2）IP 地址分为 IP_{V4} 和 IP_{V6}。现在常用的操作系统几乎都支持这两类 IP 地址。

（3）常用 IP_{V4} 私有 IP 地址段如下：

① A 类：10.0.0.0 ~ 10.255.255.255，即 10.0.0.0/8；

② B 类：172.16.0.0 ~ 172.31.255.255，即 172.16.0.0/12；

③ C 类：192.168.0.0 ~ 192.168.255.255，即 192.168.0.0/16。

在 DCS 系统中，为安全起见，工程师站、操作员站和主控卡对应的网络接口可以选用并配置同网段（指网络号相同）不同主机号的 IP 地址，同时还要注意在同一子网段（子网段由子网掩码划分，可借助子网掩码计算工具完成对应 IP 地址段及子网的计算与规划）中。这部分内容在下节详细讲解。

2. NetBEUI 协议

NetBEUI（NetBios Enhanced User Interface），是 NetBios 增强用户接口。它是 NetBIOS 协议的增强版本，曾被许多操作系统采用，广泛应用于局域网中。

3. IPX/SPX 协议

IPX/SPX 协议是 Novell 开发的专用于 NetWare 网络中的协议，大部分可以联机的游戏都支持 IPX/SPX 协议，IPX/SPX 协议安装和使用非常简单，安装后不需要设置即可使用。

网络适配器（又称网卡）除安装驱动程序外，需配置网络协议才能正常使用。网络设备之间只有配置相同或相兼容的网络协议才能正常通信。

四、常用操作系统的使用

自动化生产中，计算机已经成为重要的生产工具，生产者需要掌握必要的操作系统使用方法。常用的操作系统有微软公司的 windows 操作系统、开源 Linux 操作系统。在操作系统使用时，最常用的功能主要有用户管理、文件管理、设备管理、安全管理、常用网络协议配置等，现在以 Windows 服务器版为例进行介绍：

（一）Windows Server 操作系统

Windows Server 操作系统版本很多，我们以 Windows Server 2008 为例进行介绍。为支持各种规模的企业对服务器不断变化的需求，Server 2008 发行了多种版本。Windows Server 2008 Standard 是微软公司迄今最稳固的 Windows Server 操作系统之一，也是专为增加服务器基础架构的可靠性和弹性而设计的，利用功能强大的内置管理工具，简化设定和管理工作，更好地实现对服务器的控制。该操作系统也具有增强的安全性功能，可强化操作系统，以协助保护数据和网路，并可为企业提供扎实且可高度信赖的基础。

1. 用户管理

（1）Windows Server 2008 的添加用户和组

首先单击"开始（或打开控制面板）→管理工具→计算机管理→本地用户和组"

① 创建用户：在"本地用户和组"下右击"用户""选择创建一个新用户，输入用户名和密码，密码必须包括大小写字母、数字、符号中的三种才能完成创建，比如 WWW.baidu.com 都是可行的，如图 2.9.1 所示。

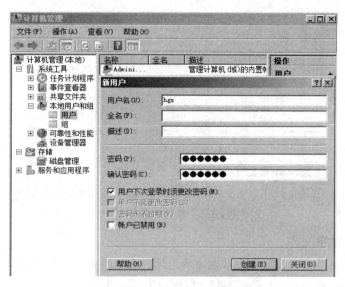

图 2.9.1　创建新用户

在创建新用户时，可以取消"用户下次登录时须更改密码"前的复选框，以便保证密码的可管理性。

② 创建组：在"本地用户和组"下右击"组"，选择"创建一个新的组"，然后在图 2.9.2 所示的对话框中输入组名，单击"创建"即可完成组的创建。

通过对组的管理，可以同时完成对组内成员的管理，从而提升管理的及时性。

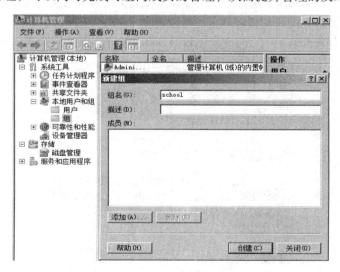

图 2.9.2　创建组

313

③ 将用户加入组：右击待加入的用户组名，然后单击"添加、高级、立即查找"，再"双击"想添加的用户后单击"确定"，如图 2.9.3 所示。

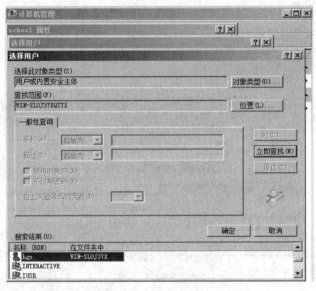

图 2.9.3　将用户添加到组

2. 设置用户权限

Windows Server 中通过设定用户权限来约束用户或组的功能，如图 2.9.4 所示，可通过"右击文件夹或文件→属性→安全"即将 NTFS 权限分为以下种类：

读取：它可以查看文件夹内的文件名与子文件夹名，查看文件夹属性和权限等。

写入：它可以在文件夹内新建文件与子文件夹，修改文件夹属性等。

列出文件夹目录：它除了拥有读取的权限之外，还具备遍历文件夹权限，可以打开或关闭此文件夹。

读取和执行：它拥有与列出文件夹目录几乎完全相同的权限，只在权限继承方面有所不同：列出文件夹目录权限只会被文件夹继承，而读取和执行同时被文件夹与文件继承。

修改：它除拥有前面的所有权限外，还可以删除子文件夹。

完全控制：它拥有所有的 NTFS 文件夹权限，还拥有更改权限与取得所有权的特殊权限。

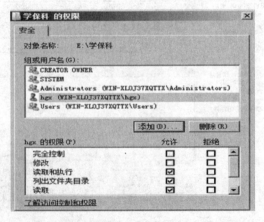

图 2.9.4　设置用户权限

3.文件管理

Windows Server 2008 服务器的文件共享权限设置功能十分强大，通过全面发挥 Windows Server 2008 服务器的文件权限设置功能，可以很大程度上保护服务器共享文件的安全，保护单位无形资产、商业机密和系统安全。

网络中资源共享和计算机相互通信是网络的基本功能。搭建文件服务器是一项最基本的技能。共享文件夹就是将存储在本地计算机上的文件夹共享，以让网络中的其他用户能够访问。它具有方便、快捷、不受文件数量和大小限制的优点。

（1）Windows Server 服务器共享文件夹的设置

在 Windows Server 2008 网络中设置共享文件夹要满足的条件如下：

① 具备文件夹共享的用户必须是 Administrator 等内置组的成员；

② 如果该文件夹位于 NTFS 分区，该用户必须对被设置的文件夹具备"读取"的 NTFS 权限（NTFS 分区具有比 FAT 分区更高的安全性，因此推荐使用 NTFS 分区）。

（2）设置共享文件夹的方法：

① 利用"共享文件夹向导"创建共享文件夹，具体步骤如下：

a.打开"计算机管理"窗口，然后单击"共享文件夹共享"子结点。

b.在窗口的右边显示出了计算机中所有共享文件夹的信息。如果要建立新的共享文件夹，可通过选择主菜单"操作"中的"新建共享"子菜单，或者在左侧窗口鼠标右击"共享"子结点，选择"新建共享"，打开"共享文件夹向导"，单击"下一步"按钮，打开对话框输入要共享的文件夹路径，如图 2.9.5 所示。

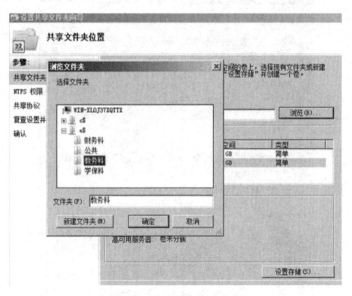

图 2.9.5　设置文件夹共享

c.单击"下一步"按钮，输入共享名称、共享描述，在共享描述中输入对该资源的描述信息，方便其他用户了解其内容。

d.单击"下一步"按钮，用户可以根据自己的需要设置网络用户的访问权限。或者选择"自定义"来定义网络用户的访问权限。单击"完成"按钮，即完成共享文件夹的设置。

② 利用"我的电脑"或"资源管理器"中创建共享文件夹，具体操作步骤如下：

在"我的电脑"或"资源管理器"中，选定要设置为共享的文件夹，用鼠标右击后选定快捷菜单中的"共享"菜单项，打开"文件共享"窗口，在该窗口进行相关的操作，如图 2.9.6、图 2.9.7 所示。

图 2.9.6　设置共享文件夹　　　　　　　　　　　　　图 2.9.7　选择共享用户

文件夹共享设置完成后，该文件夹图标将被自动添加人形标志。

③ 以鼠标右键单击一个共享文件夹，选择"属性"命令并在随后出现的对话框中单击"共享"标签，弹出"共享"选项卡，如图 2.9.8 所示。

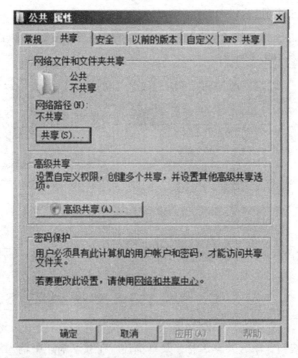

图 2.9.8　设置共享文件夹

单击该选项卡中的"高级共享"按钮，将出现"高级共享"对话框，单击"添加"除了可以设置新的共享名外还可以为其设置相应的描述、访问用户数量限制和共享权限，设置完成后，该文件夹图标将被自动添加人形标志。如图 2.9.9 所示。

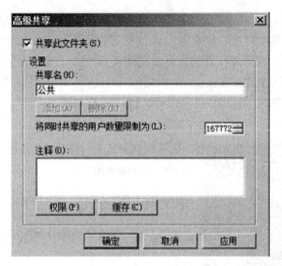

图 2.9.9　设置高级共享

（3）访问共享文件夹

当用户知道网络中某台计算机上有需要的共享信息时，就可在自己的计算机上使用这些资源，与使用本地资源一样。

① 打开"开始→网络"或打开"网上邻居"，可以看到该局域网中的计算机。

② 选择资源所在的计算机，并在"搜索"文本框中键入要搜索的关键字，进行搜索或"高级搜索"，图 2.9.10 所示。

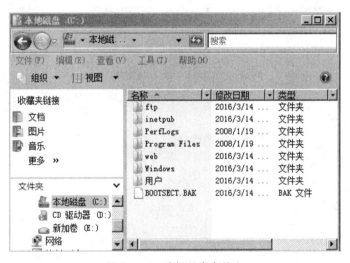

图 2.9.10　访问共享文件夹

4. 设备管理

硬件设备指连接到计算机并由计算机操作系统控制的所有设备，包括：计算机内部扩展槽中的设备，如数据采集卡、网络适配器（网卡）；连接到计算机外部的端口上的设备，如打印机、专用仪表等。

计算机设备的共同特点是在接入计算机后，需要在当前计算机所使用的操作系统中安装与操作系统相对应或相兼容的驱动程序，才能被操作系统管理并使用。

如接入计算机的硬件设备的驱动程序已包含在当前操作系统中，则操作系统的即插即用功能将自动安装该设备的驱动程序，使设备立即被管理并可使用。如果硬件设备的驱动程序没有收录在当前操作系统中，则需要找到硬件设备的驱动程序并手动安装到计算机中。可参考下面的方法完成非即插即用硬件设备安装：

双击"控制面板"中的"添加硬件"图标，打开"添加硬件向导"，按照向导提示一步步操作即可，如图 2.9.11 所示。

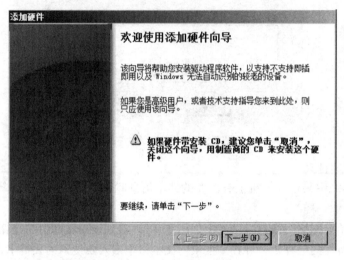

（a）启动添加硬件向导

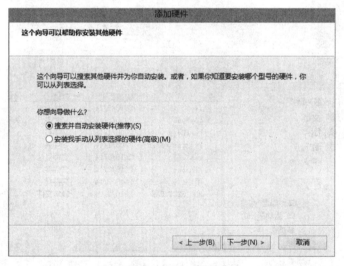

（b）选择添加硬件的方法

图 2.9.11　添加新硬件

如果硬件生产厂家提供了驱动程序光盘，可以用光盘中的驱动程序进行安装，也可以在互联网上搜索相应的硬件驱动程序完成安装。

设备管理器是一种管理工具，可用它来管理计算机上的设备。对于在使用过程中出问题（之前可以正常使用，后来使用不正常）的硬件设备，可以通过尝试重新安装驱动程序的方法解决问题。使用"设备管理器"可完成查看、更改和配置设备属性，更新设备驱动程序，卸载、禁用设备等操作，如图 2.9.12 所示。

（a）设备管理器

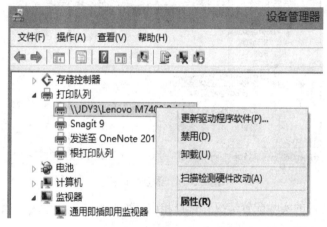

（b）右击某一设备的快捷菜单

图 2.9.12　设备管理器

5. 打印机安装及设置

配置共享网络打印服务器，让所有人能够通过此服务器来有限访问打印机，是一种节约资源的方法。以下是在 Windows Server 2008 中配置打印机服务器的方法。

（1）安装打印服务角色

依次选择"开始→管理工具→服务器管理器"，打开"服务器管理器"窗口，并选择"角色"结点，在 "服务器管理器"对话框中右侧单击"添加角色"按钮，打开"添加角色向导"页面，选中"打印服务"复选框，如图 2.9.13 所示。单击"下一步"按钮，直到出现"安装结束"界面。

在管理工具中选定"打印服务"，打开"打印管理"窗口，依次展开：打印服务器→打印机，然后右键单击打印机，选择"添加打印机"，如图 2.9.14 所示。

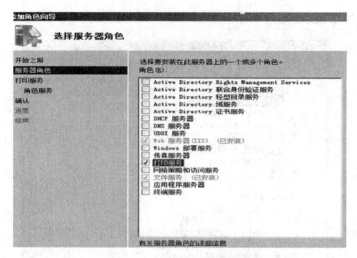

图 2.9.13　添加打印服务角色

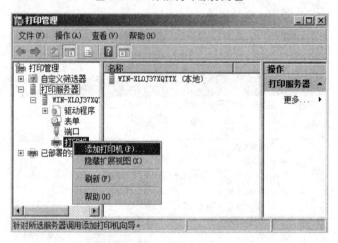

图 2.9.14　添加打印机

依据提示和打印机的实际配置情况，选择相应的连接打印机的方法，如图 2.9.15 所示。

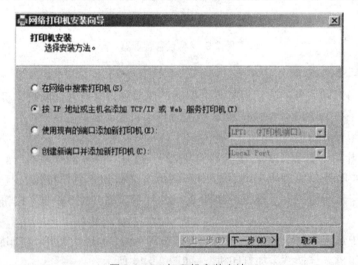

图 2.9.15　打印机安装方法

输入 IP、检测驱动和打印机相应的描述，添加之后如图 2.9.16 所示。

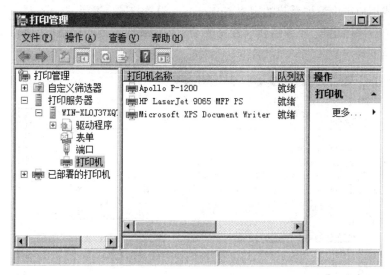

图 2.9.16　已安装的打印机

要确保授权用户才有访问打印机的权限，可通过权限设置来实现。具体操作如下：

添加用于访问打印机的专用用户，打开 Server 2008 的服务器管理器，依次展开：配置→本地用户和组→用户

创建访问打印机的新用户：右键"用户"选择"新用户"添加名为 printer 的账户，设置密码，并取消"用户下次登录时必须更改密码"。设置 printer 为来宾用户，确保系统的安全性。如图 2.9.17 所示。

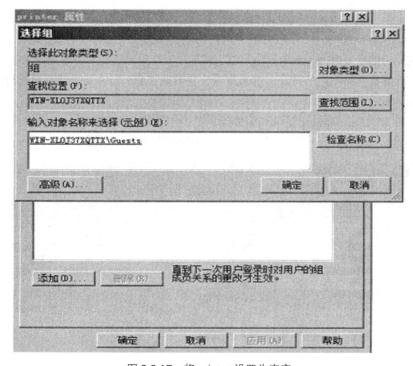

图 2.9.17　将 printer 设置为来宾

赋予 printer 打印的权限，右击"打印机"属性，然后在打印机属性对话框中选择"安全"选项卡，在组或用户名中添加新建的用户"printer"，设置权限，赋予"printer"打印权限，如图 2.9.18 所示，单击"确定"，服务器就设置完成了。如果要改变打印机用户的权限，在对话框中选择其他的复选框即可。

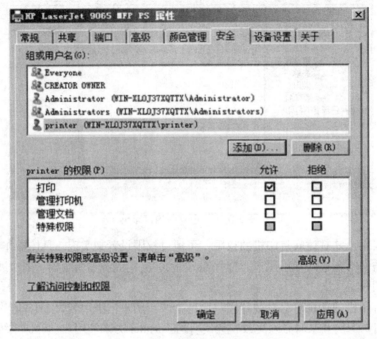

图 2.9.18 设置 printer 的权限

6. 安全管理

在 Windows Server 2008 中，不仅可以对用户访问文件的权限进行限制来提高系统安全性，也可以通过限制用户的登录时间、本地安全策略、域用户安全策略、防火墙等方面来提高系统安全。针对企业使用计算机网络系统的特点，本书重点放在本地安全策略和防火墙方面进行讨论。

（1）配置本地安全策略

以管理员账户 Administrator 登录到服务器，单击"开始→管理工具→本地安全策略"（或者"开始→运行→输入 secpol.msc"），打开"本地安全策略"窗口，如图 2.9.19 所示。

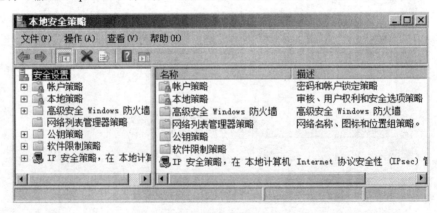

图 2.9.19 本地安全策略

选择"账户策略"→"密码策略"→设置密码长度最小值为 7，启用密码必须符合复杂性要求，密码使用最长期限为 30 天，如图 2.9.20（a）所示。选择"账户锁定策略"→"账户锁定阈值"，设置账户锁定阈值为 3，设定在用户三次无效登录后将锁定用户，如图 2.9.20（b）所示。

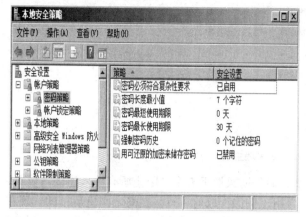
（a）密码策略设置

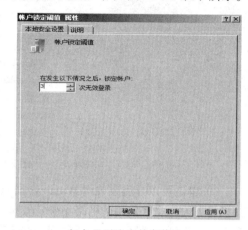
（b）设置账户锁定策略

图 2.9.20　账户策略设置示例

可以通过本地安全策略中"本地策略→用户权限分配"下的用户权限进行相应定义，实现对用户权限的定义。也可以通过本地安全策略中"本地策略→安全选项"下详细的安全选项进行设置，实现安全系统的打造。如图 2.9.21 所示。

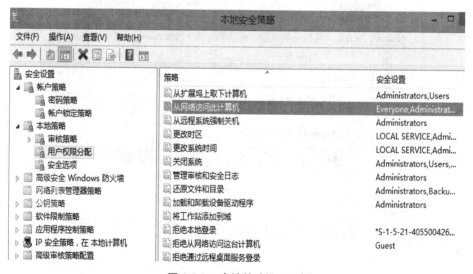

图 2.9.21　本地策略设置示例

（2）配置 Windows Server 2008 防火墙

防火墙是一种位于内部网络与外部网络之间的网络安全系统，通过它可监测、限制、更改跨越防火墙的数据流，尽可能地对外部屏蔽网络内部的信息、结构和运行状况，以此来实现网络的安全保护。设置防火墙的方法如下所示：

① 打开"控制面板→Windows 防火墙"，如图 2.9.22 所示。防火墙的主页里列出了防火墙的基本状态。点击"启用或关闭 Windows 防火墙"可以配置防火墙相关选项。

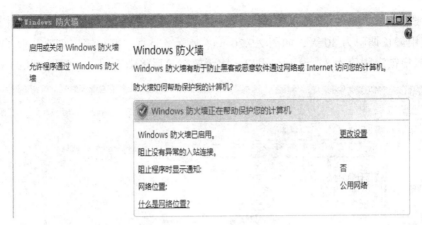

图 2.9.22　防火墙主页

② 单击可以开启或关闭 Windows 防火墙。启用防火墙下有个"阻止所有传入连接"设置，如果打上勾，是在使用的网络不确定安全时启用。例如，以前一直是在局域网里运行的，现在有需要连接到互联网，而且要访问一些未确定安全的网络，此时建议把这个选项选上，其他时间不建议选择，因为一旦选择，则很多需要上传到服务器的信息都会被屏蔽，这会造成某些应用无法使用。具体如图 2.9.23 所示。

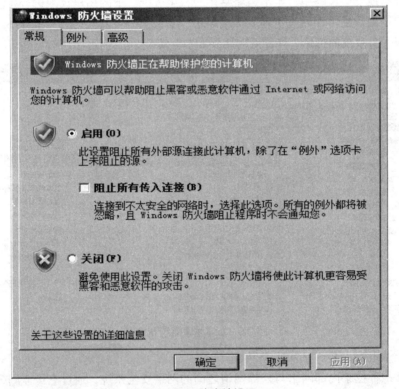

图 2.9.23　防火墙设置

③ 接着配置例外选项，所谓例外指的是防火墙对这些例外的应用程序使用的端口或者自行添加的端口不进行阻止，直接放行，适合于已知安全的应用，如杀毒软件、公司应用以及 Windows 相关组件的设置。具体如图 2.9.24 所示。

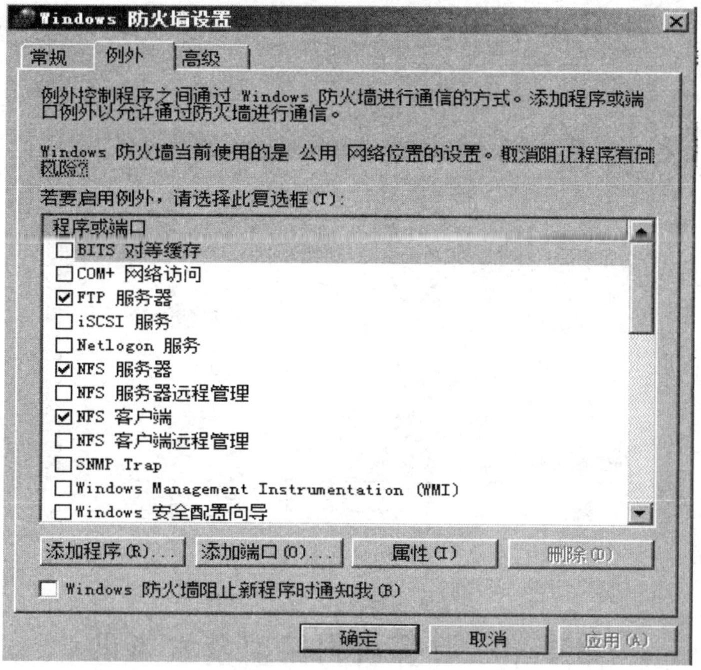

图 2.9.24　防火墙设置——例外

④ 点击"添加程序"，系统列出已安装的应用程序，选择需要添加成例外的应用程序，点击"确定"即可添加成 Windows 防火墙例外程序。"更改范围"选项里可以设置更具体的选项，如对某些计算机，某个网段进行放行，其他规则外阻止。如果一套公司应用程序只适合内网同事登陆，那么把它设置成只适合内网，则系统能够对外网的访问进行拦截。

点击例外菜单下"添加端口"可添加自己所需要放行的端口，如 tomcat 运行时默认 8080 端口，可以填入 tomcat 及端口号 8080，那么系统将对 8080 端口进行放行。具体如图 2.9.25 所示。

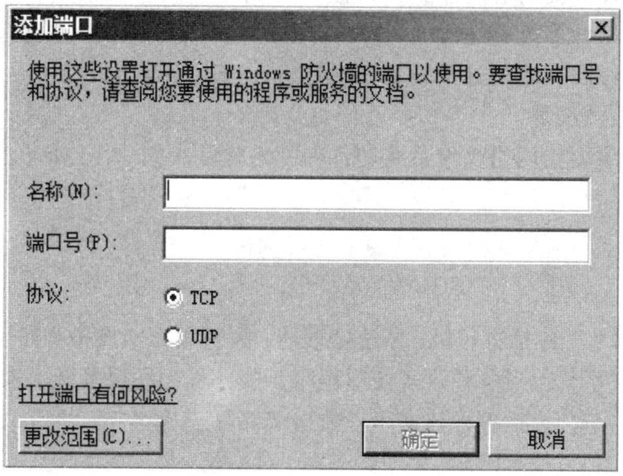

图 2.9.25　防火墙设置——添加端口

（5）单击"高级"菜单，这里可以配置防火墙保护哪些网卡通信的数据。有些内网，比如服务器与服务器连接的网卡，基本上是安全的，打开的话可能会影响它们之间的信息交互，此时需要把勾去掉。具体如图 2.9.26 所示。

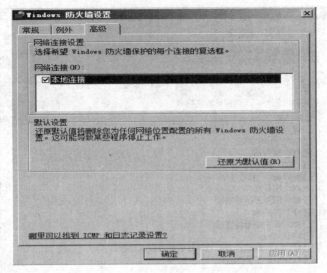

图 2.9.26　防火墙设置——高级

第十节　计算机网络的基本知识

一、计算机网络基础知识

1. 定　义

计算机网络就是利用通信设备和线路将地理位置不同、功能独立的多个计算机系统互连起来，以功能完善的网络软件（即网络通信协议、信息交换方式和网络操作系统等）实现网络资源共享和信息传递的系统。

从定义可以看出计算机网络包含了三个基本要素：

（1）计算机系统　计算机类设备，如台式计算机、笔记本电脑、智能手机等

（2）通信设备和线路　常见通信设备如交换机、路由器等，线路主要包括无线和有线，如 wifi、微波、光纤、双绞线等。

（3）网络软件　主要指网络操作系统和各种网络软件，如 Windows 与 Linux 操作系统，QQ、微信等。

2. 功　能

（1）资源共享

① 硬件资源的共享，包括打印机、高速处理器、大容量存储设备和昂贵的专用外部设备等。

② 软件资源的共享，包括各种语言处理程序、服务程序和很多网络软件。

③ 数据资源的共享，包括各种数据库、数据文件等。

（2）信息传递

不同地点的计算机类设备可通过网络进行对话，相互传送数据、程序和信息。基于网络的通信功能越来越强大，如微信、QQ 等应用。

3. 计算机网络的分类

（1）按网络的通信距离和作用范围分类

① 局域网（LAN）局域网是指在有限的地理区域内构成的规模相对较小的计算机网络，其覆盖范围一般不超过几十公里。

② 城域网　城域网基本上是一种大型的 LAN，通常使用与 LAN 相似的技术。其覆盖范围为一个城市或地区，网络覆盖范围为几十公里到几百公里。

③ 广域网　又称远程网。它是一种跨越城市、国家的网络，可以把众多的城域网、局域网连接起来。用于通信的传输装置和介质一般由电信部门提供，能实现大范围内的资源共享。

（2）根据通信传播方式的不同划分

① 广播式网络　仅有一条通信信道，由网络上的所有计算机共享。如在局域网中以同轴电缆连接起来的总线网、星型网等；在广域网中以微波、卫星通信方式传播的广播式网络。

② 点到点网络　由一对对计算机之间的多条通信信道连接构成。即以点到点的连接方式，把各计算机连接起来。

（3）根据传输介质的不同划分

① 有线网　采用有线传输介质来传输数据的网络，如双绞线、同轴电缆、光纤等。

② 无线网　采用无线传输介质来传输数据的网络，如卫星、微波等。

（4）根据网络所有权性质的不同划分

① 公用网　只要符合网络拥有者的要求就能使用这个网络。它是为全社会所有人提供服务的。公用网通常是由国家电信部门组建的。

② 专用网　是某个部门为本单位特殊业务工作的需要而建造的网络。这种网络不向本单位以外的人提供服务，即不允许其他部门和单位使用。

4. 计算机网络的系统组成

（1）计算机网络由资源子网（负责信息处理）和通信子网（负责信息传递）构成。

① 资源子网主要由提供资源的主机和请求资源的终端组成，是信息传输的源结点或宿节点，有时也统称为端结点，负责全网的信息处理。局域网中，资源子网是由联网的服务器、工作站，共享的打印机和其他设备及相关软件组成；在广域网中，资源子网由网上的所有主机及其他外部设备组成。

② 通信子网主要由网络结点和通信链路组成，负责全网的信息传递。其中网络结点也称为转接结点或中间结点，它们的作用是控制信息的传输和在端结点之间转发信息。

通信链路即传输信息的通道，它们可以是双绞线、同轴电缆、光纤、微波及卫星通信信道。

局域网中，通信子网由网卡、缆线、集线器、中继器、网桥、交换机、路由器等设备和相关软件组成；在广域网中，通信子网由一些专用的通信处理机（结点交换机）及其运行的软件、集中器等设备和连接这些结点的通信链路组成。

（2）计算机网络的硬件系统

① 服务器　服务器（Server）是网络的核心设备，拥有数据库程序等可共享的资源，担负数据处理任务。可分为文件服务器、打印服务器、应用系统服务器和通信服务器等。

a. 文件服务器　文件服务器（File Server）能将其大容量磁盘存储空间提供给网络上的工作站（或称为客户端）使用，并接受工作站发出的数据处理、存取请求。

b. 打印服务器　简单地说，打印服务器（Printing Server）就是安装网络共享打印机的服务器；接受来自各工作站的打印任务，并将打印内容存入打印机的打印队列中，当在队列中轮到该任务时，就将其送到打印机打印输出。

c. 应用系统服务器　应用系统服务器（Application System Server）是运行客户端/应用程序的服务器端软件，它往往保存大量的信息供用户查询。在客户端上运行客户端程序，客户端程序向应用系统服务器发送查询请求，服务器处理查询请求，并将查询的结果返回给客户端。

d. 通信服务器　通信服务器（Communication Server）负责处理本网络与其他网络的通信，或者通过通信线路处理远程用户对本网络的数据传输。

② 工作站　工作站（Workstation）就是共享网络资源的计算机，是用户进行信息交换的界面。它需要运行网络操作系统的客户端软件，如 Windows 7 Professional、Windows 10 等

③ 通信设备　网络通信设备主要包括网卡及其中间连接设备，如调制解调器、中继器、集线器、网桥、交换机、路由器、网关等。

④ 传输介质　传输介质是计算机网络中发送方和接收方之间的物理通道。常用的有双绞线、同轴电缆、光纤、无线传输介质（如微波、红外线和激光）和卫星线路。

（3）计算机网络的软件系统

① 网络操作系统　网络操作系统把网络中各台计算机的操作系统有机地联系起来，除常规操作系统所应具有的功能外，还具有网络通信、网络资源管理和网络服务功能等。网络操作系统主要包括：网络适配器驱动程序、子网协议和应用协议。

② 网络应用服务系统　客户端和服务器是针对服务而言的，请求服务的应用系统是客户端，为其他应用提供服务的系统或系统软件，称为服务器，组成客户端-服务器计算机模式。

二、计算机网络的拓扑结构

拓扑学是几何学的一个分支，是先把实体抽象成与其大小、形状无关的点，将连接实体的线路抽象成线，进而研究点、线、面之间的关系。拓扑结构主要是指连接关系。计算机网络的拓扑结构主要有：总线型、环型、星型、混合型等。

1. 总线型结构

所有的计算机通过相应的硬件接口直接连接到一个公共的传输介质上，该公共传输介质即称为总线（BUS）。任何一个计算机发送的信号都沿着传输介质双向传播，而且能被所有其他计算机所侦听到。但在同一时间内只允许一个结点利用总线发送数据。当一个结点利用总线以 "广播" 方式发送数据时，其他结点可以用"监听"方式接收数据。总线型网络的结构如图 2.10.1 所示。

总线型网络的优点：布线容易，易于扩充，结点响应速度快、设备投入量少、成本低、安装使用方便。主要缺点：可靠性低，任何总线的故障都会使整个网络不能正常运行；随着网络用户数量的增加，总线型网络的通信效率大大下降，用户数量受到限制。

总线型结构一般适用于主机数量少于 10 台的系统。在局域网中很少使用。常见网络有：10BASE-2 以太网、10BASE-5 以太网。

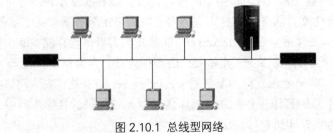

图 2.10.1　总线型网络

2. 星形结构

星形网络是由中央结点和通过点到点通信链路连接到中央结点的各个计算机组成的。采用集中控制，即任何两台计算机之间的通信都要通过中央结点进行转发。中央结点通常为交换机（Switch），它具有信号再生转发功能，同时它又是网络的中央布线的中心，各计算机通过交换机与其他计算机通信。星形网络又称为集中式网络，如图 2.10.2 所示。

（a）星形网络　　　　　　　　　（b）多层星形（树形）网络结构

图 2.10.2　星形网络

星形网络的优点：建网容易，网络控制简单，故障检测和隔离方便，可靠性高。缺点：通信线缆长度用量较大，初投资较大。多层星形（树型）结构的网络易扩展，路径选择方便，若某一分支的结点式线路发生故障，易将该分支和整个系统隔离。其缺点是对根的依赖性大，如果根结点发生故障，则全网不能正常工作。

随着通信速度的提高，星形网络已广泛使用。常见的星形网络有：1000BASE-T 以太网、100BASE-T 以太网等。

3. 环形结构

环形网络是将各个计算机与公共的缆线连接，缆线的两端连接起来形成一个封闭的环，数据在环路上以固定的方向流动，如图 2.10.3 所示。

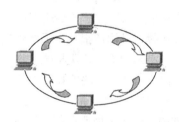

环形网络的主要优点：结构简单、容易实现；由于路径选择简单，因此通信接口、管理软件都比较简单。主要缺点：结点故障会引起全网故障；由于环路封闭，因而不利于系统扩充；在负载轻时，信道利用率低。

图 2.10.3　环形网络

最常见的采用环形拓扑的网络有令牌环网。

4. 混合型结构

将两种或几种网络拓扑结构混合起来构成的一种网络拓扑结构称为混合型拓扑结构。它一般是由星形结构和总线形结构的网络结合在一起的网络结构，更能满足较大网络的拓展。这种网络拓扑结构同时兼顾了星形网络与总线形网络的优点，在缺点方面得到了一定的弥补。

三、计算机网络传输介质

（一）有线传输介质

1. 双绞线

双绞线由两根具有绝缘保护层的铜导线组成。把两根绝缘的铜导线按一定密度互相绞在一起，可以减少相互间的电磁干扰。由于双绞线性能好、成本低、组网灵活，所以在网络布线系统中被普遍采用。局域网中所使用的双绞线主要有两种类型：屏蔽双绞线（STP）和非屏蔽双绞线（UTP）。如图 2.10.4 所示为双绞线与 RJ-45 水晶头。

图 2.10.4　六类双绞线和 RJ-45 水晶头

（1）双绞线的分类　双绞线是一种广泛使用的通信传输介质，既可以用于传输模拟信号，也可以用于传输数字信号。双绞线常见的有 3 类线、5 类线和超 5 类线、6 类线以及最新的 7 类线。前者线径细而后者线径粗，现主要讲解最常用的型号及特点：

① 五类线：该类电缆增加了绕线密度，外套一种高质量的绝缘材料，传输率为 100 MHz，用于语音传输和最高传输速率为 100 Mbps 的数据传输，主要用于 100BASE-T 和 10BASE-T 网络。这是最常用的以太网电缆。

② 超五类线：超 5 类衰减小，串扰少，并且具有更高的衰减与串扰的比值（ACR）和信噪比（Structural Return Loss）、更小的时延误差，性能得到很大提高。超 5 类线主要用于千兆位以太网（1000Mbps）。

③ 六类线：该类电缆的传输频率为 1～250 MHz，六类布线系统在 200 MHz 时综合衰减串扰比（PS-ACR）有较大的余量，它提供 2 倍于超五类的带宽。六类布线的传输性能远远高于超五类标准，最适用于传输速率高于 1 Gbps 的应用。六类与超五类一个重要的不同点在于：改善了在串扰以及回波损耗方面的性能，对于新一代全双工的高速网络应用而言，优良的回波损耗性能是极重要的。六类标准中取消了基本链路模型，布线标准采用星形的拓扑结构，要求的布线距离为：永久链路的长度不能超过 90 m，信道长度不超过 100 m。

④ 超六类线：超六类线是六类线的改进版，同样是 ANSI/EIA/TIA-568B.2 和 ISO 6 类/E 级标准中规定的一种非屏蔽双绞线电缆，主要应用于千兆位网络中。在传输频率方面与六类线一样，也是 200～250 MHz，最大传输速度也可达到 1 000 Mbps，只是在串扰、衰减和信噪比等方面有较大改善。

⑤ 七类线：该线是 ISO 7 类/F 级标准中最新的一种双绞线，主要适应万兆位以太网技术的应用和发展。但它不再是一种非屏蔽双绞线了，而是一种屏蔽双绞线，所以它的传输频率至少可达 500 MHz，是六类线和超六类线的 2 倍以上，传输速率可达 10 Gbps。

（2）双绞线连接标准

EIT/TIA 定义了两个双绞线连接标准：568A 和 568B，常采用 568B 制作网络。

① 568A 的排线顺序从左到右依次为：

绿白、绿、橙白、蓝、蓝白、橙、棕白、棕。

② 568B 的排线顺序从左到右依次为：

橙白、橙、绿白、蓝、蓝白、绿、棕白、棕。

（3）交叉线和直通线的定义及连线

① 交叉线是指：一端是 568A 标准，另一端是 568B 标准的双绞线。

② 直通线则指：两端都是 568A 或都是 568B 标准的双绞线。

注：实际应用中，大多数都使用 T568B 的标准，通常认为该标准对电磁干扰的屏蔽更好，并且根据实际的工程经验，网线长度最好不小于 1 m，单段最大长度不大于 100 m，这对提高网络的稳定性是非常必要的！

③ 直通线和交叉线的选择：

a.当以下设备互联时，需使用直通线：

将交换机或 HUB 与路由器连接；

计算机（包括服务器和工作站）与交换机或 HUB 连接

b.而这些设备互联时，则需使用交叉线：

交换机与交换机之间通过 UPLINKS 口连接；两台 PC 直接相连；路由器接口与其他路由器接口的连接；Ethernet 接口的 ADSL Modem 连接到 PC 机的网卡接口；路由器与 PC 链接。

很多交换机和路由器的端口已具备自动识别并适应交叉线和直通线的功能。

2. 同轴电缆

同轴电缆共四层组成：一根中央铜导线、包围铜线的绝缘层、一个网状金属屏蔽层以及一个塑料保护外皮，如图 2.10.5 所示。它的内部共有两层导体排列在同一轴上，所以称为"同轴"。其中，铜线传输电磁信号，它的粗细直接决定其衰减程度和传输距离；绝缘材料将铜线与金属屏蔽物隔开；网状金属屏蔽层（网状金属屏蔽层在各个方向上围绕着导线）一方面可以屏蔽噪声，另一方面可以作为信号地，能够很好地隔离外来的电信号。

同轴电缆可以用于长距离的电话网络、有线电视信号的传输通道以及计算机局域网络。对于长距离的模拟传输来说，每隔几千米需要插入一个放大器；对于长距离的数字传输来说，每隔几百米需要安装一个中继器。

同轴电缆有粗细之分。粗缆直径 1.27 cm，传输距离为 500 m（10Base5），细缆直径为 0.635 cm，传输距离为 185 m（10Base2）。

图 2.10.5　同轴电缆

3. 光　纤

光线也称光缆，又称为光导纤维，由能传导光波的石英玻璃纤维外加保护层构成。光纤传输，即以光导纤维为介质进行的数据、信号传输。光导纤维不仅可用来传输模拟信号和数字信号，也能进行视频的传输。光纤传输一般使用光缆进行，单根光导纤维的数据传输速率能达几Gbps，在不使用中继器的情况下，传输距离能达几十公里。光纤具有损耗低、频带宽、数据传输速率快、不受外界电磁干扰、安全保密性好等优点，是信息传输技术中使用最广的一类传输介质，现已广泛应用于信息传输的主干线中。

（1）光纤组成　光纤是光缆的纤芯，光纤由光纤芯、包层和涂覆层三部分组成。最里面的是光纤芯，包层将光纤芯围裹起来，使光纤芯与外界隔离，以防止与其他相邻的光导纤维相互干扰。包层的外面涂覆一层很薄的涂覆层，涂覆材料为硅酮树脂或聚氨基甲酸乙酯，涂覆层的外面套塑（或称二次涂覆），套塑的原料大都采用尼龙、聚乙烯或聚丙烯等塑料，从而构成光纤，如图 2.10.6 所示。光在光纤中的传输方式如图 2.10.7 所示。

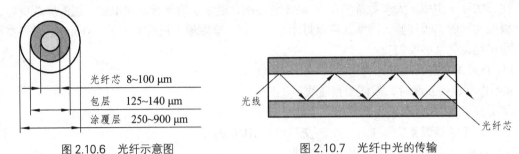

图 2.10.6　光纤示意图　　　　　　图 2.10.7　光纤中光的传输

（2）光纤的分类

① 按照折射率分布不同来分

均匀光纤：光纤纤芯的折射率 n_1 和包层的折射率 n_2 都为一常数，且 $n_1>n_2$，在纤芯和包层的交界面处折射率呈阶梯形变化，这种光纤称为均匀光纤，又称为突变型光纤。

非均匀光纤：光纤纤芯的折射率 n_1 随着半径的增加而按一定规律减小，到纤芯与包层的交界处为包层的折射率 n_2，即纤芯中折射率的变化呈近似抛物线形。这种光纤称为非均匀光纤，又称为渐变型光纤。

② 按照传输的总模数来分

单模光纤 SMF（Single Mode Fiber）：单模光纤的纤芯直径很小，为 4～10 μm，理论上只传输一种模态。单模光纤通常用在工作波长为 1310 nm 或 1550 nm 的激光发射器中。在综合布线系统中，常用的单模光纤有 8.3/125 μm 突变型单模光纤，常用于建筑群之间的布线。

多模光纤 MMF（Multi Mode Fiber）：在一定的工作波长下，当有多个模态在光纤中传输时，则这种光纤称为多模光纤。工作波长为 850 nm 或 1300 nm。在综合布线系统中常用纤芯直径为 50 μm、62.5 μm，包层均为 125 μm。常用于建筑物内干线子系统、水平子系统或建筑群之间的布线。

（3）按波长分类

综合布线所用光纤有三个波长区：850 nm、310 nm、1550 nm。

（4）按纤芯直径划分

光纤纤芯直径有三类：62.5 μm 渐变增强型多模光纤；50 μm 渐变增强型多模光纤；8.3 μm 突变型单模光纤。其光纤的包层直径均为 125 μm。

（3）光纤通信系统

目前在局域网中实现的光纤通信是一种光电混合式的通信结构。通信终端的电信号与光缆中传输的光信号之间要进行光电转换，光电转换通过光电转换器（又称为光纤收发器）完成，如图 2.10.8 所示。

图 2.10.8　光纤通信系统

（4）光纤连接器及接口

光纤接口是用来连接光纤线缆的物理接口。其原理是利用了光从光密介质进入光疏介质从而发生全反射。通常有 LC（接头与 SC 接头形状相似，较 SC 接头小一些）、SC（"SC" 接头是标准方型接头，采用工程塑料，具有耐高温，不容易氧化等优点。传输设备侧光接口一般用 SC 接头）、ST（接头是金属卡口接头，可靠性较高）、FC（接头是金属螺纹接头，可靠性最高，一般在光纤配线架（ODF）侧采用，金属接头的可插拔次数比塑料要多）等几种类型。具体如图 2.10.9 所示。

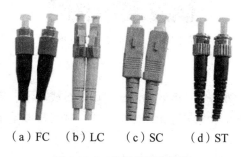

（a）FC （b）LC （c）SC （d）ST

图 2.10.9　常用光纤连接器

（5）与光纤连接的设备

与光纤连接的设备目前主要有光纤收发器、网卡和光纤模块交换机等。

① 光纤收发器　光纤收发器是一种光电转换设备，主要用于终端设备本身没有光纤收发器的情况，如普通的交换机和网卡。如图 2.10.10 所示为一款插上光纤的光纤收发器。

光纤

图 2.10.10　光纤收发器

② 光接口网络适配器

服务器需要与交换机之间进行高速的光纤连接时，服务器中的网络适配器（网卡）应该具有光纤接口，如图 2.10.11 所示。主要有 Intel、IBM、3COM 和 D-Link 等大公司的产品系列。

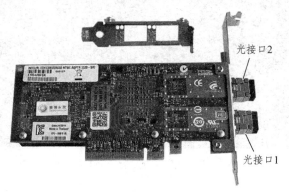

光接口2

光接口1

图 2.10.11　光接口网络适配器

（3）带光纤接口的交换机

为了满足连接速率与连接距离的要求，一般都选择带有光纤接口的交换机。光接口有单模和多模之分，在使用时请与相应光纤相对应。如图 2.10.12 所示。

图 2.10.12　带光接口的交换机

（二）无线传输介质

无线传输介质通过空间传输，不需要架设或铺埋电缆或光纤。目前常用的主要有无线电波和视线媒体（微波、红外线和激光）等无线传输介质。视线媒体是指需要在发送方和接收方之间有一条视线通路。

在工作中使用最多的无线传输设备是无线路由器。

四、常用网络设备

1. 网　卡

网卡是局域网中提供各种网络设备与网络通信介质相连的接口，全名是网络接口卡，也叫网络适配器。其品种和质量的好坏，直接影响网络的性能和通过网络传输而运行软件的效果。网卡的功能主要用于接收和发送数据。

网卡的 ROM 中烧录了唯一的 ID 号，即 MAC 地址（由 12 位 16 进制数码组成），局域网中可根据这个地址进行通信。在 Windows 中的命令提示符下可通过命令 IPCONFIG/ALL 查看其值。如图 2.10.13 所示。

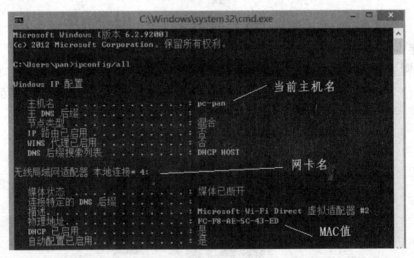

图 2.10.13　IPCONFIG/ALL 命令查看网络资源情况

2. 交换机

随着网络技术的不断发展，网络交换技术已非常先进，高速交换机已成为交换型以太网的

主要互联设备。交换机具备的基本功能有：地址学习能力；转发或过滤选择，防止交换机形成环路等

（1）二层交换机　二层交换机工作于 OSI 模型的第 2 层（数据链路层），故称为二层交换机。它属数据链路层设备，可以识别数据包中的 MAC 地址信息，根据 MAC 地址进行转发，并将这些 MAC 地址与对应的端口记录在自己内部的一个地址表中，地址表大小影响交换机的接入容量。由于交换机对多数端口的数据进行同时交换，这就要求具有很宽的交换总线带宽，如果二层交换机有 N 个端口，每个端口的带宽是 M，交换机总线带宽超过 $N \times M$，那么这台交换机就可以实现线速交换。二层交换机一般都含有专门用于处理数据包转发的 ASIC（Application Specific Integrated Circuit）芯片，因此转发速度可以做到非常快。由于各个厂家采用的 ASIC 不同，直接影响产品性能。二层交换机的外形与普通交换机相同，因此在选择时要注意其参数的选择。以上内容是评判二层交换机性能优劣的主要技术参数，在考虑设备选型时注意比较。

（2）三层交换机　三层交换技术就是二层交换技术+三层转发技术。三层交换机是具有部分路由器功能的交换机，其作用是加快大型局域网内部的数据交换，路由功能也是为这个作用服务的，能够做到一次路由，多次转发。对于数据包转发等规律性的过程由硬件高速实现；路由信息更新、路由表维护、路由计算、路由确定等功能，是由软件实现的。三层交换技术在网络模型中的第三层实现了数据包的高速转发，既可实现网络路由功能，又可根据不同网络状况做到最优网络性能。

三层交换机主要用于大型局域网的网络骨干互联设备和虚拟局域网的划分。

（3）交换机之间的连接

交换机是一种最为基础的网络连接设备，非网管式交换机一般都不需要任何软件配置即可使用。多台交换机的连接方式常见的有两种：级联和堆叠。

① 交换机级联

级联是最常用的一种多台交换机连接方式，它通过交换机的级联口（UpLink）进行连接。级联又分为以下两种：

a. 使用普通端口级联：普通端口-普通端口

所谓普通端口就是通过交换机的某一个常用端口（如 RJ-45 端口）进行连接。需要注意的是，这时所用的连接要用交叉双绞线。如图 2.10.14 所示。

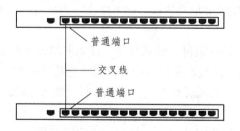

图 2.10.14　普通端口级联

b. 使用 Uplink 端口级联：Uplink-普通端口

在交换机端口中，如果有一个 Uplink 端口，则此端口是专门为上行连接提供的，只需通过直通双绞线将该端口连接至其他交换机上除"Uplink 端口"外的任意端口即可。如图 2.10.15 所示。

注意：使用 Uplink 端口级联并不是两个 Uplink 端口的相互连接。

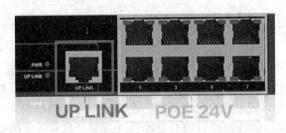

图 2.10.15　Uplink 端口

　　c. 光纤端口的级联：收-发，发-收

　　如果光纤端口是两个，分别是一发一收。当交换机通过光纤端口级联时，应将光纤跳线两端的收发对调，当一端接"收"时，另一端接"发"；同理，当一端接"发"时，另一端接"收"。如果光纤跳线的两端均连接"收"或"发"，则该端口的 LED 指示灯不亮，表示该连接为失败。只有当光纤端口连接成功后，LED 指示灯才转为绿色。如图 2.10.16 所示。

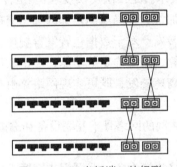

图 2.10.16　光纤端口的级联

　　② 交换机堆叠

　　堆叠主要在大型网络中对端口需求比较大的情况下使用，它将多台交换机整合为一个统一的、逻辑的设备。交换机堆叠后，从逻辑上来说，它们属于同一个设备，如果想对这几台交换机进行设置，只要连接到任何一台设备上，就可看到堆叠中的其他交换机。堆叠是扩展端口最快捷、最便利的方式，它主要通过厂家提供的一条专用连接电缆，从一台交换机的"UP"（出）堆叠端口直接连接到另一台交换机的"DOWN"（入）堆叠端口，一般堆叠后的带宽是单一交换机端口速率的几十倍。但是，并不是所有的交换机都支持堆叠，这取决于交换机的品牌、型号是否支持堆叠；并且还需要使用专门的堆叠电缆和堆叠模块，同一堆叠中的交换机必须是同一品牌。

　　③ 堆叠与级联的区别

　　a. 对设备要求不同：级联可通过一根双绞线在任何网络设备厂家的交换机之间完成；堆叠只有在同一厂家的设备之间，并且该交换机必须具有堆叠功能才可实现。

　　b. 对连接介质要求不同：级联时只需一根跳线（双绞线），而堆叠则需要专用的堆叠模块和堆叠线缆（堆叠模块是需要另外订购的）。

　　c. 最大连接数不同：交换机间的级联，在理论上没有级联数的限制；但是，叠堆内可容纳的交换机数量，各厂商都会明确地进行限制。

　　d. 管理方式不同：堆叠后的数台交换机在逻辑上是一个被网管的设备，可以对所有交换机进行统一的配置与管理。而相互级联的交换机在逻辑上是各自独立的，必须依次对每台交换机进行配置和管理。

　　e. 设备间连接带宽不同：多台交换机级联时会产生级联瓶颈，并将导致较大的转发延迟。

例如，4 台百兆位交换机通过跳线级联时，彼此之间的连接带宽也是 100 Mbps。当连接至不同交换机上的计算机之间通信时，也只能通过这条百兆位连接，从而成为传输的瓶颈。同是，随着转发次数的增加，网络延迟也将变得很大。而 4 台交换机通过堆叠连接在一起时，堆叠线缆将能提供高于 1 Gbps 的背板带宽，从而可以实现所有交换机之间的高速连接。尽管级联时交换机之间可以借助链路汇聚技术来增加带宽，但是，这是以牺牲可用端口为代价的。

f. 网络覆盖范围不同：交换机可以通过级联成倍地扩展网络覆盖范围。例如，以双绞线网络为例，一台交换机所覆盖的网络直径为 100 m，2 台交换机级联所覆盖的网络直径就是 300 m，而 3 台交换机级联时直径就可达 400 m。而堆叠线缆通常只有 0.5 ~ 1 m，仅仅能够满足交换机之间互联的需要，不会对网络覆盖范围产生影响。

3. 路由器

路由（Router）又称网关设备（Gateway）是用于连接多个逻辑上或物理上分开的网络，所谓逻辑网络是代表一个单独的网络或者一个子网。当数据从一个子网传输到另一个子网时，可通过路由器的路由功能来完成，它具有判断网络地址和选择 IP 路径的功能，能在多网络互联环境中，建立灵活的连接，可用完全不同的数据分组和介质访问方法连接各种子网。路由器只接受源站或其他路由器的信息，属网络层的一种互联设备。

路由器和交换机之间的主要区别就是交换机发生在 OSI 参考模型第二层（数据链路层），而路由发生在第三层，即网络层。路由器和交换机在传递信息的过程中需使用不同的控制技术，两者的功能不同。

（1）路由器的结构
路由器由输入端口、输出端口、交换开关、路由处理器和其他端口组成。

（2）路由器在网络互连中的作用
① 网络互连，路由器支持各种局域网和广域网接口，主要用于互联局域网和广域网，实现不同网络互相通信。
② 实现 VLAN 之间的通信。
③ 数据处理，提供包括分组过滤、分组转发、优先级、复用、加密、压缩和防火墙等功能；
④ 网络管理，路由器提供包括配置管理、性能管理、容错管理和流量控制等功能。

（3）路由器常用端口 可分为三类，它们分别是：局域网端口（LAN）、多种广域网端口（WAN）和管理端口。如图 2.10.17 所示。网络管理员通常将一台 PC 机通过专用线缆连接到路由器的管理端口上，并可使用命令行界面来生成路由器的逻辑配置文件。

WAN端口   LAN端口   配置端口
图 2.10.17 路由器端口

五、计算机网络体系结构

网络体系结构是从体系结构的角度来研究和设计计算机网络体系，其核心是网络系统的逻辑结构和功能分配定义，即描述实现不同计算机系统之间互连和通信的方法以及结构，是层和协议的集合。通常采用结构化设计方法，将计算机网络系统划分成若干功能模块，形成层次分明的网络体系结构。

1. OSI 七层模型

国际标准化组织（ISO）于 1977 年建立了一个分会进行计算机网络体系结构的研究，提出了开放系统互连参考模型。"开放"表示能使任何两个遵守参考模型和有关标准的系统互连、互通、互操作。OSI 包括了体系结构、服务定义和协议规范三级抽象。OSI 体系结构定义了一个七层模型，用以进行进程间的通信，并作为一个框架来协调各层标准的制定，如图 2.10.18 所示。

| 应用层（Application Layer） |
| 表示层（Presentation Layer） |
| 会话层（Session Layer） |
| 传输层（Transport Layer） |
| 网络层（Network Layer） |
| 数据链路层（Date Link Layer） |
| 物理层（Physical Layer） |

图 2.10.18　OSI 模型

（1）物理层

物理层主要功能是为数据链路层提供一个物理连接，以保证在通信信道上 "透明"地传输数据（比特流）。传输介质可以是多种多样的，如双绞线、同轴电缆、光纤或其他，如微波等。

物理层协议的目的是屏蔽掉各种传输介质的差异性，以实现传输介质对计算机系统的独立性。该层的数据单元是比特。

（2）数据链路层

数据链路层主要功能是在物理层提供的服务基础上，在通信实体之间建立数据链路连接，无差错地传输数据帧。该层的数据单元是帧。

（3）网络层

网络层主要功能是为数据分组进行路由选择，并负责通信子网的流量控制、拥塞控制。对于一个通信子网，各结点只包含低三层。该层的数据单元是分组。

（4）传输层

传输层主要功能是为会话层提供一个可靠的端到端连接，以便使两个系统之间透明地传输报文。该层的数据单元是报文。

（5）会话层

会话层主要功能是在传输层提供的可靠的端到端连接的基础上，在两个应用进程之间建立会话连接，并对"会话"进行管理，保证"会话"的可靠性。会话层及以上的数据单元都称为报文。

（6）表示层

表示层主要功能是完成被传输数据的表示工作，如数据格式、数据转换、数据加密与数据压缩等语法变换服务。

（7）应用层

应用层作为参考模型的最高层，其功能与应用进程有关，如虚拟终端、文件传输、电子邮件、远程登录等。

2. TCP/IP 的体系结构

（1）TCP/IP 协议体系结构

TCP/IP 协议体系结构分为四层，它们分别是网络接口层、网际层、传输层和应用层。

① 网络接口层

TCP/IP 模型的最底层是网络接口层，也称为主机-网络层，它包括了使用 TCP/IP 与物理网络进行通信的协议，且对应 OSI 的物理层和数据链路层。TCP/IP 标准定义网络接口协议，旨在提供灵活性，以适应各种物理网络类型。这使得 TCP/IP 协议可以在任何底层网络上运行，以便实现它们之间的相互通信。网络接口层对高层屏蔽了底层物理网络的细节，是 TCP/IP 成为互联网协议的基础。

② 网际层

网际层也叫网络互联层，是 TCP/IP 协议体系结构中最重要的一层。网络互联层所执行的主要功能是处理来自传输层的分组，将分组形成数据报（IP 数据报），并为该数据报进行路径选择，最终将数据报从源主机发送到目的主机。在网络互联层中，最主要的协议是网际互联协议 IP，其他的一些协议（主要有 ICMP、ARP 和 RARP）通过发送不同功能的数据报来协助 IP 的操作。

③ 传输层

TCP/IP 的传输层与 OSI 的传输层类似，它主要负责进程到进程之间的端对端通信。该层使用了两种协议来支持两种不同的数据传送方法，它们是 TCP 协议和 UDP 协议。

④ 应用层

在 TCP/IP 模型中，应用层是最高层，它对应 OSI 模型中的高 3 层，用于为用户提供网络服务，比如文件传输、远程登录、域名服务和简单网络管理等。因提供的服务不同，在这一层上定义了 HTTP、FTP、Telnet、SMTP 和 DNS 等多个不同的协议。

TCP/IP 体系结构中各层采用的主要协议如图 2.10.19 所示。

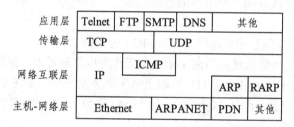

图 2.10.19　TCP/IP 各层主要协议

TCP/IP 的通信过程

TCP/IP 的通信过程如图 2.10.20 所示。

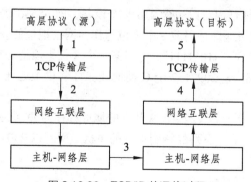

图 2.10.20　TCP/IP 的通信过程

① 发送方的高层协议发出一个数据流给它的 TCP 实体进行传输。

② TCP 将此数据流分段。提供双工定时重传、流量控制、错误检测等传输措施，然后将这些分段交给 IP。

③ IP 对这些报文段执行服务过程，包括 IP 分组、数据报分割等，并在数据报通过网络底层后经过网络传给接收方的 IP。

④ 接收方的 IP 在可能采取分组检验和重组分段后，将数据报变成报文段的形式送给接收方的 TCP。

⑤ 接收方的 TCP 完成自己的服务，将报文段恢复成原来的数据流形式，送给接收方的高层协议。

3. IP 地址的基本知识

IP 协议为 Internet 上的每一台主机定义了一个唯一的统一规定格式的地址，简称 IP 地址，有 IPV4 和 IPV6 两种版本类型。

（1）IP 地址的表示

IP 地址通常表示点分十进制，即将 32 位二进制数分成 4 组，每个组之间用 "." 分开。每个 8 位组的最小数为 00000000（十进制为 0），最大数为 11111111（十进制为 255），如 192.168.2.1。

（2）IP 地址的结构

每个 IP 地址由网络地址和主机地址组成。

① 网络地址

用于区分网络，同一网络中所有 TCP/IP 主机的网络地址都相同。

② 主机地址　用于区分同一网络中的主机。

（3）IP 地址的分类

IP 地址是由国际网络信息中心组织（InterNIC）分配的。

① A 类地址：它的网络地址是用前 1 个 8 位组作为网络地址的。网络地址的第 1 个 8 位组地址范围是从 "00000000" 到 "01111111"，即当第 1 个 8 位组地址是在 0～127 范围内的都是 A 类地址。共有 128-2=126 个 A 类地址。每个 A 类地址内可以包含 224-2 个设备，即 16777216-2=16777214 个。

② B 类地址：它的网络地址是用前 2 个 8 位组作为网络地址的。网络地址的第 1 个 8 位组地址范围是从 "10000000" 到 "10111111"，即当第 1 个 8 位组地址是在 128～191 范围内的都是 B 类地址，所以共有 64×28=16384 个 B 类地址。后面的 2 个 8 位组地址都是分配给相应网络中的本地设备的。每个 B 类地址内可以包含 216-2 个设备，即 65536-2= 65534 个。

③ C 类地址：它的网络地址是用前 3 个 8 位组作为网络地址的。网络地址的第 1 个 8 位组地址范围是从 "11000000" 到 "11011111"，即当第 1 个 8 位组地址是在 192～223 范围内的都是 C 类地址，所以共有 32×28×28=2097152 个 C 类地址。每个 C 类地址内可以包含 28-2 个设备，即 256-2= 254 个。

④ D 类和 E 类地址：所有以 224～239 开头的地址都称为 D 类地址，用作组播地址。在这种发送形式中，分组被发送给一系列的特别指定的主机。所有以 240～254 开头的地址都被称为 E 类地址，是保留未用的。

⑤ IP 地址中的几种特殊地址

a. 网络地址和定向广播地址 ：

IP 地址中，主机地址为全 "0" 的地址是用来指定该网络段的。IP 地址中，主机地址为全 "1" 的地址是保留作为定向广播，即定向广播到该网络段内的所有主机。

b. 回送地址：127. x. y. z ：其中的 "x"、"y"、"z" 是 0～255 中的任意一个数。用于网

络软件测试和本机进程间的通信。

（4）子网掩码

掩码的功能就是告诉设备，IP 地址的哪一部分是网络地址，哪一部分是主机地址。掩码也是一个 32 比特的数据，分成 4 个 8 位组。网络号用 1 表示，主机号用 0 表示。

（5）网关（IP 路由器）　网关就是通向远程网络的接口，主要用于网间连接。默认的网关设备有路由器、第三层交换机或代理服务器。默认的网关地址就是与该局域网相连的路由设备的 IP 地址。

六、以太网技术

随着光纤通信技术的成熟，光通信设备、模块、介质价格的大幅度下降，千兆以太网已进入高速应用和发展期。

1. 千兆以太网的标准

（1）1000BASE-SX 标准　是一种使用短波激光作为信号源的网络介质技术，配置波长为 770 ~ 860 nm（一般为 850n m）的激光传输器，它不支持单模光纤，只能驱动多模光纤。它所使用的光纤规格有两种，即芯径为 62.5 μm 和 50 μm 的多模光纤，采用 8B.10B 编码方式，传输距离分别为 260 m 和 525 m，适用于建筑物中同一层的短距离主干网。

（2）1000BASE-LX 标准　是一种使用长波激光作为信号源的网络介质技术，配置波长为 1270 ~ 1355 nm（一般为 1300 nm）的激光传输器，它既可以驱动多模光纤，也可以驱动单模光纤。它所使用的光纤规格为：① 芯径为 62.5 μm 和 50 μm 的多模光纤，工作波长为 850 nm，传输距离为 525 m 和 550 m，数据编码方法为 8B.10B，适用于作为大楼网络系统的主干网；② 芯径为 9 μm 的单模光纤，工作波长为 1300 nm 或 1550 nm，传输距离为 3000 m，数据编码方法采用 8B.10B，适用于校园或城域主干网。

（3）1000BASE-CX 标准　使用 150 Ω 屏蔽双绞线（STP），采用 8B.10B 编码方式，传输速率为 1.25 Gbps，传输距离为 25 m，主要用于集群设备的连接，如一个交换机机房内的设备互连。

（4）1000BASE-T 标准　使用 4 对 5 类非屏蔽双绞线（UTP），传输距离为 100 m，主要用于结构布线中同一层建筑的通信，可以利用以太网或快速以太网已铺设的 UTP 电缆，在以太网系统中实现从 100 Mbps 到 1000 Mbps 的平滑升级。

2. 万兆以太网技术

2002 年发布 802.3ae10GE 标准，2006 年 7 月发布 IEEE802.3an 标准。万兆以太网不仅再度扩展了以太网的带宽和传输距离，更重要的是其从局域网向城域网领域渗透。

正如 1000Base-X 和 1000Base-T（千兆以太网）都属于以太网一样，从速度和连接距离上来说，万兆以太网是以太网技术自然发展中的一个阶段。

（1）万兆以太网的技术特色　在物理层面上，万兆以太网是一种采用全双工与光纤的技术，其物理层（PHY）和 OSI 模型的第一层（物理层）一致，它负责建立传输介质（光纤或铜线）和 MAC 层的连接，MAC 层相当于 OSI 模型的第二层（数据链路层）。

万兆以太网技术基本承袭了以太网、快速以太网及千兆以太网技术，因此在用户普及率、使用方便性、网络互操作性及简易性上都占有极大的引进优势。在升级到万兆以太网解决方案时，用户不必担心已有的程序或服务是否会受到影响，升级的风险非常低，同时在未来升级到 40 Gbps 甚至 100 Gbps 都将是很明显的优势。

万兆标准意味着以太网将具有更高的带宽（10 Gbps）和更远的传输距离（最长传输距离可达 40 km）。在企业网中采用万兆以太网可以更好地连接企业网骨干路由器，这样大大简化了网络拓扑结构，提高网络性能。万兆以太网技术提供了更多的新功能，大大提升 QoS。因此，能更好地满足网络安全、服务质量、链路保护等多方面需求。

随着网络应用的深入，WAN/MAN 与 LAN 融和已经成为大势所趋，各自的应用领域也将获得新的突破，而万兆以太网技术让工业界找到了一条能够同时提高以太网的速度、可操作距离和连通性的途径，万兆以太网技术的应用必将为三网发展与融和提供新的动力。

（2）万兆以太网技术介绍

① 物理层以光纤作为传输介质

一种是提供与传统以太网进行连接的速率为 10 Gbps 的局域网物理层设备，即"LAN PHY"；另一种提供与 SDH/SONET 进行连接的速率为 9.58464 Gbps 的广域网物理层设备，即"WAN PHY"。每种物理层分别可使用 10GBASE-S（850 nm 短波）、10GBASE-L（1310 nm 长波）和 10GBASE-E（1550 nm 长波）三种规格，最大传输距离分别为 300 m、10 km、40 km。

② 传输介质层

802.3ae 目前支持 9/125 μm 单模、50/125 μm 多模和 62.5/125 μm 多模三种光纤，而对电接口的支持规范 10GBASE-CX4 目前正在讨论之中，尚未形成标准。

③ 数据链路层

802.3ae 仅仅支持全双工方式，而不支持单工和半双工方式，不采用 CSMA/CD 机制，采用全双工流量控制协议；802.3ae 不支持自协商，可简化故障定位，并提供广域网物理层接口。

3. 虚拟局域网技术

VLAN 是在一个物理网络上划分出来的逻辑网络，这个网络对应于 OSI 模型的第二层网络。VLAN 的划分不受网络端口的实际物理位置的限制。

（1）VLAN 的优点

控制网络中的广播风暴 ；确保网络安全；简化网络管理。

（2）VLAN 的实现方式

① 静态实现：管理员将交换机端口分配给某一个 VLAN。

② 动态实现：先建一个数据库，再输入要连接的网络设备的 MAC 地址及相应的 VLAN 号，当网络设备连接到交换机端口时，交换机自动把它分配给相应的 VLAN。

4. 用子网掩码划分子网

划分子网的方法：

方法一：已知子网数目 n、网络号，求子网掩码及 n 个子网的 IP 地址范围。

第一步，定义子网掩码：

将要划分的子网数目转换为 2 的 m 次方；

将 m 按高序占用主机地址 m 位后转换为十进制。

第二步，确定子网号和子网的 IP 地址范围。

注：不含主机全为 0 的网络地址 ；不含主机全为 1 的广播地址。

方法二：用"子网掩码计算器"软件

在网上下载"子网掩码计算器"，输入 IP 地址及子网数目，软件自动生成子网，如图 2.10.21 所示。

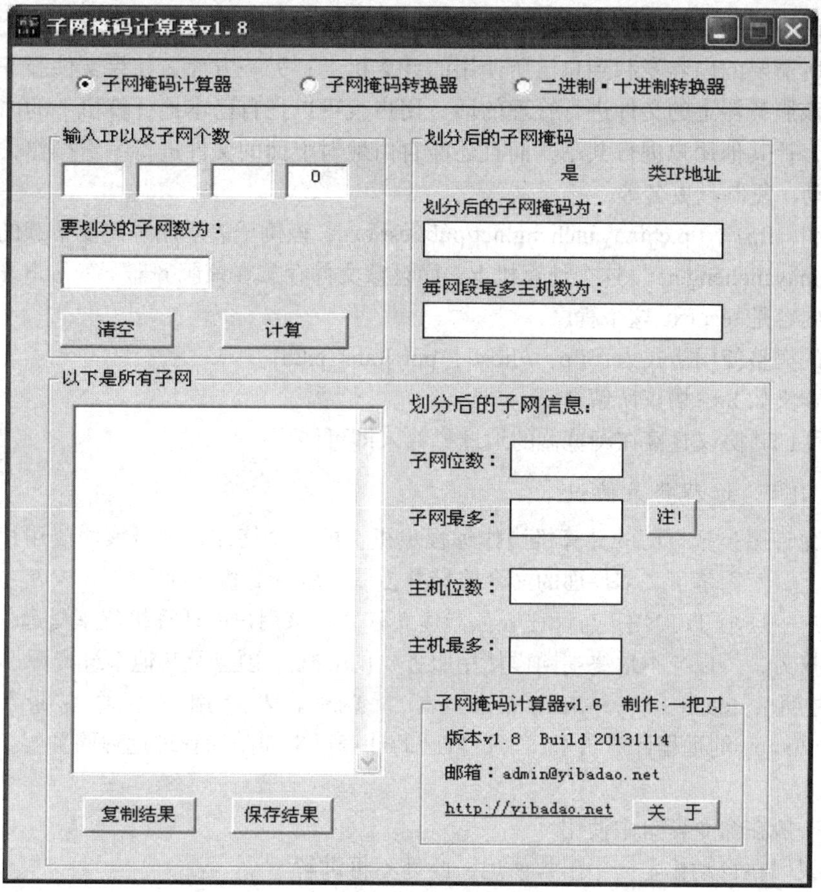

图 2.10.21 子网掩码计算器

七、常见计算机网络协议

前面学习了 TCP/IP 协议，下面再了解一下几个常用的计算机网络协议。

1. HTTP（hyper text transport protocol）超文本传输协议

它是 Internet 上进行信息传输时使用最为广泛的一种通信协议，所有的 WWW 程序都必须遵循这个协议标准。它的主要作用就是对某个资源服务器的文件进行访问，包括对该服务器上指定文件的浏览、下载、运行等，通过 HTTP 我们可以访问 Internet 上的 WWW 资源。

该协议的完整使用格式为：http：//host[：port][abs_path]

host 表示合法的 Internet 主机域名或 IP 地址（以点分十进制格式表示）；

port 用于指定一个端口号，拥有被请求资源的服务器主机监听该端口的 TCP 连接。

如果 port 是空，则使用缺省的端口 80。当服务器的端口不是 80 的时候，需要显示指定端口号。

abs_path 指定请求资源的 URI（Uniform Resource Identifier，统一资源定位符），如果 URL 中没有给出 abs_path，那么当它作为请求 URI 时，必须以"/"的形式给出。

例如，要访问中央电视台的网站，可用：http：//www.cctv.com。

2. FTP（file transfer protocol）文件传输协议

该协议是从 Internet 上获取文件的方法之一，它用来让用户与文件服务器之间进行相互传输

343

文件，通过该协议用户可以很方便地连接到远程服务器上，查看远程服务器上的文件内容，同时还可以把所需要的内容复制到自己所使用的计算机上；另一方面，如果文件服务器授权允许用户可以对该服务器上的文件进行管理的话，用户就可以把自己本地计算机上的内容上传到文件服务器上，让其他用户进行共享，而且还能自由地对上面的文件进行编辑操作，如对文件进行删除、移动、复制、更名等。

举例说明：ftp：//ftp.chinayancheng.net/pub/test.exe，该例子表示用户想要下载的文件存放在名为"ftp.chinayancheng.net"这个计算机上，而且该文件存放在该服务器下的 pub 子目录中，具体要下载的内容是 test.exe 这个程序。

该协议的完整使用格式为：ftp：//host[：port][abs_path]

各部分含义如 http 协议所解释。

HTTP 和 FTP 协议直接在浏览器的地址栏输入即可使用。

3. TELNET　远程登录协议

该协议允许用户把自己的计算机当作远程主机上的一个终端，通过该协议用户可以登录到远程服务器上，使用基于文本界面的命令连接并控制远程计算机，而无需 WWW 中的图形界面的功能。用户一旦用 TELNET 与远程服务器建立联系，该用户的计算机就享受远程计算机本地终端同样的权力，可以与本地终端同样使用服务器的 CPU、硬盘及其他系统资源。

举例说明：telnet：//yancheng.jsinfo.net，该例子表示用户打算登录到一个名叫 yancheng.jsinfo.net 的远程计算机上，通过自己的计算机来控制和管理远程服务器上的文件及其他资源。

该协议一般在命令窗口中使用。

其他协议因在自动化生产中不常使用，此处不再讲解。

TCP/IP 协议的安装

要正常使用网络适配器（又称网卡），除安装其驱动程序外，需配置网络协议才能正常使用。网络设备之间只有配置相同或相兼容的网络协议才能正常通信。下面以图例方式演示在 Windows 8 上为无线网卡 Wi-Fi 2 安装 TCP/IPV4 的方法之一。具体参见图 2.10.22 所示。

（a）

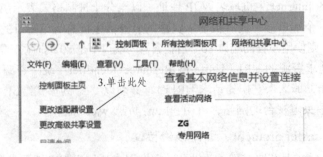

（b）

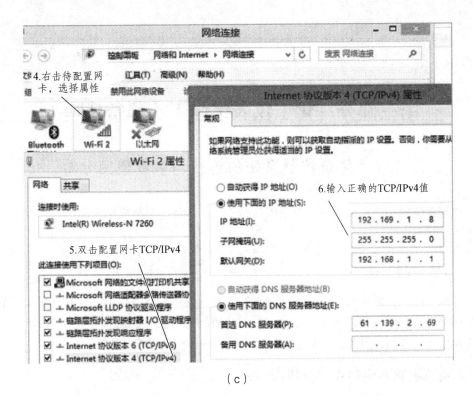

（c）

图 2.10.22　网卡 IP 地址配置图例

当把 IP 地址按事先规划的值输入之后，依次确认即可。

第三部分 化工仪表维修工（预备技师）

第一节 复杂控制系统的连接与参数整定分析

复杂控制系统的构成是以简单控制系统为基础的，因此下面从简单控制系统开始学习，逐步深入复杂控制系统。

一、简单控制系统

简单控制系统，又称为单回路反馈控制系统，是指整个控制系统由一个测量变送环节、一个控制器环节、一个执行器环节和一个被控对象组成的稳定控制系统。简单控制系统的结构简单，实施起来比较容易，因此，工业生产过程控制中多采用简单控制系统。

（一）简单控制系统的环节与构成

简单控制系统由一个控制器、一个执行器、一个测量变送器和一个被控对象组成。测量变送器对被控变量进行检测并转换成控制器需要的统一标准信号，在控制器内部与给定值（内给定或外给定）进行比较，按照控制器选择的控制算法进行运算，控制器运算的结果传输到执行器，执行器依据该信号改变阀门开度，改变操纵变量的大小，从而控制被控变量。可参照图 3.1.1 和图 3.1.2 进行分析。

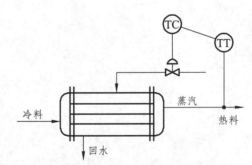

图 3.1.1 换热器简单控制系统流程图

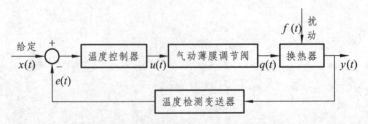

图 3.1.2 换热器简单控制系统的方块图

当换热器有扰动输入，如冷物料的入口温度下降，出口温度必然下降，则温度测量的输出信号减小，控制器的输出信号增加，调节阀的开度增大，蒸汽流量增加，使换热器的出口温度增加。这样控制系统就克服了扰动的影响。

（二）控制系统控制方案的确定

首先应根据生产工艺的要求，确定被控变量和操纵变量；根据工艺的特点选择执行机构；然后根据控制目标要求和被控对象的特性，选择控制器及控制规律、控制参数。对于有特殊要求或对象具有特殊性的场合，可以考虑采用典型控制系统或新型控制系统。

被控对象是客观存在的，但只有确定了被控变量和操纵变量以后，被控对象才被唯一确定。根据被控对象的特性分析可知，合理选择被控对象是保证控制质量的重要因素之一。

（1）被控变量的选择　在生产中，影响工艺过程的工艺变量很多，但并非所有的变量都要加以控制，而且也不可能都加以控制。因此，必须深入了解工艺机理，找出对产品质量、产量、安全、节能等方面起决定作用，并且可以检测到的工艺变量，或者人工难以操作以及人工操作非常紧张、频繁的工艺变量作为被控变量。在确定被控变量时主要应注意以下几个方面。

① 被控变量一定是反映工艺操作指标或状态的重要参数。

② 被控变量是为保持生产稳定，需要经常调整的变量。

③ 如果工艺变量本身（如温度、压力、流量、液位等）就是要求控制的指标，称之为直接控制指标。被控变量选择时应尽量选用直接控制指标。如果直接控制指标无法在线直接检测到（如成分、反应程度等），则应选用与直接控制指标有单值对应关系且反应快的间接控制指标为被控变量。如在精馏塔的控制中，为了使塔顶产品纯度合格，在保持塔压稳定的前提下，选择塔顶温度变量作为间接控制指标来控制塔顶产品的纯度。

④ 被控变量一般应该是独立可调的，不应在调整它时引起其他变量的明显变化，发生关联作用而影响整个生产过程的稳定。

⑤ 被控变量应是易于检测且灵敏度足够大的变量。

（2）操纵变量的选择　在系统的被控变量选定以后，接着就是选择操纵变量保证被控变量的指标。当工艺上有几种变量可供选择时，要根据过程控制通道和扰动通道特性对控制质量的影响合理选择操纵变量。选择操纵变量也要对工艺过程进行认真分析，确定主要的扰动，找出扰动原因、路径、影响大小和克服的方法，认真比较才能做到正确选择操纵变量。选择时应遵循以下原则：

① 操纵变量是工艺上合理且允许调整又可控制的变量。

② 所选的操纵变量应是对被控变量的影响大而灵敏的，即控制通道的放大系数大、时间常数小，保证控制作用有力、及时。

③ 使扰动通道的时间常数尽量大，放大系数尽量小，调节阀位置尽量靠近干扰输入点，以减小扰动的影响。

④ 对于已有手动操作，而要改造成自动控制的场合，一般直接用手动操作的变量作为自动控制系统的操纵变量。同一个被控对象的同一被控变量在不同扰动的情况下，要选择不同的操纵变量。具体可以参照第二部分第六节典型设备的控制方案分析。

（三）控制系统中控制器的选择

控制器是控制系统的核心，是决定控制系统控制质量的主要因素之一。控制器的选择应根据广义对象的特性，考虑生产工艺的特点以及企业整体自动化的水平来选择。

1. 控制器的类型选择

自动控制系统的控制器有多种类型，采用最多的是有质量保证的企业生产的检验合格的仪表或计算机类装置。

控制器类型的选择主要依据以下原则：

① 根据设计的控制系统的要求。如果工艺要求采用新型控制系统，则应采用计算机作为控制装置。

② 根据企业的自动化水平。企业的情况不同，采用的控制装置就不完全相同。相同的工艺过程，采用的控制装置可以不同。对于中大型企业现在多采用集散控制系统或现场总线控制系统，对于小型企业可以采用智能化的控制器或调节器。

③ 根据工艺变量的要求选择。如果工艺过程以开关量控制为主，有个别连续模拟量控制，可以采用计算机控制或者采用带有 PID 功能的中大型 PLC 作为控制装置。若大多是模拟量的连续控制，一般不选用 PLC，而采用常规调节器或可编程调节器等。

④ 在化工生产中，控制系统大多是闭环控制系统，因此多采用 PID 调节器。

2. 控制器的控制规律选择

在自动控制系统中，由于多种干扰的作用，被控变量偏离设定值，即产生了偏差。控制器根据偏差的情况按一定的控制规律输出相应的控制信号，使执行器动作，改变操纵变量，以消除干扰的影响，使被控变量回到设定值，这就是一般闭环控制系统的控制过程。也将这种控制器称为调节器。

调节器总是按照人们事先规定好的控制规律来动作的，这种控制规律，就是调节器输入信号以后，它的输出信号（即控制信号）的变化规律。调节器的工作原理和结构形式各不相同，但基本的控制规律只有几种，即双位控制、比例控制、积分控制、微分控制等。实际应用中多是它们的某种组合，如比例积分（PI）控制、比例积分微分（PID）控制等。

不同的控制规律适用于不同特性和要求的工艺生产过程。调节器的控制规律选用不当，不但会增加投资，而且不能满足工艺生产的要求，甚至造成严重的生产事故。因此，必须了解调节器的基本控制规律及其适用条件，然后根据工艺生产对控制系统控制指标的要求，结合具体过程以及控制系统其他各个环节的特性，才能对调节器的控制规律做出正确的选择。

根据被控对象、检测元件、变送器、执行器及控制作用途径等的特性，即广义对象控制通道的特性，选择相应的控制规律。选择的基本原则可归纳为以下几点：

（1）广义对象控制通道的时间常数大，或多容量引起的容量滞后大时，如温度控制系统，采用微分作用有良好的效果，可采用 PD 控制规律。如果控制系统不希望出现余差，采用积分作用可以消除余差，可以选用 PID 控制规律，这种情况一般不选用 PI 控制规律，因积分作用有滞后而影响控制质量。流量控制系统是典型的快过程，一般采用 PI 控制规律，且比例度要大，积分时间要小；对只需要实现平均液位控制的地方，宜采用纯 P 控制规律，比例度要大。温度控制系统具有测量滞后和热传递滞后，一般采用 PID 控制规律，比例度范围为 20～60，积分时间常数较大，微分时间约为积分时间的 1/4。压力控制系统的情况不同，有运行快的，参照流量系统；有运行慢的，则要按照温度系统设置。

（2）当广义对象控制通道存在纯滞后时，若用微分作用来改善控制质量是无效的，需要采用特殊方法，或设计成复杂控制系统，或采用 Smith 补偿等新型控制系统。

（3）当广义对象控制通道时间常数较小，负荷变化也较小时，为消除余差，可以采用 PI 控制规律，如流量控制系统。

（4）当广义对象控制通道时间常数较小，而负荷变化很大时，选用微分作用易引起振荡，一般采用 P 或 PI 控制规律。如果控制通道时间常数非常小，可采用反微分作用来提高控制质量。

（5）当广义对象控制通道时间常数或时滞很大，负荷变化又很大时，简单控制系统无法满足要求，可以采用复杂控制系统来提高控制质量。

3. 简单控制系统中控制器的正、反作用判断

闭环控制系统之所以能够克服偏差是因为具有负反馈，换句话说，闭环控制系统只有具有负反馈才能保证被控变量稳定在设定值附近，因此，必须保证设计的控制系统的各个环节连接在一起后，被控变量的检测值与设定值成相减的关系。

组成控制系统的四个环节中，其他环节的特性不宜改变，只有在其他三个环节确定以后，通过选择控制器的正反作用方向来保证整个环节具有负反馈。

（1）环节的作用方向的定义　环节的作用方向是指当环节的输入发生变化以后，输出的变化方向。如果输出变化的方向与输入的变化方向一致，则该环节为正作用方向；否则，为反作用方向。

① 检测元件与变送器环节　该环节的输入是被控变量，输出是变送器的输出信号。一般情况下，为了表示清楚，变送器的信号与被控变量的变化方向一致，为正作用方向。个别情况下，检测元件的信号变化可能与被控变量不一致，如温度的检测采用热敏电阻时，但转换完的信号一定与被控变量的变化方向一致。

② 执行器环节　在化工生产中的执行器多为气动薄膜调节阀，其输入为控制器输出的控制信号，输出为阀门开度。因此，气开阀为正作用方向，气关阀为反作用方向。阀门的气开、气关是可以选择的，依据是保证在断电或断气的故障状态下，阀门的状态能使工艺过程处于安全的或节能的或保证产品质量的状态。

③ 被控对象环节　现在讨论的是控制通道，因此，对象的输入是操纵变量，输出是被控变量。若操纵变量增加，被控变量也增加，被控对象为正作用方向；否则，为反作用方向。

④ 控制器环节　控制器输入的是偏差，输出的是调节阀上的控制信号。由于偏差比较机构与控制器为一整体，因此，控制器的输入信号有被控变量的检测值和设定值两个。为了便于判断，在这里我们定义如下：当控制器处于正作用时，检测信号增加，控制器的输出也增加；反作用时相反。由于检测信号与设定信号方向相反，因此，设定信号增加相当于检测信号减小。

（2）简单控制系统中控制器作用方向判断方法　要想使整个系统具有负反馈，只需使组成系统的四个环节的作用方向相乘为负，即四个环节分别为"三反一正"或"三正一反"。

控制器的作用方向判别方法：依次判断被控对象、调节阀、检测元件与变送器的作用方向，然后根据"三反一正"或"三正一反"的原则，确定控制器的正、反作用。

（3）控制器作用方向判断举例　加热炉出口温度控制系统如图 3.1.3 所示，燃料流量为操纵变量。为了满足安全和节能的要求，调节阀采用气开阀，为正作用，记作"+"；温度检测与变送器也为正作用，也记作"+"；当燃料流量增加时，出口温度应该上升，因此，对象为正作用，也记作"+"；根据"三正一反"原则，调节器应选用反作用。

又如，氨冷器的出口温度控制系统，如图 3.1.4 所示。为了满足安全和节能的要求，调节阀采用气开阀，为正作用，记作"+"；温度检测与变送器也为正作用，也记作"+"；当液氨流量增加时，出口温度应该下降，因此，对象为反作用，记作"-"；根据"三正一反"原则，调节器应选用正作用。

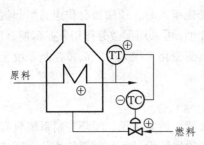

图 3.1.3　加热炉出口温度控制系统

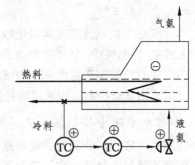

图 3.1.4　氨冷器的出口温度控制系统

4. 控制器参数的工程整定

按设计要求安装调试好的控制系统必须设置合适的控制器参数（比例度、积分时间和微分时间）才能提高控制系统的品质指标。如果控制器的参数设置不当，则不能得到良好的控制质量，甚至成为一个不稳定的控制系统。设置和调整 PID 参数，统称为控制器参数整定。

整定控制器参数的方法有两大类，即理论计算整定法和工程整定法。这里主要介绍工程整定中的经验法、临界比例度法和衰减曲线法。

（1）经验法　经验法是根据参数整定的实际经验，根据控制系统广义对象的特点，按照表 3.1.1 给出的参数大致范围，将控制器参数预先设置在该范围内的某些数值上，然后施加一定的人为扰动（如改变设定值等），观察控制系统的过渡过程，若不够理想，则按一定程序改变控制器参数，经过反复凑试，直到获得满意的控制质量。

在 P、I、D 三个作用中，P 作用是最基本的作用，一般先凑试比例度，再加积分，最后引入微分作用。

先将 T_i 置于最大，T_d 置于零，比例度取表 3.1.1 中常见范围的某一数值。将控制系统投入自动，观察控制情况，若过渡时间过长，则减小比例度；若振荡过于激烈，则加大比例度，直到取得两个完整波形的过渡过程为止。

表 3.1.1　控制系统的控制器参数经验值范围

控制器参数	被控变量		
	δ/%	T_i/min	T_d/min
温度	20～60	3～10	0.5～3
流量	40～100	0.1～1	
压力	30～70	0.4～3	
液位	20～80		

当引入积分作用时，可将比例度适当调大 10%～20%，然后将积分时间 T_i 由大到小不断凑试，直到取得满意的过渡过程。

微分作用加入时，δ 和 T_i 都可相应减少些。按 T_i 的 1/2～1/4 选取微分时间 T_d，再不断凑试，以使过渡过程时间最短，超调量最小。

这里需要注意以下几点。

① 表 3.1.1 所列数据是各类系统参数的常见范围。在特殊情况下，参数的整定值可能会较大幅度超越所列范围。例如，某些时间常数很小的流量系统，比例度需取 200% 以上，系统才能稳定；时间常数大的温度过程，T_i 需大到 15 min 甚至更长；对储气柜等容量很大的压力系统，δ

小到 5%，而在控制某些管道压力时，δ 需大到 100%以上。另外，变送器量程的大小对选取 δ 的大小也有一定的关系，若变送器量程较大，则检测变送环节的放大系数小，因此，比例度的数值需适当取小些，才能对相同的偏差产生同样的控制作用。

② δ 过大，或 T_i 过大，都会使被控变量变化缓慢，不能使系统很快达到稳定状态。这两者的区别是：δ 过大，曲线飘动较大，变化较不规则，见图 3.1.5 中曲线 a；T_i 过大，曲线振荡分量增大，但逐渐接近设定值，见图 3.1.5 中曲线 b。

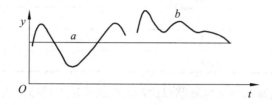

图 3.1.5 比例度和积分时间过大的两种曲线比较

③ δ 过小，或 T_i 过小，或 T_d 过大，都会使系统振荡剧烈，甚至等幅振荡。它们的区别是：T_i 过小，系统的振荡周期较长；T_d 过大，振荡周期较短；δ 过小，振荡周期介于上述两者之间。

④ 等幅振荡的出现，不一定是由参数整定不当引起的。例如，阀门定位器、控制器或变送器调校不良，调节阀的传动部分存在间隙，往复泵输送液体时的脉冲等，都表现为被控变量的等幅振荡。当系统内存在正弦扰动时，也将使被控变量产生等幅振荡。必须根据具体情况进行分析，做出正确判断。

经验法的实质是"看曲线、作分析、调参数、寻最佳"。凭经验凑试的方法简单可靠，对于外界扰动比较频繁的系统，尤为合适，因此，在生产上得到较为广泛的应用。但由于对过渡过程曲线没有统一的标准，曲线的优劣在一定程度上取决于整定者的主观判断，因此这种整定方法控制质量不高。另外，在凑试 δ、T_i、T_d 三个参数时，花费的时间较多。

（2）临界比例度法　这种方法是将控制系统处于纯比例作用下，即先将控制器的 T_i 置于最大，T_d 置于零。在系统处于稳定状态时，人为地增加扰动，由大到小地逐步改变比例度值，直到系统出现等幅振荡为止。记下此时的比例度和振荡周期，分别称为临界比例度 $δ_k$ 和临界周期 T_k，见图 3.1.6。再按照表 3.1.2 给出的参数经验公式求出控制器的各个参数。先把比例度置于比计算值略大的数值上，再根据需要依次将计算的积分时间和微分时间施加到控制器上，观察控制曲线，适当调整。

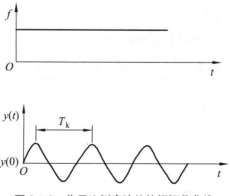

图 3.1.6 临界比例度法的等幅振荡曲线

此法简单明了，容易判断整定质量，因而在生产上也得到一定的应用。但是当工艺上束条件较为苛刻，不允许被控变量等幅振荡时，此法不宜采用。特别是当 δ 小或 T_d 小或 T_i 大的过程，振幅可能很宽，工艺上往往不允许。

表 3.1.2　临界比例度法整定控制器参数经验公式

控制器参数	被控变量		
	$\delta/\%$	T_i/min	T_d/min
P	$2\delta_k$		
PI	$2.2\delta_k$	$0.85T_k$	
PID	$1.7\delta_k$	$0.5T_k$	$0.125T_k$

（3）衰减曲线法　衰减曲线法是在临界比例度法的基础上提出来的。这种方法是先在纯比例作用基础上，找出达到规定衰减比的比例度值，然后用一些半经验公式求取 P、I、D 的参数。有 4∶1 衰减曲线法和 10∶1 衰减曲线法两种。

4∶1 衰减曲线法以 4∶1 的衰减比为整定要求。先选定某一比例度，将系统闭合，待系统稳定后，改变设定值或生产负荷，加以幅度适宜的阶跃扰动，观察过渡过程曲线的衰减比，若衰减比大于 4∶1，则将比例度减小一些，直到出现 4∶1 的衰减过程为止，记下这时的比例度 as 和振荡周期 T_s，见图 3.1.7（a）。根据表 3.1.3 所列数据整定控制器参数。注意阶跃干扰幅度不宜太大，一般不超过设定值的 5%。

10∶1 衰减曲线法以 10∶1 的衰减比为整定要求。由于衰减较快，周期难以测量，这时可测上升时间 T_r，见图 3.1.7（b），然后按表 3.1.4 所列数据整定控制器参数。

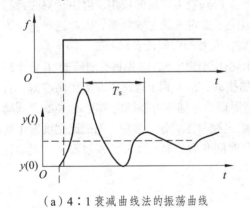

（a）4∶1 衰减曲线法的振荡曲线　　　　（b）10∶1 衰减曲线法的振荡曲线

图 3.1.7　衰减曲线法的振荡曲线

表 3.1.3　4∶1 衰减曲线法整定控制器参数经验公式

控制器参数	控制规律		
	$\delta/\%$	T_i/min	T_d/min
P	δ_s		
PI	$1.2\delta_s$	$0.5T_s$	
PID	$0.8\delta_s$	$0.3T_s$	$0.125T_s$

表 3.1.4　10：1 衰减曲线法整定控制器参数经验公式

控制器参数	控制规律		
	$\delta/\%$	T_i/min	T_d/min
P	δ'_s		
PI	$1.2\delta'_s$	$0.85t_r$	
PID	$0.8\delta'_s$	$0.3t_r$	$0.125t_r$

衰减曲线法整定质量较高，整定过程安全可靠，因而在生产上得到广泛的应用。但有的衰减比很难测量、计算，遇到调节过程很不规则时就很难应用了。另外，对扰动频繁的控制系统不宜应用衰减曲线法。对于响应比较迅速的控制过程，当控制器输出摆动两次就稳定下来时，可认为是 4：1 衰减过程，波动一次的时间就是 T_s。

（四）检测装置和执行装置的选择

在确定控制方案的时候，就应考虑检测方法和执行装置的类型和种类，这里只简单讲解一般考虑原则。

1. 检测装置的选择

检测装置是整个控制系统的基础，要求检测装置必须准确、快速、灵敏度高，选择除应主要考虑以上因素外还应注意以下几点。

（1）结合工艺特性确定装置类型　变量有多种检测方法，不同检测方法都有各自的优缺点，在具体使用中必须具体选择。如对于大流量一般多采用差压法，小流量多采用转子流量计检测，但对于脏污类介质的流量测量一般不能采用以上两种方法，可以考虑采用电磁流量计等；又如温度的检测，一般采用热电阻与热电偶两种检测元件，原则上温度较高时采用热电偶，温度低时采用热电阻，但实际选择时还要考虑究竟选择哪一种热电偶、热电阻，同时应考虑规格（保护套管类型、长度等）、与哪种显示或控制仪表连接、是否需要温度变送器等。

（2）结合工艺变量确定量程　合理选择检测仪表的量程，可以提高检测的精度。在完全能够检测、显示工艺变量的基础上，最好选择量程小的检测装置。但对于采用弹性元件进行压力、差压等检测时，应避免让检测装置长期工作在弹性元件检测的上限值，因此，选择这类仪表的量程一般要适当大些。

（3）根据工艺要求选择精度等级　工艺上对于控制的精度都有要求，检测装置的精度等级选择必须经过计算确定，可以选择等级高于计算值的仪表，如计算得到的允许相对误差为 0.8%，应选择 0.5 级仪表，而不能选择 1.0 级仪表。

（4）考虑仪表的现状　在条件满足要求的前提下，最好选用使用较多的仪表，便于维护和替换。在有特殊要求的场合，可以考虑使用一些不常用的非接触类检测仪表，如对腐蚀性较强介质的温度检测，可以考虑采用红外线温度检测；压力高的容器的液位检测，可以考虑采用放射性液位检测仪表。

2. 执行装置的选择

在化工生产中执行装置类型相对比较单一，多采用气动调节阀，在个别场合采用电动执行机构。执行装置的选择主要考虑种类及正反作用形式。

（1）执行装置的类型　如果采用液体、气体流量作为操纵变量，一般采用气动调节阀；采用固体流量作为操纵变量时，采用电动伺服执行机构。气动执行装置有薄膜式和活塞式。现在，随着变频调速技术的成熟，泵出口流量的控制执行装置可以用变频器直接控制电机的转速。

（2）流量特性的选择　根据对象的特性，合理选择执行装置的流量特性，可以校正被控对象的非线性，尽可能使广义对象近似成线性。

（3）执行装置材料选择　由于执行装置与工艺介质直接接触，必须考虑介质的性质，合理选择执行装置的材料。

（4）执行装置的正反作用选择　执行装置的正反作用是指控制信号增加后，执行装置的开度变化情况。若控制信号增加，开度增大，操纵变量增加，为正作用，如气开阀为正作用，气关阀为反作用。气开阀、气关阀的选择主要考虑在断电或断气的故障状态下，执行装置的状态能够保证设备或工艺过程处于安全或节能或保证产品质量的状态。如燃料或蒸汽流量调节阀一般采用气开阀，保证在故障状态下阀门关闭，使设备不会因为高温而损坏，如图 3.1.3 和图 3.1.4 所示的控制系统，调节阀均采用气开阀。但如果不进行加热，设备内介质会出现凝固等状况，蒸汽流量调节阀就要采用气关阀。

3. 检测和执行装置的安装

从总的控制系统来讲，大多数控制系统的控制通道时间常数较大，应尽可能减小。因此，被控变量和操纵变量选择结束后，还应正确选择检测装置和执行装置的安装位置等，以保证被控对象或广义对象的滞后较小。安装位置的选择应从以下几个方面着手。

（1）根据工艺特点，合理选定检测点的位置，以减少纯滞后。如加热交换器的温度检测点要选在紧靠出口的地方，精馏塔的温度检测点要选在灵敏板上等。

（2）选取惰性小的检测元件，减小时间常数。这主要是指检测元件反应要快，能及时跟上被测变量的变化，减少动态误差。

（3）使用继动器和阀门定位器减小滞后。由于在化工生产中，大多采用气动薄膜调节阀作为执行机构，气动信号传输滞后较大，传输距离一般不应超过 300 m，超过 150 m 时就应加装继动器以减小传输时间。最有效的办法是用电信号传输，在调节阀上安装电/气转换器或电/气阀门定位器，以减少传递滞后和阀门膜头滞后。

（4）从控制规律着手减少滞后的影响。对于容量滞后，可以用微分作用改善其中一部分不良影响。对于纯滞后，微分作用也无能为力。对于要求较高的系统，则要采用复杂控制系统来改善整个系统特性。

（五）控制系统之间的关联影响

按照前面叙述的设计原则设计完成的控制系统不一定能够保证控制质量，因为这些讨论仅从单被控变量和操纵变量角度考虑，很少考虑多被控变量相互间的影响。任何一个工艺设备或过程很少只有一个控制系统，不同控制系统之间必相互影响，在控制方案设计时必须充分考虑，合理选择控制方法，或是工艺改造，或是合理选择控制参数，必要时可采用多变量解耦控制。

【例1】某工厂并联运行的吸收塔如图 3.1.8 所示，被处理的物料在进入吸收塔之前经过一个混合器，混合器的出口压力 p_0 基本稳定。为了保证每个塔的液位稳定，设计三个控制系统如图所示。但投入运行以后，却发现无法正常运行。分析原因，主要是因为总管管径太小，导致当各塔流量波动时，p_1、p_2 与 p_3 随着波动，并且由于三个系统的被控对象特性相近，工作频率也相近，因此，受到扰动后，过渡过程很容易引起共振而无法正常工作。如塔 1 的液位降低，要求阀门1开度增加，使 F_1 下降增加，而由于压力下降，使 F_2、F_3 下降，影响到塔2、塔3的液位。在第2、3个控制系统的作用下，又要开大阀门2、3，反过来又要进一步影响到 F_1，无法使系统稳定。

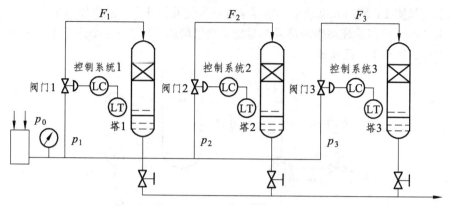

图 3.1.8　三个并联运行的吸收塔

为了消除以上的关联影响，可以采用以下方法：

（1）工艺改造　关联是由于总管管径太小的原因，扩大总管管径可以将关联减小到可以忽略的地步。但工艺的改造受到其他条件的限制，而且相对投资增加。

（2）控制方案修改　将塔 2 的自动控制改为手动控制，可以削弱关联；调整各控制系统的控制参数，可以参照均匀控制系统设置原理。

【例2】离心泵的压力与流量控制系统如图 3.1.9 所示。显然，这两个控制系统是相互关联的，并且影响是相加关系的，称为正相关（若影响是相减关系的，为负相关）。假如某种原因使泵出口压力 p_1 增加，压力控制系统动作，开大 PV 阀，使 F_1 增加；同时由于 P_1 增加，FV 在开度不变的情况下流量增加，而流量控制系统又要减小 FV 的开度，而使压力 p_1 进一步增加。如果两个控制系统同步进行，关联的影响使系统无法正常运行。假如能够使两个控制系统动作错开，如工艺上压力控制系统是主要的，我们可以把流量控制系统的比例度和积分时间增大，使其作用减弱、减慢，这样，压力控制系统先动作，PV 阀开度增加，压力 p_1 稳定后，流量自然可以恢复到原来的值。

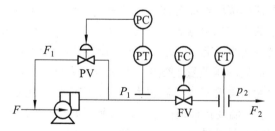

图 3.1.9　离心泵的压力与流量控制系统

上述两例中的关联对控制系统影响是有害的，但如果设计合理，有些关联是有利于改善控制系统质量的。

【例3】图 3.1.10 所示为某精馏塔塔底温度和液位控制系统的示意图。精馏塔的塔底液位控制系统一般采用控制塔底采出量，温度控制系统通过控制蒸汽的流量来实现。而图 3.1.10 中的方案则相反，温度控制系统控制塔底采出，液位控制系统控制加热蒸汽流量，它们各自的控制通道都很长，系统的动态特性都比较差，但它们的关联是有益的，促进了控制质量的提高。如进料量增加，则塔底液位将很快上升，为了保持塔底产品的质量，必须加入更多的热量，使塔底的物料蒸发；同时，更多的物料下降到塔底，使塔底温度下降，为了防止不合格产品排出，温度控制系统将使 TV 阀门开度减小，这样又进一步使液位升高。液位控制系统使蒸汽阀门 LV 进一步开大。两套控制系统动作的结果都是使加热量增加，减少了系统的滞后，加快了温度控制系统的动作，提高了产品质量。

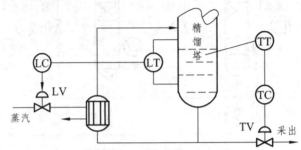

图 3.1.10　某精馏塔塔底温度和液位控制系统

在工程上，这种控制方案动态性能较差，一般适用于塔底采出量很小的场合。这种控制方法又被称为交叉控制。

二、典型控制系统

简单控制系统是工业生产中最主要采用的控制系统，在工艺要求较高或被控对象特殊等情况下，简单控制系统不能满足生产的要求，有必要根据工艺的要求重新设置控制系统。最常见的控制系统包括串级控制系统、比值控制系统、前馈控制系统、均匀控制系统等。随着计算机用于生产控制，许多用常规控制仪表不可能实现的控制方法也得以实现，如自适应控制、多变量解耦控制等新型控制系统给生产带来了许多方便，大大提高了控制系统的控制质量。

（一）串级控制系统概述

1. 串级控制系统

精馏塔塔釜温度是保证提馏段产品分离纯度的重要指标，一般要求其稳定在一定数值上。通常采用改变加热蒸汽量的方法来克服各种扰动（如进料流量、温度以及组分等的变化）对温度的影响，从而保证塔釜温度的稳定。但是，由于控制器的输出信号只是控制调节阀门的开度，而蒸汽流量波动时，阀门前后的压差发生变化，在相同的开度下实际流入精馏塔的蒸汽量是不同的，而且精馏塔体积很大，温度对象滞后也大，当蒸汽流量变化较厉害时，就很难保证温度稳定在设定值上。如果要求的温度指标很严格，采用前面提到的控制方案就很难达到控制要求。当精馏塔的主要扰动是蒸汽流量的波动，就应想到是否可以设计一种控制系统保证温度控制器的输出信号与要求的实际流量形成对应关系，即将蒸汽的流量与温度控制器要求的实际流量进行比较，若流量不符合温度控制器的要求，就进行调整，即增加一个流量控制系统。要把温度控制器的控制要求与流量的检测信号比较，只需在流量控制器内部比较单元内进行，也就是将温度控制器的输出信号作为流量控制器的给定值。这样就把温度控制器和流量控制器串联在一起，形成一种较复杂的控制系统，称为精馏塔塔釜温度与蒸汽流量的串级控制系统，如图 3.1.11 所示。串级控制系统是指一个自动控制系统由两个串联控制器通过两个检测元件构成两个控制回路，并且一个控制器的输出作为另一个控制器的给定。

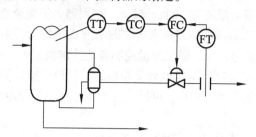

图 3.1.11 精馏塔塔釜温度与蒸汽流量串级控制系统

2. 串级控制系统的构成

串级控制系统应有两个控制器、两个检测变送器、一个执行器、两个被控对象，其方块图如图 3.1.12 所示。按照精馏塔塔釜温度与蒸汽流量的串级控制系统分析可知，串级控制系统虽然有温度控制和流量控制两个控制回路，但总的目标是为控制塔釜温度。塔釜温度是工艺要求控制的变量，称为主被控变量（主变量）；而蒸汽流量是为了控制塔釜温度这个主变量而引入的辅助变量，称为辅助被控变量（副变量）。举例中，温度控制器以塔釜温度（主变量）检测值作为输入，按照该输入与工艺设定值的偏差工作，结果送到流量控制器作为给定值，该控制器被称为主控制器；流量控制器是按照蒸汽流量的检测值与温度控制器（主控制器）的输出值的偏差工作的，其输出直接操纵执行器，被称为副控制器。被塔釜温度（主变量）表征其主要特性的工艺设备称为主对象；被蒸汽流量（副变量）表征的工艺设备称为副对象。检测塔釜温度和蒸汽流量的变送器分别称为主变送器、副变送器。由副变送器、副控制器、执行器和副对象组成的控制回路称为副回路；由主变送器、主控制器、副回路和主对象构成的回路被称为主回路。

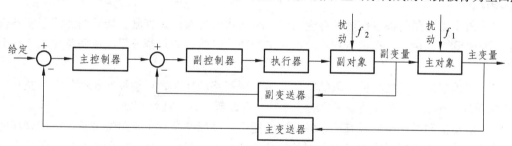

图 3.1.12 串级控制系统方块图

3. 串级控制系统的控制过程

在稳定的情况下，进入精馏塔的物料流量、组分、温度等稳定；蒸汽的流量、温度等也保持不变，物料所需热量和蒸汽提供的热量维持平衡，调节阀保持在某一开度，精馏塔塔釜温度维持在设定值上。扰动的出现破坏了原来的平衡，控制系统产生相应的动作来克服这种影响，使系统达到新的平衡。根据扰动进入系统的位置和扰动影响的大小，控制系统的动作情况也有所不同。下面以精馏塔塔釜温度串级控制系统为例，逐一分析。

（1）扰动进入副回路 进入副回路的扰动会首先影响副对象，继而影响副变量。如蒸汽压力波动，蒸汽的流量首先受到影响，但塔釜温度暂时不会发生变化，温度控制器的输入信号无变化，输出信号维持原来的值。即蒸汽流量控制器的设定值不变，但由于流量的检测信号发生了变化，控制器有了偏差，控制器输出就发生变化，改变阀门的开度，使流量恢复到原来的值。

由于流量对象的滞后很小，如果蒸汽压力波动很小的话，流量控制器可以很快将流量调整回来，而不至于影响到主变量（塔釜温度）。当扰动较大，副回路未能完全克服扰动时，必然引起主变量的变化。如扰动是蒸汽压力增加，使进入塔釜的蒸汽流量增加，主变量增加，因为温度控制器是反作用的，所以输出信号减小，而使流量控制器的给定值减小。给定值减小，检测值增加，流量控制器的偏差增大，而流量控制器也是反作用的，其控制输出值减小，这里采用气开式的调节阀，阀门开度减小，蒸汽流量减小。可见，由于主控制器的作用使副控制器控制力度加强，控制效果增强。

（2）扰动进入主回路　扰动进入主回路，如原料入口温度变化，直接影响塔釜温度。这时主控制器动作，通过副控制器改变阀门开度，从而改变蒸汽流量，以克服扰动。由于两个控制器起作用，相当于缩短了控制通道，控制质量提高了。

（3）扰动同时进入主、副回路　如果扰动使主、副控制器按同一方向变化，即同时要求阀门开度增加或减小，与扰动进入副回路而影响到主回路的情况一样，加强了控制作用，有利于提高控制质量。如果扰动使主、副变量变化相反，阀门开度只要作较小的变化就可以满足要求。如蒸汽流量增加，物料入口温度下降，即塔釜温度下降。由于蒸汽流量增加客观上符合入口温度低的控制要求，这时副控制器的偏差信号较小，开度改变不大。

（4）分析可知，由于引入副回路，不仅能迅速克服副回路干扰，而且对主对象的干扰也能迅速克服，即副回路具有先调、粗调、快调的特点。

4. 串级控制系统的特点

串级控制系统整体为定值控制系统，但副回路是随动控制系统。主控制器根据负荷和条件的变化不断调整副回路的给定值，使副回路适应不同的负荷和条件。串级控制系统概括起来有如下特点。

（1）由于副回路的快速作用，对进入副回路的扰动能够快速克服；如果副回路未能够快速克服而影响到主变量，又有主控制器的进一步控制，因此总的控制效果比单回路控制系统大大提高。

（2）串级控制系统能改善对象的特征。由于副回路的存在，可使控制通道的滞后减小，提高主回路的调节质量，而且使副对象的非线性特性改善为近似线性特征。

（3）对负荷和操作条件具有一定的自适应能力。主回路是一个定值调节系统，但副回路是一个随动系统，主控制器能按对象操作条件及负荷情况随时校正副控制器的给定值，从而使副参数能随时跟踪操作条件负荷的变化而变化。

5. 串级控制系统的应用

串级控制系统主要应用在被控对象滞后较大、控制指标要求较高的场合。对于串级控制系统的设置应从副变量的选择，主、副控制器的控制规律和控制参数及正、反作用等几个方面来考虑。

（1）副变量的选择　主变量是工艺上要求控制的，而副变量则是为了稳定主变量而引入的辅助变量，因此，副变量不是固定不变的，需要根据具体工艺情况进行调整。如加热炉的出口温度串级控制系统可以有如图 3.1.13 所示的两种控制方案。图（a）为加热炉出口温度与炉膛温度的串级控制系统，而图（b）是加热炉出口温度与燃料流量的串级控制系统。出现两种控制方案的主要原因是针对两种不同的情况，出口温度和燃料流量的串级控制系统主要是为了克服燃料流量波动给加热炉出口温度带来的影响，而这种串级控制系统的设计对被加热物料的成分、入口温度、流量等波动所带来的影响无法起到快速控制的作用。而加热炉出口温度与炉膛温度的串级控制系统不仅仅是对燃料流量有控制作用，对物料的扰动也能较快速地克服，但由于副回路的时间常数较图（b）所示方案中的流量副回路要长很多，因此，对燃料流量波动的克服效果没有图（b）所示方案好。因此，图（a）所示方案主要应用在燃料流量为非主要扰动的情况下。

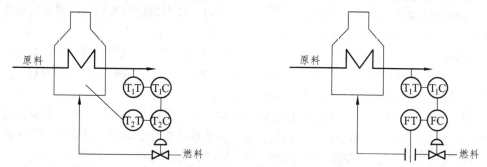

（a）加热炉出口温度与炉膛温度的串级控制系统　　（b）加热炉出口温度与燃料流量的串级控制系统

图 3.1.13　加热炉的出口温度串级控制系统

串级控制系统副变量的选择应遵从以下原则：

① 副回路应包括主要扰动和尽可能多的次要扰动，充分利用副回路快速作用的优点。

② 副回路的时间常数要小。如果为了包括尽可能多的扰动而任意扩大副回路的时间常数，这样，副回路的快速特性就不存在了。一般应使主、副对象的时间常数比为 3～4。如果主、副时间常数相近，就失去了副回路的快速响应的优越性，也容易使主、副变量相互影响而大幅度变化，所以，一般要求副回路比主回路至少快 3 倍，才能显示出串级控制的优势。

③ 所选择的副变量一定是影响主变量的直接因素，在工艺上也是合理的。同时，应尽可能把非线性部分包括在副对象中。

（2）控制器的选择　合理选择控制器的控制规律及参数，正确选择控制器的作用方向，才能保证串级控制系统的正常运行和控制质量。

① 控制规律的选择　采用串级控制系统的目的是快速克服主要扰动的影响，严格控制主变量，确保主变量没有余差，主控制器应具有积分作用。串级控制系统一般应用在被控对象时间滞后大的场合，主控制器应具有微分作用，所以主控制器采用 PID 控制规律。副变量只是为了保证主变量而引入的，因此对副变量没有严格的要求，副变量的控制完全是根据主变量的要求进行的，允许在一定范围内波动。积分作用会延长控制过程，不利于串级控制的快速特性，所以副控制器一般不设置积分规律，只有在副对象为流量、压力等时间常数和滞后都小的对象，才适当增加一点积分作用；如果施加了微分规律，当主控制器的输出稍有变化，经副控制器的微分作用，调节阀将做大幅度的变化，对控制不利；副回路应具有快速控制的作用，因此，副控制器一般采用较强的纯比例规律。

② 控制器的正、反作用的选择　正确选择主、副控制器的正、反作用才能保证控制系统为负反馈。视副回路为一个简单控制系统，参照简单控制系统的判断方法确定副控制器的正、反作用。主控制器的作用方向与主对象的作用方向相反。如图 3.1.11 所示的串级控制系统中，调节阀采用气开式，标为"+"，副变送器标"+"，流量对象标为"+"，根据"三正一反"原则，副控制器选反作用。蒸汽流量增加，塔釜温度升高，主对象为正作用，所以，主控制器选择反作用。同样道理，图 31.13（a）所示加热炉出口温度与炉膛温度串级控制系统中，采用气开式

359

调节阀，当燃料流量增加时，炉膛温度升高，副对象为正作用，所以副控制器选择反作用；当炉膛温度升高时，出口温度也升高，主对象为正作用，主控制器选择反作用。

注意：主对象的输入为副变量，输出为主变量。

（3）串级控制系统的投运　串级控制系统的投运和参数整定的基本原则是"先副后主"。"先副后主"是指先对副控制器进行投运或整定，最后才对主控制器进行整定。在投运过程中应做到无扰动切换。用电动控制仪表组成的串级控制系统的投运过程如下：

① 正确选择主、副控制器的开关位置　主、副控制器均置"手动"位置，主控制器设定开关置"内给定"，副控制器置"外给定"；主副控制器的正、反作用按照前面讲的判别方法选择正确的开关位置；将 PID 参数放置在经参数整定的值或原来的经验值上。

② 副控制器切换至自动　先用副控制器的手动操作直接控制调节阀，在主变量接近设定值，副变量也较平稳时，手动操作主控制器，使副控制器的外给定值等于副变量，即把手动/自动切换开关拨向"自动"，实现副控制器切向"自动"的无扰动切换。

③ 当副回路稳定，副变量等于给定值时，调节控制器的内给定值，使其等于主变量，即可将主控制器切向"自动"。

④ 待主、副回路在自动状态下基本稳定后，可以适当调整控制器的 PID 参数，提高系统的控制品质。

（二）均匀控制系统

在生产过程中，生产设备之间经常会紧密相连，变量之间相互影响。如在连续精馏过程中，甲塔的出料是乙塔的进料。精馏塔的塔釜液位与进料量都应保持平稳，就是说甲塔的液位应保持稳定，乙塔的进料流量也要稳定，按此要求，如果分别设置液位控制系统和流量控制系统，如图 3.1.14 所示，当甲塔塔釜液位升高时，液位控制器要求阀门 1 开大，使乙塔进料量增加，流量控制器要求减小阀门 2 的开度，阻止进料的增加。显然，这是相互矛盾的，无法使两个控制系统稳定。

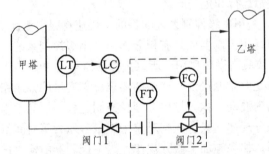

图 3.1.14　前后精馏塔的控制分析

由于进、出料是一对不可调和的矛盾，可以在两塔之间增加有一定容量的缓冲器，但除了要增加投资和占地面积外，这种方法对易产生自聚或分解的物料是行不通的。另外的解决办法是相互做出让步，使它们在物料的供求关系上均匀协调，统筹兼顾，即在有扰动时，两个变量都有变化，而且变化幅度协调，共同来克服扰动。为达到这一目的而设计的控制系统应具有以下特点：

（1）扰动产生后，两个变量在过程控制中都是变化的。

（2）两个变量在控制过程中的变化应是缓慢的（不急于克服某一变量的偏差）。

（3）两个变量的变化在允许的范围内，可以不是绝对平均，可按照工艺分出主、次。

根据以上特点，只要对控制器的控制参数进行调整，延缓控制速度和力度即可。这种类型的控制系统称为均匀控制系统。

1. 均匀控制系统的方案

常用的均匀控制系统有简单均匀和串级均匀两种。将图3.1.14中的两个控制系统去掉一个，如图中去掉虚线的流量控制系统，然后调整其控制参数为大比例度、人积分时间。因此，简单均匀控制系统在结构上与简单控制系统一致。图3.1.15为精馏塔塔釜液位与出口流量串级均匀控制系统，增加一个副回路的目的是消除控制阀前后的压力波动及对象的自衡作用的影响。从结构上看，与普通串级完全相同，区别也只是控制器参数的设置及控制目的不同，这也是判断是否为均匀控制系统的条件。

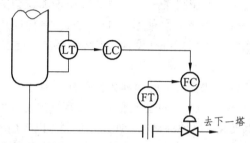

图3.1.15 精馏塔塔釜液位与出口流量串级均匀控制系统

2. 精馏塔简单均匀控制系统

方块图如图3.1.16所示。图3.1.17是设计为简单均匀控制系统前后流量和液位变化趋势的示意图。显然，使用了均匀控制系统以后，两个变量都在一定程度上变化，并兼顾了两个变量的要求。

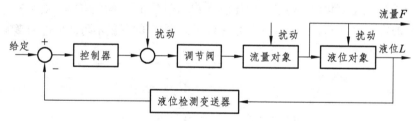

图3.1.16 精馏塔简单均匀控制系统的方块图

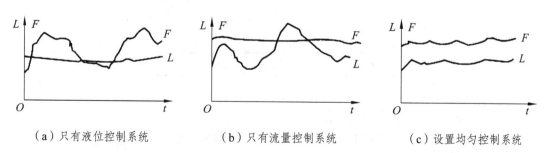

（a）只有液位控制系统　　　　（b）只有流量控制系统　　　　（c）设置均匀控制系统

图3.1.17 简单均匀控制系统前后流量和液位变化趋势

3. 均匀控制系统的参数整定

均匀控制系统在结构上与简单控制系统或串级控制系统相同，主要区别在于控制器的参数值，因此，其参数整定更为重要。

以液位控制系统为例，讨论其控制器的参数整定，使用"看曲线，整参数"的方法。根据液位和流量记录曲线整定，应遵从以下两个原则：

（1）先从保证液位不会超过允许波动范围的角度设置控制器参数。

（2）修正控制器参数，使液位最大波动接近允许范围，使流量尽量平稳。

均匀控制系统一般采用 P 或 PI 控制规律。

（三）比值控制系统

在化工生产过程中，常常遇到要求两种或两种以上的物料按照一定的比例混合或进行化学反应。一旦比例失调，就会影响产品的质量和产量，发生危险，甚至可能造成生产事故。如合成氨反应中的氢气、氮气之比要求控制在 3∶1，如果发生偏离就会使氨的产量下降；如果控制得好，波动范围从 0.2% 下降到 0.05%，就能增产 1%～2%。要保证几种物料成一定比例关系，一般来说应采用比值控制系统，也可以分别设置流量控制系统，使其与设定值成比例关系，但要求主动流量的波动小。

在比值控制方案中，要保持比值关系的两种物料必有一种处于主导地位，这种物料的流量称为主动流量（以下用 F_1 表示），其信号叫主动信号，如氨氧化反应中氨的流量。另一种物料的流量则随着主动流量按比例变化，这种物料流量叫从动流量（以下用 F_2 表示），其信号叫从动信号，如氨氧化反应中空气的流量。主动流量一般是对生产至关重要或较贵重或生产过程中不允许控制的。

1. 比值控制系统的类型

（1）开环比值控制系统　开环比值控制系统按照主动流量的检测值，通过比值控制器直接控制从动物料上的阀门开度，如图 3.1.18 所示。图中 F_1 为主动流量，F_2 为从动流量，FY 表示比值运算器。当 F_1 发生变化时，通过比值控制器 FY 运算，改变阀门开度，从而改变 F_2 的流量。这种控制方案的检测取自 F_1，控制作用信号送到 F_2，而 F_2 的流量不可能反过来影响 F_1 的流量，因此是开环控制。

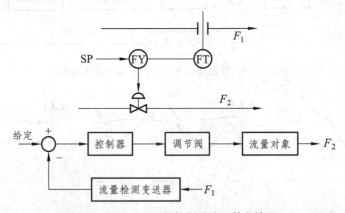

图 3.1.18　开环比值控制系统及其方块图

开环比值控制系统的优点是需要的仪器少，系统结构简单；但由于没有形成闭环控制系统，比值控制器只能改变阀门的开度，不能保证 F_2 的实际流量真正跟随 F_1 变化，所以开环比值系统应用的场合很少，主要用在从动流量相对稳定的场合。

（2）单闭环比值控制系统　为了克服从动流量的不稳定，在从动流量上增加一个闭环控制回路。按照乘法控制实施方案或除法控制实施方案，把主动流量的信号送给乘法器或除法器运算，结果作为从动流量控制器的给定值或测量值。图 3.1.19 中分别为用乘法器和除法器实施的单闭环比值控制系统。图（a）中F1Y 代表乘法器，图（b）中F1Y 代表除法器。

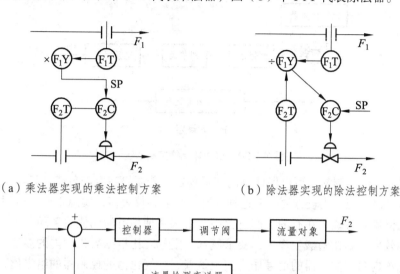

（a）乘法器实现的乘法控制方案　　　　　　（b）除法器实现的除法控制方案

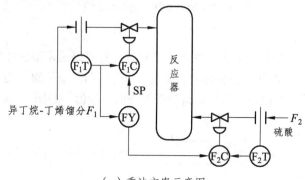

（c）乘法控制方案方块图

图 3.1.19　单闭环比值控制系统

无论是除法方案还是乘法方案，都能保证从动流量跟随主动流量变化。同时由于从动流量实行闭环控制，保证了它的流量稳定在主动流量的要求值上。这种控制方案实施方便，比值精确，应用最广泛。但由于主动流量未加控制，所以总的流量不固定。

（3）双闭环比值控制系统　为了保证主动流量稳定，在主动流量上增加一个闭合流量控制回路，这样的比值控制系统有两个闭合的回路，所以称为双闭环比值控制系统。如在烷基化装置中，进入反应器的异丁烷-丁烯馏分要求按比例配以催化剂——硫酸，同时要求各自的流量能比较稳定。图 3.1.20 为该装置的双闭环比值控制系统的乘法方案示意图及方块图。

（a）乘法方案示意图

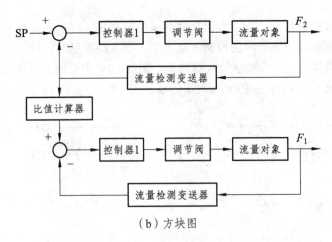

（b）方块图

图 3.1.20 双闭环比值控制系统

这种双闭环比值控制系统可以保证总的流量稳定。若要提高生产负荷，只需改变 F1C 控制器的设定值就可以实现，比较方便。但这种控制系统需要仪表多，实际生产中应用相对较少。

（4）变比值控制系统 在有的生产过程中，要求两种物料的比值关系随着工况而改变，以达到最佳生产效果。如在硝酸生产中，要求氨气、空气之比根据氧化炉内的温度变化而改变。因此，设计把炉内温度控制器的信号作为实现氨气、空气比值的控制器的给定值，这就是变比值控制系统，也称串级比值控制系统。图 3.1.21 为硝酸生产过程中氧化炉温度对氨气、空气串级比值控制系统的除法控制方案。

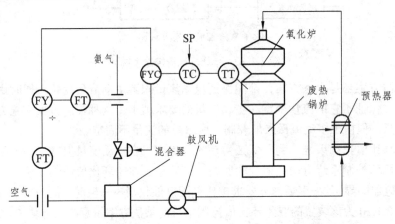

图 3.1.21 串级比值控制系统

2. 比值方案的实施

无论采用以上哪种类型控制方案，在具体实施时，都可以采用乘法方案或除法方案。采用乘法方案是将主动流量的检测信号乘上一个系数，作为从动流量控制器的给定值。而除法方案是将主、从动流量检测值的比值作为从动流量控制器的测量值。如图 3.1.22 所示。

（a）乘法方案

（b）除法方案

图 3.1.22　比值系统实施方案示意图

乘法控制方案可以采用比值器或乘法器，两者的区别主要在于乘法器的系数可以是外给定，也就是说可以随其他值变化。

由于主、从动流量检测装置的量程不同，同时考虑流量检测值与流量本身不一定成线性关系，而且现采用的国际标准信号的零点是 4 mA，所以，比值系统的实施必须计算出信号比 K，进而计算出采用不同控制装置的给定值。如果采用比值器，应计算出信号比，通过比值器的内部设定该值。乘法器需要外给定。而采用除法器时，除法器的输出作为从动流量控制器的测量值，也必须计算出从动流量控制器的给定值。

（1）测量信号与流量的关系　流量测量中，采用差压法时，流量与差压变送器的输出信号成开方关系。其他测量方法中，变送器的输出信号与被测变量成正比。

与流量成正比的流量变送器（所有成线性关系的变送器与之相同）的输出信号与流量的关系为

$$I(\text{mA}) = \frac{F}{F_{\max}} \times 16 + 4$$

差压法测流量，差压变送器输出信号与流量的关系为

$$I = \left(\frac{F}{F_{\max}}\right)^2 \times 16 + 4$$

（2）比值系统中的流量比　比值控制系统中的流量比为从动流量与主动流量之比，这在比值系统计算中必须注意。从流程图中可以判断出主、从动流量。主、从动流量比 K 为

$$K = \frac{F_2}{F_1}$$

（3）比值系统中的信号比 k　信号比指在满足流量比的情况下，主、从动流量变送器信号之比，它是比值系统计算的关键。由于变送器与流量之间的关系不同，信号比有以下两种情况。

① 信号与流量成正比：

$$k = \frac{F_2}{F_1} \times \frac{F_{1\max}}{F_{2\max}} = K\left(\frac{F_{1\max}}{F_{2\max}}\right)$$

② 信号与流量成平方关系：

$$k = \left(\frac{F_2}{F_1}\right)^2 \times \left(\frac{F_{1\max}}{F_{2\max}}\right)^2 = K^2\left(\frac{F_{1\max}}{F_{2\max}}\right)^2$$

（4）设定信号　采用智能仪表，设定电流 I_S：

$$I_{\text{s}}(\text{mA}) = 16k + 4$$

采用气动仪表，设定气压 p_{s}：

$$p_{\text{s}}(\text{MPa}) = 0.08k + 0.02$$

【例 4】某生产工艺要求氢气流量为 105 m³/h，氯气流量为 100m³/h，均采用差压法测量，氢气变送器的量程为 $0 \sim 210$ m³/h，氯气变送器的量程为 $0 \sim 360$ m³/h。如采用单闭环比值控制，分别确定采用比值器、乘法器、除法器在有或无开方器的情况下，设置的设定信号（设所有仪表的输出信号均为 $4 \sim 20$ mA）。

解：设计以氢气流量为主动流量，氯气流量为从动流量。

流量比：$K = \dfrac{F_2}{F_1} = \dfrac{100}{105}$

第一种情况：流量测量带开方器

信号比：$k = K \dfrac{F_{1\max}}{F_{2\max}} = \dfrac{100}{105} \times \dfrac{210}{360} = 0.556$

① 采用比值器，则比值器的设定值为 0.556；

② 采用乘法器，则乘法器的设定值 I_s 为

$$I_s = 16k + 4 = 16 \times 0.556 + 4 = 12.896 \ (\text{mA})$$

③ 采用除法器，从动流量控制器的设定值 I_s 为

$$I_s = 16k + 4 = 16 \times 0.556 + 4 = 12.896 \ (\text{mA})$$

可见，采用乘法器与除法器时，计算值相同，只是施加的位置不同。

第二种情况：流量测量不带开方器

信号比：$k = K^2 \left(\dfrac{F_{1\max}}{F_{2\max}}\right)^2 = \left(\dfrac{100}{105} \times \dfrac{210}{360}\right)^2 = 0.309$

① 采用比值器，则比值器的设定值为 0.309；

② 采用智能乘法器，则乘法器的设定值 I_s 为

$$I_s = 16k + 4 = 16 \times 0.309 + 4 = 8.944 \ (\text{mA})$$

③ 采用智能除法器，从动流量控制器的设定值 I_s 为

$$I_s = 16k + 4 = 16 \times 0.309 + 4 = 8.944 \ (\text{mA})$$

由此可见，带与不带开方器对于比值控制系统的实现没有太大影响，但动态效果不同。现在有专门的流量变送器，而 DCS 或智能调节器中都有开方的功能，因此，现在的比值控制系统大多按测量值与流量成线性关系计算。

（四）分程控制系统

1. 分程控制系统的概念

一般情况下，一个控制器仅控制一个调节阀。在某些场合，需要将一个控制器的输出分成两段或两段以上，分别控制两个或两个以上的调节阀，这种类型的控制系统称为分程控制系统。分程控制系统是通过阀门定位器或电/气阀门定位器来实现的，即将控制器的分段信号分别转换成 $20 \sim 100$ kPa。

例如，反应釜的温度控制，反应器内物料配好以后，开始需要对反应器加热才能启动反应过程。随着反应进行，不停地放热，温度升高，又必须带走热量，以维持反应温度的稳定。图 3.1.23 为反应釜温度的分程控制系统。温度不同时，控制器的输出信号也不同，将反应设定温度

作为分界，将信号分成两段，温度高对应的信号控制冷却水阀，温度低对应的信号控制蒸汽阀门。该控制系统的信号连接及阀门开度见图3.1.24。

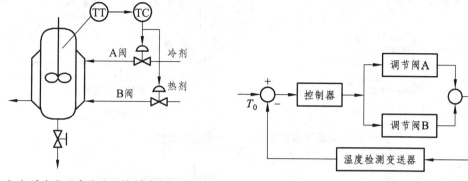

（a）反应釜温度的分程控制系统流程图　　　　（b）反应釜温度的分程控制系统方块图

图 3.1.23　反应釜温度的分程控制系统

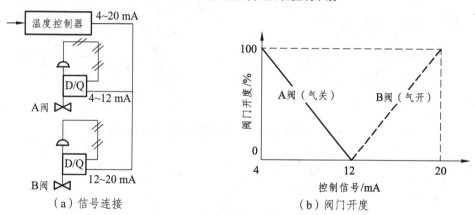

（a）信号连接　　　　　　　　　　　（b）阀门开度

图 3.1.24　信号连接及阀门开度示意图

2. 分程控制系统的实施

分程控制系统是利用阀门定位器对控制信号进行分段控制的系统，确定调节阀的气开、气关形式和分程信号是分程控制系统的关键。

（1）调节阀气开、气关形式的选择　　调节阀气开、气关形式的选择仍然依据简单控制系统中讨论的要求。由于分程控制系统有两个或两个以上的操纵变量，如果两个调节通道的正反特性相反，那么两个阀门的开关形式选择相反。图 3.1.23 中反应釜温度的控制中，冷剂和热剂流量对反应釜温度影响相反，因此，选择阀门的开关形式相反。为了保证在故障状态下，反应釜不会因温度过高而出现危险，冷剂阀门打开（气关阀），热剂阀门关闭（气开阀）。

如果两个操纵变量对应的控制通道正反特性相同，两个阀门的开关形式可以是相同的。图 3.1.25 所示为某燃气锅炉蒸汽压力的分程控制系统。废气和燃气流量增加都能使蒸汽压力增加，即被控对象作用方向相同，阀门开关形式一致，均选择气开阀。

为了防止控制阀频繁动作，可在分程点上、下设置一个不灵敏区（根据工艺设置，一般不能太大），在该范围内，控制阀不发生切换或动作。图 3.127 为其中一种情况示意图。

在工艺上不允许按照图 3.1.26 和图 3.1.27 两种情况选择的时候，也可通过调整阀门定位器的作用形式，使输入信号与输出信号方向相反。另外，在控制信号的分配上，也不必平均分配。

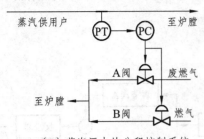
（a）蒸汽压力的分程控制系统

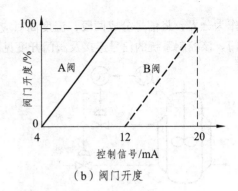
（b）阀门开度

图 3.1.25　某燃气锅炉蒸汽压力的分程控制系统

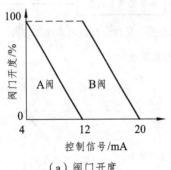
（a）阀门开度

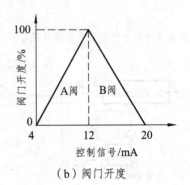
（b）阀门开度

图 3.1.26　分程控制系统阀门动作关系的其他形式示意图

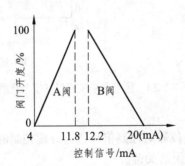
图 3.1.27　带不灵敏区的分程控制系统阀门动作示意图

（2）控制器正反作用判断　　正确选择控制器的作用方向，是保证控制系统的控制质量，同时也是控制信号分段的依据。用其中的一个调节阀及其对应的被控对象与测量变送器、控制器组成的单回路系统，按照"三反一正"和"三正一反"的原则进行判断。

如图 3.1.23 所示的反应釜温度分程控制系统中，冷剂阀门采用气关阀，为反作用；冷剂量增加，反应釜温度下降，该对象为反作用；测量变送器为正作用，控制器选择反作用。

控制器为反作用，则温度增加时，控制器输出信号减小。也就是说温度高时，输出信号小，此时冷剂阀门应动作，所以，信号分段如图 3.1.24（b）所示。同样，如果一个控制器控制一个气开阀、一个气关阀，控制器选择正作用时，控制信号分段如图 3.1.26（b）所示。

（五）选择控制系统

一般地说，在自动控制回路中引入了选择器的控制系统都称为选择控制系统。

1. 超驰控制系统

随着自动化技术的进步，特别是计算机控制装置的引入，应用选择器的场合越来越多，其中用于设备保护的一类选择控制系统应用最为广泛。这种类型的控制系统又称为超驰控制系统，或取代控制系统。

从整个生产过程看，所有的控制系统可分为三类：物料平衡（或能量平衡）控制、质量控制和极限控制。超驰控制是极限控制的一种。极限控制一般是从安全角度出发的。在正常工况下，变量不超限，不需考虑对它进行直接控制；而在非正常情况下，变量一旦超越极限，则要求采取强有力的措施。一般采用两种做法。

（1）变量达到第一极限时报警→设法排除故障→若没有排除故障，变量会达到更严重的第二极限，经联锁装置，自动停车。这种做法叫硬保护。

（2）变量达到第一极限时报警→设法排除故障→同时改变操作方式，按使该变量脱离极限值为主要目的的控制方案进行控制。该控制方案可能使原控制质量降低，但能维持生产继续进行，避免停车。这种做法叫软保护。超驰控制就是为实现软保护而设计的控制系统。

【例5】氨冷器的控制系统设计。氨冷器是利用液态氨的蒸发带走热量来冷却介质的。一般对其出口温度有控制要求，设计正常温度控制系统如图3.1.28所示，图（a）为温度单回路控制方案，图（b）为温度串级控制方案之一。这些控制方案能够很好地保证冷却后的介质温度符合要求。但假如出现了非正常工况，如杂质油漏入被冷却物料管线，使传热系数猛降，为了取走同样的热量，就要大大增加传热面积。但当液氨浸没换热器所有列管后，传热面积达到了极限，如果继续增加液氨量，并不能提高传热量。但液位高到一定程度以后，可能造成事故。这是因为汽化的氨气要重复使用，将重新进入压缩机压缩，若气氨带液，液滴会损伤压缩机叶片。因此，在氨冷器的上部必须保持一定的汽化空间。为了保证一定的汽化空间，必须限制液位不能超过一定的极限，在原来温度控制的基础上增加一个防止液位超限的超驰控制系统，如图3.1.28（c）所示。

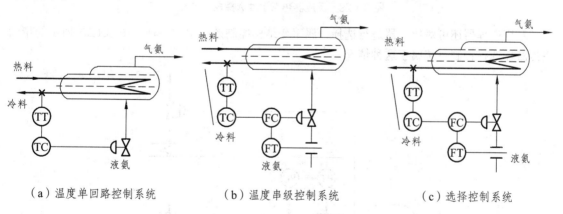

(a) 温度单回路控制系统　　(b) 温度串级控制系统　　(c) 选择控制系统

图 3.1.28　氨冷器控制方案

该选择控制系统控制动作如下：在正常情况下，由温度控制回路操纵阀门进行冷却器出口温度控制；当出现非正常工况时，氨的液位达到高限值，即使出口温度仍偏高，为了保护压缩机，液位控制系统取代温度控制而操纵阀门。等引起生产不正常的因素消失后，液位恢复到正常区域，又恢复到温度控制回路。

实现以上要求，需要两个控制器，通过选择器对两个控制器的输出信号进行选择来实现对调节阀的不同控制。选择器有高值选择器、低值选择器和中值选择器等种类。选择控制系统设计的一个主要内容是选择选择器的性质。选择器的选择要根据调节阀的气开、气关性质及控制器的正、反作用来确定。具体做法：先根据工艺确定阀门的气开、气关形式；按照正常控制回路、取代控制回路分别确定正常控制器和取代控制器的作用形式；最后根据取代控制器在什么情况下取代工作来分析，若此时取代控制器输出小信号，则选择低值选择器，输出大信号则选择高值选择器。

以图 3.1.28（c）中的选择控制系统为例，阀门选择气开，正作用；由于温度被控对象随着液氨量增加，温度下降，为反作用，温度控制器为正作用；液位对象为正作用，因此，液位控制器选择反作用。当液位较高时，液位控制器输出小信号，选择器选择低值选择器。

2. 其他选择控制系统

选择控制系统除起保护作用的超驰控制外，还有其他用途，如固定床热点温度控制。固定床反应器热点温度（最高温度）的位置可能随着催化剂的老化、变质等原因而移动。反应器各点温度都应参加比较，取其高者用于温度控制。方案如图 3.1.29 所示。选择器用于对检测值进行选择。

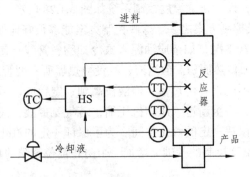

图 3.1.29　反应器热点温度选择控制方案

利用选择器还可对执行器进行选择，属于变结构控制系统中的一种。图 3.1.30 所示的精馏塔冷凝器选择控制系统属于这种情况。

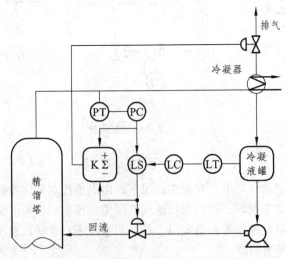

图 3.1.30　精馏塔冷凝器选择控制方案

图 3.1.30 中系统为精馏塔控制系统的一部分。来自于精馏塔的物料蒸气在冷凝器中冷凝为液体，进入冷凝罐后由泵输送回塔。正常情况下，当塔顶的蒸气能够全部冷凝时，塔顶的压力通过改变回流量来控制。改变回流量，也就是改变冷凝器中的传热面积，从而改变蒸气的液化速度，控制塔的压力。在这种情况下，冷凝罐液位高，输出高信号，不会被低值选择器选中，此时，送到减法器的两个信号相等，减法器输出至排气阀的信号为零，排气阀处于全关闭状态。

如果不凝气体在冷凝器中累积过多，压力就会升高。控制要求回流量增加，但即使冷凝液罐液体全部抽光，压力也可能不会符合要求，只能靠排不凝气来实现。当冷凝液罐液位太低时，LC输出小信号，为了防止抽空和汽蚀现象，液位控制器取代压力控制器控制回流量。同时进入减法器的信号不同，排气阀的信号不为零，阀门根据压力信号改变开度。

3. 防积分饱和问题

由于在选择控制系统中有一个控制器处于开环状态，若有积分规律，存在的偏差使控制器的输出信号不断增加，就会产生积分饱和问题。

防积分饱和的方法有以下三种：

（1）限幅法　用高低值限幅器，将控制器积分反馈信号限制在某区域。

（2）外反馈法　控制器在开环情况下不再使用自身的信号进行积分反馈，而是采用外部信号作为积分反馈信号，从而切断了积分正反馈，防止进一步的偏差积分作用。

（3）积分切除法　它是从控制器本身的结构上想办法。控制器在开环情况下会暂时自动切除积分作用，使之仅具有比例功能。

（六）前馈控制系统

前面所讲到的简单控制系统和串级控制系统都是反馈控制系统，控制系统是按照被控变量的检测值与设定值的偏差大小来工作的。反馈控制系统的优点是有校正作用，控制精度较高，而且可以克服闭合回路中的所有扰动，因此，闭环反馈控制系统是工程中最主要的控制形式。但反馈控制系统的最大缺点是它的滞后性，只有当扰动影响到被控变量以后才能起作用。在反馈控制问世之前，就有人试图按照扰动量的变化来补偿扰动对被控变量的影响，从而达到被控变量完全不受扰动量影响的效果。这种按照扰动进行控制的开环控制方式称为前馈控制，简称FFC。前馈控制的工作原理结合图 3.1.31 所示的换热器的两种控制方案来说明。图（a）为一般的反馈控制系统，图（b）为前馈控制系统。换热器的进料量是影响被控变量——换热器出口温度的主要扰动。当采用前馈控制方案时，可以通过一个流量变送器测取扰动量——进料量，并将信号送到前馈控制装置 Gff 上。前馈控制装置按照入口物料的流量变化来运算，控制阀门，以改变蒸汽流量来补偿进料流量对被控变量的影响。如果蒸汽流量改变的幅值和动态过程适当，就可以显著减小或完全补偿入料流量变化这个扰动量引起的出口温度的波动。

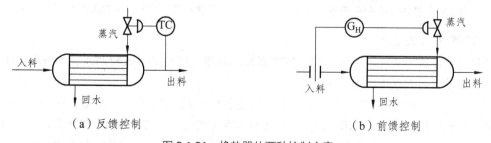

（a）反馈控制　　　　　　　　　　　（b）前馈控制

图 3.1.31　换热器的两种控制方案

由上例可知，前馈控制系统是按照扰动作用的大小和性质来进行控制的。扰动一旦发生，补偿控制器立即发出控制信号，驱动执行装置补偿扰动的影响。由于被控对象有滞后性，扰动还没有影响到被控变量就被削弱，如果补偿控制器设置得好，被控变量可能不会发生变化。

根据前馈补偿控制器的不同设计要求，前馈控制包括静态前馈和动态前馈两大类。静态前馈只考虑补偿最终能使被控变量稳定在设定值上，而不考虑补偿过程中偏差的大小和变化。动态前馈不仅要考虑最终的结果，还要考虑在扰动影响过程中加以补偿，尽可能使被控变量在整个过程中不发生变化或变化很小。静态前馈的实现比动态前馈容易得多，采用常规前馈补偿控制装置一般多是静态前馈。扰动类型不同、进入被控对象的位置不同，补偿规律也就不同，所以要实现真正意义上的动态前馈，只有借助于计算机或智能化仪表。

一般前馈控制主要应用于扰动频繁且幅度大，或者主要扰动可测不可控，或者扰动对被控变量影响显著，而反馈控制难以达到要求的情况下。

1. 前馈控制系统的类型

前馈控制是一种开环控制形式，由于没有反馈校正，很难保证控制质量。前馈控制只能针对一种扰动，而系统内不可能只有一种扰动，因此，单纯使用前馈控制系统的意义不大，一般都是将前馈控制与反馈控制结合起来，形成前馈-反馈控制和前馈-串级控制等。利用前馈控制的快速性克服其中一个主要的扰动，利用单回路或串级系统来克服其他扰动，这样就结合了两种控制系统的优点，获得较高的控制质量。

图3.1.31（b）所示的为单纯前馈控制系统。该控制系统只能克服介质流量变化这一个扰动，对于蒸汽的变化、介质温度、介质成分等的变化没有克服能力，而且对于控制效果没有校正的能力。一般使用时增加一个反馈控制回路，组成前馈-反馈控制系统，如图3.1.32所示。用流量的前馈补偿克服这个主要的扰动，而用反馈控制回路克服其他扰动，并保证最终控制质量。

如果充分考虑蒸汽流量的波动，提高最终的控制质量，在图3.1.31的基础上还可以增加蒸汽流量的副回路，组成前馈-串级控制系统，如图3.1.33所示。

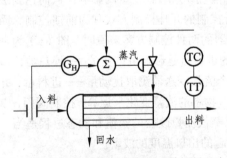

图3.1.32　换热器的前馈-反馈控制系统

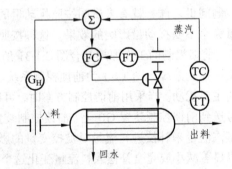

图3.1.33　换热器的前馈-串级控制系统

2. 三冲量控制系统

冲量是指系统中的变量。为了提高控制系统的品质，往往要引入辅助冲量来构成多冲量控制系统，也就是引入系统中变量的检测值。

工业锅炉是工业生产中重要的动力设备，即使小型工业锅炉的蒸汽生产量也在 10 t/h 以上，而锅炉的汽包体积并不大，当用户的蒸汽使用量等发生变化时，汽包的液位变化会很大。如果汽包的水位过低，很容易使水全部汽化而烧坏炉子，甚至有时可能引起爆炸；如果水位过高，则会影响汽水分离效果，使蒸汽带水，影响后面设备的安全。因此，汽包液位控制是非常重要的。

影响汽包液位的因素有很多，最主要的有蒸汽负荷和给水流量的波动，由于蒸汽量是用户需要而不能控制的，因此，选择给水流量作为液位控制的操纵变量，构成液位控制的单回路控制系统，即单冲量控制系统。

如果蒸汽负荷变化较大，这种单冲量的控制系统品质会很差，很容易发生危险，其主要原因是虚假液位。虚假液位的产生是因为当蒸汽负荷突然加大（用气量增人）后，汽包压力突然降低，水会急速汽化，出现大量气泡，使水的体积似乎增大了很多，形成了虚假液位，液位检测装置的检测值会增大，控制器误认为液位很高而减小阀门的开度，结果是本应急需供水的汽包反而减少了供水量，势必影响生产甚至造成危险。造成这种情况的主要原因是蒸汽用量的波动，引入蒸汽流量这个变量作为前馈量，与原来的液位控制系统一起组成特殊的前馈-反馈控制系统，即形成锅炉两冲量控制系统。蒸汽流量信号通过加法器与液位信号叠加，当虚假液位产生时，液位信号试图关小阀门，而蒸汽信号要求加大阀门的开度，这样就可以克服虚假液位的影响。

为了提高控制质量，如果考虑供水流量的波动，再引入供水流量的冲量，形成特殊的前馈-串级控制系统。图 3.1.34 为锅炉三冲量控制系统的原理图。

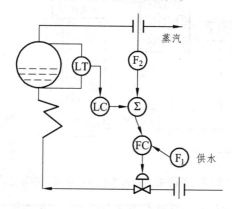

图 3.1.34　锅炉三冲量控制系统的原理图

三、控制系统的安装

控制系统的安装包括现场仪表安装，控制信号线的连接，电源、气源的供给等。

（一）仪表接线图

构成控制系统的仪表按照仪表接线图完成仪表的接线。提供的仪表接线图有三种表示方法：直接接线法、编码呼应法和单元接线法。

1. 直接接线法

直接接线法是根据设计意图，将有关端子或接头直接用一系列连线连接起来，直观、逼真地反映了端子与端子、接头和接头之间的相互连接关系。但是，当仪表及端子数量较多时，线条相互穿插、交织在一起，寻找连接关系费时、费力，读图容易出错。这种方法适用于仪表及端子（或接头）数量较少，连接线路比较简单，绘图不容易产生混乱的场合。在系统改造过程中，增加的控制系统可以采用这种方法。

【例6】某一液位控制系统，按照要求组成非安全火花型系统，图3.1.35为控制系统的组成方块图，图3.1.36为该单回路控制系统的直接接线法的接线图。

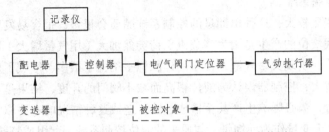

图 3.1.35　单回路控制系统方块图（非安全火花型）

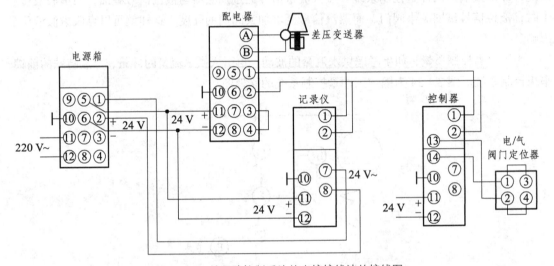

图 3.1.36　单回路控制系统的直接接线法的接线图

由于是组成非安全火花型系统，所以不需安全栅。如果是要组成隔爆型系统，现场仪表应选择隔爆型仪表。电源箱为仪表提供 24 V 直流电源，同时通过配电器① ②端子为记录仪提供 24 V 交流驱动电源；现场的差压变送器的电流信号通过配电器提供电源，并将信号转换成电压信号传输到控制室；整个控制系统采用的是智能仪表，控制室采用 1～5 V 的电压信号，因此，控制器与记录仪采用并联形式；控制器输出信号通过⑩ ⑨端子输送到电/气转换器。

【例7】某比值控制系统按照要求组成安全火花防爆系统。图3.1.37为系统构成方块图，图3.1.38为采用直接接线法绘制的系统接线图。

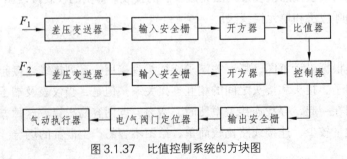

图 3.1.37　比值控制系统的方块图

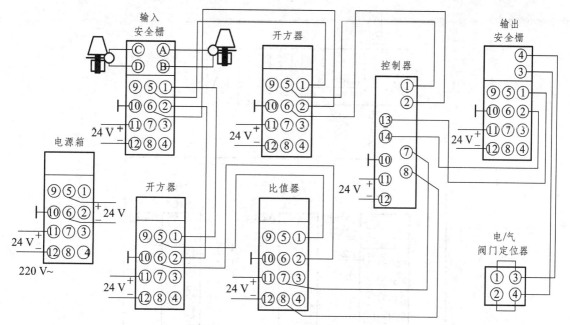

图 3.1.38 比值控制系统的接线图

电源箱为整个系统提供 24 V 直流电源，在图中没有将其与仪表连接起来。由于要求设计成安全火花防爆系统，因此，利用安全栅将现场仪表和控制仪表隔离起来。

从方块图可见，该比值控制系统采用的是单闭环乘法控制方案。主、从动流量检测采用差压法，差压变送器的信号通过输入安全栅后，进入开方器，开方后的信号分别接入控制器和比值器。

可见，直接接线法比较直观，与控制方案结合紧密，便于仪表的维护。这种方法也是设计其他接线图的基础。

2. 编码呼应接线法

编码呼应接线法是根据设计意图，对每根管、线两头进行编号，各端头都编上与本端头相对应的另一端所接仪表、接线端子或接头的接线点号，如图 3.1.39 所示。1SX 为仪表盘输入端子排，1PX 为输出端子排，A1 为配电器，A2 为记录仪，A3 为控制器。变送器 1T 信号通过输入端子排 1SX 的 1、2 端子与配电器的 A、B 端子相连，在连接导线的两头分别标上 1SX-1、1SX-2和 A1-A、A1-B 的编号，表示两根导线的两头分别与输入端子排的 1、2 号端子连接，标号为 A1 的仪表的 A、B 端子连接。在图上仪表的端子上标出该端子与哪个端子相连。配电器的输出信号通过端子 1、2 输出，分别并联连接记录仪，控制器的 1、2 端子，图中对应标出信号连接的编号。控制器的输出信号连接到输出端子排 1PX-1、1PX-2 端子上。

在实际过程中，对于盘上仪表和盘后仪表可以分成两张图纸，并有各自的输入输出端子排，但原理和以上说明没什么区别。如图 3.1.39 中配电器的信号要经过盘面仪表端子排与记录仪、控制器连接。

编码呼应接线法便于施工操作，工程技术人员可以先将现场仪表接好线并作好编号，然后统一完成控制室仪表接线，不需要一一核对每个控制系统。采用这种方法效率较高，包括 DCS 的施工一般都采用这种方法。但仪表工日常维护时，还应转换到直接接线图，这样便于判断控制系统的问题。

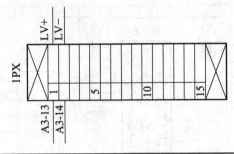

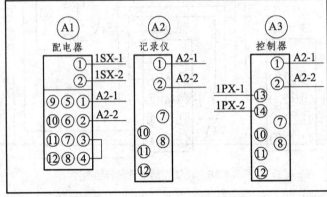

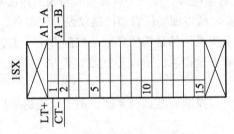

图 3.1.39　编码呼应接线法

3. 单元接线法

单元接线法是将线路上有联系而在仪表盘背面或框架上安装相近的仪表划归为一个单元，用虚线将它们框起来，视为一个整体，编上该单元代号，单元内部的连线不必绘出。在表示连线关系时，单元和单元之间的连接用一条带圆圈的短线互相呼应。这种方法更简便，图更加清晰、整齐，一般用于仪表及端子数量多、连接关系复杂的场合。要求安装人员熟悉各类自动化仪表的背面接线端子的分布和组成。因此，这种方法应用相对较少。

（二）仪表供气系统

仪表供气系统是为了使仪表获得气源而设置的。即使在现代化的化工企业，虽然气动仪表使用越来越少，但很多场合仍用到气动执行装置。

整个供气系统由空气压缩站和供气管路两大部分组成。

空气压缩站将来自大气的空气加压、冷却、水气分离、除尘、除油、干燥和过滤后，送至储气罐供仪表使用。空气压缩站是化工企业生产中的一个装置，一般由工艺人员负责。仪表工也应对其有基本的了解。

现场仪表供气方式分为单线式、支线式和环线式三种。无论哪种方式，都要从空气压缩站提供的压缩空气的总管引出。气源总管安装示意图如图 3.1.40 所示。通过总管系统将压缩机提供的 0.7～0.8 MPa 的压缩空气减压到 0.2～0.4 MPa。各分表系统再通过减压阀，调至所需的压力，如气动薄膜调节阀所需的 0.14 MPa 压力。

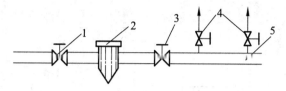

图 3.1.40　气源总管安装示意图

1—总管截止阀；2—过滤器；3—减压阀；4—分表截止阀；5—气源总管

1. 单线式供气方式

直接由气源总管引出管线经过滤器后为单个仪表供气。供气配管系统如图 3.1.41 所示。这种供气系统多用于分散负荷或耗气量较大的负荷。

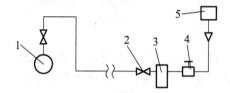

图 3.1.41　单线式供气配管系统图

1—气源总管；2—截止阀；3—过滤器；4—减压阀；5—仪表

2. 支线式供气方式

由气源总管分出若干条干线，再由每条干线分别引出若干条支线。每条支线经过一只过滤器、减压阀后为每台仪表供气。供气配管系统如图 3.1.42 所示。这种供气系统多用于集中负荷或密度较大的仪表群的供气。

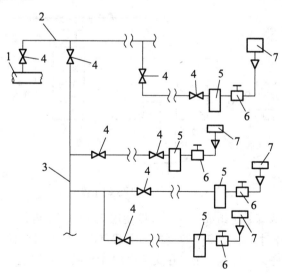

图 3.1.42　支线式供气配管系统图

1—气源总管；2—干管；3—支管；4—截止阀；5—过滤器；6—减压阀；7—仪表

3. 环线式供气方式

将供气总管构成一个环形闭合回路，根据气动仪表的具体位置，从环形总管的适当位置分出若干条干线，由各条干线分别向各个用气区域供气。供气配管系统如图 3.1.43 所示。

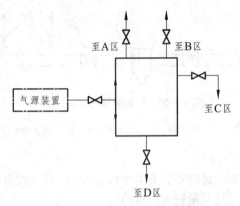

图 3.1.43　环线式供气配管系统图

（三）仪表供电系统

仪表与自动化系统所需的电源种类较多，粗略分为交流电源和直流电源两类。根据化工企业的性质，提供给仪表系统的交流电源应采用双电源供电，也就是在发生事故时，采用不同电网的电源通过自动切换装置相互切换，稳定、可靠。

在电源事故状态，为了保证自动化系统仍能够继续工作，现代化工企业采用不间断电源装置 UPS（Uninterrupted Power Supply System）供电。常用的 UPS 有两种，一种为在线式 UPS，另一种为后备式 UPS。在线式 UPS 在正常供电时，通过整流器进行整流和滤波，将输入的交流电先转换成直流电，向蓄电池充电。该直流电同时和蓄电池电流并行送入逆变器，在逆变器中将直流电压逆变成交流电输出，通过电子切换开关进行监视和调整输出。在线式 UPS 的工作原理如图 3.1.44 所示。

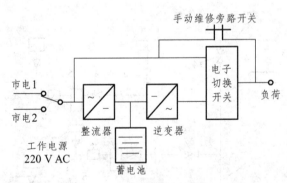

图 3.1.44　在线式 UPS 的工作原理

后备式 UPS 通常由两套系统组成，一套直接使用交流电网供电，一套用蓄电池储能逆变供电。在交流电源正常工作时，由交流电源直接向负载供电，同时经整流器将交流电转变为直流电，向蓄电池充电，而逆变电路不工作。在交流电源停电或供电质量不符合要求时，由蓄电池提供电能，逆变成交流电供给负载。

在线式 UPS 在电源故障或整流器故障时，蓄电池可以直接通过逆变器对负载供电，不需要切换时间，而后备式 UPS 两路切换的时间通常在 2～4 ms。在线式 UPS 成本高，效率比后备式低，但它有良好的抗交流侧噪声的能力，因此，一般多选用在线式 UPS。

UPS 作为电源供仪表系统使用。如果需要直流电，则通过整流装置整流成所需的直流电压。在 DCS 的每一个工作站都有自己独立的电源单元。模块化 PLC，也必须选择与其 CPU 对应的电源模块。DDZ-III 型仪表用电源箱供电。电源箱可以单个使用，向容量允许的仪表供电，也可以几个电源箱并联统一向仪表供电。图 3.1.45 为这两种仪表供电形式示意图。一般多采用并联供电，并按照计算的容量设置冗余的电源箱，冗余不低于 10∶1。

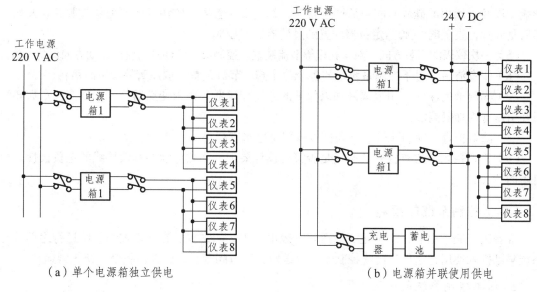

（a）单个电源箱独立供电　　　　　　　　（b）电源箱并联使用供电

图 3.1.45　直流供电系统示意图

四、控制系统的投运和维护

控制系统的投运是指系统按设计安装就绪，或者经过停车检修以后，投入使用的过程。无论采用什么样的控制仪表，控制系统的投运一般都要经过准备、手动操作、自动控制等几个步骤。而自动运行的控制系统会出现这样那样的问题，仪表工作人员的一项主要工作就是维护自动化系统的正常运行。

（一）控制系统运行前的准备工作

1. 准备工作

（1）熟悉工艺过程，了解工艺机理、各工艺变量间的关系、主要设备的功能、主要控制指标和要求等。

（2）熟悉控制方案，对检测元件和调节阀的安装位置、管线走向等要做到心中有数，掌握自动化工具的操作方法。

（3）对检测元件、变送器、控制器、调节阀和其他有关装置，以及气源、电源、管路等进行全面检查，确保处于正常状态。

（4）确定好控制器的作用方向和调节阀的安全作用方向，选择控制器的内、外给定开关的位置，PID 参数放置在整定值上。

（5）进行联动试验，保证各个环节能正常工作。例如，在变送器输入端施加信号，观察显示仪表和控制器是否能正常工作，调节阀是否能正常动作。

2. 控制系统投运注意事项

（1）**与工艺密切配合** 要根据工艺设备、管道试压查漏要求，及时安装仪表，调整控制系统。

（2）**注意仪表对号入座** 大修以后，由于拆卸仪表数量较多，一定要保证仪表对号入座。

（3）**注意仪表供电** 确认通电接线符合要求，电压值与仪表要求一致后方可通电。

（4）**气源排污** 气源管道一般采用碳钢管，运行一段时间后会出现锈蚀，特别是开停车的影响，以及干燥用的硅胶时间长后产生粉末，都会带入管内。气源排污首先从气源总管开始，然后是分管，直至电/气阀门定位器配置的过滤器、减压阀。

（5）**一次仪表的安装方向** 对于孔板等节流装置、控制阀，应注意与流体流动方向保持一致。

（6）**注意清污** 对于控制系统中的各个截止阀、节流装置、取压管等应及时清污。

（7）**隔离液的注入** 用隔离液加以保护的差压变送器、压力变送器等，在重新开车后要注意在引压管内加隔离液。

（8）**防漏检查** 对引压管、气动信号线用肥皂水进行查漏。

（9）**检查接线** 检查仪表的接线是否符合设计要求，如热电偶的补偿导线的正负极性，热电阻的三线。

（二）控制系统的投运

准备工作完毕以后，就可正式投运。一般由于工艺的需要，在自动控制系统运行之前检测系统早已投入使用，这里只需将控制器、变送器、调节阀等投运，并使整个系统正常运行。

1. 简单控制系统的投运

如图 3.1.46 所示为电动调节仪表构成的精馏塔塔顶简单温度控制系统，下面简述其投运过程。

（1）**现场手动操作** 先将切断阀 1 和阀 2 关闭，手动操作分路阀 3，待工况稳定后，转入手动遥控。

（2）**手动遥控** 用控制器自身的手操电路进行遥控。控制器处于手动状态，将阀 1 全开，然后慢慢地开大阀 2 和关小阀 3，同时拨动控制器的操作机构，逐渐改变调节阀上的压力，使被控变量基本不变，直到副线上的阀 3 全关，阀 2 全开为止。待工况稳定后，即被控变量等于或接近设定值后，就可以进行从手动到自动的切换。

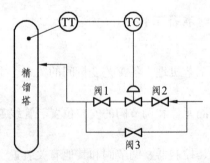

图 3.1.46 精馏塔塔顶简单温度控制系统

（3）**切换到自动** 按电动调节器手动切换到自动的要求做好准备，然后再切向自动，实现自动控制。

2. 串级控制系统的投运

串级控制系统的投运和简单控制系统一样，要求投运过程做到无扰动切换。

串级控制系统由于使用的仪表和接线方式不同，投运方式也不完全相同。目前采用的较普遍的投运方法是：先将副控制器投入自动，然后在整个系统比较稳定的情况下，再把主控制器投入自动，实现串级控制。这是因为在一般情况下，系统的主要扰动包含在副回路内，而且副回路反应比较快，滞后小，副回路先投入自动，把副变量稳定，这时主变量不会产生大的波动，主控制器投入就比较容易了。再从主、副两个控制器的联系看，主控制器的输出是副控制器的给定，而副控制器的输出直接控制调节阀。因此，先投运副回路，再投运主回路，从系统结构上也是合理的。

（三）控制系统的维护、故障分析与处理

控制系统投入运行以后，其维护成为仪表工每日的主要工作。维护仪表及控制系统的正常运行、在控制系统和仪表出现故障时能够及时分析原因并进行相应处理是仪表工的职责。

1. 控制系统的日常维护

控制系统及仪表的日常维护保养体现了全面质量管理、预防为先的思想。仪表日常维护大致有以下几项工作。

（1）巡回检查　仪表工都有自己管辖的仪表维护和保养区域，根据辖区内仪表的分布情况，选定最佳巡回检查的路线，每天至少巡回检查一次。巡回检查时，仪表工应向当班工艺人员了解仪表运行情况，另外包括以下工作：

① 查看仪表指示、记录是否正常，现场仪表指示与控制室显示仪表指示值是否一致。

② 查看仪表的气源、电源是否达到额定值。

③ 检查仪表的保温、伴热情况。

④ 检查仪表本体和连接件损坏和腐蚀情况。

⑤ 检查仪表和工艺接口的泄漏情况。

⑥ 检查仪表完好状况。

（2）定期润滑　定期润滑也是仪表工日常维护的一项内容，但具体工作中往往容易忽视。定期润滑的周期根据具体情况确定，一个月或一个季度一次。需要定期润滑的仪表和部件如下：

① 记录仪（自动平衡式）的传动机构、平衡机构。

② 气动记录（控制）仪表的自动-手动切换滑块、走纸机构。

③ 椭圆齿轮流量计现场指示部分、传动部分。

④ 与漩涡流量计（涡街流量计）和涡轮流量计配套的累积器的机械计数器。

⑤ 气动长行程执行机构的传动部件。

⑥ 气动凸轮挠曲阀转动部件。

⑦ 气动切断球阀转动部件。

⑧ 气动蝶阀转动部件。

⑨ 控制阀椭圆形盖上的毡垫。

⑩ 保护箱及保温箱的门轴。

此外，固定环室的双头螺栓、外露的丝扣以及其他恶劣环境下固定仪表、控制阀等使用的螺栓、丝扣，外露部分应涂上黑铅油（石墨粉加黄油），防止死扣锈蚀，拆装困难。

（3）定期排污　定期排污主要有两项工作：排污、定期吹洗。

排污主要是针对差压变送器、压力变送器、浮筒液位计等仪表，由于被检测的介质含有粉尘、油垢、微小颗粒等，它们在引压管内沉积（或在取压阀内沉积），会直接或间接影响检测与控制。排污应注意以下事项。

① 排污前，必须与工艺人员联系，取得工艺人员认可才可以进行。

② 流量或压力控制系统排污前，应先将自动切换到手动，保证调节阀的开度不变。

③ 差压变送器排污前先将三阀组正、负取压阀关死。

④ 慢慢打开正、负引压管排污阀，使污物进入容器，防止物料直接排入地沟。

⑤ 排污阀出现关不死的情况，应急措施是加盲板，保证排污阀不泄漏。

⑥ 开启三阀组正、负取压阀，拧松差压变送器本体上的排污（排气）螺钉进行排污，排污完后要拧紧螺钉。

⑦ 观察现场仪表，直至输出正常；若是控制系统，将手动切换成自动。

吹洗是利用吹气或冲液方法使被测介质与仪表部件、检测管线不直接接触，以保护检测仪表并实施检测的一种方法。吹气是通过检测管线向检测对象连续定量吹入气体。冲液是通过检测管线向检测对象连续定量地冲入液体。对于腐蚀性、黏稠性、结晶性、熔融性、沉淀性介质的检测，采用隔离方式难以满足要求时才采用吹洗。

（4）保温伴热　检查仪表保温伴热是仪表日常维护工作的内容之一，它关系到节约能源、防止仪表被冻坏，保证仪表检测系统的正常运行。

2. 系统调整

自动控制系统投运后，经过较长时间的使用，会逐渐出现各种问题，如以下几种情况：

（1）对象特性变化　在长期运行后，对象特性可能变化，使控制过程质量变坏，如换热器结垢，反应器所用的催化剂老化等，这时，需根据变化了的对象特性，重新整定控制器参数来改善控制质量。

（2）检测系统有问题　检测元件被黏滞物包住，引压管线被堵，孔板磨损等，使检测不准或失灵，这时应当提请仪表人员进行处理。

（3）调节阀堵塞、腐蚀等　会损坏阀座和阀芯，改变流量特性。这时也应提请仪表人员检修。

一般说来，控制室内仪表环境条件较好，不易损坏；而现场仪表由于环境相对恶劣，出现的问题较多。出现的问题都将影响控制质量，甚至危及控制系统，使其无法正常运行，所以应及时采取措施，进行必要的调整。

3. 仪表与工艺故障判别

有时在生产中因仪表故障引起检测变量出现异常，有时因为工艺故障引起仪表指示的非正常变化，因此，首先应正确区分是工艺问题还是控制系统和仪表的故障。简单判别方法如下：

（1）记录曲线的比较

① 记录曲线突变　工艺变量的变化一般比较缓慢而有规律，如果曲线突然变化到最大或最小极限位置，很可能是仪表故障。

② 记录曲线突然大幅度变化　各个工艺变量之间往往是互相联系的，一个变量的大幅度变化一般都要引起其他变量的明显变化，若其他变量无明显变化，则这个指示大幅度变化的仪表及其相关元器件可能有故障。

③ 记录曲线不变化　目前的仪表大都很灵敏，工艺变量有一点变化都能有所反应。如果较

长时间内记录曲线一直不动或原来的曲线突然变直，就要考虑是否是仪表出现故障。这时，可以人为改变一点工艺条件，看仪表有无反应，若无反应则可确定仪表有故障。

（2）控制室与现场同位仪表比较　对控制室的仪表指示有怀疑时，可以去看安装在现场的相应仪表（同位仪表），两者的指示值应当相等或相近，如果差别很大，则仪表有故障。

（3）两仪表间比较　有的重要工艺变量，用两台仪表同时进行监测显示，若两者变化不同或指示不同，则至少有一台故障。

4. 控制系统故障判断与处理

自动控制系统由变送器、控制器、调节阀和被控对象等环节组成。由于自动控制系统与生产工艺状况密切相关，所以产生故障的原因更为复杂。如流量控制系统引压管线内液体汽化引起振荡的现象，或是冬季引压管线内液体黏滞引起的信号迟钝现象等，都是一些经常出现的问题，但却可能酿成难以想象的疑难故障。归结起来，故障原因一般有以几方面：

（1）系统设计和安装方面的问题　如总体设计和系统布局不合理；系统被控变量、操纵变量和辅助变量等选择不当；控制系统之间的相互关联；检测元件安装位置不当；敷设连接不合理等。

（2）仪表选型方面的问题　如检测元件选择不当；调节阀选择不当；控制器控制规律选择不当；系统各环节之间信号不匹配等。

（3）控制参数问题　参数整定不当，如对比例度、积分时间、微分时间的认识不足以及对均匀控制系统等错误理解，使控制器的控制规律和参数选择不当。

（4）运行技术和管理方面的问题　如对象特性和负荷发生变化不能及时采取措施；辅助仪表（如加法器、乘法器等）系统设置不当；检测信号处理不当；微分器的正反作用选择不当，不及时维护检修等。

（5）特殊控制系统中出现的一些特殊现象　如压缩机的喘振现象；控制器的积分饱和现象等。

故障判断、分析是长期工作经验的积累，要根据故障的特征确定故障的性质和发生地方，采用分段检查、逐段脱离、缩小故障范围，然后拆修有故障的仪表和部件。

5. 控制系统故障举例

控制系统出现故障，原因是多方面的，同样的现象未必是同样的原因。仪表工应善于积累经验，结合理论分析。本节举几个控制系统故障实例供大家参考。

（1）控制规律及参数选择不合理　某合成氨装置中一段转化炉的蒸汽流量控制系统正常运行时，蒸汽流量为 12 t/h，控制器的比例度为 180% ~ 200%，控制系统运行平稳，蒸汽流量的最大波动范围没有超过 0.5 t/h。大检修后，系统出现剧烈振荡，δ 从 200% 调到 500%，系统还是振荡。然后对调节阀、变送器和气动管线进行了全面的检查、调校，再投入运行，振荡现象仍然没有消除，记录曲线在 1 t/h 的范围内变化。

经过分析，这是由于大检修之后孔板改量程，负荷从 12 t/h 增加到 24 t/h。为什么会产生剧烈振荡呢？对于非线性控制对象，负荷的变化会引起对象特性的变化。为了得到平稳的控制过程，需要调整比例度。这就是说，对于一个对象特性，只有一个比例度可以得到一定衰减比的控制过程，任何其他的比例度都是不合适的，一个比例度能够满足一个负荷，必然不能满足另一个负荷，这就是大检修之后振荡剧烈的原因。那为什么比例度调到 500% 还是振荡呢？这是因为负荷变化太大，比例度 500% 还是太小。

经过这样的分析，在控制器输出管线上，与调节阀并联了一个较大的气容，然后把比例度从 500% 调到 100%，控制过程转而平稳，控制质量大大提高，蒸汽流量的最大波动没有超过

0.5 t/h。

另外，接上一个气容，实际上是降低了广义对象的灵敏度，使闭环控制系统的放大系数符合平稳运行的要求。

（2）调节阀故障　某蒸发器温度控制系统在比例度为 60%、积分时间为 1200 s、微分时间等于零的情况下投入运行，系统品质指标达到相当满意的程度。

使用一段时间后，有一次突然温度下降，而调节阀处于全开位置。调节阀全开，出口温度应该立即上升，为什么反而下降呢？是否是记录仪失灵？经过检查，记录仪完全正常。那么是生产工艺有特大扰动、蒸汽压力失常了吗？经反复检查也没有。经检查是由于阀芯脱落，阀门全关，出口温度大幅度下降。该调节阀的阀芯为 V 字形，经处理后，系统恢复正常。

一天，温度突然上升，阀位在正常位置。为此立即对各个环节进行检查，发现一切正常。从工艺上分析，温度上升，一定是蒸汽流量太大，现在蒸汽压力正常，那可能是阀门里面的问题，会不会是阀座脱落造成调节阀全开？打开一看，结果阀座确已脱落。后来，把阀座用电焊焊住，还常发生类似事件，严重影响正常生产的进行。说明 V 形阀不适用于对蒸汽流量的控制。

（3）控制装置选择不当　某合成氨厂的变换炉的蒸汽压力控制系统中，蒸汽压力波动是变换炉稳定运行的主要扰动因素，为了将蒸汽压力干扰排除在入炉之前，不少工厂采用蒸汽压力定值控制。考虑到调节阀膜头比较大，气动管线比较长，该系统使用了阀门定位器。这一系统在一段时间的使用中，运行质量比较理想，这给变换炉的正常操作创造了十分有利的条件，使反应温度一直保持在较高指标上，确保了一氧化碳的转化率，提高了有用氢气的回收率，延长了触媒的寿命。可是，运行不到半年时间，控制过程出现了剧烈振荡。

产生剧烈振荡的原因是多种多样的。要从振荡的频率、振荡的幅度和波形的状况来判断。一般地说，过小的 δ 振荡频率比较高，微分时间过大的振荡频率更高，这些振荡是有规则的，波形是圆滑的；调节阀阀杆呆滞所引起的振荡，往往是频率较低的、锯齿形的；变送器和定位器的自持振荡，经常是频率最高、波形最尖的。根据这样的分析，对照现场的记录曲线，初步断定压力变送器和定位器可能产生自持振荡。到现场检查，结果发现定位器在 0.04 ~ 0.08 MPa 范围内振荡，使蒸汽压力在 0.21 ~ 0.38 MPa 波动。如此大的压力变化必然引起变换炉操作不稳定。将一只新的定位器换上后，系统恢复正常。

（4）引压管故障　某厂的氯氢处理装置要求控制氢气压力，设置了压力控制系统，系统获得相当理想的控制质量，且系统相当灵敏。

某年冬天，发现记录曲线变得非常平稳，没有一点波动。通过检查，记录笔没有卡死，各个环节运行正常，可是后续工序氯氢合成装置的操作很不正常，这说明氢气压力曲线过于平稳是假象。经过详细分析和检查，找到了发生故障的真正原因：氢气引压管线很长，其中大部分在厂房北面裸露着，没有伴热措施；又因为氢气中含有少量水分，逐渐在引压管线的凹处积累，这样，遇到天气寒冷，积水成冰，堵塞管线。在结冰的过程中，仪表人员没有及时维护排除，以致造成氢气压力控制失灵。

将引压管线整修疏通后，氢气压力控制系统即刻恢复正常。这说明系统的日常保养，经常检查每个环节以及管线的工作是否正常是相当重要的。从某种意义上说，日常保养是系统正常运行的关键。

（5）串级控制副变量选择不当　加热炉是化工、炼油生产中重要的生产设备，炉出口温度往往需要严格控制。某炼油厂考虑到加热炉的干扰因素比较多，炉出口测试的滞后时间比较大（时间常数为 15 min），而炉膛温度的滞后时间比较小（时间常数为 3 min），因此，决定选择炉膛温度作为副变量，构成炉出口温度与炉膛温度串级控制系统。

后来，在运行过程中发现控制品质不够理想，在燃油压力波动下，出口温度经常超出要求，严重影响后续工序的生产操作。经过分析，认识到虽然设置了炉膛温度所构成的副回路，但反应比较迟钝，无法克服燃油压力的较大变化，不能达到很高的控制质量，于是选择燃油压力作为辅助参数，构成炉出口温度与燃油压力串级控制系统。比较之下，这一方案的副回路要灵敏得多，对于来自燃油方面的干扰，有很快的校正作用。

这个系统在现场使用了一段时间，控制品质完全能够满足要求。但是随着时间的推移，控制质量每况愈下，这是什么原因呢？在现场检查中，对每个环节都进行了分析，总是不得而知。后来还是操作人员在停炉修理中找到了故障原因，原来是燃油的黏度特别大，燃油逐渐在喷嘴口黏结，喷嘴的阻力渐渐增大，燃油阀后压力慢慢升高。这时控制器感受到这个压力之后，命令调节阀关小，燃油流量就更小。可以想见，这个控制过程是完全错误的，致使控制质量下降。

最后，选择燃油流量为副变量，实现了燃油流量与炉出口温度的串级控制系统，由燃油流量构成的副回路有很好的快速作用，同时也不至于产生喷嘴口阻力增加，燃油流量减少的现象。

（6）典型控制系统应用不利　均匀控制系统通常是对液位和流量两个参数同时兼顾，通过均匀控制，使两个互相矛盾的参数均保持在允许的范围内波动，即两个参数在控制过程中都应该是缓慢变化的，而不应该稳定在某一恒定值上。但某厂设计的串级均匀控制系统在投运时发现，主变量液位稳定在设定值，而副变量波动较大，给后续工序造成较大扰动。

经研究发现，发生以上故障的原因是控制器参数整定思路及方法不对，应按如下思路及步骤整定控制器参数，以达到控制要求：

① 将液位控制器的比例度调至一个适当的经验数值上，然后由小到大地调整流量控制器的比例度，同时观察控制过程，直到出现缓慢的周期衰减过程为止。

② 将流量控制器的比例度固定在整定好的数值上，由小到大地调整液位控制器的比例度，观察记录曲线，求取更加缓慢的周期衰减过程。

③ 根据对象的具体情况，适当给液位控制器加入积分作用，以消除干扰作用下产生的余差。

④ 观察控制过程，微调控制器参数，直到液位和流量两个参数均出现更缓慢的周期衰减过程为止。

（7）检测装置故障或选择、调整不当　自动检测是自动控制的基础，检测装置的精度和反应速度是影响控制系统质量的重要因素。在控制系统出现故障时，一般首先考虑检测装置是否出现问题，因为实际长期运行的控制系统出现故障，大多数是出在检测装置上。检测装置的故障也是多方面的，下面以某反应器指示控制指标很好，但产品质量却很差为例，说明检测装置对控制系统的影响。

某反应器在系统投运的初期，其温度控制质量较好，反应进行顺利，反应副产品不多。但运行较长时间以后，产品质量逐渐变差，但从记录曲线观察，其温度控制质量尚可。工艺分析也没发现问题，后对照其他指示仪表，发现该温度控制系统的指示值变低。

该温度控制系统用热电偶测温。温度指示变低的原因可能有多种：热电偶接线虚，电阻值太大；热电偶的时间常数太大，如套管上沾上太多污物；热电偶没有安装在热点处；补偿导线选择、安装不当；热电偶冷端变化且没有补偿等。

经现场检查发现，热电偶的一个接线端由于腐蚀，有些松动，清理、拧紧后重新运行，问题消失。分析原因是接点阻值太大，消耗掉部分热电动势，从而使温度指示值偏小。控制系统在一个虚假值基础上运算，无法保证控制质量，实际温度比指示值高，反应副产品多是自然的。

第二节　互联网+在过程控制中的应用

一、互联网+（物联网技术）在过程控制中的应用认识

传统工业生产的自动化程度已越来越高，可编程控制器、DCS 系统、现场工业总线控制系统等设备和装置广泛应用在生产中，基于局域网、以太网模式下的控制系统相对完善。但是以上控制方式也不能完全满足工农业生产的需要，如要连续地、又相对便宜地测控几百公里外的工业生产装置上的参数，还存在一定的技术障碍，为此国家提出了互联网+的发展理念，大力推广互联网在各行业的广泛应用。

工业生产更加注重的是生产的安全性、可靠性、经济性和高效性。因此常采用分散控制、集中管理的形式进行控制，这种方法和理念经实践证明是正确与可行的，为了保证生产装置系统的安全可靠运行，互联网+工业生产的核心是智能、高效和安全的高度结合。因此在设计过程控制系统时应抓住核心进行工作。

实现智能生产与制造的核心是工业互联网，工业互联网也是支撑智能制造的关键，是综合信息基础设施和信息通信技术创新成果的集中体现。因此在工业生产中必然要引入工业互联网，我们以过程控制装置为基础进行这方面的讨论。

过程控制装置系统集中了工业生产中的温度、压力、液位、流量及成分控制系统，同时也兼备常见的开关信号的控制功能，在过程控制装置系统中只要能稳定且成功地引入互联网+的技术，就能够实现互联网+工业生产的目标。

采用的方案如下：

1. 在保留工业现场生产过程控制方案不变的基础上实现互联网+

由于工业现场生产具有的特殊性和不定性，在工业生产现场，往往有生产技术工人上班，作为一线生产人员，他们最清楚现场的具体情况，因此保留控制方案不变有利于控制过程的稳定过渡和运行，引入互联网+只是为了更好地将技术服务的范围拓宽拓广，在保证安全生产的前提下，尽可能地减轻劳动强度和劳动成本，减少生产性支出，减少企业成本。

2. 互联网+实现现场信号的远程多屏显示

在工业过程控制系统中，一般会大量使用变送器，在智能控制仪表上，大多数情况下也有变送输出，变送输出的电参数通过变送器转换成工业智能节点能够识别的信号（感知层），并通过相关协议约束和组态控制，将变送器输出的信号传送到互联网端的云服务器（网络层）进行数据的集中处理，最后变为计算机、平板电脑、智能手机等能够识别和访问的信号（应用层），从而实现对现场检测信号远程显示及访问。

这个过程的参考模型如图 3.2.1 所示：

3. 通过云技术或互联网+设备的引入，实现对工业生产过程的远程控制

我们也可以利用应用层上所显示的各种组态控制程序，将相关的控制命令通过网络层（云服务器与数据库服务器等）传递到感知层的智能工业结点，再通过与其连接的变送器，将控制命令发送到现场的数字工业仪表的外给定参数接口，实现对远程装置的自动调整与控制。

图 3.2.1 互联网+工业自动控制参考模型

方案应用前景：为工程技术人员提供远程数据测控及技术指导的物质技术条件，扩大高技能人才的服务范围和工作效率，减轻劳动强度和劳动成本。

第三节 可编程控制器的应用及一般性故障排除

可编程逻辑控制器，是一种采用一类可编程的存储器，用于其内部存储程序，执行逻辑运算、顺序控制、定时、计数与算术操作等面向用户的指令，并通过数字或模拟式输入/输出控制各种类型的机械或生产过程。

一、PLC 的编程语言

PLC 的编程语言与一般计算机语言相比，具有明显的特点，它既不同于高级语言，也不同于一般的汇编语言，它既要易于编写，又要易于调试。各厂家的编程语言都不相同，目前，还没有一种对各厂家产品都能很好兼容的编程语言。国际电工委员会制订了 5 种标准编程语言，这些编程语言并不是每一个厂家的 PLC 都有，许多 PLC 只包含其中的几种。

1. 梯形图

梯形图（Ladder Diagram，LD 或 LAD）适合于逻辑控制的程序设计。梯形图语言是 PLC 应用程序设计的一种标准语言，也是在实际设计中最常用的一种语言。梯形图是一种图形化的编程语言，沿用了传统的电气控制原理图中的继电器触点、线圈、串联和并联等术语以及一些图形符号，左、右的竖线称为左、右母线。在程序中，最左边是主信号流，信号流总是从左向右流动的。梯形图由触点、线圈和指令框等构成。触点代表逻辑输入条件，线圈代表逻辑运算结果，指令框表示定时器、计数器或数学运算等功能指令。梯形图中的触点只有常开和常闭两种，触点可以是 PLC 外部开关连接的输入继电器的触点，也可以是 PLC 内部继电器的触点或内部定时器、计数器等的触点。梯形图中的触点可以任意串、并联，但线圈只能并联，不能串联。内部继电器、定时器、计数器、寄存器等均不能直接控制外部负载，只能作为中间结果供 CPU 内部使用。PLC 按循环扫描的方式处理控制任务，沿梯形图先后顺序执行。同一扫描周期的结果存储在输出状态暂存器中，所以输出点的值在用户程序中可以当作条件使用。图 3.3.1（a）所示为三菱 FX2N 系列 PLC 的梯形图语言。

本书仅使用梯形图进行程序编写。

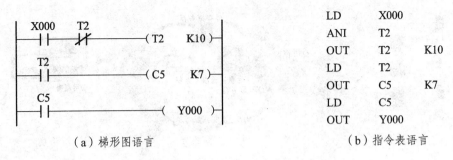

LD	X000	
ANI	T2	
OUT	T2	K10
LD	T2	
OUT	C5	K7
LD	C5	
OUT	Y000	

（a）梯形图语言　　　　　　　　　　　　　　　（b）指令表语言

图 3.3.1　梯形图语言和指令表语言

2. 指令表

指令表（Instruction List，IL 或 Statement List，STL）适合于简单文本的程序设计。它是类似于计算机汇编语言的一种文本编程语言，即用特定的助记符表示某种逻辑运算关系。一般由多条语句组成一个程序段。指令表适合于经验丰富的程序员使用，可以实现某些梯形图不易实现的功能。此外，梯形图和指令表之间可以相互转换，例如，图 3.3.1（a）所示的梯形图，可以转换为图 3.3.1（b）所示的指令表。

3. 顺序功能图

顺序功能图（Sequential Function Chart，SFC）适合于时序混合型的多进程复杂控制。它也是一种图形化的编程语言，用来编写顺序控制的程序（如机械手控制程序）。在进行程序设计时，工艺过程被划分为若干个顺序出现的步，每步中包括控制输出的动作，从一步到另一步的转换由转换条件来控制，特别适合于生产制造过程。顺序功能图形式如图 3.3.2 所示。顺序功能图也可以与梯形图、指令表相互转换。

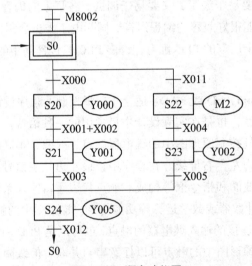

图 3.3.2　顺序功能图

4. 功能块图

功能块图（Function Block Diagram，FBD）适合于典型的固定复杂算法控制，如 PID 调节等。它使用类似于布尔代数的图形逻辑符号表示控制逻辑，一些复杂的功能用指令框表示，适合于有数字电路基础的编程人员使用。功能块图采用类似于数字电路中逻辑门的形式表示逻辑运算关系。一般一个运算框表示一个功能。运算框的左侧为逻辑运算的输入变量，右侧为输出变量。输入/输出端的小圆圈表示"非"运算，方框用"导线"连在一起。

5. 结构化文本

结构化文本（Structured Text，ST）适合于自编专用的复杂程序，如特殊的模型算法。它是为 IEC 61131-3 标准创建的一种 PLC 专用的高级语言。与梯形图相比，结构化文本易于实现复杂的数学运算，编写的程序非常简洁和紧凑。西门子公司的 PLC 使用的 STEP7 中的 S7 SCL 属于结构化控制语言，其程序结构与 C 语言和 Pascal 语言相似，特别适合具有高级语言程序设计经验的技术人员使用。

二、PLC 的工作原理

（一）PLC 的循环扫描工作方式

PLC 采用了一种不同于一般微型计算机的运行方式——循环扫描。扫描是一种形象化的术语，用于描述 CPU 如何完成分配给它的各种任务。PLC 的循环扫描是对整个程序循环执行，也就是说用户程序不是按固定顺序从头到尾只执行一次，而是执行一次后，又返回去执行第二次、第三次……直到停机。因此，PLC 开机后，一直在周而复始地循环扫描并执行由系统软件规定好的任务。整个过程扫描一次所需要的时间称为扫描周期。

顺序扫描的工作方式简单直观，简化了程序设计，并为 PLC 的可靠运行提供了保障。一方面，扫描到的指令被执行后，其结果马上就可以被将要扫描到的指令所利用；另一方面，通过 CPU 设置的定时器监视每次扫描是否超过规定时间，可以避免由于 CPU 内部故障而使程序执行进入死循环。

（二）PLC 的循环扫描工作过程

1. 一个完整扫描需要完成的任务

PLC 在一个扫描周期内要执行以下 6 大任务：

（1）运行监控任务　保证系统可靠工作，PLC 内部设置了系统监视计时器（Watch Dog Timer，WDT），用于监视系统扫描时间是否超过规定时间。正常工作时，PLC 在每个扫描周期内都对系统监视计时器 WDT 进行复位操作。当程序进入死循环时，PLC 不能在一个扫描周期内对该计时器进行复位操作，将导致 WDT 的计时超过设定值，也就是扫描周期超过了规定时间，从而表明系统的硬件或用户软件发生了故障。当 WDT 超时后，它会自动发出故障报警信号，并停止 PLC 的运行。通常，系统监视计时器的设定值是扫描周期的 2~3 倍，100~200 ms。该设定值可由用户根据实际应用情况通过硬件或软件设定。

（2）与编程器交换信息任务　编程器是 PLC 的外部设备，它与主机的外部设备接口相连。作为编制、调试用户程序的外部设备，编程器在 PLC 的外部设备中占有非常重要的地位，所以在主机的扫描周期中，把与编程器交换信息的任务单独列出，而不包括在与外部设备信息交换的任务中。编程器是人机交互的设备，通过它，用户可以把应用程序输入 PLC 中，也可以对应用程序进行在线运行监视和修改，因此要求 PLC 能与编程器进行信息交换。当 PLC 执行到与编程器交换信息任务时，就把系统的控制权交给编程器，并启动信息交换的定时器。在编程器取得控制权后，用户可以利用它来修改内存中的应用程序，对系统的工作状态进行修改，如读微处理器的状态、读或写数字变量和逻辑变量、封锁或开放输入/输出以及控制微处理器等。编程器在完成处理任务或达到信息交换的规定时间后，把控制权交还给 PLC。在每个扫描周期内都要执行此项任务。

（3）与数字处理器交换信息任务　一般大中型 PLC 多为双处理器系统，包括两个处理器，一个是字节处理器（CPU），另一个是数字处理器（DPU）。CPU 是系统的主处理器，由它处理字节操作指令，控制系统总线，统一管理各种接口和输入/输出单元。DPU 是系统的从处理器，它的作用是处理操作指令，协助主处理器加快整个系统的处理速度。当 PLC 为双处理器系统时，就会有与数字处理器交换信息的任务，该任务主要是数字处理器（DPU）的寄存器信息与主系统的寄存器信息和开关量信息的交换，这个任务占用的时间随信息交换量的不同而变化。在一般小型 PLC 中没有这个任务。

（4）与外部设备接口交换信息任务　该任务主要实现 PLC 与上位计算机、其他 PLC 或一些终端设备（如彩色图形显示器、打印机等）的信息交换。这一任务的大小和占用时间的长短随主机外部设备的数量和数据通信量的不同而变化。如果没有连接外部设备，则跳过该任务。

（5）执行用户程序任务　用户程序是由用户根据实际应用情况而编制的程序，存放在 RAM 或 EPROM 中。PLC 在每个扫描周期内都要把用户程序执行一遍，用户程序的执行是按用户程序的实际逻辑关系结构由前向后逐步扫描处理的，并把运行结果装入输出信号状态暂存区中。

（6）输入/输出信息处理任务　PLC 内部开辟了两个暂存区，即输入信号状态暂存区和输出信号状态暂存区。用户程序从输入信号状态暂存区中读取输入信号的状态，运算处理后将结果放入输出信号状态暂存区中。输入/输出信号状态暂存区与实际输入/输出单元的信息交换是通过输入/输出任务实现的。输入/输出任务包括对输入/输出扩展接口的操作，通过输入/输出扩展接口实现主机的输入/输出信号状态暂存区与简单输入/输出扩展环节中的输入/输出单元或与智能型输入/输出扩展环节中的输入/输出状态区之间的信息交换。PLC 在每个扫描周期中都要执行该任务。

在 PLC 的一个扫描周期内，用户程序扫描和 I/O 操作是实现系统控制功能的两个重要过程，如图 3.3.3 所示。这里将输入采样与输出刷新统称为 I/O 操作。

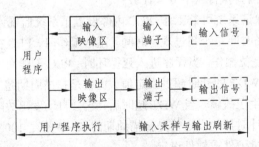

图 3.3.3　PLC 用户程序扫描和 I/O 操作的工作过程

2. 扫描的具体工作过程

扫描的具体工作过程如图 3.3.4 所示。

（1）输入采样阶段　PLC 对现场输入信息的采集一般是在一个循环扫描周期的某个时段（如扫描周期的开始或结束）将现场全部有关信息采集到控制器内，存放在系统准备好的一个区域（即随机存储器的某个地址区），称为输入映像区。执行用户程序所需的现场信息都在输入映区中取用，而不直接到外部设备去取。集中采集现场信息的方式，虽然从理论上分析每个信息被采集的时间仍有先后差异，但时差很小，因此可以认为采集到的信息是同时的。

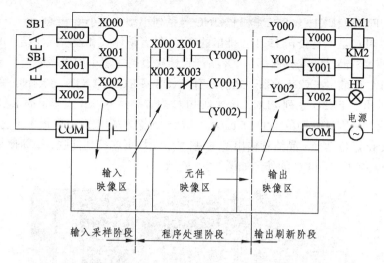

图 3.3.4 PLC 用户程序扫描的工作过程

（2）程序处理阶段 在 PLC 的程序处理阶段，PLC 逐行执行程序，并将执行结果存放到元件映像区，将输出继电器的状态存放到输出映像区。执行程序的过程中，各个输入元件的状态从输入映像区调用；各个中间元件如定时器、计数器、辅助继电器、数据寄存器等的状态、数据被存入元件映像区，在执行程序中用到时，将其从元件映像区中调用出来，参与程序计算。输入继电器、输出继电器、定时器、计数器、辅助继电器、数据寄存器等各种软元件的用法将在后面的章节作简要介绍。

（3）输出刷新阶段 程序执行完毕后，就进入输出刷新阶段。在这个阶段的处理中，PLC 将输出映像区中输出继电器的状态转存到输出锁存器，通过隔离电路，驱动功率放大电路，使输出端子向外界集中输出控制信号，驱动外部负载。对于那些在一个扫描周期内没有变化的变量状态，则输出与前一周期同样的信息，因而不引起外设工作的变化。

I/O 映像区的设置，使计算机执行用户程序所需信息状态及执行结果都与 I/O 映像区发生联系，只有计算机扫描执行到输入/输出服务过程时，CPU 才从实际的输入点读入有关信息状态，存放于输入映像区，并将暂时存放在输出映像区内的运算结果传送到实际输出点。

综上所述，PLC 完成控制任务是在其硬件的支持下，通过执行反映控制要求的用户程序来完成的，这和计算机的工作原理是一致的。作为继电器控制装置的替代物，PLC 的核心为微处理器芯片，与继电器控制逻辑的工作原理有很大差别：继电器控制装置采用硬逻辑并行运行的方式，即如果一个继电器的线圈通电或断电，该继电器的所有触点（包括常开触点或常闭触点）不论在继电器线路的哪个位置，都会立即同时动作；然而，当 PLC 运行时，用户程序中有众多的操作需要执行，但 CPU 不能同时执行多个操作，它只能按分时操作的原理，每一时刻执行一个操作，即 PLC 的 CPU 按存储地址号递增顺序逐条执行用户程序，如果一个输出线圈或逻辑线圈被接通或断开，该线圈的所有触点（包括常开触点或常闭触点）不会立即动作，必须等扫描到该触点时才会动作。

三、三菱 FX2N 系列 PLC

（一）FX2N 系列 PLC 型号名称的含义

三菱公司是日本生产 PLC 的主要厂家之一，先后推出了 F、F1、F2、FX1、FX2、FX2C、

FXO、FXON、FX1S、FX1N、FX2N 和 FX2NC 等系列小型、超小型 PLC。

FX2N 系列 PLC 是三菱公司 1991 年推出的产品,具有整体式和模块式相结合的叠装式结构,在小型化、高速度、高性能等方面都是 FX 系列中档次最高的超小型程序装置。

FX 系列 PLC 在推出 FX2N 子系列之前还有 FXOS、FXON、FX1N、FX1NC 等子系列,2007 年三菱公司又推出了 FX3U 系列 PLC,该系列 PLC 内置高达 64 kB 大容量的 RAM 存储器,并内置业界最高水平的高速处理器(0.065 μs/基本指令),输入/输出总点数最多可达 384 点,具有独立 3 轴 100 kHz 定位功能(晶体管输出型),基本单元均可连接功能强大、简便易用的适配器。

三菱 FX2N-32MR 型 PLC 的外形如图 3.3.5 所示。

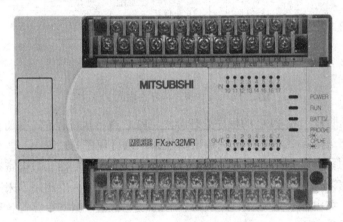

图 3.3.5　FX2N-32MR 系列 PLC

FX 系列 PLC 型号的含义如图 3.3.6 所示:

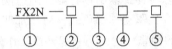

图 3.3.6　FX 系列 PLC 型号的含义

其中,① 表示 PLC 的系列,例如 FX2N 表示 FX2N 系列,FX1N 表示 FX1N 系列等;② 表示输入/输出总点数;③ 表示单元类型,如 M 表示基本单元,E 表示输入/输出混合扩展单元,EX 表示扩展输入模块,EY 表示扩展输出模块;④ 表示输出方式,如 R 表示继电器输出,S 表示晶闸管输出,T 表示晶体管输出;⑤ 表示特殊品种,如 C 表示接插口输入/输出方式,D 表示 DC 电源、DC 输出,A1 表示 AC 电源、AC(AC 100 ~ 120 V)输入或 AC 输出模块,V 表示立式端子排的扩展模块,H 表示大电流输出扩展模块,F 表示输入滤波时间常数为 1 ms 的扩展模块等。

如果特殊品种一项无符号,表示 AC 电源、DC 输入、横式端子排、标准输出。

图 3.3.5 所示 PLC 的型号为 FX2N-32MR,表示 FX2N 系列,基本单元输入/输出总点数为 32 点,采用继电器输出形式。

(二)FX2N 系列 PLC 的基本构成

1. 硬件组成

FX2N 系列 PLC 的硬件主要由基本单元(或称为主机)、扩展单元、扩展模块、模拟量输入/输出模块以及各种特殊功能模块等构成。

基本单元是 PLC 的主要部分，可以单独使用；而扩展单元和扩展模块是用于增加 I/O 点数和改变 I/O 比例的装置，两者没有 CPU，因此不能单独使用，必须与基本单元一起使用。扩展单元内部有电源部件，可以外接电源；而扩展模块内部无电源部件，由基本单元或扩展单元供电，因此不需外部接线。

FX2N 系列 PLC 吸取了整体式和模块式 PLC 的优点，各单元间采用叠装式连接，即 PLC 的基本单元、扩展单元和扩展模块深度及高度均相同，连接时不用基板，仅用扁平电缆连接。

（1）基本单元　FX2N 系列 PLC 的基本单元又称为主机，主要由电源部件、CPU、存储器、输入/输出模块、通信接口和扩展接口等构成。

FX2N 系列 PLC 基本单元主要有 16/32/48/64/80/128 点 6 种 I/O 配置，可以通过 I/O 扩展单元和扩展模块扩展到 256 个 I/O 点，如表 3.3.1 所示。

表 3.3.1　FX2N 系列的基本单元

型号			输入点数	输出点数	电源类型
继电器输出	晶闸管输出	晶体管输出			
FX2N-16MR-001	FX2N-16MS	FX2N-16MT	8	8	交流电源供电，输入回路采用直流 24 V 电源
FX2N-32MR-001	FX2N-32MS	FX2N-32MT	16	16	
FX2N-48MR-001	FX2N-48MS	FX2N-48MT	24	24	
FX2N-64MR-001	FX2N-64MS	FX2N-64MT	32	32	
FX2N-80MR-001	FX2N-80MS	FX2N-80MT	40	40	
FX2N-128MR-001		FX2N-128MT	64	64	
FX2N-32MR-D		FX2N-32MT-D	16	16	直流电源供电，输入回路采用直流 24 V 电源
FX2N-48MR-D		FX2N-48MT-D	24	24	
FX2N-64MR-D		FX2N-64MT-D	32	32	
FX2N-80MR-D		FX2N-80MT-D	40	40	

（2）扩展单元和扩展模块　扩展单元用于增加可编程序控制器的 I/O 点数，内部设有电源。扩展模块用于增加可编程序控制器 I/O 点数及改变可编程序控制器 I/O 点数比例，内部无电源，所用电源由基本单元或扩展单元供给。扩展单元及扩展模块无 CPU，必须与基本单元一起使用。

FX2N 系列 PLC 的扩展单元和扩展模块分别如表 3.3.2 和表 3.3.3 所示。

表 3.3.2　FX2N 系列 PLC 扩展单元

型号	总 I/O 数目	输入			输出	
		数目	电压	类型	数目	类型
FX2N-32ER	32	16	24 V 直流	漏型	16	继电器
FX2N-32ET	32	16	24 V 直流	漏型	16	晶体管
FX2N-48ER	48	24	24 V 直流	漏型	24	继电器
FX2N-48ET	48	24	24 V 直流	漏型	24	晶体管
FX2N-48ER-D	48	24	24 V 直流	漏型	24	继电器（直流）
FX2N-48ET-D	48	24	24 V 直流	漏型	24	晶体管（直流）

表3.3.3 FX2N系列PLC的扩展模块

型号	总I/O数目	输入			输出	
		数目	电压	类型	数目	类型
FX2N-16EX	16	16	24 V直流	漏型		
FX2N-16EYT	16				16	晶体管
FX2N-16EYR	16				16	继电器

（3）特殊功能模块 特殊功能模块是一些具有特殊用途的单元。FX2N系列PLC提供了多种特殊功能模块，如位置控制模块、模拟量控制模块、计算机通信模块、高速计数模块等，可实现位置控制、模拟量数据处理、网络通信、高速计数等功能。

（4）扩展设备与基本单元的连接 由于扩展单元及扩展模块无CPU，因此它们必须与基本单元一起使用，基本单元与扩展单元、扩展模块、特殊功能单元与模块之间的连接如图3.3.7所示。

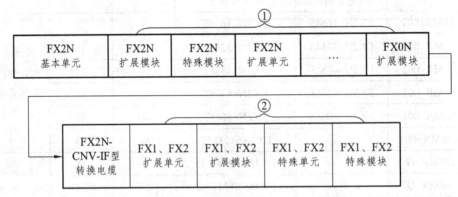

图3.3.7 扩展设备与基本单元的连接

基本单元的右侧可以连接FX2N系列用的扩展单元和扩展模块。此外，还可以接FX0N、FX1、FX2系列等多台扩展设备。如图3.3.7所示的① 区可以接FX2N扩展单元及扩展模块，FX0N扩展模块及特殊模块，不能接FX0N用的扩展单元；② 区可以接FX1、FX2扩展单元、扩展模块、特殊单元、特殊模块。接② 区扩展设备时，必须使用FX2N-CNV-IF型转换电缆，而且一旦接② 区扩展设备后就不能再接② 区可用设备了。

对于FX2N基本单元，外接特殊单元、特殊模块的数量，最多不超过8台。输入/输出总点数应保持在256点以内，其中输入点、输出点均应在184点以内；接特殊单元、特殊模块时，每台占用8点（不能分配输入/输出序号），从最大点数256点内扣除。基本单元和扩展单元的内电源对扩展模块供给DC 24 V电源，对特殊模块供给DC 5 V电源，扩展模块与特殊模块的耗电总量应控制在基本单元及扩展单元的电源容量范围之内。

2. 开关量输入/输出接口

（1）开关量输入接口 FX2N系列PLC一般通过内部的直流24 V电源为开关量输入回路提供电源，如图3.3.8所示。因为开关量输入回路的电源看起来是从PLC内部向外"泄露"出去的，因此这种开关量输入类型称为"漏型"。

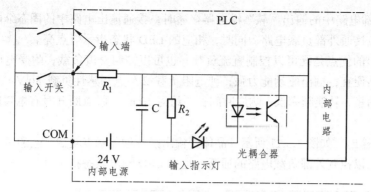

图 3.3.8　开关量输入接口（"漏型"输入）

FX2N 系列 PLC 开关量输入接口电路采用阻容回路滤波，通过光耦合器进行光电隔离，以提高 PLC 的抗干扰能力。另外还有 LED 指示灯作为状态指示，当某个输入点接通时，相应的指示灯点亮，便于排查故障。

需要指出的是，除了"漏型"输入之外，某些 PLC 还采用"源型"输入形式，如图 3.3.9 所示，这种开关量输入电路的电源是由外部的直流或者交流电源供电，因此称为"源型"。

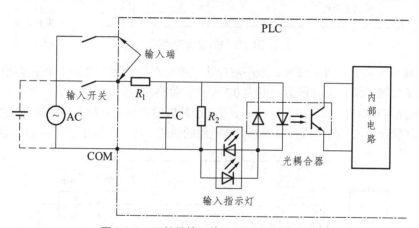

图 3.3.9　开关量输入接口（"源型"输入）

（2）开关量输出接口　FX2N 系列 PLC 的开关量输出接口电路主要有三种类型：继电器输出、晶体管输出和双向晶闸管。

① 继电器输出　继电器输出是最常见的一种输出形式，如图 3.3.10 所示。

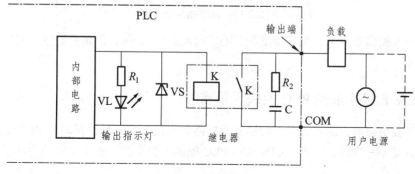

图 3.3.10　继电器输出

当 PLC 内部电路中的输出"软"继电器接通时，接通输出电路中的固态继电器线圈，通过该继电器的触点接通外部负载电路，同时，相应的 LED 状态指示灯点亮。

继电器输出的优点是既可以控制直流负载，也可以控制交流负载；耐受电压范围宽，导通电压降小，价格便宜；输出驱动能力强，纯电阻负载 2 A/点，感性负载 80 V·A/点以下。缺点是机械触点寿命短，转换频率低，响应时间长，约为 10 ms，触点断开时有电弧产生，容易产生干扰。

② 晶体管输出　如图 3.3.11 所示，晶体管输出是一种无触点输出，它通过光耦合器使晶体管饱和或截止，以控制外部负载电路的通断，也有 LED 输出状态指示灯。

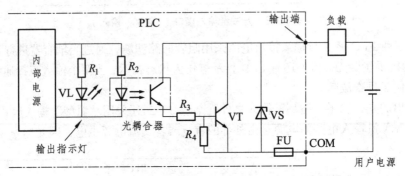

图 3.3.11　晶体管输出

晶体管输出寿命长，可靠性高，频率响应快，响应时间约为 0.2 ms，可以高速通断；但是只能驱动直流负载，负载驱动能力一般为 0.5 A/点，价格较高。

③ 双向晶闸管输出　如图 3.3.12 所示，双向晶闸管输出也是一种无触点输出，它通过光耦合器使双向晶闸管导通或关断，以控制外部负载电路的通断，相应的输出点配有 LED 状态指示灯。

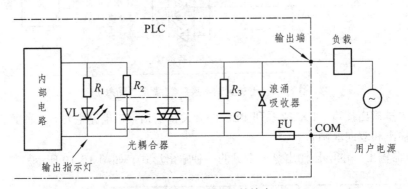

图 3.3.12　双向晶闸管输出

双向晶闸管输出寿命长，响应速度快，响应时间约为 1 ms；但是只能驱动交流负载，负载驱动能力较差。

四、三菱 FX2N 系列 PLC 的编程语言

国际电工委员会制订的可编程序控制器的标准编程语言有五种，不同的 PLC 生产厂家所采用的编程语言是不一样的，三菱 FX2N 系列 PLC 提供了梯形图、指令表和顺序功能图三种编程语言。

（一）梯形图编程语言

如前所述，PLC 是专为工业控制而开发的装置，其主要使用者是工厂的电气技术人员。通常情况下，为了便于使用者的应用，PLC 系统一般不采用微型计算机的编程语言，而常常采用针对控制过程的"自然语言"编程，即梯形图编程语言（LAD），它特别适用于开关量逻辑控制。梯形图常被称为电路或程序。对于熟悉继电器-接触器控制技术的电气技术人员来说，从继电器-接触器控制原理图转化成梯形图是非常容易的。

图 3.3.13 是三相异步电动机正、反转控制电路，其中控制电路采用的是传统继电器-接触器控制电路，而图 3.3.14（a）（b）分别是使用 PLC 控制电动机正、反转的 FX2N 系列 PLC 的外部接线图和梯形图程序。

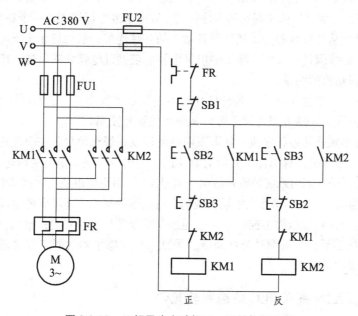

图 3.3.13　三相异步电动机正、反转控制电路

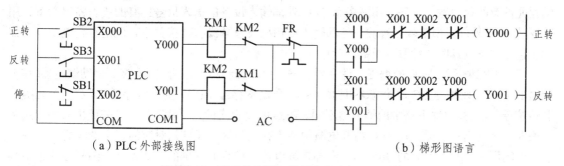

（a）PLC 外部接线图　　　　　　　　　（b）梯形图语言

图 3.3.14　PLC 控制的三相异步电动机正、反转

（1）软继电器　PLC 梯形图中的某些编程元件沿用了继电器这一名称，如输入继电器、输出继电器、内部辅助继电器等，但是它们不是真实的物理继电器（硬继电器），而是一些存储单元（软继电器），每一个软继电器与 PLC 存储器中映像寄存器的一个存储单元相对应。该存储单元如果为"1"状态，则表示梯形图中对应软继电器的线圈"得电"，其常开触点接通，常闭触点断开，称这种状态是该软继电器的"1"或"ON"状态。如果该存储单元为"0"状态，对应

软继电器的线圈和触点的状态与上述相反，称该软继电器为"0"或"OFF"状态。使用中也常将这些"软继电器"称为编程元件。

（2）母线　梯形图两侧的垂直公共线称为母线（Bus bar）。在分析梯形图的逻辑关系时，为了借用继电器电路图的分析方法，可以想象左右两侧母线（左母线和右母线）之间有一个左正右负的直流电源电压，母线之间有"电流"从左向右流动。右母线可以不画出。

（3）梯形图的逻辑运算　梯形图最右端每一个线圈的状态取决于前面各触点的状态和逻辑关系。根据梯形图中各触点的状态和逻辑关系，求出与各线圈对应的编程元件的状态，称为梯形图的逻辑运算。梯形图中逻辑运算按从左至右、从上到下的顺序进行。运算的结果，可以被后面的逻辑运算所利用。

梯形图编程与以往的继电器-接触器控制有很多不同之处，梯形图主要有以下特点：

① 梯形图按自上而下、从左到右的顺序编写。每一个继电器线圈为一个逻辑行，即一层"阶梯"。每一个逻辑行从左母线起始，然后是各触点的各种连接，最后终止于继电器线圈。

② 梯形图中的线圈是广义的，除了输出继电器、辅助继电器线圈以外，还包括计时器、计数器以及各种逻辑运算的结果。

③ 梯形图中，一般情况下（除跳转指令和步进指令等程序），某个编号的继电器线圈只能在梯形图中出现一次，而继电器的触点可以无限次的反复使用。

④ 梯形图是形象化的编程手段，梯形图两端的母线是假想地接了一个左正右负的电源，实际上是没有接任何电源的。梯形图中并没有真实的物理电流流动，是对逻辑运算的形象表示。

⑤ 输入继电器的状态由系统接收外部输入信号决定，而不能由系统内部其他继电器触点或其他逻辑运算结果驱动。因此，梯形图中只出现输入继电器的接点，而不出现输入继电器的线圈。

⑥ 输出继电器供系统做输出控制用。它通过开关令输出模块对应的输出开关（如晶体管、双向晶闸管或继电器触点）去驱动外部负载。因此，输出继电器线圈满足接通条件后，就表示对应的输出点有输出信号。

（二）三菱 FX2N 系列 PLC 的编程软元件

可编程序控制器用于工业控制，就必须在其内部设置具有各种各样功能的编程元件。这些编程元件有的代表输入设备，用来表示 PLC 外部输入设备的输入信号；有的代表输出设备，用来驱动 PLC 外部输出信号；有的与外部输入或输出设备并没有直接关系，但是有其他功能，如用于信号中继、延时、计数以及数据存储等。

三菱 FX2N 系列 PLC 的编程元件主要有输入继电器（X）、输出继电器（Y）、辅助继电器（M）、定时器（T）、计数器（C）、状态继电器（S）、数据寄存器（D）、变址寄存器（V/Z）等几类。和传统继电器-接触器电路中的继电器不同，PLC 的编程元件是"软"的，是等效出来的，用于代表输入、输出等信号，在 PLC 内部电路中并不存在与编程元件相对应的真实继电器。

不同厂家、不同系列的 PLC，其内部软继电器（编程元件）的功能和地址编号往往也不相同，因此用户在编制程序时，必须熟悉所选用 PLC 的每条指令涉及编程元件的功能和编号。

FX 系列 PLC 编程元件的编号由字母和数字组成，其中输入继电器和输出继电器用八进制数字编号，其他均采用十进制数字编号。另外，FX 系列 PLC 根据使用的 CPU 不同，所使用的编程元件也有所差异，表 3.3.4 将三菱 FX2N 系列 PLC 和另外三种 FX 系列 PLC 的编程元件做了一个比较。

表 3.3.4　三菱 FX 系列 PLC 编程元件一览表

编程元件种类		PLC 型号			
		FX1S	FX0N	FX1N	FX2N
输入继电器 X		X000～X017（不可扩展）	X000～X043（可扩展）	X000～X043（可扩展）	X000～X077（可扩展）
输入继电器 Y		Y000～Y014（不可扩展）	Y000～Y027（可扩展）	Y000～Y027（可扩展）	Y000～Y077（可扩展）
辅助继电器 M	普通用	M0～M383	M0～M383	M0～M383	M0～M499
	保持用	M384～M511	M384～M511	M384～M1535	M500～M3071
	特殊用	M8000～M8255			
状态继电器 S	初试状态用	S0～S9	S0～S9	S0～S9	S0～S9
	返回原点用	—	—	—	S10～S19
	普通用	S10～S127	S10～S127	S10～S999	S20～S499
	保持用	S10～S127	S10～S127	S0～S999	S500～S899
	信号报警用	—	—	—	S900～S999
定时器 T	100 ms	T0～T62	T0～T62	T0～T199	T0～T199
	10 ms	T32～T62	T32～T62	T200～T245	T200～T245
	1 ms	—	T63	—	—
	1 ms 累积	T63		T246～T249	T246～T249
	100 ms 累积	—	—	T250～T255	T250～T255
计数器 C	16 位增计数（普通）	C0～C15	C0～C15	C0～C15	C0～C99
	16 位增计数（保持）	C16～C31	C16～C31	C16～C199	C100～C199
	32 位可逆计数（普通）	—	—	C200～C219	C200～C219
	32 位可逆计数（保持）	—	—	C220～C234	C220～C234
	高速计数器	C235～C255（具体见使用手册）			
数据寄存器 D	16 位普通用	D0～D127	D0～D127	D0～D127	D0～D199
	16 位保持用	D128～D255	D128～D255	D128～D7999	D200～D7999
	16 位特殊用	D8000～D8255	D8000～D8255	D8000～D8255	D8000～D8195
变址寄存器 V、Z	16 位变址用	V0～V7 Z0～Z7	V Z	V0～V7 Z0～Z7	V0～V7 Z0～Z7
指针 N、P、I	嵌套用	N0～N7	N0～N7	N0～N7	N0～N7
	跳转用	P0～P63	P0～P63	P0～P127	P0～P127
	输入中断用	I00□～I50□	I00□～I30□	I00□～I50□	I00□～I50□
	定时器中断	—	—	—	I6□□～I8□□
	计数器中断	—	—	—	I010～I060
常数 K、H	16 位	K：−32768～32767　　H：0000～FFFFH			
	32 位	K：−2147483648～2147483647　　H：00000000～FFFFFFFF			

1. 输入继电器

PLC 每一个输入端子对应一个输入继电器（X），它是 PLC 接收外部输入设备输入信号的窗口。PLC 通过输入接口将外部输入信号的状态（接通时为"1"，断开时为"0"）读入并存储在输入映像寄存器中。

图 3.3.15 所示是输入继电器等效电路，当按下按钮 SB1 时，外部输入信号通过输入端子进入 PLC 输入电路，使得输入继电器 X000 的线圈得电，在内部程序中 X000 的常开触点闭合，常闭触点断开；当松开按钮时，线圈失电，常开触点断开，常闭触点闭合。

输入继电器必须由外部信号驱动，不能用程序驱动，所以在程序中不可能出现其线圈。由于输入继电器（X）为输入映像寄存器中的状态，所以其触点的使用次数不限。

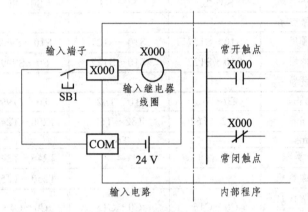

图 3.3.15　输入继电器等效电路

FX 系列 PLC 的输入继电器以八进制进行编号，FX2N 系列 PLC 输入继电器的编号范围为 X000～X267（184 点）。其中，基本单元输入继电器的编号是固定的，扩展单元和扩展模块按与基本单元最靠近处顺序进行编号。例如，基本单元 FX2N-48M 的输入继电器编号为 X000-X027（24 点），如果接有扩展单元或扩展模块，则扩展的输入继电器从 X030 开始编号；基本单元 FX2N-64M 的输入继电器编号为 X000～X037（32 点），如果接有扩展单元或扩展模块，则扩展的输入继电器从 X040 开始编号。

2. 输出继电器

PLC 的输出继电器（Y）是 PLC 驱动外部输出设备的窗口。当 PLC 内部程序使输出继电器的线圈接通时，一方面该输出继电器程序内部的常开触点和常闭触点分别闭合、断开（输出继电器的内部触点使用次数不受限制），另一方面在输出等效电路中与该输出继电器对应的唯一一个常开触点（不一定是继电器的机械触点）闭合，通过输出端子接通外部输出设备，如图 3.3.16 所示。

FX 系列 PLC 的输出继电器也以八进制进行编号，其中 FX2N 系列 PLC 输出继电器的编号范围为 Y000～Y267（184 点）。与输入继电器一样，基本单元的输出继电器编号是固定的，扩展单元和扩展模块的编号按与基本单元最靠近处顺序进行编号。例如，基本单元 FX2N-48M 的输出继电器编号为 Y000～Y027（24 点），如果接有扩展单元或扩展模块，则扩展的输出继电器从 Y030 开始编号；基本单元 FX2N-64M 的输出继电器编号为 Y000～Y037（32 点），如果接有扩展单元或扩展模块，则扩展的输出继电器从 Y040 开始编号。

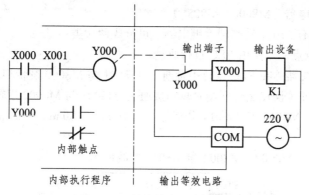

图 3.3.16　输出继电器等效电路

3. 辅助继电器

PLC 的辅助继电器（M）在程序中的作用类似于继电器-接触器电路中的中间继电器，它既不能直接引入外部输入信号，也不能直接驱动外部负载，主要用于状态暂存、辅助运算等。恰当地使用辅助继电器，还能够起到简化程序结构的作用。

FX2N 系列 PLC 辅助继电器的编号由 M 与十进制数共同组成，它的常开与常闭触点在 PLC 内部编程时也没有使用次数的限制。

（1）通用辅助继电器（M0～M499）

FX2N 系列 PLC 共有 500 点通用辅助继电器。通用辅助继电器没有断电保持功能，当 PLC 运行时突然断电，则全部线圈复位；当电源恢复时，除了因外部输入信号而接通的以外，其余的仍将保持断开的状态。

根据需要并通过程序设定，可将 M0～M499 变为断电保持辅助继电器。

（2）断电保持辅助继电器（M500～M3071）

断电保持辅助继电器与普通辅助继电器不同的是，其具有断电保护功能，即当 PLC 电源中断时保持其原有的状态，并在重新通电后再现其状态。其中，M500～M1023 可由软件设定为通用辅助继电器。

如图 3.3.17 所示，假设小车现在位于左限位 X000 处，小车自动右行，当到达右限位 X001 处停止，然后自动左行，到达左限位 X000 处又重新右行，如此往复循环。如果在 PLC 运行中突然停电，特殊辅助继电器 M500 和 M501 可以"记住"停电前的状态，当电源恢复时，能够按照停电前的状态继续运行。

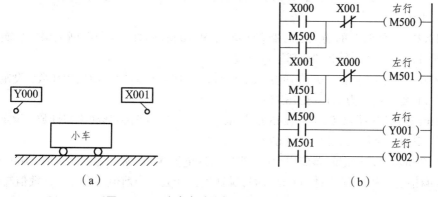

图 3.3.17　小车自动往复运行示意图及梯形图

（3）特殊辅助继电器（M8000～M8255）

FX2N 系列 PLC 有 256 个特殊辅助继电器，可分成两大类：

① 只能使用其触点，线圈由 PLC 自行驱动。

M8000：运行监视器（在 PLC 运行中接通），M8001 与 M8000 逻辑相反。

M8002：初始脉冲（仅在运行开始时瞬间接通），M8003 与 M8002 逻辑相反。

M8011、M8012、M8013 和 M8014 分别是产生 10 ms、100 ms、1 s 和 1 min 时钟脉冲的特殊辅助继电器。

如图 3.3.18 所示为 M8000、M8002 和 M8011 的波形图。

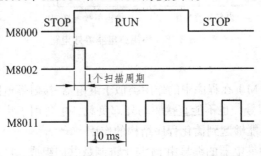

图 3.3.18　M8000、M8002、M8011 波形图

② 可以由用户驱动线圈。

M8033：若使其线圈得电，则 PLC 停止时保持输出映像存储器和数据寄存器内容。

M8034：若使其线圈得电，则将 PLC 的输出全部禁止。

M8039：若使其线圈得电，则 PLC 按 D8039 中指定的扫描时间工作。

4. 定时器

定时器（T）是用来实现延时功能的编程元件，它相当于继电器-接触器控制系统中的时间继电器，但是后者有通电延时继电器和断电延时继电器两种，而三菱 FX2N 系列 PLC 中的定时器只有通电延时功能，必须通过断电延时程序才能实现断电延时功能。

定时器由一个设定值寄存器（字）、一个当前值寄存器（字）和无数个触点（位）组成，这三个量使用同一地址编号，但使用场合不一样，意义也不同。

三菱 FX2N 系列 PLC 中的定时器分为通用定时器和积算定时器两种，它们通过对一定周期的时钟脉冲进行累计而实现定时，时钟脉冲周期有 1 ms、10 ms、100 ms 三种，当所计数达到设定值时触点动作。设定值可用常数 K 或数据寄存器 D 的内容来设置。

（1）通用定时器

三菱 FX2N 系列 PLC 的通用定时器有 100 ms 和 10 ms 两种，不具备断电保持功能，当定时器线圈断开时，当前值寄存器和全部触点复位。

① 100 ms 通用定时器（T0～T19）：共 200 点，对 100 ms 时钟脉冲累积计数，设定值为 1～32767，所以其延时范围为 0.1～3276.75 s。

② 10 ms 通用定时器（T200～T245）：共 46 点，对 10 ms 时钟脉冲累积计数，设定值为 1～32767，所以其延时范围为 0.01～327.67 s。

图 3.3.19 所示为通用定时器应用示例，当输入继电器 X000 常开触点闭合时，100 ms 通用定时器 T0 线圈接通，从 0 开始对 100 ms 时钟脉冲进行计数，当前值寄存器的计数值与设定值寄存器的设定值相等（即延时 2 s 时），定时器的常开触点闭合，接通输出继电器 Y001。当输入继

电器 X000 常开触点断开时，定时器马上复位，当前值寄存器清零，所有触点全部复位。

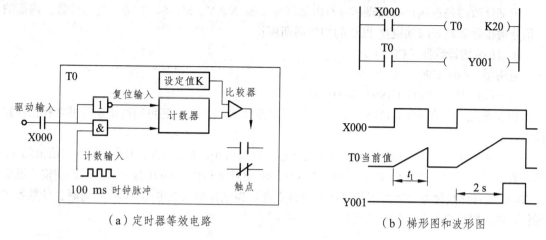

（a）定时器等效电路 （b）梯形图和波形图

图 3.3.19 通用定时器应用示例

（2）积算定时器

积算定时器在延时过程中如果发生 PLC 断电或定时器线圈断开的情况，当前值寄存器能够保持当前的计数值不变，PLC 重新通电或定时器线圈重新接通后继续累积，即其当前值具有保持功能，只有将积算定时器复位，当前位才变为 0。

① 1 ms 积算定时器（T246 ~ T249）：共 4 点，对 1 ms 时钟脉冲进行累积计数，设定值为 1 ~ 32767，其延时范围为 0.001 ~ 32.767 s。

② 100 ms 积算定时器（T250 ~ T255）：共 6 点，对 100 ms 时钟脉冲进行累积计数，设定值为 1 ~ 32767，其延时范围为 0.1 ~ 3276.7 s。

图 3.3.20 所示为积算定时器应用示例，当输入继电器 X000 常开触点闭合时，积算定时器 T250 接通并从 0 开始对 100 ms 时钟脉冲计数，当前值寄存器的计数值未达到设定值时 X000 常开触点断开，定时器的当前位寄存器计数值保持不变；当 X000 常开触点再次闭合后，T250 当前值寄存器在原计数值的基础上累积计数，直到其计数值等于设定值，T250 常开触点闭合，接通输出继电器 Y001。当输入继电器 X001 常开触点闭合时，积算定时器 T250 被复位。

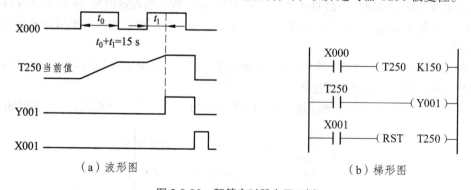

（a）波形图 （b）梯形图

图 3.3.20 积算定时器应用示例

5. 计数器

计数器（C）在程序中用作计数控制，FX2N 系列 PLC 的计数器分为内部计数器和高速计数器两类。

（1）内部计数器

内部计数器是在执行扫描操作时对内部信号（如 X、Y、M、S、T 等）进行计数。内部输入信号的接通和断开时间应比 PLC 的扫描周期稍长。

① 16 位增计数器（C0 ~ C199）

通用型：C0 ~ C99，共 100 点。

断电保持型：C100 ~ C199，共 100 点。

计数器的设定值为 1 ~ 32767，设定值除了用常数 K 设定外，还可通过指定数据寄存器间接设定。

如图 3.3.21 所示，X002 是计数输入继电器，每当 X002 接通一次，计数器 C0 当前值加 1，当计数器当前值达到设定值 10 时，计数器 C0 的输出触点动作，Y001 接通。此后即使输入继电器 X002 还有计数脉冲，计数器的当前位保持不变。当复位输入继电器 X001 接通时，计数器被复位，输出触点也复位，Y001 断开。

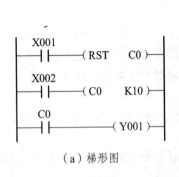
（a）梯形图

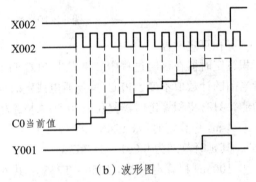
（b）波形图

图 3.3.21　16 位通用增计数器程序示例

② 32 位增/减计数器（C200 ~ C234）

通用型：C200 ~ C219，共 20 点。

断电保持型：C220 ~ C234，共 15 点。

与 16 位增计数器相比，32 位增/减计数器除位数不同外，还能通过控制实现加/减双向计数。设定值范围为-2147483648 ~ +2147483647。32 位增/减计数器的设定值与 16 位增计数器一样，既可直接用常数 K 设定，也可间接用数据寄存器 D 设定。在间接设定时，要用编号相邻的两个数据寄存器。

C200 ~ C234 的计数方向分别由特殊辅助继电器 M8200 ~ M8234 设定，对应的特殊辅助继电器接通时为减计数，反之则为增计数。

如图 3.3.22 所示，X000 用来控制特殊继电器 M8200，X000 常开触点闭合时，M8200 置 1，

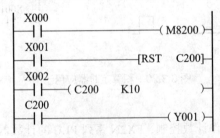

图 3.3.22　32 位通用型增/减计数器

为减计数方式。X002 为计数输入继电器，当 C200 计数当前值由 9 变为 10 时，计数器的常开触点闭合使 Y001 接通。当前值大于 10 时计数器仍为 ON 状态，只有当前值由 10 变为 9 时，计数器常开触点才会断开。复位输入继电器 X001 接通时，计数器的当前值清 0，输出触点也随之复位。

（2）高速计数器

高速计数器通过中断方式对外部信号进行计数，与扫描周期无关。FX2N 系列 PLC 有 C235～C255 共 21 点高速计数器。作为高速计数器输入的 PLC 输入端口有 X000～X007，X000～X007 不能重复使用，即某一个输入端已被某个高速计数器占用时，它就不能再用于其他高速计数器。各高速计数器对应的输入端如表 3.3.5 所示。

表 3.3.5　各高速计数器对应的输入端

计数器		X000	X001	X002	X003	X004	X005	X006	X007
单相单计数输入	C235	U/D							
	C236		U/D						
	C237			U/D					
	C238				U/D				
	C239					U/D			
	C240						U/D		
	C241	U/D	R						
	C242			U/D	R				
	C243				U/D	R			
	C244	U/D	R					S	
	C245			U/D	R				S
单相双计数输入	C246	U	D						
	C247	U	D	R					
	C248				U	D	R		
	C249	U	D	R				S	
	C250				U	D	R		S
双相	C251	A	B						
	C252	A	B	R					
	C253				A	B	R		
	C254	A	B	R				S	
	C255				A	B	R		S

注：U 表示加计数输入，D 为减计数输入，B 表示 B 相输入，A 为 A 相输入，R 为复位输入，S 为启动输入。
　　X006、X007 只能用作启动信号，而不能用作计数信号。

高速计数器可分为以下三类：

① 单相单计数输入高速计数器（C235～C245）共 11 点，与 32 位增/减计数器相同，可进行增或减计数（通过特殊辅助继电器 M8235～M8245 来设定相应计数器的计数方向）。

a. 无启动/复位端子（C235～C240）

如 3.3.23 所示，当 M8235 接通时，C235 为减计数方式，反之则为加计数方式。当 X012 接通时，C235 被选中，从表 3.3.5 可知，对应的高速计数输入端为 X000，C235 对 X000 的上升沿进行计数，当其当前值等于设定值 1234 时，C235 常开触点闭合，Y000 接通。当 X011 接通时，C235 被复位。

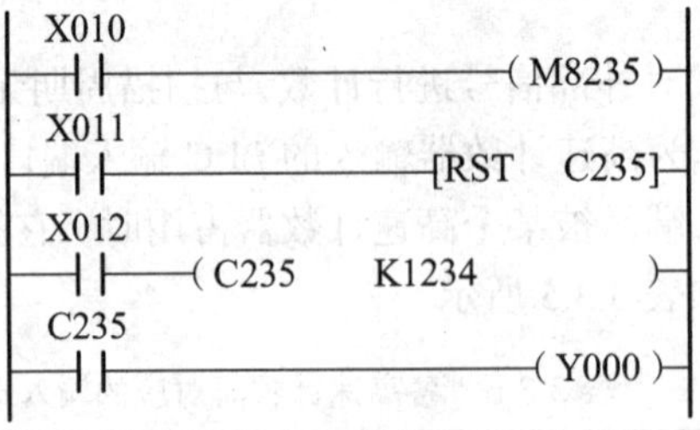

```
X010
─┤├─────────────────────────( M8235 )─
X011
─┤├──────────────────[RST    C235]─
X012
─┤├──( C235    K1234              )─
C235
─┤├─────────────────────────( Y000 )─
```

图 3.3.23   无启动/复位端子的单相单计数输入高速计数器

b. 带启动/复位端（C241 ~ C245）

如图 3.3.24 所示，当 M8244 接通时，C244 为减计数方式，反之则为加计数方式。当 X012 接通时，C244 被选中，从表 3.3.5 可知，对应的高速计数输入端为 X000，C244 对 X000 的上升沿进行计数，当其当前值等于设定值 1234 时，C244 常开触点闭合，Y000 接通。当 X011 接通时，C244 被复位。另外，C244 还可由外部输入端 X001 复位和外部输入端 X006 启动，当 X001 接通时，C244 被复位；当 X006 接通时，C244 开始计数，X006 断开时，C244 停止计数。

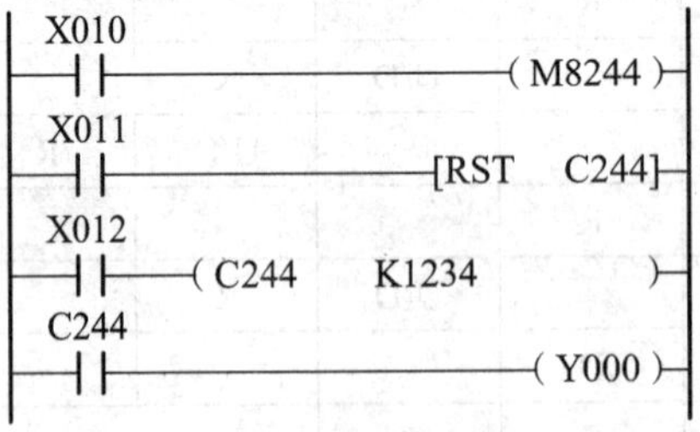

```
X010
─┤├─────────────────────────( M8244 )─
X011
─┤├──────────────────[RST    C244]─
X012
─┤├──( C244    K1234              )─
C244
─┤├─────────────────────────( Y000 )─
```

图 3.3.24   带启动/复位端子的单相单计数输入高速计数器

② 单相双计数输入高速计数器（C246 ~ C250）这类高速计数器具有两个输入端，一个为加计数输入端，另一个为减计数输入端。利用 M8246 ~ M8250 的 ON/OFF 动作可监控 C246 ~ C250 的加/减计数动作。如图 3.3.25 所示，当 X011 接通时，C248 被选中，从表 3.3.5 可知，C248 对输入端 X003 的上升沿进行加计数，对输入端 X004 的上升沿进行减计数。当 X010 接通时，C248 被复位。另外 C248 可以被外部输入端 X005 复位。

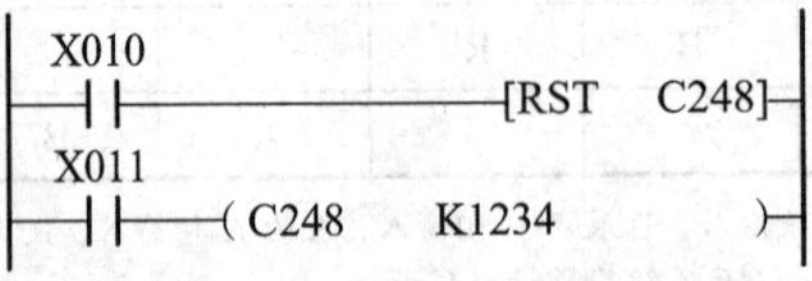

```
X010
─┤├──────────────────[RST    C248]─
X011
─┤├──( C248    K1234              )─
```

图 3.3.25   单相双计数输入高速计数器

③ 双相高速计数器（C251 ~ C255）A 相和 B 相相位信号决定计数器是加计数还是减计数。当 A 相为 ON 时，对 B 相的上升沿进行加计数，对 B 相的下降沿进行减计数。

如图 3.3.26 所示，当 X012 接通时，C251 被选中，从表 3.3.5 可知，输入端 X000 和 X001 分别为 A 相和 B 相信号。X011 为复位端，Y003 可以通过 M8251 监控 C251 当前的加减计数动作。

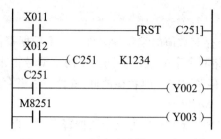

图 3.3.26 双相高速计数器程序示例

6. 状态继电器

状态继电器（S）是一种在步进顺序控制程序中表达"工步"的继电器，是编制顺序控制程序的重要编程元件，它与后述的步进顺控指令 STL 组合使用。

FX2N 系列 PLC 共有状态继电器 1000 点（S0～S999），可分为以下五种类型：

① 初始状态继电器 S0～S9，共 10 点。

② 回零状态继电器 S10～S19，共 10 点。

③ 通用状态继电器 S20～S499，共 480 点。

④ 具有状态断电保持的状态继电器 S500～S899，共 400 点。

⑤ 供报警用的状态继电器（可用作外部故障诊断输出）S900～S999，共 100 点。

另外，状态继电器如果不用在顺序控制程序中，可以作为普通的辅助继电器使用，FX2N 系列 PLC 还可通过程序设定将 S0～S499 设置为有断电保持功能的状态继电器。

图 3.3.27 所示为某机床刀具进给的顺序功能图：PLC 运行后，通过初始化脉冲 M8002 使初始状态继电器 S0 置位；当按下启动按钮时，X000 接通，转移条件满足，从初始状态 S0 转移到下一个状态 S20，Y000 接通，刀具快速进给；当刀具到达工进限位时，X001 接通，转移条件满足，从状态 S20 转移到下一个状态 S21，Y001 接通，刀具工进；当刀具到达终点限位时，X002 接通，转移条件满足，从状态 S21 转移到下一个状态 S22，Y002 接通，刀具快退；当刀具回到原点限位时，X003 接通，返回初始状态 S0，等待下一个工作循环。

从这个例子可以看出，在顺序控制程序中每个状态继电器都相当于一个"工步"，每一步执行相应的动作，当满足转移条件时，实现工步的顺序转移，整个程序的设计清晰简洁，效率较高。

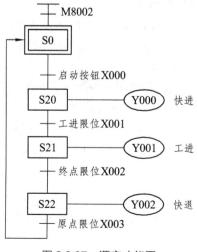

图 3.3.27　顺序功能图

7. 数据寄存器

数据寄存器（D）是用来存储数值的编程软元件，一个数据寄存器可以存放 16 位数据，即一个字的数据。如果想要存储两个字的数据，则需要两个编号相邻的数据寄存器进行存储。如图 3.3.28 所示，用 D1 和 D2 存储双字，前者存放低 16 位，后者存放高 16 位。字或双字的最高位为符号位，0 表示正数，1 表示负数。

FX2N 系列 PLC 的数据寄存器主要分为通用数据寄存器、断电保持数据寄存器、特殊数据寄存器和文件寄存器同类。

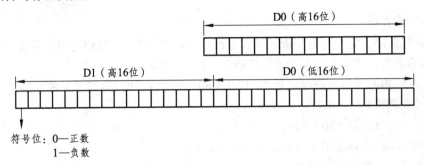

图 3.3.28　数据寄存器数据格式

（1）通用数据寄存器（D0～D199）

共 200 点。当 M8033 为 ON 时，D0～D199 有断电保护功能；当 M8033 为 OFF 时，则无断电保护功能，当 PLC 由 RUN→STOP 或停电时，数据全部清零。

（2）断电保持数据寄存器（D200～D7999）

共 7800 点。当 PLC 由 RUN→STOP 时，其值保持不变。根据参数设定可以改变断电保持数据寄存器的范围。当断电保持数据寄存器用于一般用途时，须在程序起始步用 RST 或 ZRST 指令清空其内容。

（3）特殊数据寄存器（D8000～D8255）

共 256 点。特殊数据寄存器的作用是监控 PLC 的运行状态，如扫描时间、电池电压等。未加定义的特殊数据寄存器，用户不能使用，具体可参见用户手册。

8. 文件寄存器（D1000～D7999）

文件寄存器实际是一类专用数据寄存器，用于存储大量的数据。文件寄存器以 500 点为单位，可被外部设备存取，FX2N 系列 PLC 可以通过块传送指令来改变其内容。

（1）变址寄存器

变址寄存器（V/Z）实际上是一种特殊用途的数据寄存器，除了和普通的数据寄存器有相同的功能外，还可以在应用指令中与其他编程元件或数值组合使用，改变编程元件的地址编号。

FX2N 系列 PLC 有 V0～V7 和 Z0～Z7 共 16 个变址寄存器，它们都是 16 位的寄存器。

例如，（V1）=5，则执行"MOV D1 D2V1"时，将数据寄存器 D1 的内容传送到数据寄存器 D7 中去。

9. 指　针

在 FX2N 系列 PLC 中，指针（P/I）分为分支用指针和中断指针两种。

（1）分支用指针

FX2N 系列 PLC 有 P0～P127 共 128 点分支用指针，用于指示跳转指令（CJ）的跳转目标或子程序调用指令（CALI）调用子程序的入口地址。其中 P63 为程序结束指针，可以用作跳转标记，但不可用于引导子程序。

如图 3.3.29 所示，当输入继电器 X001 常开触点闭合时执行跳转指令，程序直接跳到指针 P1 处执行后续指令。

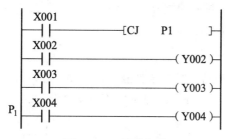

图 3.3.29　跳转指针

（2）中断指针

中断指针用于指示某一中断程序的入口位置。执行中断后遇到 IRET（中断返回）指令，则返回主程序。中断指针有以下三种类型：

① 输入中断用指针（I00□～I50□）共 6 点，用于指示由特定输入端的输入信号而触发的中断服务程序的入口地址。这类中断不受 PLC 扫描周期的影响，可以及时处理外部输入设备的信息。输入中断用指针的格式如图 3.3.30 所示：

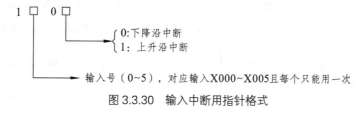

图 3.3.30　输入中断用指针格式

例如，I201 为当输入继电器 X002 从断到通变化时，执行以 I201 为标号后面的中断程序，并根据 IRET 指令返回。

② 定时器中断用指针（I6□□～I8□□）共 3 点，用于指示周期定时中断的中断服务程序的入口地址。这类中断的作用是 PLC 以指定的周期定时执行中断服务程序，定时循环处理某些任务，不受 PLC 扫描周期的限制。指针中的□□表示定时范围，可在 10～99 ms 中设定。

③ 计数器中断用指针（I010～I060）共 6 点。它们用在 PLC 内置的高速计数器中，根据高速计数器的计数当前值与设定值的关系确定是否执行中断服务程序。

10. 常　数

常数（K/H）是程序进行数值处理不可缺少的编程元件，主要用 K/H 来表示，其中 K 表示十进制整数，一般用于指定定时器或计数器的设定值以及应用指令操作数中的数值；H 表示 16 进制数，主要用来表示应用功能指令的操作数值。例如，用十进制数 26 可以表示为 K26，用十六进制则表示为 H1A。

五、典型梯形图电路与编程实例

经验设计法就是在已有的某些典型梯形图的基础上，根据控制要求，不断地修改和完善梯形图。这种方法没有普遍的规律可以遵循，设计的时间和质量与编程者的经验有很大的关系，故称为经验设计法。

（一）典型梯形图电路

程序设计经验的获得非一朝一夕之功，但是借助于一些常用的典型电路，可以缩短梯形图的设计时间，提高设计的质量。

1. 恒"0"与恒电路

在设计比较复杂的梯形图时，经常需要恒"0"与恒"1"信号，为了使用方便，一般在程序开始处编写恒"0"与恒"1"程序段以便随时使用，如图3.3.31所示。

（a）恒"0"信号　　　　　　　　　　　　（b）恒"1"信号

图3.3.31　恒"0"与恒"1"信号

也可以利用特殊辅助继电器M8000的常开与常闭触点来实现恒"1"与恒"0"信号。

2. 自保持电路

自保持电路又称"起保停电路"或者"自锁"电路，是很常见的一种典型电路，图3.3.32（a）所示是最常用的起保停电路，图3.3.32（b）是利用置位、复位指令来实现的起保停电路。

（a）　　　　　　　　　　　　　　　（b）

图3.3.32　两种自保持电路

3. 互锁电路

互锁电路是一种常见的控制电路，经常用于正、反转等电路中，如图3.3.33所示。

在图3.3.33所示的正、反转电路中，输出继电器Y000和Y001的线圈分别串联了对方的常闭触点，当两者中有一个接通，另外一个就不能接通，称为"线圈互锁"。另外，Y000和Y001线圈还分别串联了对方启动按钮信号的常闭触点，称为"按钮互锁"，这样，整个互锁电路就有了双重互锁。一般来说，需要互锁保护时，线圈互锁是必不可少的，按钮互锁则是可选择的。例如，在正反转控制中可以加按钮互锁，但在抢答器控制中就不能加按钮互锁。

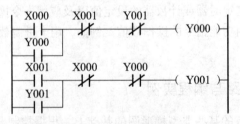

图3.3.33　正、反转电路

4. 单脉冲电路

在程序设计中经常要用到对信号的上升沿和下降沿的单脉冲检测信号,可以通过 PLS 和 PLF 指令来实现。

如图 3.3.34 所示,当 X000 从断开到接通（上升沿）时,M0 可以通过 PLS 指令得到一个宽度为一个扫描周期的脉冲信号。

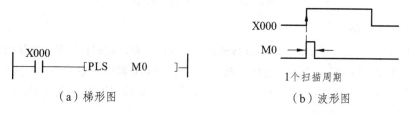

（a）梯形图　　　　　　　　　　　　（b）波形图

图 3.3.34　上升沿单脉冲信号

如图 3.3.35 所示,当 X000 从接通到断开（下降沿）时,M0 可以通过 PLF 指令得到一个宽度为一个扫描周期的脉冲信号。

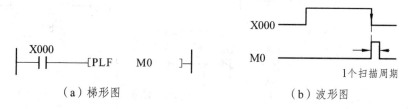

（a）梯形图　　　　　　　　　　　　（b）波形图

图 3.3.35　下降清单脉冲信号

5. 二分频电路

在 PLC 程序设计中经常会碰到利用一个按钮反复使用来交替控制输出的情况,即按一下启动,再按一下停止,再按一下又启动,如此交替往复,这种控制功能可以通过二分频电路实现,如图 3.3.36 所示。

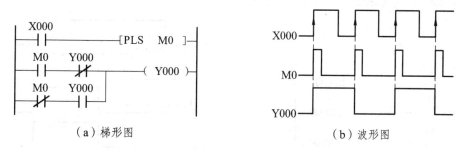

（a）梯形图　　　　　　　　　　　　（b）波形图

图 3.3.36　二分频电路

有了二分频电路可以很容易得到四分频、八分频、十六分频等电路。

6. 断电延时电路

三菱 FX2N 系列 PLC 的计时器只有通电延时功能,如果要实现断电延时功能就必须通过断电延时电路,如图 3.3.37 所示。

当 X000 接通时,Y000 接通;当 X000 断开时,计时器 T0 开始延时,2 s 后延时时间到,其常闭触点断开,Y000 断开。

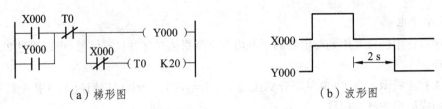

（a）梯形图　　　　　　　（b）波形图

图 3.3.37　2 s 断电延时电路

7. 定时关断电路

如图 3.3.38（a）（b）所示，当 X000 接通时，Y000 接通，同时计时器 T0 开始延时；3 s 后（X000 已断开）延时时间到，T0 常闭触点断开，Y000 和 T0 断开。这里 X000 接通的时间不能超过 T0 的延时时间，否则 3 s 后 T0 断开，其常闭触点闭合复位，Y000 又接通了。可以将图 3.3.38（a），改成图 3.3.38（c）就没有问题了。

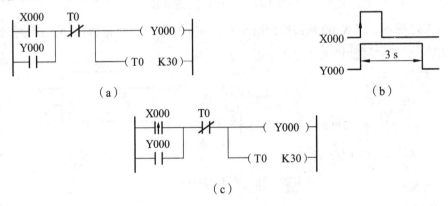

图 3.3.38　定时关断电路

8. 计时器与计时器串级电路

计时器的延时时间受设定值范围的限制，最多延时 3276.7 s，如果需要更长的延时时间，可以通过计时器与计时器串级电路来实现，如图 3.3.39 所示。

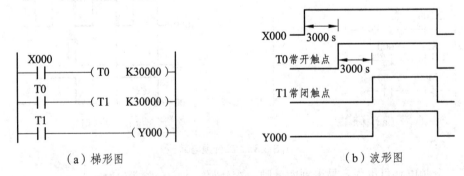

（a）梯形图　　　　　　　（b）波形图

图 3.3.39　计时器与计时器串级电路

两个计时器通过"接力"的形式实现了延时范围的扩展。

9. 计时器与计数器串级电路

除了计时器与计时器串级电路之外，还可以通过计时器与计数器串级电路来扩展延时时间，如图 3.3.40 所示。

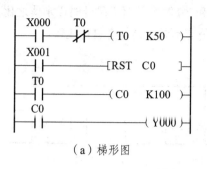

（a）梯形图

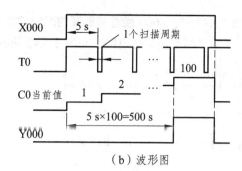

（b）波形图

图 3.3.40　计时器与计数器串级电路

图 3.3.40 中，计时器 T0 每过 5 s 给计数器 C0 发一个计数脉冲，当 C0 计数当前值达到 100 时，其常开触点接通 Y000，此时共延时了 5 s×100=500 s。

10. 累加计数器电路

类似于计时器与计时器串级扩展计时范围的方法，可以通过两个计数器串级使用来扩展计数范围，如图 3.3.41 所示。

图 3.3.41 中，计数器对计数脉冲 X000 计数，当前计数值达到 300 时，C0 常开触点闭合，计数器 C1 当前值加 1，而 C0 的常开触点将自身复位又重新计数。这样，计数器 C0 每计 300 个数，计数器 C1 计 1 个数，当计数器 C1 的当前计数值等于 300 时，C1 常开触点闭合，接通 Y000。从对 X000 开始计数到 Y000 接通，X000 一共产生了 300×300=90000 个计数脉冲。

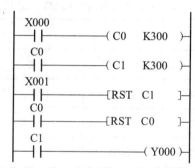

图 3.3.41　计数器串级扩展计数范围

11. 闪烁电路

在 PLC 控制中经常需要用到接通和断开时间比例固定的交替信号，可以通过特殊辅助继电器 M8013（1 s 时钟脉冲）等来实现，但是这种脉冲脉宽不可调整，可以通过图 3.3.42 所示的电路来实现脉宽可调的闪烁电路。

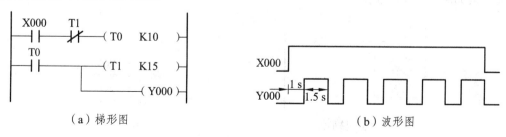

（a）梯形图

（b）波形图

图 3.3.42　先断后通的闪烁电路

图 3.3.42 中，Y000 接通和断开的时间之比就是 T1 和 T0 两个计时器的计时设定值之比。图 3.3.43 所示电路也是闪烁电路，与图 3.3.42 的闪烁电路稍有不同，请读者自行比较。

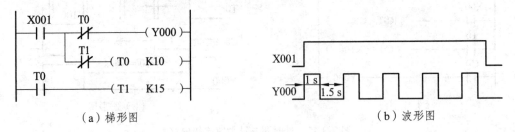

（a）梯形图　　　　　　　　　　　　　　　（b）波形图

图 3.3.43　先通后断的闪烁电路

闪烁电路中每个周期通电时间与断电时间之比称为占空比。

（二）编程实例

【例1】试编写电动机运行监控程序。

控制要求：用 PLC 对三台电动机运行进行监控，电动机 M1、M2、M3 分别由接触器 KM1、KM2、KM3 控制，现有一个报警指示灯，三台电动机只要有一台停转则该指示灯就点亮。

解：

（1）I/O 分配：电动机监控的 I/O 分配见表 3.3.6。

表 3.3.6　电动机监控的 I/O 分配表

输入信息			输出信息		
名称	文字符号	输入地址	名称	文字符号	输出地址
KM1 辅助常开触点	KM1	X001	报警指示灯	HL	Y001
KM2 辅助常开触点	KM2	X002			
KM3 辅助常开触点	KM3	X003			

（2）PLC 外部接线：略（本书中以后不特别说明的话，外部输入设备都是用常开触点接至 PLC 输入端子）。

（3）梯形图编程：一台电动机失电使指示灯点亮，可以用其对应的输入继电器的常闭触点接通 Y001 从而点亮指示灯，因此考虑用三个输入继电器的常闭触点并联后接通 Y001，其梯形图和指令表如图 3.3.44 所示。

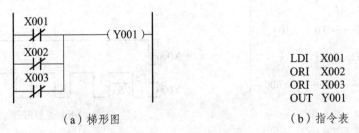

（a）梯形图　　　　　　　　　　　（b）指令表

图 3.3.44　电动机运行监控

【例 2】试编写抢答器控制程序。

控制要求：用 PLC 对抢答器进行控制。3 位选手面前各有一个抢答按钮和一个蜂鸣器，谁先按下抢答按钮，谁的蜂鸣器就鸣叫，其他选手迟后按下抢答按钮无效。主持人台上有一个复位按钮，可以对蜂鸣器的鸣叫进行复位。

解：

（1）I/O 分配：抢答器控制的 I/O 点数分配见表 3.3.7。

表 3.3.7　抢答器控制的 I/O 点数分配

输入信息			输出信息		
名称	文字符号	输入地址	名称	文字符号	输入地址
选手 1 抢答按钮	SB1	X001	选手 1 蜂鸣器	HA1	Y001
选手 2 抢答按钮	SB2	X002	选手 2 蜂鸣器	HA2	Y002
选手 3 抢答按钮	SB3	X003	选手 3 蜂鸣器	HA3	Y003
主持人复位按钮	SB4	X004			

（2）PLC 外部接线：略。

（3）梯形图编程：抢答按钮对蜂鸣器的控制可以用起保停电路来实现，而三个蜂鸣器之间的互锁可以通过如图 3.3.45 所示梯形图实现，指令表略。

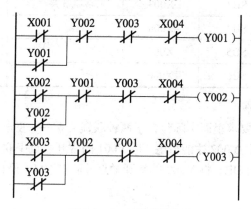

图 3.3.45　抢答器控制

【例 3】试编写三台电动机顺序控制程序。

顺序控制是一种基本电气控制规律，在机床、传输带输送系统等许多电气控制系统中都有广泛的应用。例如，在机床电气控制系统中经常要求油泵电动机先启动，为加工工件提供润滑或静压油液，然后再启动主轴电机。传输带输送系统的电气线路中，为了防止物料堵塞，要求传输带顺序启动和停止。

控制要求：图 3.3.46 是三台三相笼型异步电动机顺序启动、停止控制的主电路。三台电机按照 M1→M2→M3 的顺序启动，按照 M3→M2→M1 的顺序停止。启动和停止均是手动控制，每台电动机均有一个起动按钮和一个停止按钮。

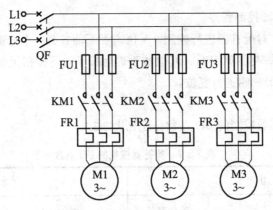

图 3.3.46　三台电动机顺序控制主电路

解：

（1）I/O 分配：三台电动机顺序控制的 I/O 分配见表 3.3.8。

表 3.3.8　三台电动机顺序控制的 I/O 分配表

输入信息			输出信息		
名称	文字符号	输入地址	名称	文字符号	输入地址
电动机 1 启动按钮	SB1	X001	电动机 1 接触器	KM1	Y001
电动机 1 停止按钮	SB2	X002	电动机 2 接触器	KM2	Y002
电动机 2 启动按钮	SB3	X003	电动机 3 接触器	KM3	Y003
电动机 2 停止按钮	SB4	X004			
电动机 3 启动按钮	SB5	X005			
电动机 3 停止按钮	SB6	X006			

（1）PLC 外部接线：略。

（2）梯形图编程：控制要求里面实际包含了两种联锁关系——得电联锁和失电联锁。以 Y001 和 Y002 为例，Y001 得电后 Y002 才能得电，将 Y001 的常开触点串联在 Y002 的线圈前面即可；而 Y002 失电后 Y001 才能失电，将 Y002 的常开触点并联在 Y001 停止信号上即可。如图 3.3.47 所示。

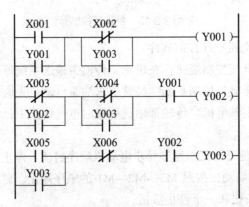

图 3.3.47　三部电动机顺序启动、停止电路

【例4】设计三相异步电动机 Y-△减压启动控制程序。

Y-△减压启动是三相异步电动机常见的一种减压启动方法，其原理是启动时电动机绕组接成星形减压启动，启动结束后绕组换成三角形接法正常运行，图 3.3.48 是三相笼型异步电动机 Y-△减压启动控制的主电路和传统继电器控制电路。

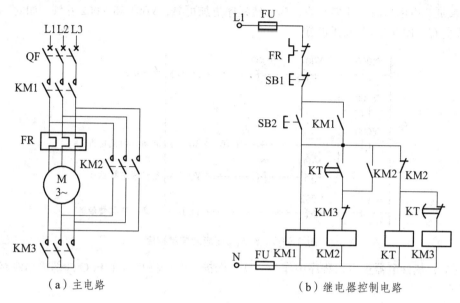

（a）主电路　　　　　　　　（b）继电器控制电路

图 3.3.48　Y-△减压启动控制

控制要求：主电路不变，将图 3.3.48 的控制电路从继电器电路改为 PLC 控制。

解：（1）I/O 分配：Y-△减压启动控制的 I/O 分配见表 3.3.9。

表 3.3.9　Y-△减压启动控制

输入信息			输出信息		
名称	文字符号	输入地址	名称	文字符号	输入地址
启动按钮	SB2	X000	主接触器	KM1	Y000
停止按钮	SB1	X001	△联结接触器	KM2	Y001
热继电器常闭触点	FR	X002	Y联结接触器	KM3	Y002

（2）PLC 外部接线：图 3.3.49 为 PLC 外部接线图，为了增加控制系统的可靠性，在 PLC 的外部控制电路中加入了 KM2 和 KM3 的互锁。

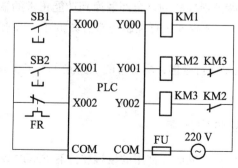

图 3.3.49　PLC 外部接线图

417

（3）梯形图编程：梯形图程序如图 3.3.50 所示。

图 3.3.50 为三相笼型异步电动机 Y-△减压启动的梯形图程序。按下启动按钮 SB2，X0 接通，Y000 接通并自保持，主接触器 KM1 接通，同时，星形联结接触器 KM3 接通，电动机减压启动。延时 3 s 后，Y002 断开，Y001 接通，使得星形联结接触器 KM3 断开，三角形联结接触器 KM2 接通，电动机转入正常运行。为了使程序更加可靠，Y001 和 Y002 互锁，如此，该 PLC 控制系统具有"硬""软"双重互锁。

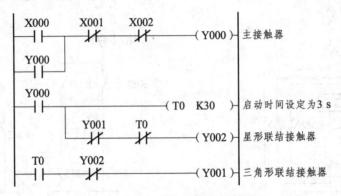

图 3.3.50　Y-△减压启动控制程序

本例中，热继电器被引入程序中作为"软"保护，亦可将其串在 PLC 外部输出线路中作为"硬"保护。

六、一般性故障排除

PLC 在控制系统中使用的过程中，如损坏，主要应从以下几方面进行修理：

（1）如果是 PLC 自身损坏，且是其内部公共电路损坏，此时应该更换 PLC。PLC 更换时既要将其外围电路更换，还要对其对应外部接线的内部程序进行更换。故为了减少停用时间，在 PLC 价格越来越低的今天，可以采用备用一台相同型号的 PLC，同时再把其内部要运行的程序进行备份，以便 PLC 损坏时及时更换。

（2）如果只是 PLC 的某个输入或输出端口损坏，其他功能正常，这时可采用更换输入或输出端口的修理方式，具体方法如下：

① 可采用拍照方式记录原来 PLC 所接外围电路的使用情况。

② 将其原来外围电路重新连接到正常的输入或输出端口上，并拍照记录后面端口的使用情况。

③ 修改 PLC 的程序。在修改程序前需首先将其内部程序进行备份，然后再对其程序进行修改，修改时主要是将程序中涉及损坏的端口全部替换到功能正常的端口，并将相关功能全部恢复到正常端口上。修改完成后，要事先进行控制功能仿真验证，功能正常时方可下载到 PLC 中运行。

④ 显然，如果在生产现场进行修理，所要带的工具除了电工工具外，还要携带修改程序用的编程计算机。

七、PLC 程序编写及应用步骤

PLC 程序编写应在编程软件中完成。常用的编程软件有 FXGP/WIN-C 和 GX Developer 等，其中后者比前者更新，也具有很强的网络功能，是工作中常用的编程软件。下面以三菱 FXCPU 系列 PLC 的 FX2N（C）类型为例介绍，GX Developer 的使用方法。

（1）假设当前计算机中已安装了 GX Developer 程序，通过单击 Windows 操作系统的"开始 →MELSOFT 应用程序→GX Developer"启动编程软件。具体如图 3.3.51 和图 3.3.52 所示。

图 3.3.51　启动 GX Developer

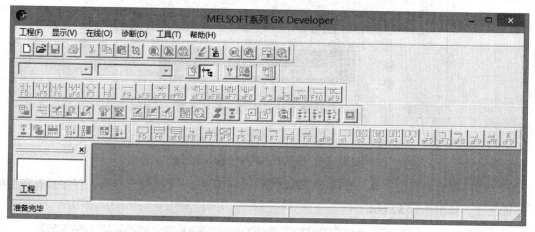

图 3.3.52　GX Developer 程序窗口

（2）单击"工程→创建新工程"，在创建新工程对话框中选择"PLC 系列"为"FXCPU"，PLC 类型为"FX2N（C）"，选择完成后如图 3.3.53 所示。点击"确定"后进入程序编辑窗口，具体如图 3.3.54 所示。

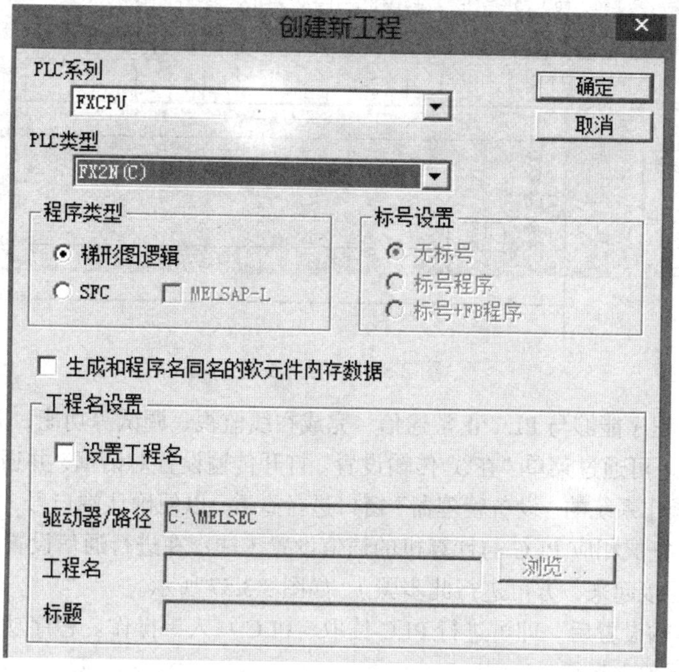

图 3.3.53　PLC 工程中对 PLC 的定义

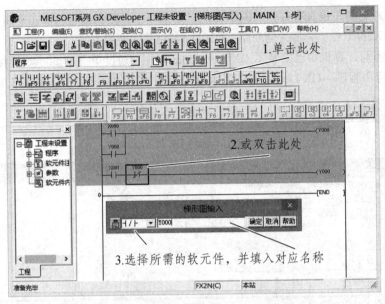

图 3.3.54　梯形图方式程序编写示意图

（3）程序编写完成后，单击菜单"变换/变换"（或用 F 4）完成程序变换，程序只有在变换后才能使用，如图 3.3.55 所示。

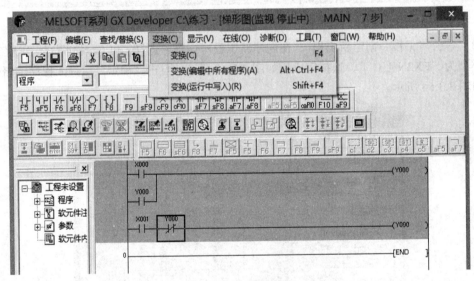

图 3.3.55　程序变换

（4）为了保证程序能够与 PLC 正常通信，完成在线监视、调试等功能，需要将 PLC 与编程用计算机进行联机，可通过菜单"在线/传输设置"打开传输设置对话框，并通过对通信端口（可以通过 Windows 操作系统的"设备管理器"窗口进行查看，以便确认端口号，如图 3.3.56 所示）、波特率等的选择，完成相应 PLC 与计算机的通信设置（注：在进行通信设置时，应用编程电缆将 PLC 和计算机连接起来，方可进行此步骤）。如图 3.3.57 所示。

（5）在完成传输设置后，即可进行 PLC 读取、PLC 写入等操作。程序功能调试合格后方可让其在 PLC 内运行独立运行。

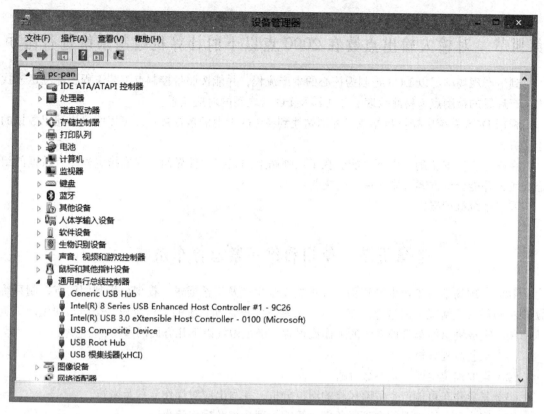

图 3.3.56　在设备管理器中查看端口名称

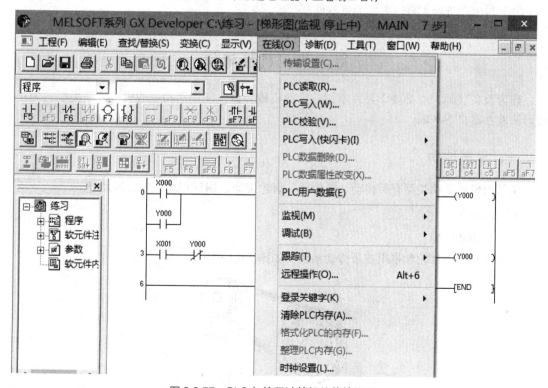

图 3.3.57　PLC 与编程计算机的传输设置

第四节　对输入输出点数在 2000 点以下的计算机控制系统进行维护

到生产现场学习以 DCS 控制为核心的生产流程，并能按照带控制点工艺流程图标注迅速找出生产现场的检测点、检测仪表、变送器及 I/O 卡之间的对应关系。

根据 DCS 系统中操作员站或工程师站找到各 I/O 卡上的数据接口。可以明确讲述出数据的组态方式。

在确保生产安全的前提下，能够在工程师站上的组态软件界面下完成指定检测点数据的组态设置，并能分析方案可能存在的优缺点。

写出系统维护报告。

第五节　使用和维护紧急停车系统

到生产现场学习工业生产流程，并根据安全生产及工艺要求，模拟分析利用已有控制系统实现在确保安全情况下的紧急停车，并写出紧急停车管理系统的工作流程，交给车间生产负责人审阅。完成紧急停车管理系统的工作流程时，必须做好以下几方面的事情：

（1）工艺流程分析。

（2）重要岗位生产工艺参数分析。

（3）紧急停车可能产生危险风险的岗位分析，并写出应对操作流程及措施。

（4）安全第一原则下的合理紧急停车智能管理系统及操作流程。

（5）与生产负责人研讨方案的可行性。

第六节　机械知识

作为预备技师，有必要学习并掌握一定的机械知识，能识别相应的机械传动类型，为正确设计测控方案打下基础。

一、机械传动

常见的机械传动类型有带传动、链传动、齿轮传动、蜗杆传动、螺旋传动等。

1．带传动

（1）结构和原理

由大带轮、小带轮和带组成带传动系统。如图 3.6.1 所示。

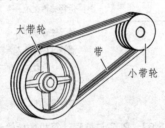

图 3.6.1　带传动示意图

带按截面形状分为平带、V 形带和圆形带三种。带呈封闭的环形，并以一定的初拉力套在两轮上，主动轮回转时，靠摩擦力拖带运动，带又靠摩擦力拖动从动轮回转。

（2）带传动的优、缺点

带是挠性体，有吸振能力，工作平稳，噪声小；超负荷会打滑，有过载保护作用；传动距离较大；结构简单，维护方便，成本低。

缺点：传动比不能保证；结构不够紧凑，使用寿命短，传动效率低；不适用高温、易燃、易爆场合。

（3）应用范围 一般用于传递功率小于 50 kW，带速 5~25 m/s，传动比不大（平带 $i \leqslant 3$，V 带 $i \leqslant 7$），且不要求准确的场合。

2. 齿轮传动

（1）传动原理 两个齿轮相互啮合，其中一个齿轮的齿将力传递到另一个齿轮的齿上，从而使另一个齿轮跟着转动。

（2）齿轮传动的优、缺点 优点：能保持恒定的瞬时传动比，传递运动准确可靠；所传递的功率和圆周速度范围较宽；结构紧凑、体积小、使用寿命长；传动效率高，可达 98%。

缺点：传动距离近；不具备过载保护特性；传递直线运动时稳；制造工艺复杂，配合要求较高，成本较高。

（3）齿轮传动的基本要求 传动平稳，承载能力强。

（4）齿轮传动的分类 按齿轮形状，分为圆柱齿轮（直齿、斜齿、人字齿）传动、齿轮齿条传动、圆锥直齿轮传动等；按工作条件可分为闭式齿轮传动、开式齿轮传动和半开式齿轮传动。如图 3.6.2 所示

（a）直齿圆柱齿轮　　（b）斜齿圆柱齿轮　　（c）直齿圆锥齿轮　　（d）蜗杆与蜗轮

图 3.6.2　常见齿轮传动

（5）滑移齿轮变速机构 图 3.6.3 所示为 X62W 型铣床主轴变速机构。由于传动比 $i = \dfrac{n_主}{n_从} = \dfrac{Z_从}{Z_主}$，因此转速 $\dfrac{Z_主}{Z_从}$，通过滑移齿轮变速，轴 I、II 有 1 种转速，轴 III 有 3 种转速，轴 IV 有 9 种转速，轴 V 有 18 种转速。其传动路线为

$$\begin{array}{c}（\text{轴 I}）\\ \text{电动机}\\ \left(1450 \dfrac{\text{r}}{\text{min}}\right)\end{array} \to \frac{26}{54} \to \text{轴 II} \begin{Bmatrix}\dfrac{16}{39}\\[2pt]\dfrac{22}{33}\\[2pt]\dfrac{19}{36}\end{Bmatrix} \to \text{轴 III} \begin{Bmatrix}\dfrac{39}{26}\\[2pt]\dfrac{28}{37}\\[2pt]\dfrac{18}{47}\end{Bmatrix} \to \text{轴 IV} \begin{Bmatrix}\dfrac{19}{71}\\[2pt]\dfrac{82}{38}\end{Bmatrix} \to \text{轴 V（主轴）}$$

根据传动路线,可以方便地计算出各级转速。如图示位置,$n = \dfrac{26 \times 22 \times 39 \times 82}{54 \times 36 \times 37 \times 71} \times 1450 \approx 75\,(\text{r/min})$,

最高转速为 $n_{\max} = \dfrac{26 \times 22 \times 39 \times 82}{54 \times 33 \times 26 \times 38} \times 1450 \approx 1500\,(\text{r/min})$,最低转速为 $n_{\min} = \dfrac{26 \times 16 \times 18 \times 19}{54 \times 39 \times 47 \times 71} \times 1450 \approx 30$

（r/min）。

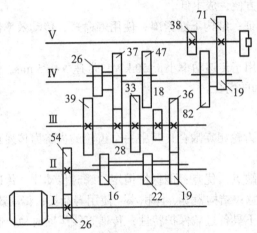

图 3.6.3　滑移齿轮组成的变速机构

3. 螺旋传动

（1）结构和原理　螺旋传动机构由螺杆和螺母组成，通过螺杆圆柱表面螺旋状的齿形和螺母内孔相应齿形的啮合来传递运动和力（图 3.6.4）。

图 3.6.4　螺旋传动的形式

（2）螺旋传动的特点　可以把回转运动变为直线运动，而且结构简单，传动平稳，噪声小；螺杆上的导程可以做得很小，可获得很大的减速比；可以做成微调机构，如千分尺中的测杆螺旋机构；可以用一个较小的扭矩产生较大的推力，如螺旋千斤顶；选择合适的导程角 γ（$\gamma \leqslant 6°$），可以使螺旋机构具有自锁性，如铣床升降台的升降螺旋不会因自重而滑下。螺旋传动机构的效率较低，一般 $\eta < 50\%$，只适用于功率不大的传动机构。

（3）螺旋传动的形式　如图 3.6.4 所示：

① 图（a）为螺杆主动回转，螺母沿导槽作旋转从动；

② 图（b）为螺母主动回转，螺杆沿导槽作直线从动；

③ 图（c）为螺母固定，螺杆一边回转，作轴向移动。

4. 链传动

（1）链传动是由主动链轮、从动链轮和套在链轮上的链条组成的，依靠链节和链轮齿的啮合来传递运动和动力。图 3.6.5 所示为链传动的结构。

（2）链传动的特点

① 链传动为具有中间绕性件的啮合传动。中心距使用范围较大，与带传动相比能得到准确的平均传动比，张紧力小，故对轴的压力小，机构较紧凑。

② 可在高温、油污、潮湿等恶劣环境下工作。

③ 传动平稳性差，工作时有噪声，且制造成本高。

④ 适用于两平行轴间中心距较大的低速传动。

（3）链轮的齿形应保证链节平稳、顺利地进入和退出啮合，受力良好，不易脱链，并易于加工。小轮的啮合次数比大轮多，故其材料应优于大链轮。

（4）链传动的失效形式：链传动在工作中，由于松、紧边拉力不同，受到变应力的作用，使链板发生疲劳断裂。在中、高速闭式链传动中，滚子、套筒和销轴会因反复多次的啮合冲击而发生冲击疲劳破坏；或在经常启动、反转、制动的链传动中，由于过载造成冲击破裂。铰链磨损会使链节距增大而脱链，这种失效形式，一般发生在润滑密封不严的开式传动中。当链速过高或润滑不良时，销轴和套筒的工作表面上将发生胶合破坏，它限定了链传动的极限转速。在低速重载和严重过载下，链条被拉断。

（5）链节距越大，承载能力越强，但动载荷大，传动平稳性差，噪声大，且传动尺寸也大。所以设计时，应尽量选择小节距的链条，高速重载时可选择小节距的多排链条。为减小链传动的动载荷，提高传动的平稳性，小链轮齿数不宜过少，其最少齿数应≥17。

（6）链传动两轮轴线应平行，两轮端面应共面。两链轮轴线连线为水平布置或倾斜布置时，均使紧边在上，松边在下，以避免松边垂量增大后，链条和链轮卡死。倾斜布置时应使倾角 ψ <45°。当传动作铅垂布置时，链下垂量增大，下链轮与链的啮合数减少，使传动能力降低，此时可调整中心距或采用装紧装置。

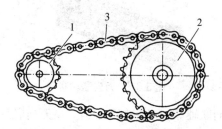

图 3.6.5　链传动的结构

1—主动链轮；2—从动链轮；3—链条

5. 槽轮机构

（1）槽轮机构又叫马耳他机构，是一种常用的间歇运动机构，它能将主动轴的等速连续传动转换为从动轴的单向间歇传动。如图 3.6.6 所示。

图 3.6.6　槽轮机构

（2）槽轮机构结构简单，容易制造，工作可靠，机械效率高，具有分度和定位的功能。但槽轮的转角大小不能调节，拨盘上的锁定弧定位精度有限。另外它工作时的角速度不是常数，在转动开始和终止均存在角加速度，工作时有一定程度的冲击，故一般不宜用于高速转动的场合。槽轮机构常用于某些自动机械中，实现风度转位和间歇步进运动。其中外槽轮机构应用较为普遍。当需要主、从动件转向相同，槽轮停歇时间短，机构占用空间小和传动较平稳时，可采用内槽轮机构。为了满足某些特殊的工作要求，平面槽轮机构可以设计成不对称的，径向槽的尺寸不同，拨盘上圆销的分部也不均匀。在槽轮转一周中可实现几个运动和停歇时间均不相同的运动要求。

（3）禁止在负荷大的场合拔销为悬臂梁式，槽轮机构的主动件拔销，多数情况下是以悬臂梁形式固定在拨轮或曲柄上，其刚度一般能满足要求。为了减少摩擦和磨损，拔销上可增加套筒。负荷较大的场合，可做成双支撑形式。负荷不大和速度较低时，也可直接采用销轴。少数情况可采用直径适当的滚针轴承作为拔销。

6. 万向联轴器

（1）万向联轴器可以传递两相交轴间的动力和运动。其特点是在传动过程中，两轴之间的夹角可以变动，是一种常见的变角传动机构。它广泛应用于汽车、机床等机械的传动系统中。如图 3.6.7 所示。

图 3.6.7　万向联轴器

（2）万向联轴器分单万向联轴器和双万向联轴器。单万向联轴器结构上的特点使它能传递不平行轴的运动，并且当工作中两轴夹角发生变化时仍能继续传递运动，因此安装、制造精度要求不高。实际应用中常采用双万向联轴器来传递相交轴或平行轴的运动，这是因为当两轴夹角发生变化时，不但可以继续工作，而且在满足条件时，还能保证两轴等角速度比传动。

（3）双万向联轴器结构是由左右两单万向节组成，由于传动中主、从动轴相对位置有变化，因此两端两万向节间距离也相对发生变化，中间轴的两部分用滑键连接，以适应这种变化。双万向联轴所连接的输入、输出两轴既可以是平行的，又可以是相交的。对于左右两单万向节，主、从动轴传动比可套用单万向联轴器的计算公式计算。

7. 蜗杆传递

（1）按蜗杆的形状不同，可分为圆柱蜗杆传动、环面蜗杆传动（图 3.6.8）、锥面蜗杆传动三类。其中以圆柱蜗杆传动最为基本，圆柱蜗杆传动又可分为普通圆柱蜗杆传动和圆弧圆柱蜗杆传动，而普通圆柱蜗杆的应用更为广泛。普通圆柱蜗杆传动根据齿廓曲线形状的不同，又可分为阿基米德蜗杆、渐开线蜗杆、法向直廓蜗杆、锥面包络蜗杆。

图 3.6.8　蜗杆传递

（2）蜗杆传动类型的选择，首先应考虑满足实际工作要求，如传递功率、工作转速、传动效率等，还应考虑对传动精度的要求、生产数量、工艺性及成本等。

（3）蜗杆传动自锁

① 在一般情况下，可以利用蜗杆自锁固定某些零件的位置。但蜗杆自锁不可靠，对于一些自锁失效会产生严重事故的情况，如起重机、电梯等装置，不能只靠蜗杆自锁的功能把重物停止在空中，要采用一些可靠的止动方式，如棘轮等。

② 自锁蜗杆传动不宜用于有较大惯性的机械中。

③ 自锁蜗杆不宜当制动器使用。

二、液压传动

1. 液压传动原理

图 3.6.9（a）是液压机床工作台作直线往复运动原理示意图。电动机 11 带动定量油泵 12 旋转，油箱 14 中的油经过滤油器 13 被油泵吸入，压到压力油管。压力油经节流阀 3、换向阀 7 进入油缸 5，在油缸左腔，推动活塞 6 并带动工作台 4 向右运动。油缸右腔的油经换向阀 7 和回油管路流回油箱。活塞行程终了时，使换向阀 7 的阀芯 8 向左滑移而换向，如图 3.6.9（b）所示。这时压力油进入油缸右腔并使工作台向左运动。油缸左腔排出的油经换向阀流回油箱。若使换向阀反复换向，工作台就能不断地做往复运动。节流阀 3 用来调节进入油缸的油的流量，可在一定范围内实现工作台运动的无级变速。溢流阀 2 用来溢出多余的油，使压力油管的油压力保持在一定范围内，起安全保护作用。

2. 液压传动的特点

液压传动的优点是：可进行无级变速；运动比较平稳；反应快，冲击小，能高速启动、制动和换向；能自动防止过载，实现安全保护；操作简便，容易实现自动化；机件在油中工作有自动润滑、散热作用，使用寿命长；体积小、质量轻、结构紧凑。缺点是：油液容易泄漏，液压元件制造精度要求高；在能量传递中存在各种损耗，效率较低。

3. 液压传动系统的组成

（1）动力元件　指各种类型的油泵，是将机械能转换成液压能的装置。

（2）执行元件　指油缸或油马达，是将液压能转换成机械能的装置。

（3）控制元件　是控制液压系统压力、流量、方向的元件。

（4）辅助元件　如油箱、滤油器、压力表、管道等。

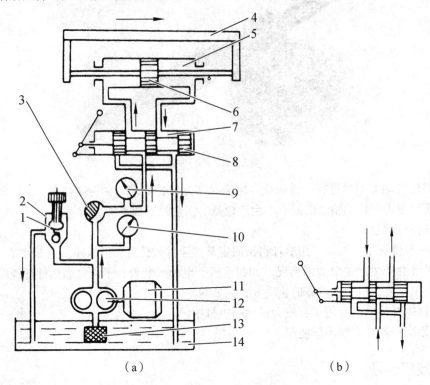

图 3.6.9　液压传动原理

1—溢流阀弹簧；2—溢流阀阀门；3—节流阀；4—工作台；5—油缸；6—活塞；7—换向阀；
8—换向滑阀；9、10—压力表；11—电动机；12—定量油泵；13—滤油器；14—油箱

4. 液压元件

（1）油泵　常用的油泵有齿轮泵、叶片泵、柱塞泵等三种类型。

（2）油缸常用的是活塞式油缸，分为单活塞杆油缸和双活塞杆油缸。

（3）液压控制阀

① 方向控制阀　主要有单向阀和换向阀。

② 压力控制阀　主要有溢流阀、减压阀和顺序阀。

③ 流量控制阀　主要有节流阀、调速阀。

④ 辅助装置主要有滤油器、油箱、压力表等。

5. 液压系统常见故障与排除方法

（1）系统压力不足或无压力　可能是油温过高、油液的黏度降低、泄漏量增加、油压下降造成的。也可因油泵、油缸等磨损，使间隙增大，造成油压下降。如果突然无压，主要是溢流阀出故障，使油液直接流回油箱。

（2）系统产生噪声和杂音　可能是油泵吸油管道漏气而吸入空气，或滤油器堵塞，吸油不畅，或油泵电动机联轴器安装不良造成的。

（3）油缸产生"爬行"现象　原因是空气渗入油缸。可利用排气阀放出空气或开车后使活塞全行程快速往返数次排出空气。

第七节　车间生产管理的基本内容

一、提高劳动生产率的途径

劳动生产率是劳动者在单位时间内创造的劳动价值。创造相同的劳动价值，消耗的时间越少，劳动生产率越高。

1. 时间定额的组成

（1）作业时间 T_z　是直接用于改变劳动对象的性质、尺寸、形状、外表、组合位置等操作所需要的时间，是时间定额的主体。

（2）准备与结束时间 T_{zj}　准备时间指如领取工作票、图样、材料，借用刀具、量具等所需的时间。结束时间指如擦拭机床，清扫场地，归还图样、资料、工具、量具，填写工作记录卡，办理移交手续以及洗手等所需要的时间。

（3）作业宽放时间 T_{zk}　是为完成基本工艺过程所必需的辅助操作时间，如工件的装夹，刀具的更换、调整，尺寸的自我检测等所需要的时间。

（4）个人需要与休息宽放时间 T_{JXK}　是为满足劳动者生理需要所需要的时间。

2. 缩短时间定额的措施

（1）缩短基本时间

① 选用高效率、高性能的先进生产设备和工艺装备。

② 采用先进的生产工艺，尽可能采用流水线、自动化、微机自动控制等先进技术。

③ 寻求最佳工作程序，使所有必要的工序、工步达到最合理、最简捷、最节省时间。

④ 加强职业技能培训，提高劳动者的职业技能。

（2）缩短辅助时间

① 制订科学、合理、必要的规章制度，使全部生产经营活动有章可循，最大限度地减少和消除非定额时间。

② 一切生产活动应有周密的计划、合理的安排、全面的控制，并随时进行协调，尽可能防止停工待料，停工待具，停工待设备检修，停工待水、电、气等能源供应这类现象的发生。

③ 劳动者的动作设计要合理、快捷、自然、有节奏、不易疲劳，以减少辅助操作时间。

④ 创造良好的后勤服务工作和良好的工作环境。

⑤ 加强思想政治工作，提倡爱岗敬业，开展劳动竞赛，最大限度地调动全体劳动者的积极性。

二、车间生产管理的基本内容

车间生产管理的基本内容，按其职能可分为组织、计划、准备、控制四个方面。

（1）生产过程的组织　根据生产类型和生产规模，对生产的各个阶段和各个工序进行合理安排，使各生产环节之间的衔接协调，成为一个有机的整体，使生产过程周期最短、耗费最少。

（2）生产计划管理　生产计划是实现生产目标的行动纲领，它规定计划期内应完成的产品品种、产量、产值、质量等一系列生产指标。生产作业计划是生产计划的具体执行计划，它把生产计划落实到工段、班组、机台、工序直至个人，进度落实到月、旬、周、日以至小时。

（3）生产准备　　主要是生产技术文件及工艺装备的准备，设备的检修和调整，各种外协件、外构件的准备，各种原材料、备配件及动力供应的准备，以及劳动力的组织和调配等。

（4）生产过程控制　　生产过程的控制主要通过生产调度和生产统计来实现，对生产现场的各种生产要素，如人员、设备及工具、原材料及能源、加工及检测方法、环境和信息等进行控制和管理，使生产按预定计划保质保量如期完成。

参考文献

[1] 乐嘉谦. 仪表工手册[M]. 2 版. 北京：化学工业出版社，2004.

[2] 乐嘉谦. 化工仪表维修工[M]. 北京：化学工业出版社，2005.

[3] 职业技能鉴定教材和职业技能鉴定指导编审委员会. 维修电工（初级、中级、高级）[M]. 北京：中国劳动社会保障出版社，1998.

附　录

附录 A　参考实训项目

项目一　DCS 控制系统施工技术与故障分析

对输入输出点数在 2000 点以下的 DCS 控制系统进行维护，采用项目实施的方式进行教学。在实现此项目时，所涉及方法和硬件知识在前面章节中进行了相对系统的讲解，这里不再讲述。

一、项目完成时间

6 节课。

二、实训地点

物联网技术中心互联网+工业控制工程实训室。

三、实训目的

熟悉所用组态软件，能够利用软件实施一个完整的化工反应装置的 DCS 系统控制项目的组态工作。主要包括用户授权管理、操作站组态、控制站（主机）组态、操作小组组态、常规控制方案组态、总貌画面组态、分组画面组态、数据一览画面组态、趋势画面组态、流程图组态、报表组态等。

四、实训主要步骤及应完成的内容

（1）正确打开用户授权管理软件。
（2）正确设置用户等级、名称和授权并保存。
（3）设置工程师名称、地址。
（4）设置操作员站名称、地址。
（5）正确以工程师等级登陆组态软件。
（6）新建一个规定名称项目组态。
（7）将该项目正确存放到指定盘符目录下。
（8）设置控制站（主机）。
（9）设置操作站。
（10）设置数据转发卡、

（11）选取 I/O 卡，并正确设置各 I/O 卡的 I/O 点。

（12）设置常规控制方案。

（13）设置操作小组名称、切换等级。

（14）设置总貌画面。

（15）设置分组画面。

（16）设置数据—览画面。

（17）设置趋势画面。

（18）流程图组态。

（19）报表组态。

（20）项目编译。

（21）项目正确传送。

（22）考核。

五、项目要求

工艺简介：加热炉是化工生产工艺中的一种常见设备。对于加热炉，工艺介质受热升温，同时进行汽化，其温度的高低直接影响后一工序的操作工况和产品质量。当加热炉温度过高时，使物料会在加热炉里分解，甚至造成结焦而产生事故，因此，一般加热炉的出口温度需要严格控制。

现有一套加热炉装置，原料油经原料油加热炉加热后去 1 反，中间反应物经反应加热炉去 2 反。工艺流程图如图 A.1.1 所示。

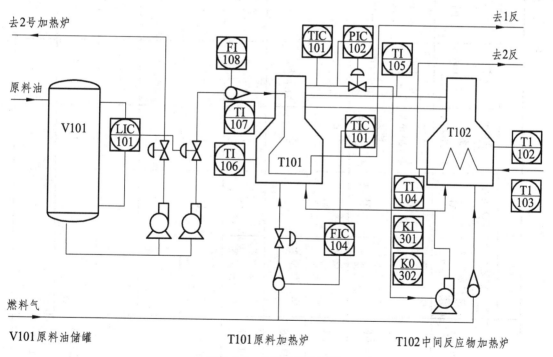

图 A.1.1　加热炉工艺流程

根据此工艺流程图，按照实训要求列出了部分测点（需要进行检测或控制的点）清单，具体如表 A.1.1 所示：

表 A.1.1 测点清单

编号			信号				趋势要求			
序号	位号	描述	I/O 类型	类型描述	量程	单位	报警要求	周期/s	压缩方式和统计数据	位号地址
1	PI102	原料加热炉烟气炉压力	AI	不配电 4~20 mA	0~100	Pa	90%高报	1	低精度并记录	2-0-00-00
2	LI101	原料油储罐液位	AI	不配电 4~20 mA	0~100	%	100%高高报	2	低精度并记录	2-0-00-01
3	FI001	加热炉原料油流量	AI	不配电 4~20 mA	0~500	m³/h	跟踪值 250 高偏差 40 报警	60	低精度并记录	2-0-00-02
4	FI104	加热炉燃料气流量	AI	不配电 4~20 mA	0~0.5	℃	下降速度 10%/s 报警	2	低精度并记录	2-0-00-03
5	TI106	原料加热炉炉膛温度	TC	K	0~600	℃	上升速度 10%/s 报警	12	低精度并记录	2-0-01-00
6	TI107	原料加热炉辐射段温度	TC	K	0~1000	℃	10%低报	2	低精度并记录	2-0-01-01
7	TI102	反应物加热炉炉膛温度	TC	K	0~600	℃	跟踪值 300 高偏 100 报警，低偏 80 报警	2	低精度并记录	2-0-01-02
8	TI103	反应物加热炉入口温度	TC	K	0~400	℃	跟踪值 300 高偏 30 报警，低偏 20 报警	2	低精度并记录	2-0-01-03
9	TI104	反应物加热炉出口温度	TC	K	0~600	℃	90%高报	2	低精度并记录	2-0-01-04
10	TI108	原料加热炉烟囱段温度	TC	E	0~300	℃	下降速度 15%/s 报警	1	低精度并记录	2-0-02-00
11	TI111	原料加热炉热风道温度	TC	E	0~200	℃	上升速度 15%/s 报警	1	低精度并记录	2-0-02-01

434

编号		描述	I/O类型	信号			报警要求	趋势要求		位号地址
序号	位号			类型描述	量程	单位		周期/s	压缩方式和统计数据	
12	TI101	原料加热炉出口温度	RTD	Pt100	0～600	℃	90%高报		低精度并记录	2-0-03-00
13	PV102	加热炉烟气压力调节	AO	正输出						2-0-04-00
14	FV104	加热炉燃料气流量调节	AO	正输出						2-0-04-01
15	LV1011	原料油罐液位A阀调节	AO	正输出						2-0-04-02
16	LV1012	原料油罐液位B阀调节	AO	正输出						2-0-04-03
17	KI301	泵开关指示	DI	NC			ON报警	11	低精度并记录	2-0-05-00
18	KI302	泵开关指示	DI	NC			变化频率大于2 s报警，延时3 s	1	低精度并记录	2-0-05-01
19	KI303	泵开关指示	DI	NC				1	低精度并记录	2-0-05-02
20	KI304	泵开关指示	DI	NC				1	低精度并记录	2-0-05-03
21	KI305	泵开关指示	DI	NC				1	低精度并记录	2-0-05-04
22	KI306	泵开关指示	DI	NC				1	低精度并记录	2-0-05-05
23	KO302	泵开关操作	DO	NC				1	低精度并记录	2-0-06-00
24	KO303	泵开关操作	DO	NC				1	低精度并记录	2-0-06-01
25	KO304	泵开关操作	DO	NC				1	低精度并记录	2-0-06-02
26	KO305	泵开关操作	DO	NC				1	低精度并记录	2-0-06-03
27	KO306	泵开关操作	DO	NC				1	低精度并记录	2-0-06-04
28	KO307	泵开关操作	DO	NC				1	低精度并记录	2-0-06-05
...	...	...	...	...				...	...	...

备注：测点清单可以根据生产现场实际情况按照表格模式进行采集，并按要求的实训步骤完成即可。

六、工程设计要求

1. 工艺常规控制方案

（1）原料油罐液位控制，单回路 PID，回路 LIC101（图 A.1.2）：

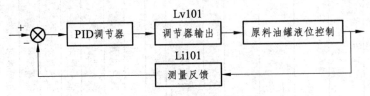

图 A.1.2　原料油罐液位控制

（2）加热炉烟气压力控制，单回路 PID，回路名 PIC102（图 A.1.3）：

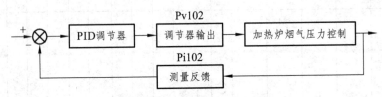

图 A.1.3　加热炉烟气压力控制

（3）加热炉出口温度控制，串级控制（图 A.1.4）：

内环：FIC104（加热炉燃料流量控制）；外环：TIC101（加热炉出口温度控制）

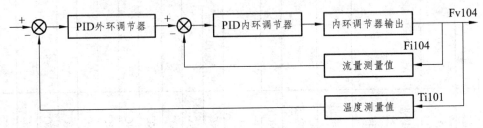

图 A.1.4　加热炉出口温度控制

2. 控制站及操作站配置

（1）控制系统由一个控制站、一个工程师站、三个操作站组成。

（2）控制站 IP 地址为 02，且冗余配置。

（3）工程师站 IP 地址为 130，操作站 IP 地址为 131、132、133。

3. 操作小组配置（表 A.1.2）

表 A.1.2　操作小组设置

操作小组名称	切换等级
原料加热炉	操作员
反应加热炉	操作员
工程师	工程师

4. 用户管理

根据操作需要，建立用户如表 A.1.3 所示：

表 A.1.3　用户管理

权限	用户名	用户密码	相应权限
特权	系统维护	SUPCONDCS	PID 参数设置、报表打印、报表在线修改、报警查询、报警声音修改、报警使能、查看操作记录、查看故障诊断信息、查找位号、调节器正反作用摄制、屏幕拷贝打印、手工置值、退出系统、系统热键屏蔽设置、修改趋势画面、重载组态、主操作站设置
工程师 +	工程师	SUPCONDCS	PID 参数设置、报表打印、报表在线修改、报警查询、报警声音修改、报警使能、查看操作记录、查看故障诊断信息、查找位号、调节器正反作用摄制、屏幕拷贝打印、手工置值、退出系统、系统热键屏蔽设置、修改趋势画面、重载组态、主操作站设置
操作员	原料组操作	SUPCONDCS	重载组态、报表打印、查看故障诊断信息、屏幕拷贝打印、查看操作记录、修改趋势画面、报警查询
操作员	反应物组操作	SUPCONDCS	重载组态、报表打印、查看故障诊断信息、屏幕拷贝打印、查看操作记录、修改趋势画面、报警查询

5. 监控操作要求

（1）当原料加热炉操作员进行监控时：

① 可浏览总画面（表 A.1.4）：

表 A.1.4　浏览总画面

页码	页标题	内　容
1	索引画面（待画面完成后添加）	索引：原料加热炉操作小组流程图、分组画面、一览画面的所有页面
2	原料加热炉参数	所有原料加热炉相关 I/O 数据实时状态

② 可浏览分组画面（表 A.1.5）：

表 A.1.5　浏览分组画面

页码	页标题	内　容
1	常规回路	PIC102、FIC104、TIC101
2	开关量	KI301、KI302、KO302、KO303
3	原料加热炉参数	PI102、FI1041、TI106、TI107、TI108、TI111、TI101

③ 可浏览一览画面（表 A.1.6）：

表 A.1.6　浏览一览画面

页码	页标题	内容
1	数据一览	PI102、FI1041、TI106、TI107、TI108、TI111、TI101

④ 可浏览流程图画面（表 A.1.7）：

表 A.1.7　浏览流程图画面

页码	页标题	内容
1	原料加热炉流程	绘制如图 1 的流程画面原料加热炉部分

⑤ 报表记录：

要求：每隔 10 min 记录一次数据，记录数据为 TI106、TI107、TI108、TI101；整点输出报表。效果样式如表 A.1.8 所示：

表 A.1.8　原料加热炉报表

原料加热炉报表（班报表）								
＿＿＿＿班＿＿＿组　组长＿＿＿＿＿＿＿＿记录员＿＿＿＿＿＿＿＿＿　＿＿＿＿年＿＿＿月＿＿＿日								
时间								
内容	描述	数据						
TI106	……							
TI107	……							
TI108	……							
TI101	……							

考核评分标准如表 A.1.9 所示。

表 A.1.9　DCS 控制系统仿真组态运行评分标准及记录

姓名		组别		单位	
操作总分	100分				
考核时间定额	180分钟	考核起止时间 ____时____分至____时____分 共____分钟			
考核项目	配分	考核内容及要求	评分标准	考评员记录	得分
用户授权管理	6分	1. 正确打开用户授权管理软件（1分） 2. 设置用户等级、名称和授权并保存（5分）	1. 未打开用户授权管理软件扣1分 2. 用户等级、名称，密码错一处扣0.2分 3. 用户授权设置错一处扣0.2分		
操作站设置	6分	1. 按要求设置一台工程师站名称、地址（2分） 2. 按要求设置两台操作员站名称、地址（4分）	1. 名称错误扣1分 2. 地址错一处扣0.5分。		
新建项目组态	3分	1. 正确以工程师等级登陆组态软件（1分） 2. 新建一个规定名称项目组态（1分） 3. 将该项目正确存放到指定磁盘符目录下（1分）	1. 以工程师等级登陆错误扣1分 2. 新建一个规定名称项目组态错误扣1分 3. 未能将新建项目存放到指定磁盘目录下扣1分		
项目组态	80分	1. 正确设置控制站（主机）（1分） 2. 正确设置操作站（3分） 3. 正确设置数据转发卡（1分） 4. 正确选取I/O卡（6分） 5. 正确设置各I/O卡的I/O点（24分） 6. 正确设置操作小组名称、切换等级（3分） 7. 正确设置常规控制方案（3分）	1. 设置主控卡错一处扣0.5分 2. 设置操作站错一处扣0.5分 3. 设置数据转发卡错一处扣0.5分 4. 选取I/O卡错一处扣0.5分。（型号，冗余） 5. 每个I/O卡的I/O点设置错一处（位号、注释、信号、单位、说明、测量范围、报警、趋势）扣0.1分		

439

项目	配分	评分标准			操作总分
项目组态 80分	8.正确设置总貌画面（2分） 9.正确设置分组画面（2分） 10.正确设置数据一览画面（2分） 11.正确设置趋势画面（1分） 12.流程图正确绘制（18分） 13.流程图绘制正确（3分） 14.报表格式正确（1分） 15.报表关联（1分） 16.正确组态报表（7分） 17.	6.每个操作小组设置错一处扣0.5分 7.每个常规控制方案错一处扣0.2分 8.总貌画面错一处扣0.2分 9.分组画面错一处扣0.2分 10.数据一览画面错一处扣0.1分 11.趋势画面错一处扣0.2分 12.流程图关联错误一处扣1分 13.流程图绘制错一处扣0.2分 14.考核完毕各个评委分别给予美观分，取平均值 15.报表格式错一处扣0.1分 16.报表关联错一处扣0.5分 17.事件定义错一处扣1分 18.时间引用错一处扣0.5分 19.位号引用错一处扣0.2分 20.填充错一处扣0.2分 21.报表输出错一处扣0.5分			
项目编译、传送 4分	1.项目最后编译（3分） 2.项目正确传送（1分）	1.未作编译扣0.5分 2.编译错误一处扣0.5分 3.传送错误扣1分			
文明操作 1分	1.考场保持安静 2.考试期间无故不得离开考场 3.考核完毕示意评委	违反文明操作一次扣0.5分，扣完为止			
备注		考评员签字			

项目二 导线及电子器件的焊接

电子设备中使用了大量各种电子元器件，每个电子元器件都要焊接在电路板上，每个焊点的质量都关系到整机产品的质量。一个从事电子技术工作的人员，尤其是初学者，必须认真学习有关焊接的理论知识，掌握焊接技术要领，并能熟练地进行焊接操作，这样才能保证焊接质量，提高工作效率。为了训练焊接的基本技能，适应化工仪表安装维修工作的需求，特安排此实训项目。

一、实训目标

（1）能完成去除导线、元器件及印制电路板的氧化层、污垢的工作。
（2）学会元器件的成形及在印制板上的排列方法。
（3）能按规范完成导线的焊接及元器件的焊接。
（4）能按规范完成电烙铁的使用，掌握一定的使用技巧。
（5）学会检查焊点质量。

二、实训器材（表 A.2.1）：

表 A.2.1 导线及电子器件的焊接实训器材

序号	名称	规格及型号	数量	单位	备注
1	电烙铁	25 W	1	把	
2	带烙铁架锡盘		1	个	
3	镊子	不锈钢	1	把	
4	斜口钳		1	把	工具类
5	剥线钳		1	把	
6	电工刀		1	把	
7	尖嘴钳		1	把	
8	印制电路板		1	块	
9	砂纸		1	张	
10	粗细导线		若干	个	
11	电阻		5	个	材料与
12	电感		2	个	原件
13	电容		6	个	
14	二极管	·	4	个	
15	三极管		3	个	

序号	名称	规格及型号	数量	单位	备注
16	集成块	8 脚及以上	2	个	材料与原件
17	松香		少许		
18	焊锡丝	Φ1.0，20 cm 长	1	根	

三、实训任务、要求、完成任务的主要流程

（1）实训任务：按要求完成导线、常见电子元器件的焊接。

（2）实训要求与安全要求：学生在指导教师的示范指导下规范操作，焊接电子元器件。学生在实训时一定要强调安全第一，预防为主，防止安全事故发生。

（3）完成任务的主要流程（表 A.2.2）：

表 A.2.2　完成焊接任务流程

主要流程	任务	备注
1	教师布置任务，讲解工作内容和要点，并强调安全注意事项	
2	学生独立操作，教师巡回指导	
3	教师对学生作品进行评价、分析、总结	

四、实训内容

（1）焊接导线：绕焊，钩焊，搭焊各 2 个。

（2）焊接电阻：卧式、立式各 4 个。

（3）焊接电容：电容 6 个。

（4）焊接二极管：二极管 4 个。

（5）焊接三极管：三极管 3 个。

（6）焊接电感：电感 2 个。

（7）焊接集成块：集成块 2 块。

五、实训主要步骤

1. 焊接导线

（1）首先去除导线绝缘层，然后用电工刀（或小段钢锯片或细砂布）清除连接线端的氧化层，并在焊接处涂上适量焊剂。

（2）将含有焊锡的烙铁焊头先沾一些焊剂，对准焊接点下焊，焊头停留的时间要根据焊件的大小决定。

（3）检查焊点质量：焊件接点必须焊牢焊透，锡液必须充分渗透，表面要光滑并有光泽，不允许虚焊和生焊。

2. 电子元器件的焊接

（1）用砂纸清除印制板上的氧化层，并清理干净面板；

（2）清除元件焊脚处氧化层并搪锡；

（3）按安装要求，使用镊子或尖嘴钳对元器件进行整形处理；

（4）确认元件焊脚位置并插入孔内，剪去多余部分后下焊；

（5）检查焊点质量：焊件接点必须焊牢焊透，锡液必须充分渗透，表面要光滑并有光泽，不允许虚焊和生焊。

六、实训过程中的注意事项

（1）一般小体积、小功率的电阻或电容等焊接时间不超过 2 s；体积大、热容大的元件焊接时间可适当延长，以保证焊锡能充分熔化。

（2）焊接半导体器件时，时间要短，否则会使半导体发热过多而损坏。

（3）电烙铁金属外壳必须可靠接地，电烙铁要放在专用的金属搁架上，不可用烧死的烙铁焊接，不准甩动电烙铁以防焊锡甩出伤人。

（4）焊接集成块时，工作台应覆盖可靠接地的金属薄板，集成块不可与台面经常摩擦，集成块焊接需要弯曲时不可用力过度，焊接时要防止落锡过多。

七、教师操作示范与安全操作解析

教师分析讲解手工焊接导线和元器件的方法。

1. 技能操作示范内容（现场示范、看图片或视频）

（1）去除氧化层示范；

（2）焊接动作示范；

（3）检查焊点质量示范。

2. 现场安全注意点评

（1）正确使用电烙铁；

（2）正确使用电工工具；

（3）操作过程中的注意事项。

八、学生实训分组（表 A.2.3）

表 A.2.3　学生实训分组

组别	组长	成　员	实训地点
一			
二			
...	...	...	...

九、学生在教师的指导下，完成实训任务

学生独立操作（按要求操作），教师巡回指导，对存在的问题及时解答。

十、考核与评价表：

1. 导线及电子元器件的焊接评分表（表 A.2.4）

表 A.2.4　导线及电子元器件的焊接评分表

项次	项目及技术要求	实测记录			配分	得分
1	印制电路板的处理				4	
2	导线绕焊，钩焊，搭焊各 2 个（焊前处理、焊接质量 2 处）				6×2	
3	电阻立式、卧式各 4 个（焊前处理、成形、焊接质量 3 处）				8×3	
4	电容 6 个（焊前处理、焊接质量 2 处）				6×2	
5	电感 2 个（焊前处理、焊接质量 2 处）				2×2	
6	二极管 4 个（焊前处理、焊接质量 2 处）				4×2	
7	三极管 3 个（焊前处理、焊接质量 2 处）				3×2×2	
8	集成块 2 块（焊前处理、焊接质量 2 处）				8×2	
9	安全文明生产				8	
总分						

2. 小组推荐意见（表 A.2.5）：

表 A.2.5　小组推荐意见

项目	优	良	及格	不及格
1. 实训纪律（出勤、爱护财产等）				
2. 安全文明（操作规范、安全用电等）				
3. 动手能力（熟悉岗位、操作熟练等）				
小组推荐成绩： 　　　　　　　　　　　　　　　　组长签名：　　　　日期：				

3. （表 A.2.6）：

表 A.2.6　指导教师意见

项目	优	良	及格	不及格
实训纪律				
安全文明				
动手能力				
实训日记				
实训小结				
实训成绩： 　　　　　　　　　　　　　　　　教师签名：　　　　日期：				

十一、总结

1. 学生总结（表 A.2.7）

表 A.2.7　实训学生总结

专业部：　　　　　专业：　　　　　班级：　　　　　姓名：

实训内容	
实训目标	
实训器材	
掌握情况	
收获与体会	
存在问题	
意见与建议	

2. 教师总结（表 A.2.8）

表 A.2.8　实训教师总结

任务名称					
出勤汇总	迟到	早退	病假	事假	其他
指导教师评语	指导教师：　　　　　日期：				

十二、学生成绩评定（表 A.2.9）

表 A.2.9　实训学生成绩评定

项目	优	良	及格	不及格
实训纪律				
安全文明				
动手能力				
实训日记				
实训小结				
实训成绩： 组长签名：　　　　教师签名：　　　　日期：				

专业班级：　　　　　学生姓名：　　　　　指导教师：

附录 B 管道及仪表图上的管子、管件、阀门及管道附件的图例

名称	图例	名称	图例
主要物料管道		夹套管	
辅助物料及公用系统管道		放空管	
原有管道		敞口漏斗	
可拆短管		截止阀	
蒸汽伴热管道		闸阀	
电伴热管道		球阀	
柔性管		旋塞阀	
翅片管		减压阀	
管道隔热层		节流阀	
异径管		隔膜阀	
喷淋管		文氏管	